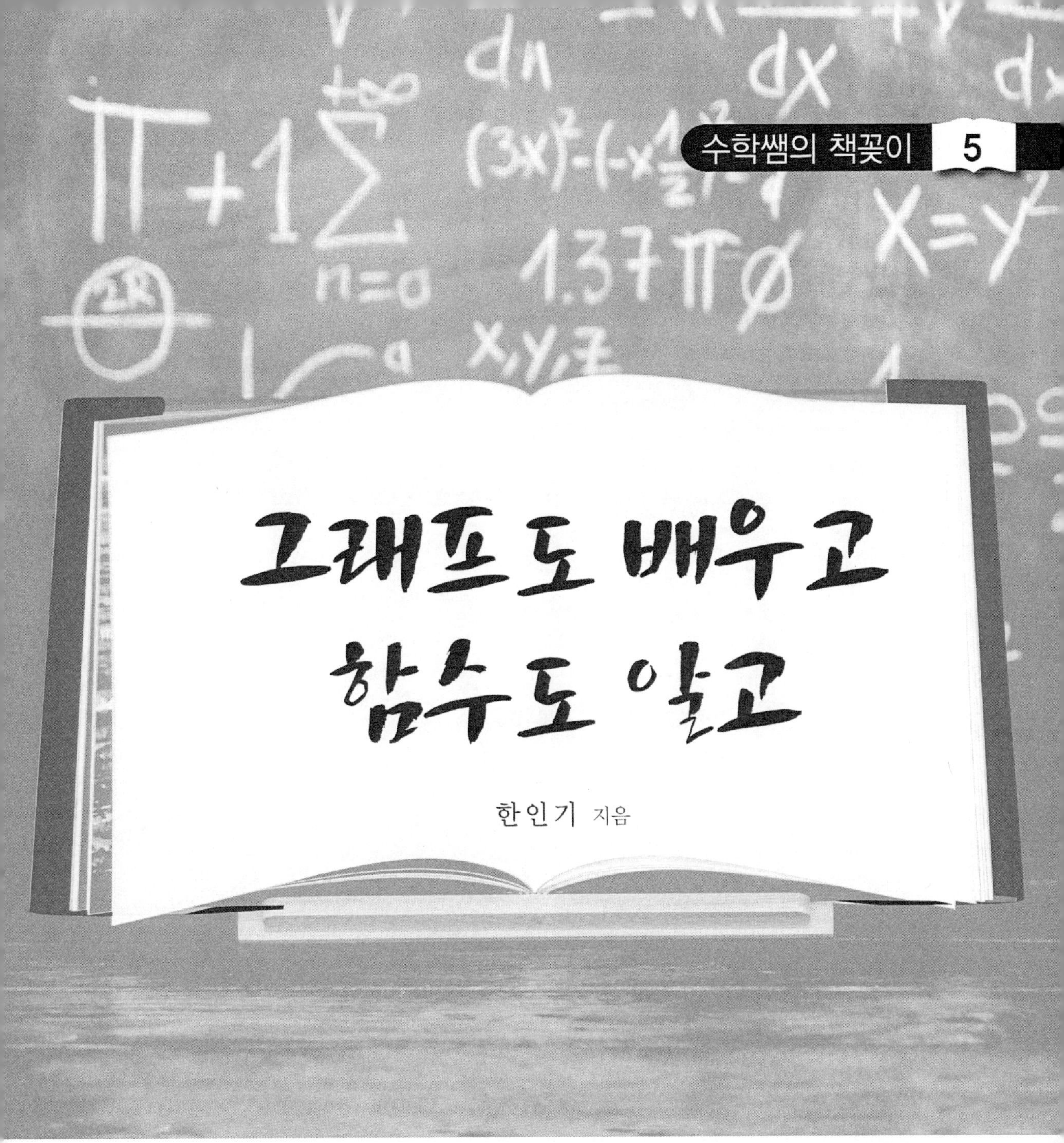

수학쌤의 책꽂이 5

그래프도 배우고 함수도 알고

한인기 지음

이 책의 각 장은 함수의 이해와 함수 그래프의 작도가 가지는 교수학적 장점을 최대한 살릴 수 있도록 구성되었다. 이 책을 통해 독자들이 함수와 그래프의 탐구에 익숙해지고, 함수의 그래프를 직접 작도하고 수학적 탐구를 진행하면서 수학에 대한 기쁨과 행복을 느끼기를 바란다. 특히, 이 책에서 다루는 함수식과 그 그래프들을 그냥 보아 넘기지말고, 그 의미를 하나씩 찾고 변형시키면서 심화된 수학적 탐구의 기회를 경험하기를 부탁드린다.

KYOWOO

머릿글

함수는 다양한 현상들을 설명하고 모델링하는 과정에서 핵심적인 역할을 한다. 그리고 함수는 중등학교 수학교육의 주요한 주제 중의 하나이며, 수학교육 근대화 운동을 주도했던 독일의 클라인은 수학교육에서 함수 개념의 함양을 강조하였다.

2022개정 수학과 교육과정에서도 '변화와 관계' 영역의 핵심 아이디어의 하나로 '한 양이 변함에 따라 다른 양이 하나씩 정해지는 두 양 사이의 대응 관계를 나타내는 함수와 그 그래프는 변화하는 현상 속의 다양한 관계를 수학적으로 표현한다'고 함수와 그래프의 가치를 규정하고 있다.

함수와 함수의 그래프는 수학적 사고나 탐구의 도구로 중요한 위치를 차지하지만, 학생들에게는 추상적이고 어려운 주제로 인식되는 경우가 많다. 함수의 여러 성질과 그 변화를 이해하는 과정에서 단순한 식의 계산이나 암기로만 접근하면 학생들의 이해와 창의적인 탐구가 제한적일 가능성이 있다.

함수의 그래프를 직접 작도하고 해석하는 과정은 단순한 시각화의 측면을 넘어, 추상적 개념을 구체화하고 수학적 탐구를 수행하는 통로가 될 수 있다. 정의역, 치역, 증감과 단조성, 홀짝성, 볼록성, 점근선 등 함수의 여러 속성이 그래프라는 시각적 표현과 연결되면, 학생들은 수학적 대상에 대한 직관적 이해와 논리적 구성이 결합된 체계적인 개념을 형성할 수 있을 것이다. 그리고 그래프의 작도를 수행하고 다양한 함수 유형을 비교하는 과정을 통해, 학생들은 수학적 언어와 시각적 표현 간의 연결성을 강화하고 수학적 사고를 확장, 일반화할 수 있는 기회를 가질 수 있을 것이다이 책의 각 장은 함수의 이해와 함수 그래프의 작도가 가지는 교수학적 장점을 최대한 살릴 수 있도록 구성되었다. 1장에서는 함수의 기본적인 정의와 성질, 함수의 종류, 역함수, 합성함수 등을 수학적 증명, 그래프와 함께 이해할 수 있도록 구성하였다. 특히 도함수 대신 정의의 논리를 이용하여 함수의 증감과 볼록성을 증명하고, 홀짝성, 주기성 등의 성질을 증명하는 방법을 소개하였다.

2장에서는 함수 그래프의 합, 차, 곱, 나눗셈 등의 연산을 좌표평면의 그래프에서 어떻게 구현하는지에 대해 자세히 기술하였다. 다양한 함수의 조합을 만들어내는 그래프 작도를 직접 수행함으로써 복잡한 함수의 구조를 직관적으로 파악 능력을 기를 수 있도록 하였다.

3장에서는 좌표축과 직선에 대한 대칭, 평행이동을 통해 함수의 불변성과 변화 가능성을 이해하고, 이를 바탕으로 다양한 함수의 그래프를 작도하고 해석할 수 있도록 하였다. 4장에서는 $y = kf(x)$의 그래프 작도, $y = f(kx)$의 그래프 작도를 통해 함수 그래프의 압축, 팽창을 분석적으로 다루고, 관련된 성질들을 증명하였다.

5장은 절댓값이 포함된 함수 $y = |f(x)|$의 그래프, $y = f(|x|)$의 그래프, $y = |f(|x|)|$의 그래프를 체계적으로 작도하는 방법과 사례들을 기술하였고, 얻어진 그래프의 특징을 기술하였다. 여기서는 절댓값을 포함하는 함수의 그래프의 수학적 특징을 분석하고, 이를 통해 절댓값을 포함하는 다양한 함수의 그래프를 작도할 수 있는 능력을 기를 수 있도록 하였다.

6장에서는 분수함수의 작도에 주로 관련되는 함수의 수평점근선, 수직점근선, 경사점근선의 정의, 특징, 구하는 방법을 설명하였다. 그리고 구체적인 예제를 통해 주어진 함수에서 점근선을 구하고, 그래프를 작도하는 방법을 소개하였다. 7장에서는 삼차함수에 대해 함수의 증감, 함수의 홀짝성, 볼록성의 성질을 증명하였고, 다양한 삼차함수의 그래프들 사이의 관계를 팽창, 압축, 평행이동, 축대칭의 관점에서 분석하고 증명하였다.

8장에서는 분수함수에 대해 함수의 증감, 점근선, 홀짝성, 볼록성의 관점에서 성질을 설명하고, 분수함수의 그래프를 다양한 점근선을 이용하여 작도하는 방법을 제시하였다. 9장에서는 멱함수에 대해 함수의 증감, 홀짝성, 볼록성의 성질을 수학적으로 증명하고, 다양한 멱함수의 그래프를 작도하는 방법을 소개하였다. 특히, 다양한 멱함수에 대해 정의역, 치역을 체계적으로 분류하여 제시하였고, 이에 따른 멱함수의 그래프도 제시하였다.

10장에서는 지수함수, 로그함수에 대해 함수의 증감, 홀짝성, 볼록성의 성질을 증명하고, 지수함수와 로그함수의 역함수 관계, 지수함수와 로그함수의 다양한 그래프를 작도하는 방법, 그래프 작도의 구체적인 예들을 제시하였다. 11장의 삼각함수와 그래프에서는 사인함수, 코사인함수, 탄젠트함수, 코탄젠트함수에 대해 그래프의 작도 방법, 그래프의 특징을 분석하였고, 함수의 증감, 홀짝성, 주기성, 볼록성의 성질을 증명하였다.

12장에서는 앞에서 다룬 이차함수, 삼차함수, 지수함수, 로그함수, 분수함수, 삼각함수의 다양한 그래프를 제시하였다. 이때, 압축, 팽창, 함수에 절댓값을 취하기, 평행이동, 축대칭 등에 관련된 다양한 함수의 사례들을 다루어, 함수 그래프의 변형을 종합적으로 이해하고, 이를 바탕으로 수학적으로 실험하고 탐구할 수 있는 자료를 제공하려고 시도하였다.

마지막으로, 이 책을 통해 독자들이 함수와 그래프의 탐구에 익숙해지고, 함수의 그래프를 직접 작도하고 수학적 탐구를 진행하면서 수학에 대한 기쁨과 행복을 느끼기를 바란다. 특히, 이 책에서 다루는 함수식과 그 그래프들을 그냥 보아 넘기지 말고, 그 의미를 하나씩 찾고 변형시키면서 심화된 수학적 탐구의 기회를 경험하기를 부탁드린다.

마지막으로 출판에 도움을 주신 교우사 사장님과 직원들께 감사드립니다.

2025년 저자

차례

제 1장. 함수와 함수의 특징

1. 함수

정의역 D에서 함수 $y = f(x)$, $y = g(x)$가 주어졌다고 하자. $\forall x_0 \in D$에 대해 $f(x_0) = g(x_0)$이고 함수 $y = f(x)$, $y = g(x)$의 공역과 치역이 같으면, 함수 $y = f(x)$와 $y = g(x)$는 같다고 말하며, $f(x) = g(x)$ 또는 $f(x) \equiv g(x)$로 나타낸다. $f(x_0) = g(x_0)$는 $x = x_0$에서 함숫값이 같다는 것을 나타내며, $f(x) = g(x)$ 또는 $f(x) \equiv g(x)$는 함수가 같다는 것을 나타낸다.

함수는 여러 가지 형태로 표현되는데, 함수 $y = f(x)$, $y = g(x)$가 다른 형태로 주어져도 $f(x) = g(x)$가 되는 경우가 있다. 예를 들어, 실수 전체의 집합 $\mathbb{R}$에서 정의된 함수 $f(x) = \sqrt{x^2}$과 $g(x) = |x|$를 생각하자. $\forall x_0 \in \mathbb{R}$에 대해 $f(x_0) = \sqrt{x_0^2} = |x_0|$이므로, $f(x_0) = g(x_0)$이다. 이로부터 $\mathbb{R}$에서 $\sqrt{x^2} = |x|$라고 쓸 수 있다.

$f(x) = g(x)$가 되는 예들을 어렵지 않게 찾아볼 수 있다. 가령, 3을 제외한 실수 $\mathbb{R}$에서 정의된, 즉 정의역이 $\mathbb{R} \backslash \{3\}$인 두 함수 $f(x) = \frac{x^2-9}{x-3} + 7x - 5$, $g(x) = 8x - 2$를 살펴보자. $\forall x_0 \in \mathbb{R} \backslash \{3\}$인 x_0에 대해 $f(x_0) = \frac{x_0^2-9}{x_0-3} + 7x_0 - 5 = \frac{(x_0-3)(x_0+3)}{x_0-3} + 7x_0 - 5 = 8x_0 - 2$가 된다. 즉, $f(x_0) = g(x_0)$가 성립하며, 이로부터 $\mathbb{R} \setminus \{3\}$에서 $\frac{x^2-9}{x-3} + 7x - 5 = 8x - 2$가 된다.

이제, 몇 가지 함수에 대해 살펴보자. n은 음이 아닌 정수, $a_0, a_1, a_2, \cdots, a_n$은

실수이며 $a_n \neq 0$인 n차 다항식

$$a_n x^n + a_{n-1}x^{n-1} + a_{n-2}x^{n-2} + \cdots + a_2x^2 + a_1x + a_0$$

을 생각하자. 그러면, 함수

$$f(x) = a_n x^n + a_{n-1}x^{n-1} + a_{n-2}x^{n-2} + \cdots + a_2x^2 + a_1x + a_0$$

을 n차 다항함수라고 부른다. 이때, $f(x) = a_0$은 상수함수이며, 0차 다항함수이다.

다항식 $P(x) = a_n x^n + a_{n-1}x^{n-1} + a_{n-2}x^{n-2} + \cdots + a_2x^2 + a_1x + a_0$과 $Q(x) = b_m x^m + b_{m-1}x^{m-1} + b_{m-2}x^{m-2} + \cdots + b_2x^2 + b_1x + b_0$에 대해 비 $\frac{P(x)}{Q(x)}$의 형태를 가지는 함수를 $\varphi(x)$라 하면,

$$\varphi(x) = \frac{P(x)}{Q(x)} = \frac{a_n x^n + a_{n-1}x^{n-1} + a_{n-2}x^{n-2} + \cdots + a_2x^2 + a_1x + a_0}{b_m x^m + b_{m-1}x^{m-1} + b_{m-2}x^{m-2} + \cdots + b_2x^2 + b_1x + b_0}$$

을 유리함수라고 부른다. 유리함수 $\varphi(x)$에서 분모 $Q(x)$가 상수이면 다항함수가 되며, 분모 $Q(x)$가 상수가 아니면(즉, $b_m \neq 0$) 분수함수라고 부른다. 유리함수는 다항함수와 분수함수를 모두 포함한다.

예를 들어, $y = \frac{3x+1}{5}$, $y = \sqrt{5}x^2 + \sqrt{3}$, $y = \frac{1}{2x+3}$, $y = \frac{x^3+2x+1}{x-1}$, $y = x^5 + x^3 - x^2$ 등은 유리함수인데, 이들 중 $y = \frac{3x+1}{5}$, $y = \sqrt{5}x^2 + \sqrt{3}$, $y = x^5 + x^3 - x^2$는 다항함수이고 $y = \frac{1}{2x+3}$, $y = \frac{x^3+2x+1}{x-1}$은 분수함수이다.

유리함수는 함수 $y = f(x)$의 독립변수인 x에 대해 유한 번의 덧셈, 뺄셈, 곱셈, 나눗셈을 수행하여 얻어지는 함수이다. 함수 $y = \frac{3x+1}{5}$는 (1) x에 3배를 하고($3x$), (2) 1을 더한 후에($3x+1$), (3) 5로 나누어($\frac{3x+1}{5}$) 얻어진 함수이다. 함수 $y = \frac{x^3+2x+1}{x-1}$는 (1) x를 세 번 곱하고(x^3), (2) x에 2배를 하여 더하고($x^3 + 2x$), (3) 1을 더한 후에 ($x^3 + 2x + 1$), (4) x에서 1을 뺀 식($x - 1$)을 생각하여, (5) $x^3 + 2x + 1$에서 $x - 1$을 나누어 얻어진 함수이다.

한편, 실수 α에 대해 함수 $y = x^\alpha$가 항상 유리함수가 되는 것은 아니다. α가 정수인 경우에는 x를 곱하거나 나누어서 $y = x^\alpha$를 얻을 수 있으며, 이때 $y = x^\alpha$는

유리함수이다. 그러나 α가 분수이거나 무리수인 경우에는 x에 덧셈, 뺄셈, 곱셈, 나눗셈을 유한 번 수행하여 $y = x^\alpha$를 얻을 수 없다. 예를 들어, 함수 $y = x^{\sqrt{2}}$, $y = x^{\frac{3}{2}}$과 같은 함수는 유리함수가 아니다.

유리함수가 아닌 함수인 무리함수를 살펴보자(일반적으로, 유리함수가 아닌 대수함수를 무리함수라고 한다. 대수함수에 대해서는 뒤에서 살펴볼 것이다). 함수 $y = f(x)$에서 $f(x)$가 x에 대한 무리식일 때, 함수 $y = f(x)$를 무리함수라고 한다. 예를 들어, $y = \sqrt{x}$, $y = \sqrt[3]{x-5}$, $y = \sqrt{2x^2+7}$, $y = \sqrt{-2x+7}+5$, $y = \frac{\sqrt[3]{x^2+1}}{x^4+\sqrt{2x+1}}$ 등이 무리함수이다.

유리함수와 무리함수를 모아 대수함수(algebraic function)라고 하며, 대수함수는 다음을 만족하는 함수 $y = f(x)$를 말한다.

$$P_n(x)y^n + P_{n-1}(x)y^{n-1} + \cdots + P_2(x)y^2 + P_1(x)y + P_0(x) = 0 \tag{1.1}$$

이때, n은 양의 정수이고, $P_n(x)$, $P_{n-1}(x)$, $\cdots$, $P_2(x)$, $P_1(x)$, $P_0(x)$는 실수인 계수를 가지는 x에 대한 다항함수이며 $P_n(x) \neq 0$이다. 다시 말하면, 대수함수 $y = f(x)$는 방정식 (1.1)의 해이다.

예를 들어, 함수 $y = \sqrt[4]{x^3-x^2+7}$은 대수함수이다. 왜냐 하면, $y = \sqrt[4]{x^3-x^2+7}$은 방정식 $y^4 - x^3 + x^2 - 7 = 0$을 만족시키기 때문이다. 다른 대수함수의 예로 $y = \sqrt[3]{x^2+3x+1} - x^2 + 7x$를 들 수 있다. 실제로, $x^2 - 7x$를 우변으로 이항하면, $y + x^2 - 7x = \sqrt[3]{x^2+3x+1}$이 된다. 이제, 양변을 세제곱하여 정리하자. 좌변을 전개하면, $\left(y + x^2 - 7x\right)^3 = \left(y + (x^2-7x)\right)^3 = y^3 + 3y^2(x^2-7x) + 3y(x^2-7x)^2 + (x^2-7x)^3$이 된다. 이제, 우변을 세제곱한 식 x^2+3x+1을 이항하여 정리하면, $y^3 + 3y^2(x^2-7x) + 3y(x^2-7x)^2 + (x^2-7x)^3 - x^2 - 3x - 1 = 0$이 된다. 즉, 함수 $y = \sqrt[3]{x^2+3x+1} - x^2 + 7x$는 얻어진 다항식의 근이므로, 대수함수가 된다.

살펴본 것처럼, 유리함수, 무리함수, 유리함수와 무리함수에 사칙연산을 수행하여 얻어진 함수가 대수함수이다.

대수함수가 아닌 함수를 초월함수(transcendental function)라고 한다. 결국, 함수를 대수함수와 초월함수로 나눌 수 있으며, 초월함수의 예로 $y = a^x$꼴인 지수함수 (이때 $a > 0$, $a \neq 1$), 로그함수, 삼각함수, α가 무리수인 $y = x^\alpha$ 등을 들 수 있다.

2. 역함수와 합성함수

2.1 역함수

함수 $f : X \longrightarrow Y$가 주어졌다. 이때, (1) $y = f(x)$에서 치역과 공역이 같고($\{f(x) \mid x \in X\}$와 Y가 같음), (2) 임의의 $x_1, x_2 \in X$에 대해 $x_1 \neq x_2$이면 $f(x_1) \neq f(x_2)$가 성립한다. 그러면, 함수 $y = f(x)$를 일대일 대응이라고 부른다. 함수 $y = f(x)$에서 $x_1 \neq x_2$이면 $f(x_1) \neq f(x_2)$가 성립하는지 조사하기 위해, 대우를 이용해 $f(x_1) = f(x_2)$이면 $x_1 = x_2$인지를 확인해도 된다.

예를 들어, $f : \mathbb{R} \longrightarrow \mathbb{R}$에서 $f(x) = \frac{2}{3}x$라고 하면, $f(x) = \frac{2}{3}x$는 일대일 대응이다. 왜냐 하면, (1) $f(x) = \frac{2}{3}x$에서 $\forall x_1 \in \mathbb{R}$이면, 함숫값 $\frac{2}{3}x_1$의 집합은 $\mathbb{R}$이다. 즉, $f(x) = \frac{2}{3}x$의 치역이 $\mathbb{R}$이다. (2) 임의의 $x_1, x_2 \in \mathbb{R}$에 대해 $x_1 \neq x_2$이면 $f(x_1) \neq f(x_2)$가 성립하는지 조사하자. 이를 위해, $f(x_1) = f(x_2)$이면 $x_1 = x_2$인지를 확인하자. $f(x_1) = \frac{2}{3}x_1$, $f(x_2) = \frac{2}{3}x_2$이므로, $f(x_1) = f(x_2)$이면 $\frac{2}{3}x_1 = \frac{2}{3}x_2$가 된다. 등식 $\frac{2}{3}x_1 = \frac{2}{3}x_2$의 양변에 $\frac{3}{2}$을 곱하면, $x_1 = x_2$가 된다. 결국, $f(x_1) = f(x_2)$로부터 $x_1 = x_2$가 유도되며, $f(x) = \frac{2}{3}x$는 일대일 대응이라는 것이 증명된다.

$f : \mathbb{R} \longrightarrow \mathbb{R}$에서 정의된 함수 $f(x) = x^2$은 $\forall x_1 \in \mathbb{R}$에서 함숫값이 $f(x_1) = x_1^2 \geq 0$이므로, 공역은 $\mathbb{R}$이지만 치역은 음이 아닌 실수의 집합 $\{x \mid x \geq 0\}$이다. 그러므로, $f : \mathbb{R} \longrightarrow \mathbb{R}$에서 정의된 $f(x) = x^2$은 일대일 대응이 아니다.

만약, 함수 $f(x) = x^2$이 일대일 대응이 되도록 하려면, 정의역과 공역을 음이 아닌 실수의 집합 $\{x \mid x \geq 0\}$로 한정해야 한다. 그러면, (1) 함수 $f(x) = x^2$의 치역이 $\{x \mid x \geq 0\}$이므로, 공역과 치역이 일치한다. (2) $f(x_1) = x_1^2$, $f(x_2) = x_2^2$에서 $x_1^2 = x_2^2$을 생각하자. 그러면, $x_1^2 - x_2^2 = (x_1 - x_2)(x_1 + x_2) = 0$이며, $x_1 = x_2$ 또는 $x_1 = -x_2$가 된다. 정의역이 $\{x \mid x \geq 0\}$이므로 $x_1 = -x_2$가 될 수 없으며, $f(x_1) = f(x_2)$

로부터 $x_1 = x_2$가 유도된다. 결국, 정의역과 공역이 $\{x \mid x \geq 0\}$이면, 함수 $f(x) = x^2$은 일대일 대응이다.

함수 $f : X \longrightarrow Y$가 일대일 대응이라는 것은 함수 $f(x)$의 정의역에 속한 x_1, x_2에 대해 서로 다른 함숫값 $f(x_1)$, $f(x_2)$가 대응되며, 공역 Y의 원소 중 정의역 X에 대응되지 않는 것이 없다는 것을 의미한다. 그러므로, 함수 $f : X \longrightarrow Y$의 공역 Y에서 정의역 X로 가는 함수도 생각할 수 있다. 즉, $f^{-1} : Y \longrightarrow X$, $x = f^{-1}(y)$가 존재하는데(또는 $x = g(y)$라고도 씀), 함수 f^{-1}(또는 g)을 함수 f의 역함수라고 부른다. 그리고 함수 f^{-1}이 함수 f의 역함수이면, 함수 f는 함수 f^{-1}의 역함수가 된다.

정의역과 치역이 $\mathbb{R}$인 함수 $f(x) = x^3+7$을 생각하자. 그림 1.1(a)에 $x = 1, 2, 3, 4, 5$일 때의 함숫값 $f(1), f(2), f(3), f(4), f(5)$가 대응되어 있다. 그리고 그림 1.1(b)에는 함수 f의 역함수 f^{-1}의 대응 관계가 제시되어 있다.

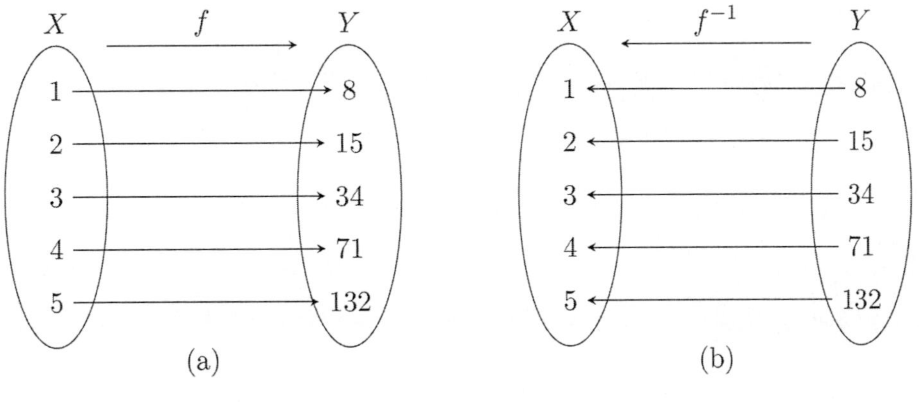

그림 1.1

$y = f(x)$의 역함수를 $x = f^{-1}(y)$로 나타냈고, 그림 1.1(b)에서 $1 = f^{-1}(8)$, $2 = f^{-1}(15)$, $3 = f^{-1}(34)$, $4 = f^{-1}(71)$, $5 = f^{-1}(132)$이다. 이제, 역함수 f^{-1}의 함수식을 구해보자.

이를 위해, $y = f(x)$와 같이 x에 대한 식으로 표현된 식을 $x = f^{-1}(y)$와 같이 y에 대한 식으로 바꾸어야 한다. 즉, $y = x^3 + 7$을 $x^3 = y - 7$과 같이 쓴다. 좌변을 x로 나타내기 위해, 등식의 양변을 세제곱근을 취하면, $x = \sqrt[3]{y-7}$이 된다.

함수 $y = x^3 + 7$의 역함수 함수식을 적으라고 하면, '함수식 $y = f^{-1}(x)$를 구하라'는 것을 말한다. 그러므로, 함수 $y = x^3 + 7$의 역함수를 구하라고 하면, $x = f^{-1}(y)$, 즉 $x = \sqrt[3]{y-7}$이라고 쓰지는 않는다.

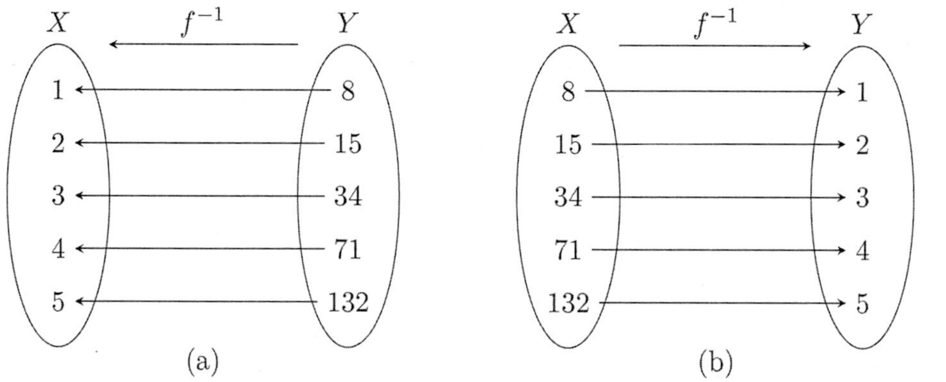

그림 1.2

역함수 f^{-1}은 $f^{-1} : Y \longrightarrow X$인 함수이지만, $f^{-1}(x)$는 $x = f^{-1}(y)$에서 그림 1.2(b)와 같이 역함수의 정의역 Y를 X로 바꾸어 나타낸 함수를 의미한다. 결국, 함수 $y = x^3 + 7$의 역함수는 $x = \sqrt[3]{y-7}$에서 x와 y를 바꾸어 $y = f^{-1}(x) = \sqrt[3]{x-7}$과 같이 쓴다. 그래서, 함수 $y = x^3 + 7$의 역함수를 구하라고 하면, 먼저 x와 y를 바꾸어 $x = y^3 + 7$과 같이 적고, 이 식을 $y = g(x)$와 같은 형태로 변형시켜 역함수 $y = f^{-1}(x)$를 구한다.

예제 1.1. 함수 $f(x) = \frac{\sqrt{x}-2}{\sqrt{x}+3}$의 역함수가 정의되는 구간을 찾고, 역함수를 구하여라.

풀이. 함수 $f(x) = \frac{\sqrt{x}-2}{\sqrt{x}+3}$의 그래프는 그림 1.3과 같다. 함수 $f(x)$의 정의역은 $[0, \infty)$이고, 치역은 $[-\frac{2}{3}, 1)$이다. 함수 $f(x)$의 치역은 $f(0) = -\frac{2}{3}$이고 $\lim_{x\to\infty} \frac{\sqrt{x}-2}{\sqrt{x}+3} = 1$인 것, 그리고 $f(x)$가 증가함수라는 것으로부터 확인할 수 있다. 함수 $f(x)$의 증감에 대해서는 뒤에서 다룰 것이며, $x_1 < x_2$로부터 $f(x_1) < f(x_2)$가 유도되면 함수 $f(x)$는 증가한다고 말한다. 실제로, $x_1, x_2 \in [0, \infty)$인 임의의 $x_1 < x_2$로부터 $f(x_1) < f(x_2)$, 즉 $\frac{\sqrt{x_1}-2}{\sqrt{x_1}+3} < \frac{\sqrt{x_2}-2}{\sqrt{x_2}+3}$를 유도할 수 있다. 이것은 예제 1.3에서 살펴보자.

결국, 역함수 f^{-1}의 정의역은 $[-\frac{2}{3}, 1)$이 된다. 이제, 함수 $y = \frac{\sqrt{x}-2}{\sqrt{x}+3}$의 역함수 식을 구하기 위해, x와 y를 바꾸면 $x = \frac{\sqrt{y}-2}{\sqrt{y}+3}$가 된다. 얻어진 식을 정리하면, $\sqrt{y} - 2 = x\sqrt{y} + 3x$, $\sqrt{y}(1-x) = 3x+2$, $\sqrt{y} = \frac{3x+2}{1-x}$가 된다. 양변을 제곱하면, $y = \left(\frac{3x+2}{1-x}\right)^2$이 된다. 결국, 함수 $f(x) = \frac{\sqrt{x}-2}{\sqrt{x}+3}$의 역함수는 구간 $[-\frac{2}{3}, 1)$에서 $y = f^{-1}(x) = \left(\frac{3x+2}{1-x}\right)^2$ 이다. □

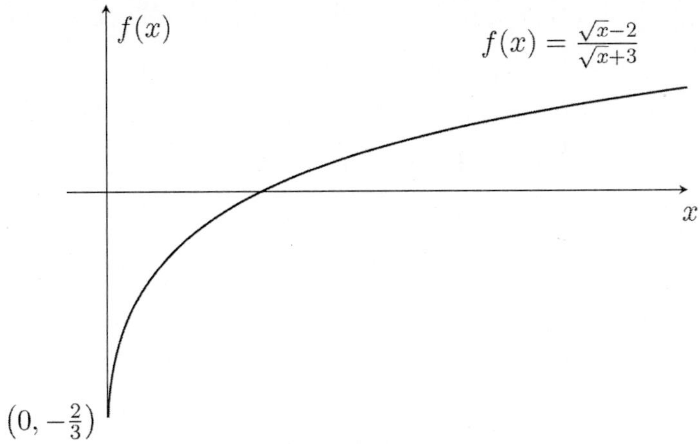

그림 1.3

이제, 함수 f와 역함수 f^{-1}의 그래프가 어떤 관계인지를 나타내는 다음 정리를 살펴보자.

정리 1.1. 함수 f와 역함수 f^{-1}의 그래프는 직선 $y = x$에 대해 대칭이다.

증명. 함수 f^{-1}이 함수 f의 역함수라고 하자. 이때, 함수 f와 역함수 f^{-1}의 그래프가 직선 $y = x$에 대해 대칭이 된다는 것을 보이려면, (1) 함수 f의 그래프에 속하는 임의의 점 $M(x_1, y_1)$에 대해 $N(y_1, x_1)$이 역함수 f^{-1}의 그래프에 속하며, (2) 점 $M(x_1, y_1)$과 $N(y_1, x_1)$이 직선 $y = x$에 대해 대칭이라는 것을 보여야 한다.

(1) 함수 f의 그래프에 속하는 임의의 점 $M(x_1, y_1)$에 대해 $N(y_1, x_1)$이 역함수 f^{-1}의 그래프에 속한다는 것을 보이자. $M(x_1, y_1)$이 함수 f의 그래프에 속하므로, $y_1 = f(x_1)$이다. 함수 f^{-1}이 함수 f의 역함수이므로, $x_1 = f^{-1}(y_1)$이다. 그러므로,

점 $N(y_1, x_1)$이 역함수 f^{-1}의 그래프에 속한다.

(2) $M(x_1, y_1)$과 $N(y_1, x_1)$이 직선 $y = x$에 대해 대칭이라는 것을 보이려면, 점 M, N의 중점이 직선 $y = x$에 속하며, 선분 MN과 직선 $y = x$가 수직이라는 것을 보여야 한다.

$M(x_1, y_1)$과 $N(y_1, x_1)$의 중점은 $\left(\frac{x_1+y_1}{2}, \frac{x_1+y_1}{2}\right)$이므로, 직선 $y = x$에 속한다. 그리고 선분 MN의 기울기는 $\frac{x_1-y_1}{y_1-x_1} = -1$이다. 선분 MN의 기울기와 직선 $y = x$의 기울기의 곱이 -1이므로, 선분 MN과 직선 $y = x$가 수직이다. □

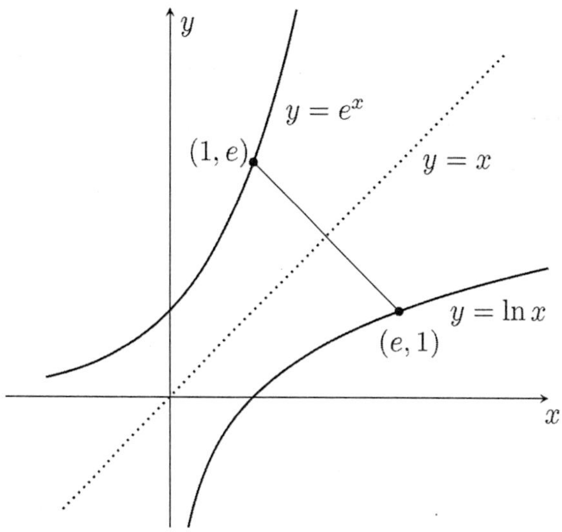

그림 1.4

그림 1.4에는 서로 역함수인 $y = e^x$와 $y = \ln x$의 그래프, $y = x$의 그래프가 제시되어 있다. 그림 1.4에서 보는 것과 같이, 함수 $y = e^x$의 그래프는 함수 $y = \ln x$의 그래프와 직선 $y = x$에 대해 대칭이다. 그리고 $y = \ln x$의 점 $(e, 1)$은 $y = e^x$의 점 $(1, e)$와 직선 $y = x$에 대해 대칭이다.

2.2 합성함수

함수 $f : X \longrightarrow Y$, $g : Y \longrightarrow Z$가 주어졌다. 그러면, $\forall x \in X$에 대해 $f(x) \in Y$이며, $\forall y \in Y$에 대해 $g(y) \in Z$가 된다. 이로부터 $y = f(x)$인 $y \in Y$에 대해 $g(y) = g(f(x))$

를 생각하여, $g \circ f : X \longrightarrow Z$인 함수 $g \circ f$(또는 $g(f(x))$를 정의할 수 있다(그림 1.5). 함수 $g \circ f$를 함수 f와 g의 합성함수라고 하며, $g \circ f = g(f)$, $(g \circ f)(x) = g(f(x))$로 나타낸다.

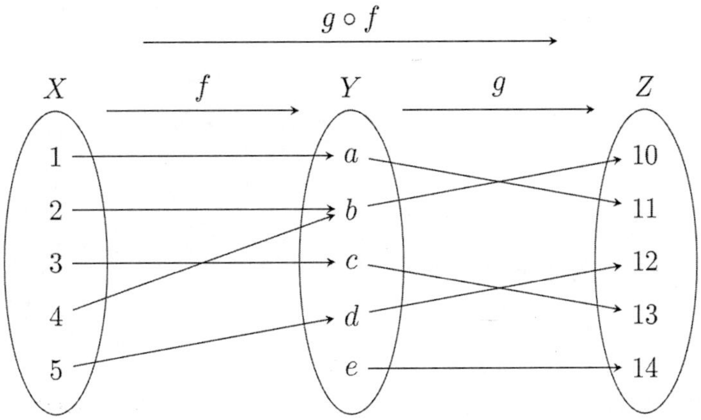

그림 1.5

그림 1.5에서 $g \circ f(1) = g(f(1)) = 11$, $g \circ f(2) = g(f(2)) = 10$, $g \circ f(3) = g(f(3)) = 13$, $g \circ f(4) = g(f(4)) = 10$, $g \circ f(5) = g(f(5)) = 12$가 된다. 즉, 새로 만들어진 대응 $g \circ f : X \longrightarrow Z$에서 정의역 X의 모든 원소에 대해 공역 Z의 원소가 하나씩 대응되므로, $g \circ f$는 함수가 된다. 그림 1.5에서 정의된 함수 $g \circ f$가 일대일 대응은 아니다. 함수 $g \circ f$의 공역은 $\{10, 11, 12, 13, 14\}$, 치역은 $\{10, 11, 12, 13\}$으로 공역과 치역이 서로 다르며, $g \circ f(2) = g \circ f(4)$이다.

함수의 합성과 관련하여, 다음 성질이 성립한다. 증명은 독자에게 남긴다.

정리 1.2. 함수 $f : X \longrightarrow Y$, $g : Y \longrightarrow Z$, $h : Z \longrightarrow W$, I_X는 $I_X : X \longrightarrow X$인 항등함수, I_Y는 $I_Y : Y \longrightarrow Y$인 항등함수에 대해, 다음이 성립한다.

(1) $f^{-1} \circ f = I_X$, $f \circ f^{-1} = I_Y$

(2) $(h \circ g) \circ f = h \circ (g \circ f)$

(3) $(g \circ f)^{-1} = f^{-1} \circ g^{-1}$

함수의 합성과 관련하여 주목할 것은 $g \circ f$와 $f \circ g$가 같지 않다는 것이다. 가령, 함수 $f(x) = 3x + 1$, $g(x) = x^3 + 2$가 주어졌다고 하자. 그러면, $g \circ f$를 다음과 같이 구할 수 있다.

$$(g \circ f)(x) = g(f(x)) = g(3x+1) = (3x+1)^3 + 2 = 27x^3 + 27x^2 + 9x + 3$$

그리고 $f \circ g$를 계산하면, 다음과 같다.

$$(f \circ g)(x) = f(g(x)) = f(x^3+2) = 3(x^3+2) + 1 = 3x^3 + 7$$

이로부터, $g \circ f \neq f \circ g$가 된다는 것을 알 수 있다.

3. 함수의 증감과 단조성

정의역이 D인 함수 f가 주어졌다. 구간 $D' \subset D$에 속하는 임의의 x_1, x_2에 대해, $x_1 < x_2$이면 $f(x_1) < f(x_2)$가 성립한다고 하자. 그러면, 함수 f는 구간 D'에서 증가한다고 하며, 함수 f는 구간 D'에서 증가함수라고 말한다. 이것을 수식을 이용하여 다음과 같이 쓸 수 있다.

$$\forall x_1, x_2 \in D' \text{에 대해,} \ \ x_1 < x_2 \Longrightarrow f(x_1) < f(x_2)$$

함수 f가 구간 D'에서 증가함수이면, 구간 D'에 속하는 x_1, x_2에 대해 $f(x_1) < f(x_2)$로부터 $x_1 < x_2$도 유도할 수 있다. 이것은 귀류법으로 증명할 수 있다. 즉, 결론 $x_1 < x_2$를 부정하면, $x_1 = x_2$ 또는 $x_1 > x_2$가 된다.

우선, $x_1 = x_2$이면 $f(x_1) = f(x_2)$이므로, 가정 $f(x_1) < f(x_2)$에 모순된다. 그리고 $x_1 > x_2$이면 함수 f가 증가함수이므로 $f(x_1) > f(x_2)$가 되어, 가정에 모순된다. 이로부터 함수 f가 증가함수이면, $f(x_1) < f(x_2)$로부터 $x_1 < x_2$이 유도된다는 것을 알 수 있다.

정리 1.3. 공역과 치역이 같은 함수 $f : X \longrightarrow Y$가 증가함수이면, 함수 f의 역함수 $f^{-1} : Y \longrightarrow X$가 존재한다.

증명. 함수 f의 역함수 $f^{-1}: Y \longrightarrow X$가 존재하려면, 함수 f가 일대일 대응이 된다는 것을 보이면 된다. 즉, 임의의 $x_1, x_2 \in X$에 대해 $x_1 \neq x_2$이면 $f(x_1) \neq f(x_2)$가 된다는 것을 보이자. 이것은 대우를 이용하여 증명하자. 즉, 임의의 $x_1, x_2 \in X$에 대해 $f(x_1) = f(x_2)$이면 $x_1 = x_2$가 된다는 것을 보이자.

귀류법으로, $x_1 \neq x_2$를 가정하면, (1) $x_1 < x_2$이거나 (2) $x_1 > x_2$가 된다. (1)의 경우에 함수 f가 증가함수이므로, $f(x_1) < f(x_2)$가 된다. 이것은 가정 $f(x_1) = f(x_2)$에 모순된다. (2)의 경우에도 함수 f가 증가함수이므로, $f(x_1) > f(x_2)$가 된다. 이것도 가정 $f(x_1) = f(x_2)$에 모순된다. 이로부터 임의의 $x_1, x_2 \in X$에 대해 $f(x_1) = f(x_2)$이면 $x_1 = x_2$가 된다는 것이 증명되며, f는 일대일 대응이며 역함수를 가진다는 것을 알 수 있다. □

유사한 방법으로, 구간 $D' \subset D$에서 감소함수도 말할 수 있다. 구간 D'에 속하는 임의의 x_1, x_2에 대해, $x_1 < x_2$이면 $f(x_1) > f(x_2)$가 성립한다고 하자. 그러면, 함수 f는 구간 D'에서 감소한다고 하며, 함수 f는 구간 D'에서 감소함수라고 말한다. 이것을 수식을 이용하여 다음과 같이 쓸 수 있다.

$$\forall x_1, x_2 \in D' \text{에 대해,} \quad x_1 < x_2 \Longrightarrow f(x_1) > f(x_2)$$

증가함수의 경우에서와 같이, 함수 f가 구간 D'에서 감소함수이면, 구간 D'에 속하는 x_1, x_2에 대해 $f(x_1) > f(x_2)$로부터 $x_1 < x_2$를 유도할 수 있다.

증가함수 f에 대한 정리 1.3과 유사한 정리가 감소함수에 대해서도 성립한다. 증명은 정리 1.3의 증명과 유사하므로 생략한다.

정리 1.4. 공역과 치역이 같은 함수 $f: X \longrightarrow Y$가 감소함수이면, 함수 f의 역함수 $f^{-1}: Y \longrightarrow X$가 존재한다.

정리 1.3과 정리 1.4의 역이 항상 성립하는 것은 아니다. 즉, 함수 f의 역함수 f^{-1}가 존재한다고 해서 함수 f가 항상 증가함수(또는 감소함수)가 되는 것은 아니다. 다음 예제를 살펴보자.

예제 1.2. 함수 $f : [0,5) \longrightarrow [0,4)$가 다음과 같이 주어졌다.

$$f(x) = \begin{cases} x, & \text{만약 } x \in [0,2]; \\ -\frac{2}{3}x + \frac{16}{3}, & \text{만약 } x \in (2,5) \end{cases}$$

(1) 함수 $y = f(x)$가 역함수를 가진다는 것을 증명하여라.

(2) 함수 $y = f(x)$가 증가함수도 아니고, 감소함수도 아니라는 것을 증명하여라.

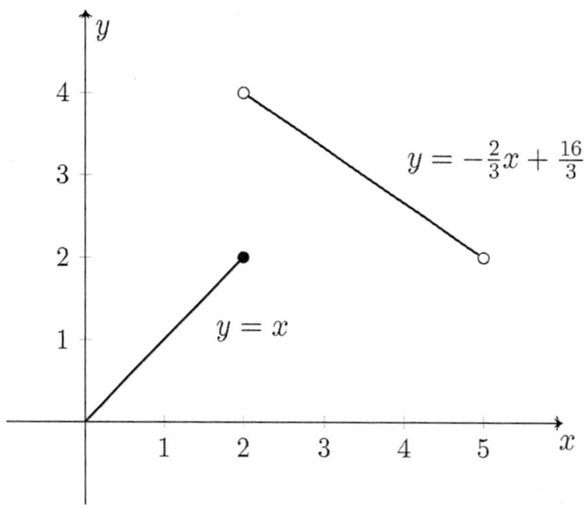

그림 1.6

풀이. (1) 함수 $y = f(x)$가 역함수를 가진다는 것을 보이려면, 첫째 $y = f(x)$에서 치역과 공역이 같고, 둘째 임의의 $x_1, x_2 \in X$에 대해 $x_1 \neq x_2$이면 $f(x_1) \neq f(x_2)$가 성립한다는 것을 확인해야 한다.

함수 $y = f(x)$의 공역이 $[0,4)$이다. 구간 $x \in [0,2]$에서 $y = f(x)$의 치역은 $[0,2]$이고 구간 $x \in (2,5)$에서의 치역은 $(2,4)$이다. 그러므로, 함수 $y = f(x)$의 치역이 $[0,4)$이다.

한편, 구간 $x \in [0,2]$에서 $f(x) = x$인데, $f(x) = x$에 대해 $x_1 \neq x_2$이면 $f(x_1) \neq f(x_2)$가 성립한다. 그리고 구간 $x \in (2,5)$에서 $f(x) = -\frac{2}{3}x + \frac{16}{3}$이며 이 함수에 대해서도 $x_1 \neq x_2$이면 $f(x_1) \neq f(x_2)$가 성립한다.

결국, 함수 $y = f(x)$가 역함수를 가진다는 것을 알 수 있다.

(2) 구간 $x \in [0,2]$에서 함수 $f(x) = x$는 증가함수이며, 구간 $x \in (2,5)$에서 함수 $f(x) = -\frac{2}{3}x + \frac{16}{3}$은 감소함수이다. 그러므로, $[0,5)$에서 함수 $y = f(x)$는 증가함수도 아니고, 감소함수도 아니다. □

예제 1.2에서와 같이, 함수 $y = f(x)$가 역함수를 가진다고 해서 반드시 증가함수 또는 감소함수가 되는 것은 아니다. 그리고 예제 1.2의 함수 $y = f(x)$는 연속함수도 아니다. 예제 1.2의 함수 $y = f(x)$의 그래프는 그림 1.6과 같다.

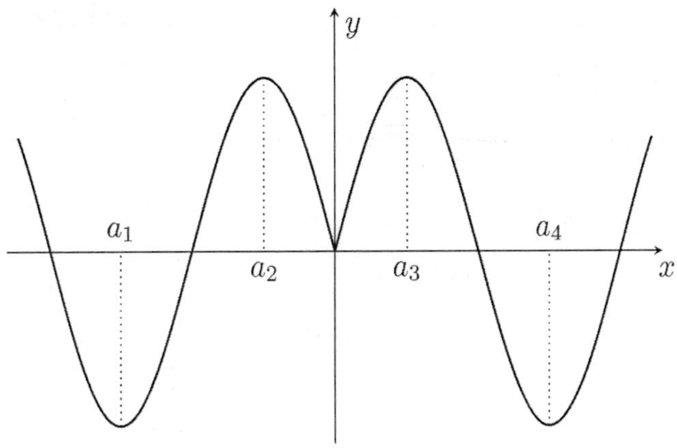

그림 1.7

실수 전체를 정의역 D로 하는 함수 $y = f(x)$의 그래프가 그림 1.7과 같다고 하자. 함수 $y = f(x)$는 정의역 D에서 증가하기도 하고 감소하기도 한다. 함수 $y = f(x)$의 증감을 구간으로 나누어 살펴보자. (1) $D_1 = [a_1, a_2]$라 하면, 구간 D_1에서 함수 $y = f(x)$는 x의 값이 커짐에 따라 그 함숫값도 커진다. 즉, 구간 D_1에 속하는 x_1, x_2에 대해 $x_1 < x_2$이면 $f(x_1) < f(x_2)$가 성립하므로, 구간 D_1에서 함수 $y = f(x)$는 증가한다(구간 D_1에서 함수 $y = f(x)$는 증가함수이다).

(2) $D_2 = [a_2, 0]$이라 하면, 구간 D_2에 속하는 x_1, x_2에 대해 $x_1 < x_2$이면 $f(x_1) > f(x_2)$가 된다. 그러므로, 구간 D_2에서 함수 $y = f(x)$는 감소함수이다. (3) $D_3 = [0, a_3]$이라 하면, 구간 D_3에서 함수 $y = f(x)$는 증가함수이며, (4) $D_4 = [a_3, a_4]$라 하면, 구간 D_4에서 함수 $y = f(x)$는 감소함수이다.

예제 1.3. 정의역이 $[0,\infty)$인 함수 $f(x)=\frac{\sqrt{x}-2}{\sqrt{x}+3}$는 증가함수라는 것을 증명하여라.

풀이. $[0,\infty)$에 속하는 임의의 x_1, x_2에 대해 $x_1 < x_2$라 하자. 함수 $f(x)=\frac{\sqrt{x}-2}{\sqrt{x}+3}$가 증가함수라는 것을 보이려면, $f(x_1)<f(x_2)$를 유도해야 한다. 즉, 부등식 $\frac{\sqrt{x_1}-2}{\sqrt{x_1}+3}<\frac{\sqrt{x_2}-2}{\sqrt{x_2}+3}$를 증명하자. 이를 위해, $\frac{\sqrt{x_2}-2}{\sqrt{x_2}+3}-\frac{\sqrt{x_1}-2}{\sqrt{x_1}+3}$를 다음과 같이 통분하여 정리할 수 있다.

$$\begin{aligned}\frac{\sqrt{x_2}-2}{\sqrt{x_2}+3}-\frac{\sqrt{x_1}-2}{\sqrt{x_1}+3}&=\frac{(\sqrt{x_2}-2)(\sqrt{x_1}+3)-(\sqrt{x_1}-2)(\sqrt{x_2}+3)}{(\sqrt{x_2}+3)(\sqrt{x_1}+3)}\\&=\frac{\sqrt{x_1x_2}+3\sqrt{x_2}-2\sqrt{x_1}-6-\sqrt{x_1x_2}-3\sqrt{x_1}+2\sqrt{x_2}+6}{(\sqrt{x_2}+3)(\sqrt{x_1}+3)}\\&=\frac{5\sqrt{x_2}-5\sqrt{x_1}}{(\sqrt{x_2}+3)(\sqrt{x_1}+3)}=\frac{5(\sqrt{x_2}-\sqrt{x_1})}{(\sqrt{x_2}+3)(\sqrt{x_1}+3)}\end{aligned}$$

얻어진 분수식에서 분모는 $(\sqrt{x_2}+3)(\sqrt{x_1}+3)>0$이고, 분자 $5(\sqrt{x_2}-\sqrt{x_1})$는 $x_1<x_2$이므로 $5(\sqrt{x_2}-\sqrt{x_1})>0$이 된다. 결국, 부등식 $\frac{\sqrt{x_1}-2}{\sqrt{x_1}+3}<\frac{\sqrt{x_2}-2}{\sqrt{x_2}+3}$이 성립하며, 함수 $f(x)=\frac{\sqrt{x}-2}{\sqrt{x}+3}$가 증가함수라는 것이 증명된다. □

예제 1.4. 함수 $f(x)=x^n$에서 n은 짝수인 양의 정수이다. 이때, 다음을 증명하여라.

(1) 구간 $[0,\infty)$에서 $f(x)=x^n$은 증가함수이다.

(2) 구간 $(-\infty,0]$에서 $f(x)=x^n$은 감소함수이다.

풀이. (1) 구간 $[0,\infty)$에 속하는 임의의 x_1, x_2에 대해, $x_1<x_2$라고 하자. 함수 $f(x)=x^n$이 증가함수임을 보이려면, $f(x_1)<f(x_2)$를 보이면 된다. 즉 $f(x_2)-f(x_1)>0$임을 보이자.

$f(x_1)=x_1^n$, $f(x_2)=x_2^n$이므로, $f(x_2)-f(x_1)=x_2^n-x_1^n$이다. 인수분해 공식 $x^n-y^n=(x-y)(x^{n-1}+x^{n-2}y+\cdots+xy^{n-2}+y^{n-1})$을 이용하면, 다음을 얻을 수 있다.

$$x_2^n-x_1^n=(x_2-x_1)(x_2^{n-1}+x_2^{n-2}x_1+\cdots+x_2x_1^{n-2}+x_1^{n-1})$$

이때, $x_1<x_2$이므로, $x_2-x_1>0$이다. 그리고 x_1, x_2가 구간 $[0,\infty]$에 속하므로, $x_1\ge 0$, $x_2>0$이다. 그러므로, $x_2^{n-1}+x_2^{n-2}x_1+\cdots+x_2x_1^{n-2}+x_1^{n-1}>0$이 되며,

$f(x_2) - f(x_1) = x_2^n - x_1^n > 0$, $f(x_2) > f(x_1)$이 유도된다. 이로부터, 구간 $[0, \infty)$에서 $f(x) = x^n$이 증가함수라는 것이 증명된다.

(2) 구간 $(-\infty, 0]$에서 $f(x) = x^n$이 감소함수라는 것은 (1)의 결과를 이용하여 증명할 수 있다. $x_1 < x_2 \leq 0$이라고 하자. 그러면, $0 \leq -x_2 < -x_1$이 된다. 즉, $-x_2, -x_1$은 구간 $[0, \infty)$에 속한다.

이제, (1)의 결과를 이용하면, $(-x_2)^n < (-x_1)^n$을 얻을 수 있다. n이 짝수이므로, $(-x_2)^n = x_2^n, (-x_1)^n = x_1^n$이다. 즉, 부등식 $(-x_2)^n < (-x_1)^n$에서 $x_2^n < x_1^n$이 유도된다. 결국, $x_1 < x_2 \leq 0$에 대해 $x_2^n < x_1^n$, $f(x_2) < f(x_1)$이 성립하므로, 구간 $(-\infty, 0]$에서 $f(x) = x^n$이 감소함수라는 것이 증명된다. □

예제 1.4의 결과로부터 $y = x^2$, $y = x^4$, $y = x^6$, $\cdots$ 등과 같은 함수는 구간 $[0, \infty)$에서는 증가함수이고, 구간 $(-\infty, 0]$에서는 감소함수가 된다는 것을 알 수 있다.

예제 1.5. 함수 $f(x) = x^n$에서 n은 홀수인 양의 정수이다. 그러면, 구간 $(-\infty, \infty)$에서 $f(x) = x^n$은 증가함수라는 것을 증명하여라.

풀이. 구간 $(-\infty, \infty)$에 속하며 $x_1 < x_2$인 x_1, x_2를 몇 가지 경우로 나누어 살펴보자.
(1) x_1, x_2가 다른 부호를 가지는 경우에는 $x_1 < 0$, $x_2 > 0$이 된다. n이 홀수인 양의 정수이므로, $f(x_1) = x_1^n < 0$, $f(x_2) = x_2^n > 0$이다. 결국, $x_1 < 0$, $x_2 > 0$인 $x_1 < x_2$에 대해 $f(x_1) < f(x_2)$가 성립한다.

(2) x_1, x_2가 같은 부호를 가진다고 하자. 우선, x_1, x_2가 모두 양수이며 $x_1 < x_2$인 경우를 살펴보자. $x_2^n - x_1^n = (x_2 - x_1)(x_2^{n-1} + x_2^{n-2}x_1 + \cdots + x_2x_1^{n-2} + x_1^{n-1})$에서 x_1, x_2가 모두 양수이므로, $x_2^{n-1} + x_2^{n-2}x_1 + \cdots + x_2x_1^{n-2} + x_1^{n-1} > 0$이 된다. 결국, $x_2^n - x_1^n > 0$이고, $f(x_1) < f(x_2)$가 유도된다.

이제, x_1, x_2가 모두 음수이며 $x_1 < x_2$인 경우를 살펴보자. $x_2^n - x_1^n = (x_2 - x_1)(x_2^{n-1} + x_2^{n-2}x_1 + \cdots + x_2x_1^{n-2} + x_1^{n-1})$에서 $x_2^{n-1} + x_2^{n-2}x_1 + \cdots + x_2x_1^{n-2} + x_1^{n-1}$의 각 항의 차수를 생각하자. n이 홀수이므로, x_2^{n-1}, x_1^{n-1}에서 지수 $n-1$은 짝수이며 $x_2^{n-1} > 0$, $x_1^{n-1} > 0$이다. $x_2^{n-1} + x_2^{n-2}x_1 + \cdots + x_2x_1^{n-2} + x_1^{n-1}$의 나머지 항들

$x_2^{n-2}x_1, \cdots, x_2x_1^{n-2}$은 $x_2^ix_1^j$의 형태인데, $i+j$는 짝수이다. 즉, i가 홀수이면 j도 홀수이고, i가 짝수이면 j도 짝수이다. 그러므로, x_1, x_2가 모두 음수인 경우에 x_2^i와 x_1^j는 같은 부호를 가지게 된다. 결국, $x_2^{n-2}x_1 + \cdots + x_2x_1^{n-2} > 0$이 되며, $x_2^{n-1} + x_2^{n-2}x_1 + \cdots + x_2x_1^{n-2} + x_1^{n-1} > 0$이다. 이로부터, x_1, x_2가 모두 음수인 경우에 $x_1 < x_2$로부터 $f(x_1) < f(x_2)$가 유도된다.

(3) x_1, x_2의 둘 중 하나가 0인 경우를 생각하자. $x_1 < x_2$에서 $x_1 = 0$이면, $x_2 > 0$이며 $x_2^n > 0$이 된다. 결국, $f(x_2) - f(x_1) > 0$, $f(x_1) < f(x_2)$가 유도된다.

한편, $x_2 = 0$이면, $x_1 < 0$이다. 홀수인 양의 정수 n에 대해 $x_1^n < 0$이다. 결국, $f(x_1) < f(x_2)$가 된다는 것을 알 수 있다. □

예제 1.5의 결과로부터 $y = x$, $y = x^3$, $y = x^5$, $\cdots$ 등과 같은 함수는 구간 $(-\infty, \infty)$에서는 증가함수라는 것을 알 수 있다. 예제 1.5를 이용하지 않고도, 이들 함수가 증가함수라는 것을 증명할 수 있다.

가령, 예제 1.5를 이용하지 않고 $y = x^3$이 증가함수라는 것을 보인다고 하자. 이를 위해, $x_1 < x_2$로부터 $x_1^3 < x_2^3$을 유도해야 한다. $x_2^3 - x_1^3 = (x_2 - x_1)(x_2^2 + x_1x_2 + x_1^2)$에서 $x_2 - x_1 > 0$이므로, $x_2^2 + x_1x_2 + x_1^2 > 0$임을 보여야 한다.

$x_2^2 + x_1x_2 + x_1^2 = \left(x_2 + \frac{x_1}{2}\right)^2 + \frac{3x_1^2}{4}$으로 쓸 수 있으므로, $x_2^2 + x_1x_2 + x_1^2 > 0$이 된다는 것을 알 수 있다. 이로부터, $x_1 < x_2$로부터 $x_1^3 < x_2^3$이 유도되며, $y = x^3$이 증가함수라는 것이 증명된다.

이제, $f(x) = \frac{1}{x}$의 증감을 살펴보자.

예제 1.6. 함수 $f(x) = \frac{1}{x}$은 구간 $(-\infty, 0)$, $(0, \infty)$에서 감소한다는 것을 증명하여라.

풀이. 구간 $(-\infty, 0)$에 속하는 임의의 x_1, x_2에 대해 $x_1 < x_2 < 0$이라 하자. 함수 $f(x) = \frac{1}{x}$이 감소함수임을 보이려면, $f(x_1) > f(x_2)$, 즉 $\frac{1}{x_1} > \frac{1}{x_2}$을 보이면 된다.

$x_1 < x_2 < 0$이므로, $x_1x_2 > 0$이다. 부등식 $x_1 < x_2$의 양변을 양수 x_1x_2로 나누어도 부등호 방향은 변하지 않으므로, $\frac{x_1}{x_1x_2} < \frac{x_2}{x_1x_2}$, $\frac{1}{x_2} < \frac{1}{x_1}$이 얻어진다. 이것으로 구간 $(-\infty, 0)$에서 함수 $f(x) = \frac{1}{x}$은 감소함수라는 것이 증명된다.

구간 $(0, \infty)$에 속하는 임의의 $0 < x_1 < x_2$에 대해서도 같은 방법으로 부등식 $\frac{1}{x_1} > \frac{1}{x_2}$을 증명할 수 있다.

결국, 구간 $(-\infty, 0)$, $(0, \infty)$에서 함수 $f(x) = \frac{1}{x}$은 감소함수임이 증명된다. □

이제, 예제 1.6을 확장하여 음의 정수 n에 대해 함수 $f(x) = x^n$의 증감을 조사하자. 양의 정수 k에 대해 $-n = k$라 놓으면, $f(x) = x^n = x^{-k} = \frac{1}{x^k}$이 된다. 예제 1.4, 예제 1.5에서와 같이, k가 짝수인 경우와 홀수인 경우로 나누어 살펴보자.

(1) k가 짝수인 경우를 구간 $(-\infty, 0)$, $(0, \infty)$로 나누어 살펴보자. 구간 $(-\infty, 0)$에 $x_1 < x_2 < 0$이면 $0 < x_2^k < x_1^k$가 된다. 이로부터, $\frac{1}{x_1^k} < \frac{1}{x_2^k}$이며 $f(x_1) < f(x_2)$가 성립한다. 결국, 구간 $(-\infty, 0)$에서 $f(x) = x^n$는 증가함수이다. 한편, 구간 $(0, \infty)$에서도 $0 < x_1 < x_2$이면 $0 < x_1^k < x_2^k$가 된다. 이로부터, $\frac{1}{x_2^k} < \frac{1}{x_1^k}$이며 $f(x_2) < f(x_1)$이 성립한다. 결국, 구간 $(0, \infty)$에서 $f(x) = x^n$은 감소함수이다.

(2) k가 홀수인 경우를 살펴보자. k가 홀수이면 x_1, x_2의 부호에 관계없이 $x_1 < x_2$이면 $x_1^k < x_2^k$가 된다(이것의 엄밀한 증명은 예제 1.5에 제시되어 있다). 예제 1.6에 의해, 구간 $(-\infty, 0)$, $(0, \infty)$에서 함수 $f(x) = \frac{1}{x}$이 감소함수이다. 즉 $x_1^k < x_2^k$에 대해 $f(x) = \frac{1}{x}$이 감소함수인 것을 생각하면, $\frac{1}{x_1^k} > \frac{1}{x_2^k}$이 유도된다. 결국, $f(x_1) > f(x_2)$가 성립하며, 구간 $(-\infty, 0)$, $(0, \infty)$에서 음의 정수 n에 대해 $f(x) = x^n$은 감소함수라는 것이 증명된다.

증가함수와 감소함수의 몇 가지 성질을 살펴보자.

정리 1.5. 함수 f가 구간 D'에서 증가하면, 양수 k에 대해 함수 kf는 구간 D'에서 증가한다. 그리고 함수 f가 구간 D'에서 증가하면, 음수 k에 대해 함수 kf는 구간 D'에서 감소한다.

증명. 함수 f가 구간 D'에서 증가하므로, 구간 D'에 속하는 임의의 x_1, x_2에 대해 $x_1 < x_2$로부터 $f(x_1) < f(x_2)$가 유도된다. 이제, 부등식 $f(x_1) < f(x_2)$의 양변에 양수 k를 곱하자. 그러면, $kf(x_1) < kf(x_2)$가 된다. 즉, $x_1 < x_2$로부터 $kf(x_1) < kf(x_2)$가 유도되었다. 이것은 구간 D'에서 함수 kf가 증가한다는 것, 즉 함수 kf가 증가함

수라는 것을 말한다.

유사한 방법으로, 함수 f가 구간 D'에서 증가하고 k가 음수인 경우에 함수 kf는 구간 D'에서 감소한다는 것을 증명할 수 있다. □

정리 1.6. 함수 f가 구간 D'에서 증가하고 함수 g는 상수함수이면, 함수 $f \pm g$는 구간 D'에서 증가한다. 그리고 함수 f가 구간 D'에서 감소하고 함수 g는 상수함수이면, 함수 $f \pm g$는 구간 D'에서 감소한다.

증명. 우선, 함수 f가 구간 D'에서 증가하고 함수 g는 상수함수이면, 함수 $f + g$가 증가함수라는 것을 증명하자. 함수 f가 구간 D'에서 증가하므로, 구간 D'에 속하는 임의의 x_1, x_2에 대해 $x_1 < x_2$로부터 $f(x_1) < f(x_2)$가 유도된다.

함수 g는 상수함수이므로, 상수 k에 대해 $g = k$라고 놓을 수 있다. 이제, $f(x_1) < f(x_2)$의 양변에 상수 k를 더하자. 그러면, $f(x_1)+k < f(x_2)+k$가 되며, $f(x_1)+k = f(x_1)+g$, $f(x_2)+k = f(x_2)+k$이므로 $f(x_1)+g < f(x_2)+g$가 성립한다. 이로부터 구간 D'에서 함수 $f+g$는 증가한다는 것, 즉 구간 D'에서 함수 $f+g$는 증가함수라는 것이 증명된다.

유사한 방법으로, 함수 f가 구간 D'에서 증가하고 함수 g는 상수함수이면 함수 $f - g$가 증가함수라는 것, 함수 f가 구간 D'에서 감소하고 함수 g는 상수함수이면 함수 $f \pm g$는 구간 D'에서 감소한다는 것을 증명할 수 있다. □

정리 1.7. 함수 f, g가 구간 D'에서 증가하면, 함수 f, g의 합 $f + g$는 구간 D'에서 증가한다. 그리고 함수 f, g가 구간 D'에서 감소하면, 합 $f + g$는 구간 D'에서 감소한다.

증명. 함수 f가 구간 D'에서 증가하므로, 구간 D'에 속하는 임의의 x_1, x_2에 대해 $x_1 < x_2$로부터 $f(x_1) < f(x_2)$가 유도된다. 같은 방법으로, 함수 g가 구간 D'에서 증가하므로, $x_1 < x_2$로부터 $g(x_1) < g(x_2)$가 유도된다. 이제, 부등식 $f(x_1) < f(x_2)$, $g(x_1) < g(x_2)$를 변끼리 더하면, $f(x_1) + g(x_1) < f(x_2) + g(x_2)$가 얻어진다. 이로부터, 구간 D'에서 함수 $f + g$가 증가한다는 것, 즉 함수 $f + g$가 증가함수라는 것이 증명된다.

한편, 함수 f, g가 구간 D'에서 감소하면, 함수 $f+g$는 구간 D'에서 감소한다는 것도 같은 방법으로 증명할 수 있다. □

정리 1.8. 함수 f, g가 구간 D'에서 음이 아닌 값을 가지며 증가하면, 함수 f, g의 곱 fg는 구간 D'에서 증가한다. 그리고 함수 f, g가 구간 D'에서 감소하면, 함수 f, g의 곱 fg는 구간 D'에서 감소한다.

증명은 앞에서 살펴본 정리들의 증명과 유사하므로 생략한다. 다음 정리도 유사한 방법으로 증명할 수 있다.

정리 1.9. 함수 f, g가 구간 D'에서 양의 값을 가지며 증가하면, 함수 $\frac{1}{f}$은 구간 D'에서 감소한다. 그리고 함수 f가 구간 D'에서 양의 값을 가지며 감소하면, 함수 $\frac{1}{f}$은 구간 D'에서 증가한다.

정리 1.10. 함수 f가 구간 D'에서 증가하고 함수 g는 구간 $f(D')$에서 증가하면, 합성함수 $g \circ f$는 구간 D'에서 증가한다. 그리고 함수 f가 구간 D'에서 감소하고 함수 g는 구간 $f(D')$에서 감소하면, 합성함수 $g \circ f$는 구간 D'에서 감소한다.

증명. 함수 f가 구간 D'에서 증가하므로, 구간 D'에 속하는 임의의 x_1, x_2에 대해 $x_1 < x_2$로부터 $f(x_1) < f(x_2)$가 유도된다. 그리고 $g(x)$는 구간 $f(D')$에서 증가하므로, $f(D')$에 속하는 $f(x_1), f(x_2)$에 대해 $f(x_1) < f(x_2)$로부터 $g(f(x_1)) < g(f(x_2))$가 유도된다. $g(f(x_1)) = g \circ f(x_1)$, $g(f(x_2)) = g \circ f(x_2)$이므로, $g \circ f(x_1) < g \circ f(x_2)$가 된다. 결국, 합성함수 $g \circ f$는 구간 D'에서 증가한다는 것, 합성함수 $g \circ f$는 구간 D'에서 증가함수라는 것이 증명된다.

함수 f, g가 감소함수인 경우도 유사한 방법으로, 합성함수 $g \circ f$는 구간 D'에서 감소한다는 것을 증명할 수 있다. □

예제 1.4, 예제 1.5, 정리 1.5, 정리 1.6, 정리 1.7, 정리 1.8, 정리 1.9, 정리 1.10을 이용하면, 다양한 함수들의 증감을 확인할 수 있다.

예제 1.5로부터 함수 $y = x^3$, $y = x$가 구간 $(-\infty, \infty)$에서는 증가함수라는 것을 알 수 있다. 그러면, 정리 1.5에 의해 함수 $y = 3x^3$, $y = 5x$는 구간 $(-\infty, \infty)$에서 증가함수가 된다. 이제, 정리 1.7에 의해 함수 $y = 3x^3 + 5x$는 구간 $(-\infty, \infty)$에서 증가함수가 된다는 것을 알 수 있다. 그리고 정리 1.6에 의해, 증가함수 $y = 3x^3 + 5x$와 상수함수 $y = 5$의 합인 함수 $y = 3x^3 + 5x + 5$가 증가함수라는 것을 알 수 있다.

예제 1.7. 함수 $y = 3x^4 + x^3 + 2x^2 - 10$이 구간 $[0, \infty)$에서 증가함수라는 것을 증명하여라.

풀이. 함수 $y = 3x^4 + x^3 + 2x^2 - 10$은 함수 $y = 3x^4 + x^3 + 2x^2$와 상수함수 $y = -10$의 합으로 생각할 수 있다. 함수 $y = 3x^4 + x^3 + 2x^2$은 구간 $[0, \infty)$에서 증가함수이므로, 정리 1.6에 의해 증가함수 $y = 3x^4 + x^3 + 2x^2$와 상수함수 $y = -10$의 합이 구간 $[0, \infty)$에서 증가함수가 된다는 것을 알 수 있다. □

예제 1.8. 함수 $y = \frac{5}{2x^2+3}$에 대해 구간 $(-\infty, \infty)$에서 증감을 조사하여라.

풀이. 예제 1.4에 의해, 함수 $y = x^2$은 구간 $[0, \infty)$에서 증가함수이고, 구간 $(-\infty, 0]$에서는 감소함수이다. 그리고 이들 구간에서 함수 $y = 2x^2 + 3$은 정리 1.5, 정리 1.6에 의해 함수 $y = x^2$와 함수의 증감에 대한 특징이 일치한다.

(1) 구간 $[0, \infty)$에서 함수 $y = \frac{5}{2x^2+3}$의 증감을 조사하자. $g(x) = 2x^2 + 3$라 놓으면, 함수 g는 양의 값을 가지며 증가한다. 그러므로, 정리 1.9에 의해 $\frac{1}{g(x)} = \frac{1}{2x^2+3}$은 감소함수가 된다. 그리고 정리 1.5에 의해, $f(x) = \frac{5}{g(x)} = \frac{5}{2x^2+3}$는 감소함수가 된다.

(2) 구간 $(-\infty, 0]$에서도 유사한 방법으로, $f(x) = \frac{5}{g(x)} = \frac{5}{2x^2+3}$는 증가함수라는 것을 보일 수 있다. 여기서는 정리들을 이용하지 않고, 함수식을 변형하여 구간 $(-\infty, 0]$에서 증가함수가 된다는 것을 보여보자. 즉, 구간 $(-\infty, 0]$에 속하는 임의의 x_1, x_2에 대해 $x_1 < x_2$로부터 $f(x_1) < f(x_2)$를 유도하자.

$$
\begin{aligned}
f(x_2) - f(x_1) &= \frac{5}{2x_2^2+3} - \frac{5}{2x_1^2+3} = 5\left(\frac{1}{2x_2^2+3} - \frac{1}{2x_1^2+3}\right) \\
&= 5 \cdot \frac{2x_1^2 - 2x_2^2}{(2x_2^2+3)(2x_1^2+3)} = 10 \cdot \frac{(x_1 - x_2)(x_1 + x_2)}{(2x_2^2+3)(2x_1^2+3)}
\end{aligned}
$$

얻어진 마지막 식의 분자에서 $x_1 - x_2 < 0$이고 $x_1 + x_2 < 0$이므로, 분자는 $(x_1 - x_2)(x_1+x_2) > 0$이다. 그리고 분모도 $(2x_2^2+3)(2x_1^2+3) > 0$이므로, $f(x_2)-f(x_1) > 0$, $f(x_2) > f(x_1)$이 유도된다. 이로부터, 구간 $(-\infty, 0]$에서 $f(x) = \frac{5}{g(x)} = \frac{5}{2x^2+3}$는 증가함수라는 것이 증명된다. □

이제, 구간 $D' \subset D$에서 감소하지않는함수 g에 대해 살펴보자. 구간 D'에서 증가함수 f는 $\forall x_1, x_2 \in D'$에 대해, $x_1 < x_2 \Longrightarrow f(x_1) < f(x_2)$를 만족한다. 이때 $f(x_1) < f(x_2)$에서 부등호 $<$를 $\leq$로 바꾸면, $\forall x_1, x_2 \in D'$인 $x_1 < x_2$에 대해 $g(x_1) \leq g(x_2)$가 성립하는 함수 g를 생각할 수 있다. 이러한 함수 g를 구간 D'에서 감소하지않는함수라고 한다. 함수 g는 구간 D'에서 x값이 증가함에 따라 그 함숫값이 감소하지 않고, 일정하게 유지되거나 증가하는 함수이다.

증가함수는 항상 감소하지않는 함수가 되지만, 감소하지않는 함수가 항상 증가함수가 되는 것은 아니다. 예를 들어, 항등함수인 $g(x) = 3$은 $x_1 < x_2$에 대해 $g(x_1) = g(x_2) = 3$이며, $g(x_1) \leq g(x_2)$가 성립하므로 감소하지않는 함수이다. 그러나 $g(x) = 3$이 증가함수는 아니다.

유사한 방법으로, $\forall x_1, x_2 \in D'$인 $x_1 < x_2$에 대해 $g(x_1) \geq g(x_2)$가 성립하는 함수 g를 생각할 수 있다. 이러한 함수 g는 구간 D'에서 증가하지않는함수라고 말한다.

감소하지않는함수와 증가하지않는함수를 단조함수라고 부른다. 증가함수와 감소함수는 단조함수이며, 감소하지않는함수를 증가함수와 구분하여 단조증가함수라고 부르며, 증가하지않는함수를 감소함수와 구분하여 단조감소함수라고 부른다.

함수 $y = f(x)$의 그래프가 그림 1.8과 같이 주어졌다고 하자. 그러면, 구간 $D_1 = [a_1, a_2]$에서 함수 $y = f(x)$는 감소함수이며, 구간 $D_2 = [a_3, a_4]$에서 함수 $y = f(x)$는 증가함수이다. 그리고 구간 $D_3 = [a_2, a_3]$에서 함수 $f(x)$는 일정한 값을 가지는 상수함수이다.

이제, 구간 $D_4 = D_1 \cup D_3$으로 정의하면, $D_4 = [a_1, a_3]$이 된다. 구간 D_4에서 함수 $y = f(x)$는 감소함수는 아니며, 증가하지않는함수이다. 즉 구간 D_4에서 함수

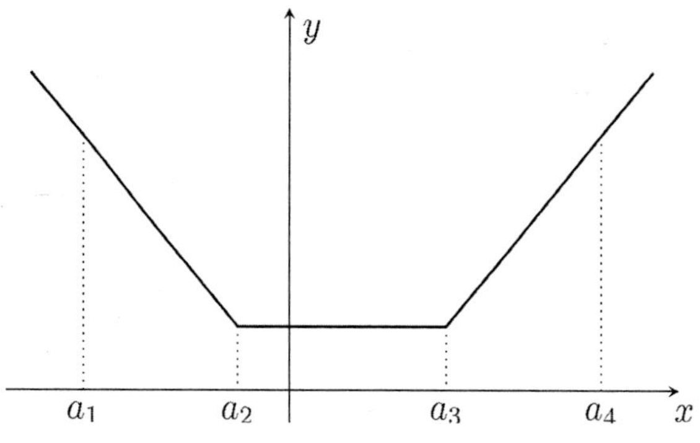

그림 1.8

$y = f(x)$는 단조감소함수라고 한다. 그리고 구간 $D_5 = D_3 \cup D_2$로 정의하면, $D_5 = [a_2, a_4]$가 된다. 구간 D_5에서 함수 $y = f(x)$는 증가함수는 아니며, 감소하지않는함수(단조증가함수)이다.

4. 함수의 홀짝성: 홀함수와 짝함수

정의역이 D인 함수 $y = f(x)$가 주어졌다고 하자. $\forall x \in D$에 대해, $-x \in D$이고 등식 $f(-x) = f(x)$가 성립하면, 함수 $y = f(x)$를 우함수 또는 짝함수라고 부른다. 이때, $\forall x \in D$에 대해 $-x \in D$가 성립한다는 것은 함수 $y = f(x)$의 정의역 D가 원점에 대해 대칭이라는 것을 의미한다.

정수 n에 대해 함수 $f(x) = x^n$을 생각하자. n이 음의 정수이면 함수 $f(x) = x^n$의 정의역은 $D_1 = \mathbb{R} \setminus \{0\}$이며, n이 음이 아닌 정수이면 함수 $f(x) = x^n$의 정의역은 $D = \mathbb{R}$이 된다.

정수 n에 대해 함수 $f(x) = x^n$의 정의역 D, D_1은 모두 원점에 대해 대칭이다. 즉, $\forall x \in D$(또는 D_1)이면 $-x \in D$(또는 D_1)가 된다. 이제, n이 짝수인 경우를 살펴보자. n이 짝수이므로, $n = 2k$라 놓을 수 있다. 그러면, $f(x) = x^{2k}$가 된다. 그리고 $f(-x)$를 구하면, $f(-x) = (-x)^{2k} = ((-x)^2)^k = (x^2)^k = x^{2k} = f(x)$이므로, $f(-x) = f(x)$가 성립한다. 즉, n이 짝수인 경우에 $f(x) = x^n$은 짝함수(우함수)이다.

예를 들어, $f(x) = x^2$, $f(x) = x^4$, $f(x) = x^6$, $f(x) = x^6 + 4x^4 + 3x^2$, $f(x) = \frac{3}{x^4}$,

$f(x) = \frac{1}{x^2 - x^4}$ 등은 모두 짝함수이다. $f(x) = 3$과 같은 상수함수는 짝함수인지 살펴보자. $\forall x \in \mathbb{R}$에 대해, $f(x) = 3$이고 $f(-x) = 3$이다. 그러므로 $f(x) = 3$에 대해 $f(x) = f(-x)$가 성립하며, 상수함수 $f(x) = 3$은 짝함수이다.

이제, 홀함수(기함수)를 살펴보자. 정의역이 D인 함수 $y = g(x)$가 주어졌다고 하자. $\forall x \in D$에 대해, $-x \in D$이고 등식 $g(-x) = -g(x)$가 성립하면, 함수 $y = g(x)$를 기함수 또는 홀함수라고 부른다. $\forall x \in D$에 대해 $-x \in D$가 되어야 하므로, 함수 $y = g(x)$의 정의역 D가 원점에 대해 대칭이다.

홀수인 정수 n에 대해 함수 $f(x) = x^n$을 생각하자. n이 홀수이므로, $n = 2k+1$이라 놓을 수 있다. 그러면, $f(x) = x^{2k+1}$이 된다. $f(-x)$를 구하면, $f(-x) = (-x)^{2k+1} = (-x)^{2k} \cdot (-x) = ((-x)^2)^k \cdot (-x) = (x^2)^k \cdot (-x) = -x^{2k} \cdot x = -x^{2k+1}$이므로, $f(-x) = -f(x)$가 성립한다. 즉, n이 홀수인 정수이면 $f(x) = x^n$은 홀함수(기함수)이다.

예를 들어, $f(x) = x$, $f(x) = x^3$, $f(x) = x^5$, $f(x) = x^7 + 4x^3 + 3x$, $f(x) = \frac{3}{x^5}$, $f(x) = \frac{1}{x - x^3}$ 등은 모두 홀함수이다. $f(x) = 5$와 같은 상수함수는 짝함수이므로, $f(x) = x^7 + 4x^3 + 3x + 5$는 홀함수가 되지 않는다. 함수 $f(x) = x^7 + 4x^3 + 3x + 5$는 짝함수도 아니고 홀함수도 아닌 함수이다.

예제 1.9. 다음 함수가 짝함수인지 홀함수인지 조사하여라.

(1) $f(x) = \frac{3^x + 3^{-x}}{5}$

(2) $f(x) = \frac{3^x - 3^{-x}}{5}$

(3) $f(x) = \frac{3^x + 3^{-x}}{3^x - 3^{-x}}$

(4) $f(x) = \frac{\sqrt{2-x} - \sqrt{2+x}}{\sqrt{7-2x} - \sqrt{7+2x}}$

풀이. (1) $f(-x)$를 조사하자. $f(-x) = \frac{3^{-x} + 3^x}{5} = \frac{3^x + 3^{-x}}{5}$이므로, $f(-x) = f(x)$가 성립한다. 즉, 함수 $f(x) = \frac{3^x + 3^{-x}}{5}$는 짝함수이다.

(2) $f(-x) = \frac{3^{-x} - 3^x}{5} = \frac{-3^x + 3^{-x}}{5} = -\frac{3^x - 3^{-x}}{5}$이므로, $f(-x) = -f(x)$가 성립한다. 즉, 함수 $f(x) = \frac{3^x - 3^{-x}}{5}$는 홀함수이다.

(3) $f(-x)=\frac{3^{-x}+3^{x}}{3^{-x}-3^{x}}=\frac{3^{x}+3^{-x}}{-3^{x}+3^{-x}}=-\frac{3^{x}+3^{-x}}{3^{x}-3^{-x}}$이므로, $f(-x)=-f(x)$가 성립한다. 즉, 함수 $f(x)=\frac{3^{x}+3^{-x}}{3^{x}-3^{-x}}$는 홀함수이다.

(4) $f(-x)=\frac{\sqrt{2+x}-\sqrt{2-x}}{\sqrt{7+2x}-\sqrt{7-2x}}=\frac{-\sqrt{2-x}+\sqrt{2+x}}{-\sqrt{7-2x}+\sqrt{7+2x}}=\frac{\sqrt{2-x}-\sqrt{2+x}}{\sqrt{7-2x}-\sqrt{7+2x}}$이므로, $f(-x)=f(x)$가 성립한다. 즉, 함수 $f(x)=\frac{\sqrt{2-x}-\sqrt{2+x}}{\sqrt{7-2x}-\sqrt{7+2x}}$는 짝함수이다. □

이제, 짝함수, 홀함수의 합, 곱 등에 관련된 성질을 살펴보자.

정리 1.11. 짝함수, 홀함수의 합에 대해 다음이 성립한다.

(1) 짝함수와 짝함수의 합은 짝함수이다.

(2) 홀함수와 홀함수의 합은 홀함수이다.

증명. (1) 짝함수와 짝함수의 합이 짝함수가 된다는 것을 증명하자. 함수 f, g가 짝함수라 하자. 이제, $\varphi(x)=f(x)+g(x)$라 놓고, $\varphi(-x)=\varphi(x)$, 즉 $f(-x)+g(-x)=f(x)+g(x)$가 되는지 조사하자. 함수 f, g가 짝함수이므로, $f(-x)=f(x)$, $g(-x)=g(x)$이다. 이들을 이용하면, $\varphi(-x)=f(-x)+g(-x)=f(x)+g(x)=\varphi(x)$가 된다. $\varphi(x)=\varphi(-x)$이므로, 짝함수와 짝함수의 합이 짝함수가 된다는 것이 증명된다.

(2) 유사한 방법으로, 홀함수와 홀함수의 합이 홀함수가 된다는 것을 증명할 수 있다. □

정리 1.12. 짝함수, 홀함수의 곱에 대해 다음이 성립한다.

(1) 짝함수와 짝함수의 곱은 짝함수이다.

(2) 홀함수와 홀함수의 곱은 짝함수이다.

(3) 짝함수와 홀함수의 곱은 홀함수이다.

증명. (1) 짝함수와 짝함수의 곱이 짝함수가 된다는 것을 증명하자. 함수 f, g가 짝함수라 하자. 이제, $\varphi(x)=f(x)g(x)$라 놓고, $\varphi(-x)=\varphi(x)$, 즉 $f(-x)g(-x)=f(x)g(x)$가 되는지 조사하자. 함수 f, g가 짝함수이므로, $f(-x)=f(x)$, $g(-x)=g(x)$이다. 이들을 이용하면, $\varphi(-x)=f(-x)g(-x)=f(x)g(x)=\varphi(x)$가 된다. $\varphi(-x)=\varphi(x)$이므로, 짝함수와 짝함수의 곱이 짝함수가 된다는 것이 증명된다.

(2) 유사한 방법으로, 홀함수와 홀함수의 곱이 짝함수가 된다는 것을 증명할 수 있다.

(3) 짝함수와 홀함수의 곱이 홀함수가 된다는 것을 증명하자. 함수 f는 짝함수, g는 홀함수라 하자. 이제, $\varphi(x) = f(x)g(x)$라 놓고, $\varphi(-x) = -\varphi(x)$, 즉 $f(-x)g(-x) = -f(x)g(x)$가 되는지 조사하자. 함수 f는 짝함수, g는 홀함수이므로, $f(-x) = f(x) =$, $g(-x) = -g(x)$이다. 이들을 이용하면, $\varphi(-x) = f(-x)g(-x) = -f(x)g(x) = -\varphi(x)$가 된다. $\varphi(-x) = -\varphi(x)$이므로, 짝함수와 홀함수의 곱이 홀함수가 된다는 것이 증명된다. □

정리 1.13. 짝함수, 홀함수의 합성에 대해 다음이 성립한다.

(1) $y = f(x)$가 홀함수이고 $x = g(t)$가 홀함수이면, 합성함수 $\varphi(t) = f(g(t))$는 홀함수이다.

(2) $y = f(x)$가 짝함수이고 $x = g(t)$가 홀함수이면, 합성함수 $\varphi(t) = f(g(t))$는 짝함수이다.

(3) $y = f(x)$가 짝함수이고 $x = g(t)$가 짝함수이면, 합성함수 $\varphi(t) = f(g(t))$는 짝함수이다.

증명. (1) $\varphi(t) = f(g(t))$의 홀짝성을 조사하자. 이를 위해, $\varphi(-t) = f(g(-t))$를 생각하자. $x = g(t)$가 홀함수이므로, $g(-t) = -g(t)$이다. 그러므로 $\varphi(-t) = f(g(-t)) = f(-g(t))$가 된다. 이제, $y = f(x)$가 홀함수라는 것을 생각하면, $f(-g(t)) = -f(g(t))$가 된다. 결국, $\varphi(-t) = f(g(-t)) = f(-g(t)) = -f(g(t)) = -\varphi(t)$가 되므로, $\varphi(t) = f(g(t))$는 홀함수가 된다.

(2) $\varphi(t) = f(g(t))$의 홀짝성을 조사하자. $x = g(t)$가 홀함수이므로, $g(-t) = -g(t)$이다. 그러므로 $\varphi(-t) = f(g(-t)) = f(-g(t))$가 된다. 그리고 $y = f(x)$가 짝함수라는 것을 생각하면, $f(-g(t)) = f(g(t))$가 된다. 결국, $\varphi(-t) = f(g(-t)) = f(-g(t)) = f(g(t)) = \varphi(t)$가 되므로, $\varphi(t) = f(g(t))$는 짝함수가 된다.

(3) 유사한 방법으로, 합성함수 $\varphi(t) = f(g(t))$는 짝함수라는 것을 증명할 수 있

다. □

정리 1.14. 함수 $\varphi(x)$의 정의역 D가 원점에 대칭이라고 하자. 그러면, 함수 $\varphi(x)$를 짝함수와 홀함수의 합으로 나타낼 수 있다.

증명. 함수 $\varphi(x)$를 다음과 같이 나타낼 수 있다.

$$\varphi(x) = \frac{\varphi(x)+\varphi(-x)}{2} + \frac{\varphi(x)-\varphi(-x)}{2}$$

왜냐 하면, 식 $\frac{\varphi(x)+\varphi(-x)}{2} + \frac{\varphi(x)-\varphi(-x)}{2}$를 통분하여 정리하면 $\varphi(x)$가 얻어지기 때문이다. 이제, $\frac{\varphi(x)+\varphi(-x)}{2} = f(x)$, $\frac{\varphi(x)-\varphi(-x)}{2} = g(x)$라 놓고, $f(x)$, $g(x)$의 홀짝성을 조사하자.

$$f(-x) = \frac{\varphi(-x)+\varphi(x)}{2} = \frac{\varphi(x)+\varphi(-x)}{2} = f(x)$$
$$g(-x) = \frac{\varphi(-x)-\varphi(x)}{2} = \frac{-\varphi(x)+\varphi(-x)}{2} = -\frac{\varphi(x)-\varphi(-x)}{2} = -g(x)$$

$f(x) = f(-x)$이므로, 함수 $f(x)$는 짝함수이다. 그리고 $g(x) = -g(-x)$이므로, 함수 $g(x)$는 홀함수이다. $\varphi(x) = f(x) + g(x)$에서 $f(x)$는 짝함수, $g(x)$는 홀함수이므로, $\varphi(x)$를 짝함수와 홀함수의 합으로 나타낼 수 있다는 것이 증명된다. □

실수 집합에서 정의된 함수 $y = e^x$는 짝함수도 아니고 홀함수도 아니다. 정리 1.14에서 살펴보았듯이, $y = e^x$를 짝함수와 홀함수의 합으로 나타낼 수 있다. 이를 위해, e^x를 다음과 같이 나타내자.

$$e^x = \frac{e^x+e^{-x}}{2} + \frac{e^x-e^{-x}}{2}$$

이것은 $\frac{e^x+e^{-x}}{2} + \frac{e^x-e^{-x}}{2}$를 계산하면 e^x가 얻어지므로 확인할 수 있다. 이제, $f(x) = \frac{e^x+e^{-x}}{2}$, $g(x) = \frac{e^x-e^{-x}}{2}$라 놓고, 이들의 홀짝성을 조사하자.

$f(-x) = \frac{e^{-x}+e^x}{2} = \frac{e^x+e^{-x}}{2} = f(x)$가 되므로, $f(x)$는 짝함수이다. 한편, $g(-x) = \frac{e^{-x}-e^x}{2} = \frac{-e^x+e^{-x}}{2} = -\frac{e^x-e^{-x}}{2} = -g(x)$가 되므로, $g(x)$는 홀함수이다. 결국 e^x는 짝함수인 $\frac{e^x+e^{-x}}{2}$와 홀함수인 $\frac{e^x-e^{-x}}{2}$의 합으로 나타낼 수 있다.

$f(x) = \frac{e^x+e^{-x}}{2}$는 쌍곡코사인함수라고 불리며 $f(x) = \cosh x$로 나타내며, $g(x) = \frac{e^x-e^{-x}}{2}$는 쌍곡사인함수라고 불리며 $g(x) = \sinh x$로 나타낸다. 그리고 $e^x = \cosh x + \sinh x$로 쓸 수 있다.

그림 1.9에 $y = e^x$, $y = \cosh x$, $y = \sinh x$의 그래프가 제시되어 있다. 실선이 $y = e^x$의 그래프이고, 긴 점선이 짝함수인 $y = \cosh x$의 그래프, 긴 점선과 짧은 점선이 혼합된 선이 홀함수인 $y = \sinh x$의 그래프이다.

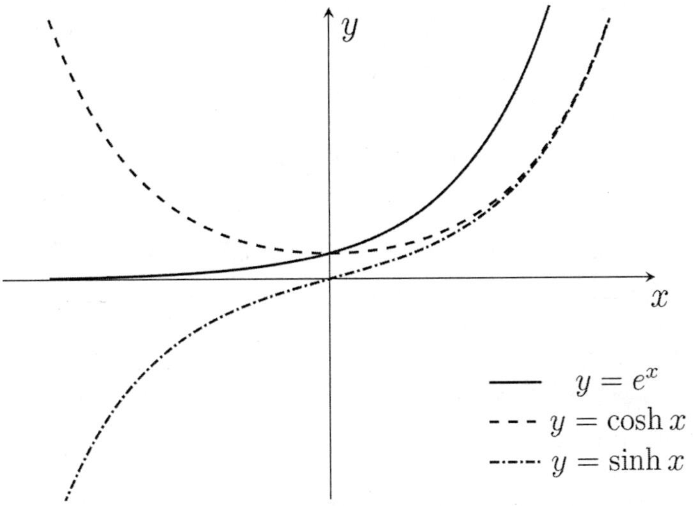

그림 1.9

함수의 홀짝성은 함수 그래프의 개형과도 밀접하게 관련된다. 함수 $y = f(x)$가 짝함수이면, 함수 $y = f(x)$의 그래프는 y축에 대해 대칭이며, 함수 $y = g(x)$가 홀함수이면, 함수 $y = g(x)$의 그래프는 원점에 대해 대칭이 된다.

가령, 함수 $y = f(x)$가 짝함수라고 하면, $f(-x) = f(x)$가 성립한다. 함수 $y = f(x)$의 그래프에 속하는 점 $A(x, f(x))$를 생각하자. 짝함수(홀함수)의 정의역 D는 원점에 대해 대칭이므로, $x \in D$이면 $-x \in D$가 된다. 그러면, $-x$에서의 함숫값 $f(-x)$에 대해 점 $B(-x, f(-x))$도 함수 $y = f(x)$의 그래프에 속한다. 이때, $f(x) = f(-x)$이므로, $B(-x, f(-x))$를 $B(-x, f(x))$로 나타낼 수 있다. 결국, $A(x, f(x))$와 $B(-x, f(x))$가 함수 $y = f(x)$의 그래프에 속하므로, 함수 $y = f(x)$의 그래프는 y축에 대해 대칭이라는 것을 알 수 있다.

이제, 함수 $y = g(x)$가 홀함수라고 하면, $g(-x) = -g(x)$가 성립한다. 함수 $y = g(x)$의 그래프에 속하는 점 $A(x, g(x))$를 생각하자. 이때, $x \in D$이면 $-x \in D$이다. 그러면, $-x$에서의 함숫값 $g(-x)$에 대해 점 $B(-x, g(-x))$도 함수 $y = g(x)$의 그래프에 속한다. 이때, $g(-x) = -g(x)$이므로, $B(-x, g(-x))$를 $B(-x, -g(x))$로 나타낼 수 있다. 결국, $A(x, g(x))$와 $B(-x, -g(x))$가 함수 $y = g(x)$의 그래프에 속하므로, 함수 $y = g(x)$의 그래프는 원점에 대해 대칭이라는 것을 알 수 있다.

실제로, 그림 1.9에서 짝함수인 $y = \cosh x$의 그래프는 y축에 대해 대칭이며, 홀함수인 $y = \sinh x$의 그래프는 원점에 대해 대칭이 된다는 것을 확인할 수 있다.

5. 함수의 주기성

삼각함수 $y = \sin x$, $y = \cos x$, $y = \tan x$처럼 함숫값이 일정하게 반복되는 함수를 주기함수라고 한다. 이를 구체적으로 기술하면, 정의역 D의 모든 x에 대해 (1) $x+T$, $x-T$가 정의역 D에 속하며, (2) $f(x+T) = f(x-T) = f(x)$를 만족하는 수 T가 존재하면, 함수 $y = f(x)$를 주기함수라 하고 0이 아닌 실수 T를 함수 $y = f(x)$의 주기라고 말한다.

주기함수가 아닌 함수에 대해 살펴보자. 정의역이 실수 전체의 집합인 $\mathbb{R}$인 함수 $f(x) = x^2$을 생각하자. $\mathbb{R}$에 속하는 모든 x와 임의의 T에 대해 $x+T$, $x-T$가 함수의 정의역에 속한다. 이제, 임의의 $T > 0$에 대해 $f(x) \neq f(x+T)$인 x가 존재하면, $y = f(x)$가 주기함수가 아니라는 것이 증명된다.

실제로, $x = 0$을 $y = f(x)$에 대입하면 $f(0) = 0$이고, $y = f(x+T)$에 대입하면 $f(0+T) = f(T) = T^2$이 된다. 그런데, $T > 0$이므로 $T^2 \neq 0$이다. 결국, $x = 0$이면 $f(x) \neq f(x+T)$가 되므로, 함수 $f = x^2$은 주기함수가 아니라는 것이 증명된다.

주기함수 $y = f(x)$는 수없이 많은 주기를 가진다. 가령, 수 T가 주기함수 $y = f(x)$의 주기라고 하면, 0이 아닌 정수 n에 대해 nT도 함수 $y = f(x)$의 주기가 된다. 실제로, $f(x+nT) = f((x+(n-1)T)+T)$와 같이 쓸 수 있다. 이때, T가 함수

$y = f(x)$의 주기이므로, $f((x+(n-1)T)+T) = f(x+(n-1)T)$라 쓸 수 있다. 다시 $f(x+(n-1)T) = f((x+(n-2)T)+T) = f(x+(n-2)T)$가 된다.

이러한 과정을 반복하면, $f(x+nT) = f(x)$가 된다는 것을 알 수 있다. 결국, T가 함수 $y = f(x)$의 주기이면, nT도 $y = f(x)$의 주기가 된다.

주기 nT 중 가장 작은 양수인 주기를 기본주기라고 말한다. 그런데, 주기함수에 따라 기본주기는 존재할 수도 있고, 그렇지 않을 수도 있다. 가령, $y = \sin x$는 주기가 $2n\pi$이고(n은 정수), 기본주기는 2π이다. 기본주기의 다음 성질을 살펴보자.

정리 1.15. 함수 $y = f(x)$의 모든 주기는 기본주기의 배수이다.

증명. T를 함수 $y = f(x)$의 기본주기, T_1을 함수의 다른 주기라 하고, T_1이 T의 배수라는 것을 보이자. 우선, T_1이 양수인 경우를 살펴보자. 주기 T에 대해 수 0, T, $2T$, $3T, \cdots, kT, \cdots$를 생각하자. 이 수들을 이용하여 수직선(음이 아닌 실수 $[0,\infty)$로 된)을 $[0,T)$, $[T,2T)$, $[2T,3T)$, $\cdots$, $[kT,(k+1)T)$, $\cdots$로 분할할 수 있다.

$T_1 > 0$이므로, T_1은 이 분할의 한 구간에 속하게 된다. 가령, T_1이 구간 $[nT,(n+1)T)$에 속한다고 하자. 이로부터, $nT \leq T_1 < (n+1)T$이며, 부등식의 변들에서 nT를 빼면 $0 \leq T_1 - nT < T$가 된다.

T_1과 T가 함수의 주기이므로, $T_1 - nT$도 함수의 주기이다. 왜냐 하면, T가 주기이면 nT도 주기이며, $f(x+T_1-nT) = f(x+T_1)$이다. 그리고 T_1이 주기이므로, $f(x+T_1) = f(x)$이기 때문이다. 즉 $f(x+T_1-nT) = f(x+T_1) = f(x)$이다. 그런데, 기본주기 T는 가장 작은 양수인 주기이므로, $0 \leq T_1 - nT < T$로부터 $T_1 - nT = 0$이 유도된다. 결국, $T_1 = nT$가 증명된다.

T_1이 음수인 경우도 유사한 방법으로 증명할 수 있다. □

주기함수이지만, 기본주기가 존재하지 않는 함수도 있다. 예를 들어, 상수함수 $f(x) = 5$는 주기함수이지만, 기본주기가 존재하지 않는다. 임의의 $x \in \mathbb{R}$에 대해 $f(x+T) = f(x-T) = f(x) = 5$이므로, 상수함수 $f(x) = 5$는 주기함수가 된다. 이때, 임의의 실수 T에 대해 등식 $f(x+T) = f(x-T) = f(x) = 5$이 성립하지만,

이 등식을 만족시키는 가장 작은 양수 T는 구할 수 없다. 즉, 상수함수 $f(x) = 5$는 기본주기를 가지지 않는다.

이제, 주기함수의 성질을 더 살펴보자.

정리 1.16. $a, b \in \mathbb{R}$이고 $a \neq 0$에 대해 $g(x) = af(x) + b$라 하자. 그러면, 다음이 성립한다

(1) 함수 $y = f(x)$의 주기는 함수 $y = g(x)$의 주기이다.

(2) 함수 $y = f(x)$의 기본주기가 T'이면, 함수 $y = g(x)$의 기본주기도 T'이다.

증명. (1) 함수 $y = f(x)$의 주기 T에 대해 $f(x + T) = f(x - T) = f(x)$가 성립한다. 이제, $g(x) = af(x) + b$에 대해 주기를 조사하자. $g(x + T) = af(x + T) + b$에서 $f(x+T) = f(x)$이므로, $g(x+T) = af(x+T)+b = af(x)+b = g(x)$가 된다. 그리고 $g(x - T) = af(x - T) + b$에서 $f(x - T) = f(x)$이므로, $g(x - T) = af(x - T) + b = af(x) + b = g(x)$가 된다. 그러므로 T는 $g(x) = af(x) + b$의 주기이다.

(2) 함수 $y = f(x)$의 주기를 T라 하면, T'은 $f(x+T) = f(x-T) = f(x)$를 만족시키는 가장 작은 양수이다. 이제, $g(x)$의 기본주기를 조사하자. $g(x+T) = af(x+T)+b$이다. 이때, T'이 함수 $y = f(x)$의 기본주기이므로, $af(x+T)+b = af(x)+b$를 만족시키는 가장 작은 양수는 T'이다. 이로부터, $g(x+T) = af(x+T)+b = af(x)+b = g(x)$를 만족시키는 가장 작은 수가 T'이 된다는 것을 알 수 있다. 즉, T'은 함수 $y = g(x)$의 기본주기이다. □

$f(x) = \sin x$의 기본주기는 2π이다. 그러면, 정리 1.16에 의해 $\sin x$를 포함한 다양한 함수들의 기본주기를 구할 수 있다. 가령, $f(x) = 2\sin x + 7$이라 하면, 함수 $f(x)$의 기본주기는 2π가 된다. 즉, $a, b \in \mathbb{R}$이고 $a \neq 0$에 대해 함수 $f(x) = a\sin x + b$의 기본주기는 2π이다.

$f(x) = \cos x$를 포함하는 식들의 기본주기도 같은 방법으로 찾을 수 있다. 즉, $a, b \in \mathbb{R}$이고 $a \neq 0$에 대해 함수 $f(x) = a\cos x + b$의 기본주기는 2π이다.

정리 1.17. 함수 $y = f(x)$의 기본주기가 T이고 k는 0이 아닌 실수라 하자. 그러면, 함수 $y = f(kx)$의 기본주기는 $\frac{T}{|k|}$이다.

증명. T가 함수 $y = f(x)$의 기본주기이므로, $f(x) = f(x + T)$이다. 이때, x대신 kx를 대입하면, $f(kx) = f(kx + T)$이며 $f(kx + T) = f\left(k\left(x + \frac{T}{k}\right)\right)$가 된다. 즉, $f(kx) = f\left(k\left(x + \frac{T}{k}\right)\right)$이다. 얻어진 등식은 $y = f(kx)$에서 x대신 $x + \frac{T}{k}$를 대입해도 함숫값이 같다는 것을 의미한다. 즉, $y = f(kx)$의 주기가 $\frac{T}{k}$라는 것을 알 수 있다.

이제, $\frac{T}{|k|}$가 함수 $y = f(kx)$의 기본주기라는 것을 보이자. 귀류법으로, $\frac{T}{k'} < \frac{T}{|k|}$인 $\frac{T}{k'}$가 $y = f(kx)$의 주기라고 가정하자(이때, $k' > 0$). 그러면, $f(kx) = f\left(k\left(x + \frac{T}{k'}\right)\right) = f\left(kx + \frac{kT}{k'}\right)$이다. 이 등식에서 $kx = x'$이라 놓으면, $f(x') = f\left(x' + \frac{kT}{k'}\right)$가 되고, $\frac{kT}{k'}$는 $y = f(x)$의 주기이다. 그런데, $\frac{T}{k'} < \frac{T}{|k|}$에서 $k' > |k|$이므로, $\frac{|k|T}{k'} < T$가 된다. 이것은 T가 $y = f(x)$의 기본주기라는 것에 모순된다. 결국, $\frac{T}{|k|}$가 함수 $y = f(kx)$의 기본주기라는 것이 증명된다. □

정리 1.17에 의하면, 함수 $f(x) = \sin x$가 주기함수이므로 $f(x) = \sin\frac{3}{2}x$, $f(x) = \sin\frac{2}{5}x$도 주기함수이며, $f(x) = \cos x$가 주기함수이므로 $f(x) = \cos 7x$도 주기함수라는 것을 알 수 있다. 그리고 $f(x) = \sin x$의 기본주기가 2π이므로, $f(x) = \sin\frac{3}{2}x$, $f(x) = \sin\frac{2}{5}x$의 기본주기는 각각 $\frac{2}{3} \times 2\pi = \frac{4}{3}\pi$, $\frac{5}{2} \times 2\pi = 5\pi$가 된다.

그림 1.10에서 실선은 $y = \sin x$의 그래프이고, 점선은 $y = \sin\frac{3}{2}x$의 그래프이다. 그림에서 $y = \sin x$의 기본주기와 $y = \sin\frac{3}{2}x$의 기본주기를 비교할 수 있다.

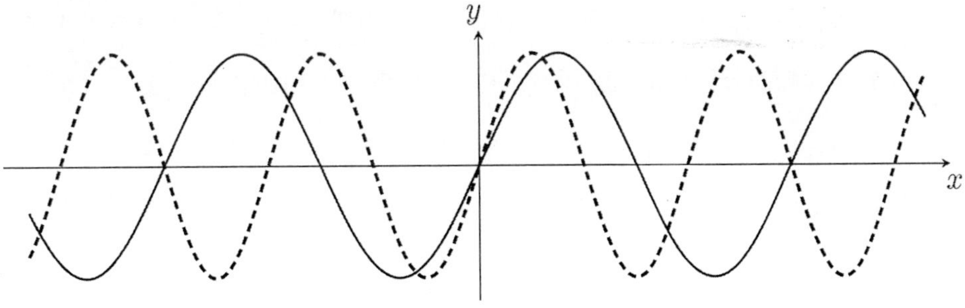

그림 1.10

정리 1.18. 함수 $y = f(x)$, $y = g(x)$는 주기가 각각 T_1, T_2인 주기함수이다. 그러면, 함수 $f(x) + g(x)$, $f(x)g(x)$, $\frac{f(x)}{g(x)}$의 주기는 T_1과 T_2의 공배수이다.

증명. T_1과 T_2의 공배수를 T라 하자. 그러면, 자연수 n_1, n_2에 대해 $T = n_1T_1$, $T = n_2T_2$라고 쓸 수 있다. 우선, T가 함수 $f(x) + g(x)$의 주기라는 것을 보이자. $\varphi_1(x) = f(x) + g(x)$라 놓고, $\varphi_1(x) = \varphi_1(x + T)$가 되는지 조사하자.

$\varphi_1(x+T) = f(x+T) + g(x+T)$인데, 여기에 $T = n_1T_1$, $T = n_2T_2$를 대입하자. 그러면, $f(x+T) + g(x+T) = f(x+n_1T_1) + g(x+n_2T_2)$가 된다. T_1, T_2는 함수 $y = f(x)$, $y = g(x)$의 주기이므로, n_1T_1, n_2T_2도 함수 $y = f(x)$, $y = g(x)$의 주기이다. 그러므로, $\varphi_1(x+T) = f(x+n_1T_1) + g(x+n_2T_2) = f(x) + g(x) = \varphi_1(x)$가 유도된다. 그러므로, T는 함수 $\varphi_1(x) = f(x) + g(x)$의 주기라는 것이 증명된다.

살펴본 증명과 유사하게, T가 함수 $\varphi_2(x) = f(x)g(x)$의 주기라는 것을 보이자. $\varphi_2(x) = f(x)g(x)$라 놓고, $\varphi_2(x+T) = \varphi_2(x)$가 성립하는지 조사하자.

$\varphi_2(x+T) = f(x+T)g(x+T)$에 $T = n_1T_1$, $T = n_2T_2$를 대입하자. 그러면, $f(x+T)g(x+T) = f(x+n_1T_1)g(x+n_2T_2)$가 된다. T_1, T_2가 함수 $y = f(x)$, $y = g(x)$의 주기라는 것을 생각하면, $f(x+n_1T_1)g(x+n_2T_2) = f(x)g(x) = \varphi_2(x)$가 유도된다. 그러므로, $\varphi_2(x+T) = \varphi_2(x)$이며 T는 함수 $\varphi_2(x) = f(x)g(x)$의 주기이다.

한편, T가 함수 $\varphi_3(x) = \frac{f(x)}{g(x)}$의 주기라는 것도 유사한 방법으로 보일 수 있다. □

정리 1.18에서는 주기함수 $y = f(x)$, $y = g(x)$에 대해 함수 $\varphi_1(x) = f(x) + g(x)$, $\varphi_2(x) = f(x)g(x)$, $\varphi_3(x) = \frac{f(x)}{g(x)}$도 주기함수라는 것과 이 함수들의 주기에 대해 다루고 있다. 정리 1.17과 정리 1.18을 이용하면, $y = \sin x + \sin 2x + \sin 3x$와 같은 함수의 기본주기도 구할 수 있다. 정리 1.18에 의하면, 함수 $y = \sin x + \sin 2x + \sin 3x$의 기본주기는 함수 $y = \sin x$, $y = \sin 2x$, $y = \sin 3x$의 기본주기의 공배수이다. $y = \sin x$의 기본주기는 2π, $y = \sin 2x$의 기본주기는 $\frac{2\pi}{2} = \pi$, $y = \sin 3x$의 기본주기는 $\frac{2\pi}{3}$이다. 주기 2π, π, $\frac{2\pi}{3}$의 최소공배수는 2π이므로, 함수 $y = \sin x + \sin 2x + \sin 3x$의 기본주기는 2π이다.

한편, $y = \sin x + \sin\sqrt{3}x$와 같은 함수를 생각하자. $y = \sin x$의 기본주기는 2π이고 $y = \sin\sqrt{3}x$의 기본주기는 $\frac{2\pi}{\sqrt{3}}$이다. 정리 1.18에 의하면, 함수 $y = \sin x + \sin\sqrt{3}x$의 주기는 2π와 $\frac{2\pi}{\sqrt{3}}$의 공배수이다. 그런데, 2와 $\frac{2}{\sqrt{3}}$는 공배수를 가지지 않으므로, 함수 $y = \sin x + \sin\sqrt{3}x$는 주기함수가 아니다. 참고로 함수 $y = \sin x + \sin\sqrt{3}x$는 홀함수이며, 그래프는 그림 1.11과 같다.

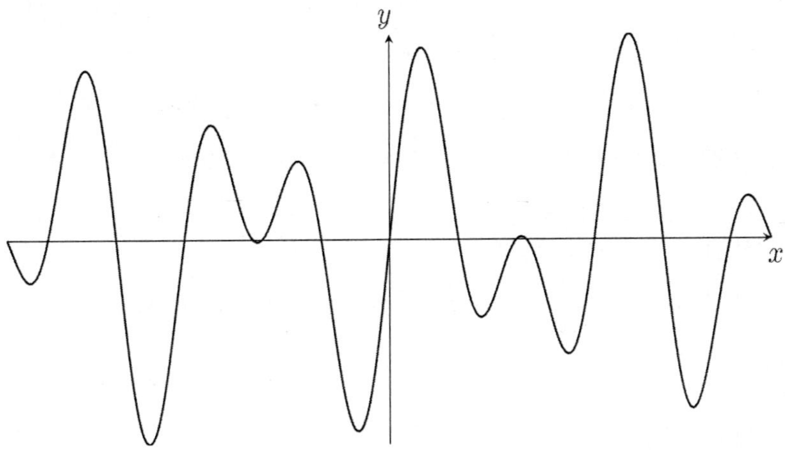

그림 1.11

예제 1.10. $\alpha > 0$에 대해 함수 $y = f(x)$는 $f(x+\alpha) = -f(x)$가 성립한다. 그러면, 2α는 함수 $y = f(x)$의 주기라는 것을 증명하여라.

풀이. $f(x+\alpha) = -f(x)$이므로, $f(x+2\alpha) = f(x+\alpha+\alpha) = -f(x+\alpha)$가 된다. 그리고 $-f(x+\alpha) = -(-f(x))$이므로, $f(x+2\alpha) = f(x)$가 성립한다. 이로부터 2α가 함수 $y = f(x)$의 주기라는 것을 알 수 있다. □

예제 1.10을 삼각함수와 관련하여 생각할 수 있다. $\sin(x+\pi) = -\sin x$이므로, 2π가 $y = \sin x$의 주기가 된다는 것을 알 수 있다.

예제 1.11. α는 양수이며 $a_1 \neq 0$, $a_2 \neq 0$인 실수이다. 함수 $y = a_1 \sin\alpha x + a_2 \cos\alpha x$가 주기함수일 때, 이 함수의 기본주기를 구하여라.

풀이. 함수 $y = f(x)$가 주기함수이므로, 기본주기 T에 대해 $f(x+T) = f(x)$가 성립한다. 먼저, $f(x) = a_1 \sin \alpha x + a_2 \cos \alpha x$에서 $f(x+T)$를 구하자.

$$\begin{aligned} a_1 \sin \alpha(x+T) + a_2 \cos \alpha(x+T) &= a_1 \sin(\alpha x + \alpha T) + a_2 \cos(\alpha x + \alpha T) \\ &= a_1 \sin \alpha x \cos \alpha T + a_1 \cos \alpha x \sin \alpha T + a_2 \cos \alpha x \cos \alpha T - a_2 \sin \alpha x \sin \alpha T \end{aligned}$$

함수 $y = f(x)$가 주기함수이므로, 다음 등식이 성립해야 한다.

$$\begin{aligned} &a_1 \sin \alpha x + a_2 \cos \alpha x \\ &\quad = a_1 \sin \alpha x \cos \alpha T + a_1 \cos \alpha x \sin \alpha T + a_2 \cos \alpha x \cos \alpha T - a_2 \sin \alpha x \sin \alpha T \end{aligned}$$

등식의 우변을 $\sin \alpha x$, $\cos \alpha x$에 대해 정리하면, $(a_1 \cos \alpha T - a_2 \sin \alpha T) \sin \alpha x + (a_1 \sin \alpha T + a_2 \cos \alpha T) \cos \alpha x$가 된다. 이제, 등식의 좌변과 우변을 비교하면, $a_1 = a_1 \cos \alpha T - a_2 \sin \alpha T$, $a_2 = a_1 \sin \alpha T + a_2 \cos \alpha T$를 얻을 수 있다. 이로부터, $a_1(1 - \cos \alpha T) = -a_2 \sin \alpha T$, $a_2(1 - \cos \alpha T) = a_1 \sin \alpha T$가 된다.

얻어진 두 등식의 양변을 제곱하여 더하자. 그러면, 다음을 얻을 수 있다.

$$[a_1(1 - \cos \alpha T)]^2 + [a_2(1 - \cos \alpha T)]^2 = [-a_2 \sin \alpha T]^2 + [a_1 \sin \alpha T]^2$$
$$(1 - \cos \alpha T)^2 (a_1^2 + a_2^2) = (a_1^2 + a_2^2) \sin^2 \alpha T$$

$a_1^2 + a_2^2 \neq 0$이므로, 양변을 $a_1^2 + a_2^2$으로 나누자. 그러면, $(1 - \cos \alpha T)^2 = \sin^2 \alpha T$, $1 - 2\cos \alpha T + \cos^2 \alpha T = \sin^2 \alpha T$가 된다. 여기에 $\sin^2 \alpha T = 1 - \cos^2 \alpha T$를 대입하면, $-2\cos \alpha T + 2\cos^2 \alpha T = 0$을 얻을 수 있다. 이로부터 $\cos \alpha T(\cos \alpha T - 1) = 0$이며, $\cos \alpha T = 0$ 또는 $\cos \alpha T = 1$이다.

$\cos \alpha T = 0$이면, $a_1 = -a_2 \sin \alpha T$, $a_2 = a_1 \sin \alpha T$가 된다. 이로부터 $a_2 = -a_2 \sin^2 \alpha T$이고, $a_2(1 + \sin^2 \alpha T) = 0$이다. 결국, $a_2 = 0$이 유도되며, 이때 $a_1 = 0$이다. 그러므로, $\cos \alpha T = 0$이 될 수 없다.

한편, $\cos \alpha T = 1$이면, $\sin \alpha T = 0$이다. 이때, $\alpha T = 2k\pi$이다(이때, k는 정수). 결국, $T = \frac{2\pi}{\alpha}$가 함수 $y = f(x)$는 기본주기가 된다. □

기본주기 T의 구간에서 $y = f(x)$의 그래프를 이용하여 주기함수 $y = f(x)$의 그래프를 작도할 수 있다. 즉, 기본주기 T의 구간에서 $y = f(x)$의 그래프를 반복하여 $y = f(x)$의 그래프를 얻을 수 있다. 그 이유를 살펴보자.

기본주기 T의 구간에 속하는 점 (x_0, y_0)이 함수 $y = f(x)$의 그래프에 속한다고 하면, $y_0 = f(x_0)$가 성립한다. 그리고 T가 주기이므로 $f(x_0 + T) = f(x_0) = y_0$가 성립한다. 즉, $(x_0 + T, y_0)$도 함수 $y = f(x)$의 그래프에 속한다. 같은 이유로, $f(x_0 + kT) = f(x_0) = y_0$이 성립하며($k$는 0이 아닌 정수), $(x_0 + kT, y_0)$도 함수 $y = f(x)$의 그래프에 속한다.

함수 $y = \cos x$의 기본주기가 2π이다. 그러면, 기본주기의 구간 $[0, 2\pi]$에서 $y = \cos x$의 그래프를 작도하면, $\mathbb{R}$에서 $y = \cos x$의 그래프를 얻을 수 있다. 그림 1.12에서 실선은 구간 $[0, 2\pi]$에 $y = \cos x$의 그래프이며, 이를 반복하면 점선으로 표시된 $\mathbb{R}$에서 $y = \cos x$의 그래프를 얻는다.

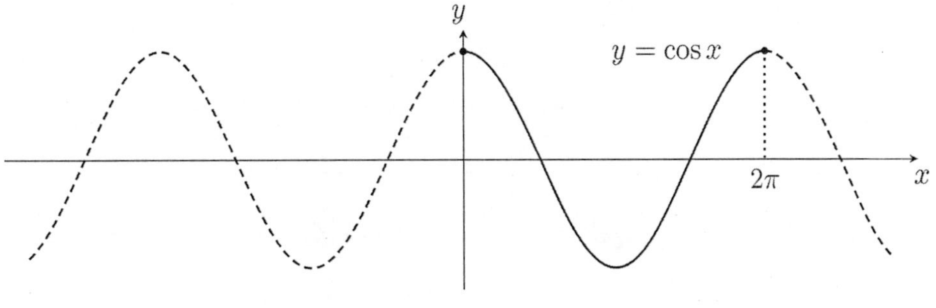

그림 1.12

6. 함수의 볼록성

정의역 D에서 연속인 함수 $y = f(x)$를 생각하자. 그림 1.13의 곡선은 함수 $y = f(x)$의 그래프이고, 이 그래프에 속한 점 $A(a, f(a))$, $B(b, f(b))$를 지나는 선분 AB, 점 $C(c, f(c))$, $D(d, f(d))$를 지나는 선분 CD를 작도하였다. 구간 $[a, b] \subset D$를 D_1, 구간 $[c, d] \subset D$를 D_2라 하자. 그러면, 구간 D_1에서 함수 $y = f(x)$의 그래프는 선분 AB의

아랫쪽에 있고, 구간 D_2에서는 선분 CD의 윗쪽에 놓여있다.

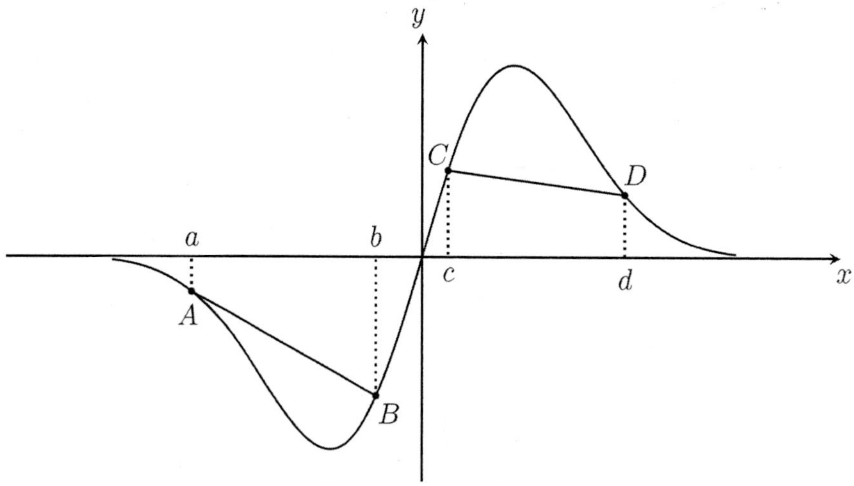

그림 1.13

구간 D_1에서 함수 $y = f(x)$의 그래프가 선분 AB의 아랫쪽에 있는 것을 수식을 나타내자. 먼저, 구간 D_1에서 $x_1 < x_2$인 임의의 점 x_1, x_2를 잡고, x_1과 x_2사이에 놓인 점을 x_1, x_2를 이용하여 나타내자. 이를 위해, 내분점을 이용하면, x_1, x_2가 끝점인 선분을 $m : n$으로 내분하는 점은 $\frac{mx_2+nx_1}{m+n} = \frac{m}{m+n}x_2 + \frac{n}{m+n}x_1$으로 쓸 수 있다. 이때, x_1, x_2의 앞에 있는 계수 $\frac{n}{m+n}, \frac{m}{m+n}$은 $0 < \frac{n}{m+n} < 1, 0 < \frac{m}{m+n} < 1$이고 $\frac{n}{m+n} + \frac{m}{m+n} = 1$이다. 결국, x_1과 x_2사이에 놓인 임의의 점을 $\alpha \in (0, 1)$에 대해 $\alpha x_1 + (1 - \alpha)x_2$로 나타낼 수 있다. 이때, 점 x_1, x_2를 포함하여 생각하면, $\alpha \in [0, 1]$로 놓을 수 있다.

이제, 함수 $y = f(x)$의 그래프가 선분 AB의 아랫쪽에 있다는 것을 생각하자. 구간 D_1의 임의의 점 t는 $t = \alpha x_1 + (1 - \alpha)x_2$로 나타낼 수 있다. 이때, 함수 $y = f(x)$의 그래프가 선분 AB의 아랫쪽에 있으면, t에서의 함숫값 $f(t)$가 $x = t$와 선분 AB의 교점 M보다 아랫쪽에 있게 된다(그림 1.14).

$t = \alpha x_1 + (1 - \alpha)x_2$이므로, $f(t) = f(\alpha x_1 + (1 - \alpha)x_2)$이다. 그리고 t는 x_1, x_2를 $(1 - \alpha) : \alpha$로 내분한 점이므로, 점 M은 $f(x_1)$과 $f(x_2)$를 $(1 - \alpha) : \alpha$로 내분한 점이다. 즉, M의 y좌표는 $\alpha f(x_1) + (1 - \alpha)f(x_2)$가 된다. 결국, $y = f(x)$의 그래프가

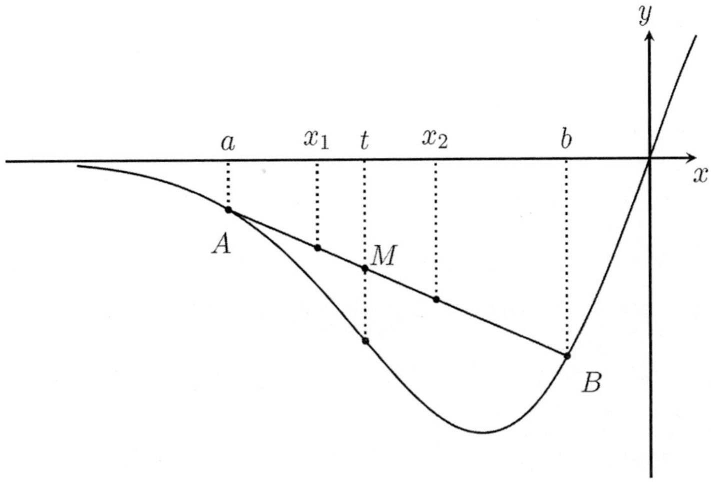

그림 1.14

선분 AB의 아랫쪽에 있다는 것을 수식으로 다음과 같이 나타낼 수 있다.

$$f(\alpha x_1 + (1-\alpha)x_2) \leq \alpha f(x_1) + (1-\alpha)f(x_2)$$

이러한 경우에, 함수 $f(x)$는 구간 D_1에서 아래로 볼록이라고 말한다. 이를 정리하여, 다음과 같이 아래로 볼록을 정의할 수 있다.

정의 1.1. 구간 D_1에서 $x_1 < x_2$인 임의의 점 x_1, x_2, 임의의 $\alpha \in [0,1]$에 대해, 부등식 $f(\alpha x_1 + (1-\alpha)x_2) \leq \alpha f(x_1) + (1-\alpha)f(x_2)$가 성립하면, 구간 D_1에서 함수 $f(x)$는 아래로 볼록이다.

그림 1.13의 구간 D_2에서와 같이, $y = f(x)$의 그래프가 선분 CD의 윗쪽에 있는 경우에는 함수 $f(x)$가 구간 D_2에서 위로 볼록이라고 말한다. 이를 정의 1.1과 같이 수식으로 정리하면, 다음과 같다.

정의 1.2. 구간 D_2에서 $x_1 < x_2$인 임의의 점 x_1, x_2, 임의의 $\alpha \in [0,1]$에 대해, 부등식 $f(\alpha x_1 + (1-\alpha)x_2) \geq \alpha f(x_1) + (1-\alpha)f(x_2)$가 성립하면, 구간 D_2에서 함수 $f(x)$는 위로 볼록이다.

한편, 함수 $y = f(x)$가 구간 D'에서 부등식 $f(\alpha x_1 + (1-\alpha)x_2) < \alpha f(x_1) + (1-\alpha)f(x_2)$, $f(\alpha x_1 + (1-\alpha)x_2) > \alpha f(x_1) + (1-\alpha)f(x_2)$를 만족시키면, 함수 $f(x)$는

구간 D'에서 각각 강한(strictly) 아래로 볼록, 강한 위로 볼록이라고 말한다. 구간 D'에서 함수 $f(x)$가 강한 볼록이면 이 구간에서 함수 $f(x)$는 볼록이지만, 역은 성립하지 않는다. 즉, 구간 D'에서 함수 $f(x)$가 볼록이라고 해서 이 구간에서 함수 $f(x)$가 항상 강한 볼록이 되는 것은 아니다.

정의 1.1과 정의 1.2에서는 임의의 $\alpha \in [0,1]$에 대해 부등식이 성립해야 한다. 예를 들어, 정의 1.1에서는 임의의 $\alpha \in [0,1]$에 대해 부등식 $f(\alpha x_1 + (1-\alpha)x_2) \leq \alpha f(x_1) + (1-\alpha)f(x_2)$가 성립해야 한다. 그러나 임의의 α에 대해 부등식을 생각하는 것보다 특정한 α에 대해 부등식을 생각하는 것이 간단할 수 있다.이에 관련하여, 중점 볼록성(midpoint convexity)의 개념을 살펴보자.

정의 1.1의 부등식 $f(\alpha x_1+(1-\alpha)x_2) \leq \alpha f(x_1)+(1-\alpha)f(x_2)$에 $\alpha = \frac{1}{2}$을 대입하면, 부등식 $f\left(\frac{x_1+x_2}{2}\right) \leq \frac{f(x_1)+f(x_2)}{2}$를 얻을 수 있다. 구간 $D' \subset \mathbb{R}$의 모든 $x_1, x_2 \in D'$, 함수 $y = f(x)$에 대해 부등식 $f\left(\frac{x_1+x_2}{2}\right) \leq \frac{f(x_1)+f(x_2)}{2}$가 성립하면, $y = f(x)$는 구간 D'에서 아래로 중점 볼록이라고 한다.

같은 방법으로, 정의 1.2의 부등식 $f(\alpha x_1 + (1-\alpha)x_2) \geq \alpha f(x_1) + (1-\alpha)f(x_2)$에 $\alpha = \frac{1}{2}$을 대입하면, 부등식 $f\left(\frac{x_1+x_2}{2}\right) \geq \frac{f(x_1)+f(x_2)}{2}$를 얻을 수 있다. 이 부등식을 이용하여, 구간 D'에서 $y = f(x)$가 위로 중점 볼록이라는 것을 정의할 수 있다.

살펴본 $\alpha = \frac{1}{2}$인 경우에 부등식 $f\left(\frac{x_1+x_2}{2}\right) \leq \frac{f(x_1)+f(x_2)}{2}$, $f\left(\frac{x_1+x_2}{2}\right) \geq \frac{f(x_1)+f(x_2)}{2}$를 증명하는 것이 임의의 $\alpha \in [0,1]$에 대해 볼록성의 부등식을 증명하는 것보다 쉬울 수가 있으므로, 함수의 볼록성을 보이기 위해 중점 볼록성을 이용하는 경우가 많다. 함수의 중점 볼록성과 볼록사이에 다음과 같은 정리가 성립한다.

정리 1.19. 구간 $D' \subset \mathbb{R}$에서 정의된 함수 $y = f(x)$가 다음 두 조건을 만족하면, 함수 f는 아래로 볼록이다.

(1) $\forall x_1, x_2 \in D'$에 대해 $f\left(\frac{x_1+x_2}{2}\right) \leq \frac{f(x_1)+f(x_2)}{2}$

(2) f는 구간 D'에서 연속이다.

정리 1.19에서는 함수 $y = f(x)$가 구간 D'에서 아래로 중점 볼록이고 연속이면,

함수 $y = f(x)$가 아래로 볼록이라는 것, 즉 부등식 $f(\alpha x_1 + (1-\alpha)x_2) \le \alpha f(x_1) + (1-\alpha)f(x_2)$가 성립한다는 것을 말한다. 정리 1.19와 유사하게, 위로 중점 볼록과 위로 볼록의 관계를 생각할 수 있다.

따름정리 1.20. 구간 $D' \subset \mathbb{R}$에서 정의된 함수 $y = f(x)$가 다음 두 조건을 만족하면, 함수 f는 위로 볼록이다.

(1) $\forall x_1, x_2 \in D'$에 대해 $f\left(\frac{x_1+x_2}{2}\right) \ge \frac{f(x_1)+f(x_2)}{2}$

(2) f는 구간 D'에서 연속이다.

여기서는 정리 1.19와 따름정리 1.20의 증명을 자세히 다루지는 않을 것이며, 개괄적인 아이디어만 소개하고 넘어갈 것이다. 증명의 첫 번째 단계는 $\alpha = \dfrac{m}{2^k}$ ($k \in \mathbb{N}$, $m = 0, 1, \ldots, 2^k$)에 대해 중점 볼록성의 부등식으로부터 부등식 $f\big(\alpha x_1 + (1-\alpha)x_2\big) \le \alpha f(x_1) + (1-\alpha)f(x_2)$를 k에 대한 수학적 귀납법을 이용하여 증명한다. 두 번째 단계에서는 함수 $y = f(x)$의 연속성과 구간 $[0,1]$에서 $\alpha = \dfrac{m}{2^k}$의 조밀성을 이용하여, 임의의 $\alpha \in [0,1]$에 대해, 부등식 $f(\alpha x_1 + (1-\alpha)x_2) \le \alpha f(x_1) + (1-\alpha)f(x_2)$가 성립한다는 것을 유도한다.

볼록에 대응되는 개념이 오목이다. '위로 볼록', '아래로 볼록'을 말했듯이, '위로 오목', '아래로 오목'을 말할 수 있다. 그리고 위로 볼록인 경우를 '볼록', 아래로 볼록인 경우를 '오목'으로 말하기도 한다. 함수 $y = f(x)$가 구간 D'에서 볼록이면, 함수 $y = -f(x)$는 구간 D'에서 오목이 된다. 여기서는 '오목'이라는 표현은 가급적 사용하지 않고, '위로 볼록', '아래로 볼록'을 중심으로 함수의 특징을 살펴볼 것이다.

예제 1.12. 함수 $f(x) = x^2$이 정의역 $\mathbb{R}$에서 아래로 볼록이라는 것을 증명하여라.

풀이. 함수 $f(x) = x^2$이 $\mathbb{R}$에서 아래로 볼록이라는 것을 두 가지 방법으로 증명하자. 첫 번째 방법은 임의의 실수 x_1, x_2, 임의의 $\alpha \in [0,1]$에 대해, 부등식 $f(\alpha x_1 + (1-\alpha)x_2) \le \alpha f(x_1) + (1-\alpha)f(x_2)$가 성립한다는 것을 증명하자.

$f(x) = x^2$에 대해 $f(\alpha x_1 + (1-\alpha)x_2)$를 구하자. $f(\alpha x_1 + (1-\alpha)x_2) = (\alpha x_1 +$

$(1-\alpha)x_2)^2 = \alpha^2 x_1^2 + 2\alpha(1-\alpha)x_1x_2 + (1-\alpha)^2x_2^2$이다. 그리고 $\alpha f(x_1)+(1-\alpha)f(x_2)$를 계산하면, $\alpha f(x_1) + (1-\alpha)f(x_2) = \alpha x_1^2 + (1-\alpha)x_2^2$이다.

$\alpha f(x_1) + (1-\alpha)f(x_2) - f(\alpha x_1 + (1-\alpha)x_2)$를 계산하면, 다음과 같다.

$$\begin{aligned}
&\alpha f(x_1) + (1-\alpha)f(x_2) - f(\alpha x_1 + (1-\alpha)x_2)\\
&\qquad = \alpha x_1^2 + (1-\alpha)x_2^2 - (\alpha^2 x_1^2 + 2\alpha(1-\alpha)x_1x_2 + (1-\alpha)^2x_2^2)\\
&\qquad = (\alpha-\alpha^2)x_1^2 - 2\alpha(1-\alpha)x_1x_2 + \left(1-\alpha-(1-\alpha)^2\right)x_2^2\\
&\qquad = \alpha(1-\alpha)x_1^2 - 2\alpha(1-\alpha)x_1x_2 + \alpha(1-\alpha)x_2^2\\
&\qquad = \alpha(1-\alpha)(x_1^2 - 2x_1x_2 + x_2^2) = \alpha(1-\alpha)(x_1-x_2)^2
\end{aligned}$$

이때, $\alpha \in [0,1]$이므로, $\alpha(1-\alpha) \geq 0$이다. 그리고 $(x_1-x_2)^2 > 0$이므로, $\alpha(1-\alpha)(x_1-x_2)^2 \geq 0$이다. 이로부터, $\alpha f(x_1) + (1-\alpha)f(x_2) \geq f(\alpha x_1 + (1-\alpha)x_2)$가 증명된다. 결국, $f(x) = x^2$이 $\mathbb{R}$에서 아래로 볼록이라는 것이 증명된다.

두 번째 방법은 정리 1.19의 중심 볼록성의 부등식 $f\left(\frac{x_1+x_2}{2}\right) \leq \frac{f(x_1)+f(x_2)}{2}$를 증명하는 것이다. $f(x) = x^2$이므로, $f\left(\frac{x_1+x_2}{2}\right) = \left(\frac{x_1+x_2}{2}\right)^2$이고 $\frac{f(x_1)+f(x_2)}{2} = \frac{x_1^2+x_2^2}{2}$이다. 이제, $\left(\frac{x_1+x_2}{2}\right)^2 \leq \frac{x_1^2+x_2^2}{2}$을 증명하기 위해, $\frac{x_1^2+x_2^2}{2} - \left(\frac{x_1+x_2}{2}\right)^2$을 계산하자.

$$\begin{aligned}
\frac{x_1^2+x_2^2}{2} - \left(\frac{x_1+x_2}{2}\right)^2 &= \frac{x_1^2+x_2^2}{2} - \frac{x_1^2+2x_1x_2+x_2^2}{4}\\
&= \frac{2x_1^2+2x_2^2}{4} - \frac{x_1^2+2x_1x_2+x_2^2}{4} = \frac{x_1^2-2x_1x_2+x_2^2}{4} = \frac{(x_1-x_2)^2}{4}
\end{aligned}$$

이때, $\frac{(x_1-x_2)^2}{4} > 0$이므로, $f\left(\frac{x_1+x_2}{2}\right) < \frac{f(x_1)+f(x_2)}{2}$이 성립한다. 그리고 함수 $f(x) = x^2$이 $\mathbb{R}$에서 연속이므로, $f(x) = x^2$은 $\mathbb{R}$에서 아래로 볼록이라는 것이 증명된다. □

예제 1.12의 풀이에서 두 가지 방법으로 함수 $f(x) = x^2$의 볼록성을 조사하였다. 두 가지 방법을 비교하면, 두 번째 방법이 비교적 간단하다는 것을 알 수 있다. 다음 예제를 정리 1.19의 중심 볼록성을 이용하여 해결해 보자.

예제 1.13. 집합 $\mathbb{R}$에서 함수 $f(x) = 3x^3 - 7$의 볼록성을 조사하여라.

풀이. $f(x) = 3x^3 - 7$에 대해 정리 1.19와 따름정리 1.20의 중점 볼록성의 부등식에 포함된 식 $f\left(\frac{x_1+x_2}{2}\right)$와 $\frac{f(x_1)+f(x_2)}{2}$를 비교하자. 이를 위해, $f\left(\frac{x_1+x_2}{2}\right) - \frac{f(x_1)+f(x_2)}{2}$를 계산하면, 다음과 같다.

$$\begin{aligned} f\left(\frac{x_1+x_2}{2}\right) - \frac{f(x_1)+f(x_2)}{2} \\ &= 3\left(\frac{x_1+x_2}{2}\right)^3 - 7 - \frac{(3x_1^3-7)+(3x_2^3-7)}{2} \\ &= 3\left(\frac{x_1+x_2}{2}\right)^3 - \frac{3x_1^3+3x_2^3}{2} \\ &= \frac{3x_1^3+9x_1^2x_2+9x_1x_2^2+3x_2^3}{8} - \frac{12x_1^3+12x_2^3}{8} \\ &= \frac{-9x_1^3+9x_1^2x_2+9x_1x_2^2-9x_2^3}{8} = -\frac{9}{8}(x_1^3-x_1^2x_2-x_1x_2^2+x_2^3) \end{aligned}$$

얻어진 식 $x_1^3-x_1^2x_2-x_1x_2^2+x_2^3$을 인수분해 하자. 그러면, $x_1^3-x_1^2x_2-x_1x_2^2+x_2^3 = x_1^3+x_2^3-x_1x_2(x_1+x_2) = (x_1+x_2)(x_1^2-x_1x_2+x_2^2)-x_1x_2(x_1+x_2) = (x_1+x_2)(x_1^2-2x_1x_2+x_2^2) = (x_1+x_2)(x_1-x_2)^2$이 된다. 결국, 다음을 얻을 수 있다.

$$f\left(\frac{x_1+x_2}{2}\right) - \frac{f(x_1)+f(x_2)}{2} = -\frac{9}{8}(x_1+x_2)(x_1-x_2)^2$$

이때, $(x_1-x_2)^2 > 0$이므로, 식 $-\frac{9}{8}(x_1+x_2)(x_1-x_2)^2$의 부호는 x_1+x_2에 의해 결정된다. 즉, $0 < x_1 < x_2$이면 $-\frac{9}{8}(x_1+x_2)(x_1-x_2)^2 < 0$이 되며, $x_1 < x_2 < 0$이면 $-\frac{9}{8}(x_1+x_2)(x_1-x_2)^2 > 0$이 된다.

$\mathbb{R}$에서 함수 $f(x) = 3x^3 - 7$이 연속이므로, 구간 $(0, \infty)$에서 함수 $f(x) = 3x^3 - 7$는 아래로 볼록이며, 구간 $(-\infty, 0)$에서 함수 $f(x) = 3x^3 - 7$는 위로 볼록이 된다. □

예제 1.14. 함수 $y = \ln x$는 구간 $(0, \infty)$에서 위로 볼록이라는 것을 보여라.

풀이. 함수 $f(x) = \ln x$에 대해 $f\left(\frac{x_1+x_2}{2}\right) - \frac{f(x_1)+f(x_2)}{2}$를 조사하자. 즉, $x_1 < x_2$이고 $x_1, x_2 \in (0, \infty)$인 임의의 x_1, x_2에 대해, $\ln\left(\frac{x_1+x_2}{2}\right) - \frac{\ln x_1 + \ln x_2}{2}$를 다음과 같이 계산할 수 있다.

$$\begin{aligned} \ln\left(\frac{x_1+x_2}{2}\right) - \frac{\ln x_1+\ln x_2}{2} &= \ln\left(\frac{x_1+x_2}{2}\right) - \frac{1}{2}\ln x_1 - \frac{1}{2}\ln x_2 \\ &= \ln\left(\frac{x_1+x_2}{2}\right) - \ln\sqrt{x_1} - \ln\sqrt{x_2} = \ln\frac{x_1+x_2}{2\sqrt{x_1x_2}} \end{aligned}$$

산술평균-기하평균 부등식에 의해 $\frac{x_1+x_2}{2} \geq \sqrt{x_1x_2}$가 성립하므로, $\frac{x_1+x_2}{2\sqrt{x_1x_2}} \geq 1$이다. 그러므로, $\ln \frac{x_1+x_2}{2\sqrt{x_1x_2}} \geq 0$이 된다.

함수 $y = \ln x$는 구간 $(0, \infty)$에서 연속이므로, $\ln\left(\frac{x_1+x_2}{2}\right) \geq \frac{\ln x_1 + \ln x_2}{2}$가 성립하며, 함수 $y = \ln x$는 구간 $(0, \infty)$에서 위로 볼록이라는 것이 증명된다. □

예제 1.14에서 함수 $y = \ln x$는 구간 $(0, \infty)$에서 위로 볼록이라는 것을 보였다. 이와 유사한 방법으로, $a > 1$에 대해 함수 $y = \log_a x$가 구간 $(0, \infty)$에서 위로 볼록이라는 것도 보일 수 있다.

예제 1.15. 집합 $\mathbb{R}$에서 함수 $y = \frac{1}{x}$의 볼록성을 조사하여라.

풀이. 함수 $y = \frac{1}{x}$은 $x = 0$에서 정의되지 않으므로, 구간 $(-\infty, 0)$, $(0, \infty)$에서 볼록성을 조사하자. 우선, x_1, x_2에 대해 $f(x_1) = \frac{1}{x_1}$, $f(x_2) = \frac{1}{x_2}$, $f\left(\frac{x_1+x_2}{2}\right) = \frac{2}{x_1+x_2}$임을 생각하고, $\frac{f(x_1)+f(x_2)}{2} - f\left(\frac{x_1+x_2}{2}\right)$를 계산하자.

$$\begin{aligned}\frac{f(x_1)+f(x_2)}{2} - f\left(\frac{x_1+x_2}{2}\right) &= \frac{\frac{1}{x_1}+\frac{1}{x_2}}{2} - \frac{2}{x_1+x_2} \\ &= \frac{x_1+x_2}{2x_1x_2} - \frac{2}{x_1+x_2} = \frac{(x_1+x_2)^2 - 4x_1x_2}{2x_1x_2(x_1+x_2)} = \frac{(x_1-x_2)^2}{2x_1x_2(x_1+x_2)}\end{aligned}$$

얻어진 식 $\frac{(x_1-x_2)^2}{2x_1x_2(x_1+x_2)}$에서 분자는 $(x_1 - x_2)^2 > 0$이고, x_1, x_2가 같은 부호이면 $x_1x_2 > 0$이다. 이때, $x_1, x_2 \in (-\infty, 0)$에서는 $x_1 + x_2 < 0$이고, $x_1, x_2 \in (0, \infty)$에서는 $x_1 + x_2 > 0$이다.

결국, 구간 $(-\infty, 0)$에서 함수 $y = \frac{1}{x}$은 연속이고 $\frac{f(x_1)+f(x_2)}{2} < f\left(\frac{x_1+x_2}{2}\right)$이므로, 함수 $y = \frac{1}{x}$은 위로 볼록이다. 그리고 구간 $(0, \infty)$에서 함수 $y = \frac{1}{x}$은 연속이고 부등식 $\frac{f(x_1)+f(x_2)}{2} > f\left(\frac{x_1+x_2}{2}\right)$가 성립하며, 함수 $y = \frac{1}{x}$은 아래로 볼록이다. □

예제 1.12에서 함수 $f(x) = x^2$이 $\mathbb{R}$에서 아래로 볼록이라는 것을 증명하였고, 예제 1.13에서 함수 $f(x) = 3x^3 - 7$는 구간 $(0, \infty)$에서 아래로 볼록이며, 구간 $(-\infty, 0)$에서 위로 볼록이라는 것을 증명하였다. 이제, 함수 $f(x) = x^n$의 볼록성을 살펴보자.

예제 1.16. 자연수 n에 대해 함수 $f(x) = x^n$이 구간 $[0, \infty)$에서 아래로 볼록이라는 것을 증명하여라.

풀이. 함수 $f(x) = x^n$이 구간 $[0, \infty)$에서 아래로 볼록이라는 것을 증명하기 위해, $x_1 < x_2$인 임의의 $x_1, x_2 \in [0, \infty)$, 임의의 $\alpha \in [0, 1]$, $f(x) = x^n$에 대해 부등식 $f(\alpha x_1 + (1-\alpha)x_2) \le \alpha f(x_1) + (1-\alpha)f(x_2)$, 즉 $(\alpha x_1 + (1-\alpha)x_2)^n \le \alpha x_1^n + (1-\alpha)x_2^n$을 증명하자.

부등식 $(\alpha x_1 + (1-\alpha)x_2)^n \le \alpha x_1^n + (1-\alpha)x_2^n$의 양변을 양수인 x_2^n로 나누고, $\frac{x_1}{x_2} = x$라 놓자. 그러면, $0 \le x < 1$이며 부등식 $(\alpha x + (1-\alpha))^n \le \alpha x^n + (1-\alpha)$가 얻어진다.

부등식 $(\alpha x + (1-\alpha))^n \le \alpha x^n + (1-\alpha)$를 n에 대한 수학적 귀납법으로 증명하자. $n = 1$이면, $\alpha x^1 + (1-\alpha) - (\alpha x + (1-\alpha))^1 = \alpha x + (1-\alpha) - (\alpha x + (1-\alpha)) = 0$이므로, $(\alpha x + (1-\alpha))^1 \le \alpha x^1 + (1-\alpha)$가 성립한다.

이제 $n = k$일 때 증명하려는 부등식이 성립한다고 가정하면, 부등식 $(\alpha x + (1-\alpha))^k \le \alpha x^k + (1-\alpha)$를 얻을 수 있다.

$n = k+1$에 대해 부등식 $(\alpha x + (1-\alpha))^{k+1} \le \alpha x^{k+1} + (1-\alpha)$를 증명하자. $(\alpha x + (1-\alpha))^{k+1} = (\alpha x + (1-\alpha))(\alpha x + (1-\alpha))^k$이며, 수학적 귀납법의 가정에 의해 $(\alpha x + (1-\alpha))^{k+1} \le (\alpha x + (1-\alpha))\big(\alpha x^k + (1-\alpha)\big)$가 성립한다.

$(\alpha x + (1-\alpha))\big(\alpha x^k + (1-\alpha)\big) = \alpha^2 x^{k+1} + \alpha(1-\alpha)x^k + \alpha(1-\alpha)x + (1-\alpha)^2$이다. 이제, $\alpha x^{k+1} + (1-\alpha) - \big[\alpha^2 x^{k+1} + \alpha(1-\alpha)x^k + \alpha(1-\alpha)x + (1-\alpha)^2\big]$을 다음과 같이 계산할 수 있다.

$$\begin{aligned}
&\alpha x^{k+1} + (1-\alpha) - \Big[\alpha^2 x^{k+1} + \alpha(1-\alpha)x^k + \alpha(1-\alpha)x + (1-\alpha)^2\Big] \\
&= \alpha x^{k+1} + (1-\alpha) - \alpha^2 x^{k+1} - \alpha(1-\alpha)x^k - \alpha(1-\alpha)x - (1-\alpha)^2 \\
&= \alpha(1-\alpha)x^{k+1} - \alpha(1-\alpha)(x^k + x) + (1-\alpha)(1-(1-\alpha)) \\
&= \alpha(1-\alpha)\left(x^{k+1} - x^k - x\right) + \alpha(1-\alpha) = \alpha(1-\alpha)\big(x^{k+1} - x^k - x + 1\big)
\end{aligned}$$

얻어진 식에서 $\alpha \geq 0$, $(1-\alpha) \geq 0$이며, 식 $x^{k+1} - x^k - x + 1$의 부호를 조사하자. $x^{k+1} - x^k - x + 1 = x^k(x-1) - (x-1) = (x-1)(x^k - 1)$이다. $0 < x < 1$이므로 $x - 1 < 0$, $x^k - 1 < 0$이므로 $(x-1)(x^k-1) > 0$이 된다. 즉, $x^{k+1} - x^k - x + 1 > 0$이다.

결국, $\alpha(1-\alpha)\big(x^{k+1} - x^k - x + 1\big) \geq 0$이며, 부등식 $(\alpha x + (1-\alpha))^{k+1} \leq \alpha x^{k+1} + (1-\alpha)$가 성립한다. 이로부터, 자연수 n에 대해 함수 $f(x) = x^n$이 구간 $[0, \infty)$에서 아래로 볼록이라는 것이 증명된다. □

이제, 함수의 볼록성에 관련된 몇 가지 성질을 살펴보자. 우선, 함수 $y = f(x)$가 열린구간 $D' = (a, b)$에서 볼록이면, 열린구간 $D' = (a, b)$에서 함수 $y = f(x)$는 연속이라는 것을 염두에 두자. 여기서는 열린구간 $D' = (a, b)$에서 함수 $y = f(x)$의 볼록성으로부터 연속성이 유도된다는 것의 증명은 생략할 것이다.

정리 1.21. 함수 $y = f(x)$는 구간 (a, b)에서 아래로 볼록이고, 함수 $g(y)$는 구간 $(f(a), f(b))$에서 아래로 볼록이며 증가함수이다. 그러면, 합성함수 $g(f(x))$는 구간 (a, b)에서 아래로 볼록이다.

증명. 함수 $y = f(x)$가 구간 (a, b)에서 아래로 볼록이므로, $x_1 < x_2$인 임의의 $x_1, x_2 \in (a, b)$에 대해 $f\left(\frac{x_1+x_2}{2}\right) \leq \frac{f(x_1)+f(x_2)}{2}$가 성립한다. 그리고 함수 $g(y)$는 증가함수이므로, 다음이 성립한다.

$$g\left(f\left(\frac{x_1 + x_2}{2}\right)\right) \leq g\left(\frac{f(x_1) + f(x_2)}{2}\right)$$

이제, 함수 $g(y)$가 아래로 볼록이라는 것을 생각하자. 그러면, $g\left(\frac{f(x_1)+f(x_2)}{2}\right) \leq \frac{g(f(x_1))+g(f(x_2))}{2}$를 얻을 수 있다. 정리 1.19에 의하면, 얻어진 부등식은 합성함수 $y = g(f(x))$가 구간 (a, b)에서 아래로 볼록이라는 것을 의미한다. □

정리 1.21의 증명에는 합성함수의 연속성에 대한 다음 성질이 사용되었다: 함수 $f : D \to \mathbb{R}$이 $x = a$에서 연속이고, 함수 $g : f(D) \to \mathbb{R}$이 $y = f(a)$에서 연속이면, 합성함수 $g \circ f(x) = g(f(x))$는 $x = a$에서 연속이다.

정리 1.21과 유사한 따름정리가 성립하며, 이 따름정리를 정리 1.21과 유사한 방법으로 증명할 수 있다.

따름정리 1.22. 구간 (a, b)에서 함수 $y = f(x)$와 $g(y)$의 합성함수에 대해 다음 성질이 성립한다.

(1) 함수 $y = f(x)$는 구간 (a, b)에서 위로 볼록이고, 함수 $g(y)$는 구간 $(f(a), f(b))$에서 아래로 볼록이며 감소함수이다. 그러면, 합성함수 $g(f(x))$는 구간 (a, b)에서 아래로 볼록이다.

(2) 함수 $y = f(x)$는 구간 (a, b)에서 위로 볼록이고, 함수 $g(y)$는 구간 $(f(a), f(b))$에서 위로 볼록이며 증가함수이다. 그러면, 합성함수 $g(f(x))$는 구간 (a, b)에서 위로 볼록이다.

예제 1.15와 정리 1.21, 따름정리 1.22를 이용하여, 함수 $y = \frac{1}{f(x)}$의 볼록성을 살펴보자. 우선, 예제 1.15에 의해 구간 $(-\infty, 0)$에서 함수 $y = \frac{1}{x}$은 위로 볼록이며, 구간 $(0, \infty)$에서 함수 $y = \frac{1}{x}$은 아래로 볼록이라는 것을 생각하자.

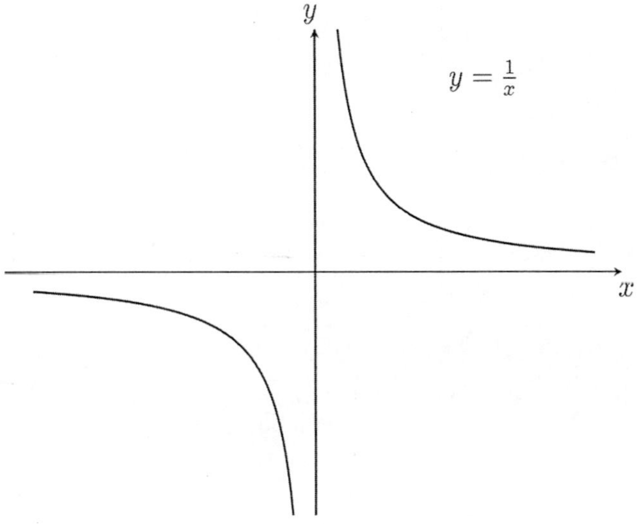

그림 1.15

함수 $y = \frac{1}{x}$의 증감은 정의를 이용하여 보일 수 있다. $x_1 < x_2$라 하고, $f(x_2) - f(x_1)$을 구하자. $f(x_2) - f(x_1) = \frac{1}{x_2} - \frac{1}{x_1} = \frac{x_1 - x_2}{x_1 x_2}$이다. 구간 $(-\infty, 0)$, $(0, \infty)$에서 $x_1 x_2 > 0$

이고, $x_1 - x_2 < 0$이다. 그러므로, 구간 $(-\infty, 0)$, $(0, \infty)$에서 함수 $y = \frac{1}{x}$은 감소한다는 것이 증명된다(그림 1.15).

함수 $y = \frac{1}{x}$의 증감과 예제 1.15로부터 구간 $(0, \infty)$에서 $y = \frac{1}{x}$는 아래로 볼록이며 감소한다는 것을 알 수 있다. 그리고 예제 1.14에서 함수 $y = \ln x$는 구간 $(0, \infty)$에서 위로 볼록이라는 것을 알았다.

이제, 따름정리 1.22(1)을 이용하면, 함수 $y = \frac{1}{\ln x}$의 볼록성을 알 수 있다. 따름정리 1.22(1)의 표기를 이용하면, $g(y) = \frac{1}{y}$이고 $y = \ln x$이다. 이때, $g(y) = \frac{1}{y}$은 구간 $(0, \infty)$에서 아래로 볼록이며 감소하는데, $y = \ln x$에서 y의 값이 $(0, \infty)$이 되는 구간은 $(1, \infty)$이다. 결국, 따름정리 1.22(1)로부터 구간 $(1, \infty)$에서 $g \circ f(x) = g(f(x)) = \frac{1}{\ln x}$이 아래로 볼록하다는 것을 알 수 있다.

함수 $y = \frac{1}{\ln x}$의 정의역이 $x \geq 0$이므로, 구간 $(0, \infty)$에서 함수 $y = \frac{1}{\ln x}$의 그래프는 그림 1.16과 같으며, 수직점근선은 $x = 1$이다.

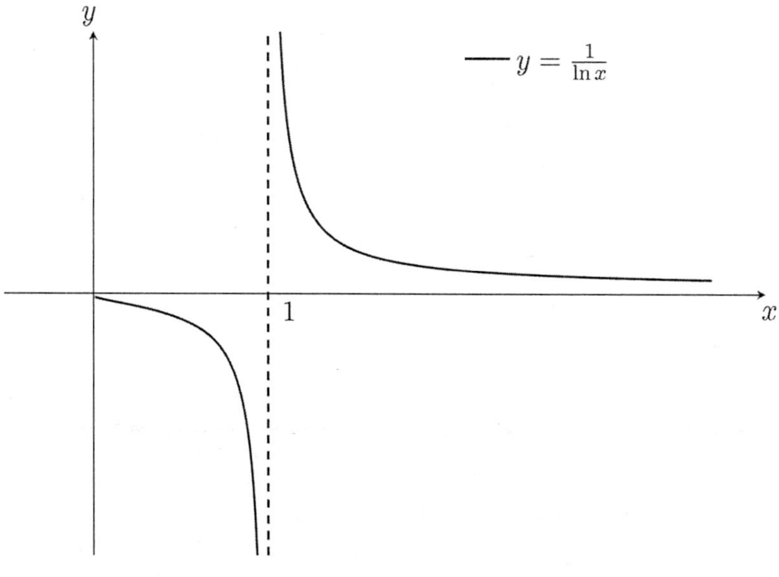

그림 1.16

구간 $(1, \infty)$에서 $y = \frac{1}{\ln x}$이 아래로 볼록하다는 것을 정리 1.19를 이용하여 보일 수도 있다. 즉, 함수 $f(x) = \frac{1}{\ln x}$가 구간 $(1, \infty)$에서 아래로 볼록이라는 것을 부등식

$f\left(\frac{x_1+x_2}{2}\right) \le \frac{f(x_1)+f(x_2)}{2}$를 이용하여 보여보자.

$f(x) = \frac{1}{\ln x}$이므로, $f\left(\frac{x_1+x_2}{2}\right) = \frac{1}{\ln\left(\frac{x_1+x_2}{2}\right)}$이고 $\frac{f(x_1)+f(x_2)}{2} = \frac{1}{2}\left(\frac{1}{\ln x_1} + \frac{1}{\ln x_2}\right)$이다. 결국, 다음 부등식을 증명하면 된다.

$$\frac{1}{\ln\left(\frac{x_1+x_2}{2}\right)} \le \frac{1}{2}\left(\frac{1}{\ln x_1} + \frac{1}{\ln x_2}\right), \quad \frac{1}{\ln\left(\frac{x_1+x_2}{2}\right)} \le \frac{\ln x_1 + \ln x_2}{2\ln x_1 \ln x_2}$$

먼저, 함수 $y = \ln x$이 구간 $(1, \infty)$에서 위로 볼록이라는 것을 이용하면, 부등식 $f\left(\frac{x_1+x_2}{2}\right) \ge \frac{f(x_1)+f(x_2)}{2}$, 즉 $\ln\left(\frac{x_1+x_2}{2}\right) \ge \frac{\ln x_1+\ln x_2}{2}$을 얻을 수 있다. 부등식 $\ln\left(\frac{x_1+x_2}{2}\right) \ge \frac{\ln x_1+\ln x_2}{2}$에 역수를 취하면, $\frac{1}{\ln\left(\frac{x_1+x_2}{2}\right)} \le \frac{2}{\ln x_1+\ln x_2}$가 된다.

이제, $\frac{\ln x_1+\ln x_2}{2\ln x_1 \ln x_2} - \frac{2}{\ln x_1+\ln x_2}$를 통분하여 정리하자.

$$\begin{aligned}\frac{\ln x_1 + \ln x_2}{2\ln x_1 \ln x_2} - \frac{2}{\ln x_1 + \ln x_2} &= \frac{(\ln x_1 + \ln x_2)^2 - 4\ln x_1 \ln x_2}{2\ln x_1 \ln x_2(\ln x_1 + \ln x_2)} \\ &= \frac{(\ln x_1 - \ln x_2)^2}{2\ln x_1 \ln x_2(\ln x_1 + \ln x_2)}\end{aligned}$$

구간 $(1, \infty)$에서 $\ln x_1 > 0, \ln x_2 > 0$이며 $(\ln x_1 - \ln x_2)^2 > 0$이므로, $\frac{\ln x_1+\ln x_2}{2\ln x_1 \ln x_2} - \frac{2}{\ln x_1+\ln x_2} > 0$, $\frac{\ln x_1+\ln x_2}{2\ln x_1 \ln x_2} > \frac{2}{\ln x_1+\ln x_2}$가 된다. 결국, $\frac{1}{\ln\left(\frac{x_1+x_2}{2}\right)} \le \frac{2}{\ln x_1+\ln x_2}$이고 $\frac{2}{\ln x_1+\ln x_2} < \frac{\ln x_1+\ln x_2}{2\ln x_1 \ln x_2}$이므로, $\frac{1}{\ln\left(\frac{x_1+x_2}{2}\right)} < \frac{\ln x_1+\ln x_2}{2\ln x_1 \ln x_2}$가 증명된다. 얻어진 부등식과 함수 $f(x) = \frac{1}{\ln x}$이 구간 $(1, \infty)$에서 연속이라는 것을 생각하면, 함수 $f(x) = \frac{1}{\ln x}$이 구간 $(1, \infty)$에서 아래로 볼록이라는 것이 증명된다.

정리 1.23. 함수 $y = f(x)$와 $x = g(y)$가 서로 역함수이며, 연속이라 하자.[1] 함수 $y = f(x)$가 아래로 볼록이면서 증가하면, 함수 $x = g(y)$는 위로 볼록이며 증가한다.

증명. 함수 $y = f(x)$가 구간 (a, b)에서 아래로 볼록이라 하면, $x_1 < x_2$인 임의의 $x_1, x_2 \in (a, b)$에 대해, $f\left(\frac{x_1+x_2}{2}\right) \le \frac{f(x_1)+f(x_2)}{2}$이다. 그리고 $f(x_1) = y_1$, $f(x_2) = y_2$라 하면, $f\left(\frac{x_1+x_2}{2}\right) \le \frac{f(x_1)+f(x_2)}{2}$를 $f\left(\frac{x_1+x_2}{2}\right) \le \frac{y_1+y_2}{2}$로 나타낼 수 있다.

이제, 함수 $y = f(x)$가 증가함수이면, 역함수인 $x = g(y)$도 증가함수라는 것을 생각하자. 이것은 귀류법으로 증명할 수 있다. 즉, $x = g(y)$가 증가하지않는함수라고

[1]함수 $y = f(x)$의 역함수를 $x = f^{-1}(y)$로 나타내기도 한다.

가정하고 모순을 유도하자. $y = f(x)$가 증가함수이므로 $x_1 < x_2$이면 $f(x_1) < f(x_2)$, $y_1 < y_2$가 된다. 이제, $x_1 = g(y_1)$, $x_2 = g(y_2)$와 $x = g(y)$가 증가하지않는함수라는 것으로부터, $y_1 < y_2$이면 $g(y_1) \geq g(y_2)$, 즉 $x_1 \geq x_2$가 유도된다. 이것은 $x_1 < x_2$에 모순되며, 결국 함수 $y = f(x)$가 증가함수이면, 역함수 $x = g(y)$도 증가함수라는 것이 증명된다.

부등식 $f\left(\frac{x_1+x_2}{2}\right) \leq \frac{y_1+y_2}{2}$로 돌아가자. $x = g(y)$가 증가함수이므로 $f\left(\frac{x_1+x_2}{2}\right) \leq \frac{y_1+y_2}{2}$에 함수 $g(y)$를 취하면, 부등식 $g\left(f\left(\frac{x_1+x_2}{2}\right)\right) \leq g\left(\frac{y_1+y_2}{2}\right)$를 얻을 수 있다. 이때, 함수 $y = f(x)$와 $x = g(y)$는 역함수 관계이므로, $g\left(f\left(\frac{x_1+x_2}{2}\right)\right) = \frac{x_1+x_2}{2}$이다. 그리고 $\frac{x_1+x_2}{2} = \frac{g(y_1)+g(y_2)}{2}$이므로, $\frac{g(y_1)+g(y_2)}{2} \leq g\left(\frac{y_1+y_2}{2}\right)$를 얻을 수 있다. 함수 $x = g(y)$가 연속이므로, 부등식 $\frac{g(y_1)+g(y_2)}{2} \leq g\left(\frac{y_1+y_2}{2}\right)$는 함수 $x = g(y)$가 위로 볼록이라는 것을 증명한다. □

정리 1.23과 유사한 따름정리가 성립하며, 이 따름정리를 정리 1.23의 증명과 유사한 방법으로 증명할 수 있다.

따름정리 1.24. 함수 $y = f(x)$와 $x = g(y)$가 서로 역함수이며, 연속이라 하자. 그러면, 다음 성질이 성립한다.

(1) 함수 $y = f(x)$가 아래로 볼록이면서 감소하면, 함수 $x = g(y)$는 아래로 볼록이며 감소한다.

(2) 함수 $y = f(x)$가 위로 볼록이면서 감소하면, 함수 $x = g(y)$는 위로 볼록이며 감소한다.

예제 1.14에서 함수 $y = \ln x$는 구간 $(0, \infty)$에서 위로 볼록이라는 것을 보였다. 함수 $y = \ln x$이 증가함수임을 보이자. 이를 위해, $\forall x_1, x_2 \in (0, \infty)$에 대해, $x_1 < x_2$이면 $\ln x_1 < \ln x_2$를 보이자.

$x > 0$에서 함수 $\ln x$는 $\ln x = \int_1^x \frac{1}{t}\,dt$로 정의되므로, $\ln x_2 - \ln x_1 = \int_1^{x_2} \frac{1}{t}\,dt - \int_1^{x_1} \frac{1}{t}\,dt = \int_1^{x_2} \frac{1}{t}\,dt + \int_{x_1}^1 \frac{1}{t}\,dt = \int_{x_1}^{x_2} \frac{1}{t}\,dt$가 된다. 이때, 구간 (x_1, x_2)에서 $f(t) = \frac{1}{t}$은

양의 값을 가지므로, $\int_{x_1}^{x_2} \frac{1}{t}\, dt > 0$이 된다. 이로부터, $\ln x_1 < \ln x_2$가 증명되며, 구간 $(0, \infty)$에서 함수 $y = \ln x$는 증가함수라는 것을 알 수 있다.

결국, 함수 $y = \ln x$는 구간 $(0, \infty)$에서 위로 볼록이며 증가함수이다. 그림 1.17에 함수 $y = \ln x$의 그래프가 제시되어 있다.

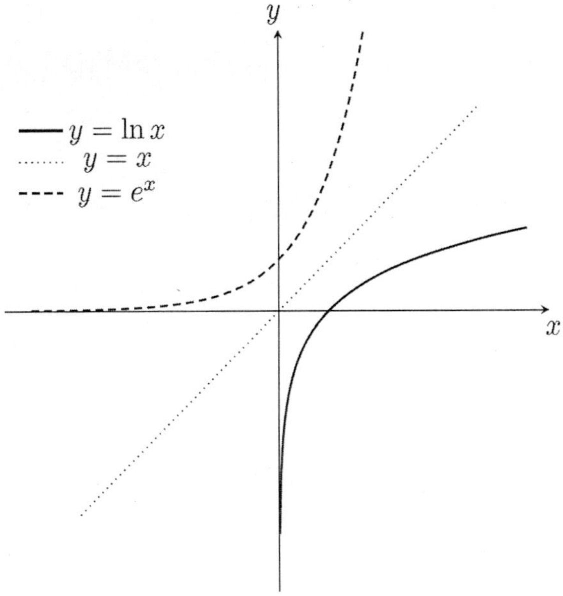

그림 1.17

함수 $y = e^x$는 $y = \ln x$의 역함수이다. 정리 1.23에 의하면, 위로 볼록이며 증가하는 함수의 역함수는 아래로 볼록이면서 증가한다. 결국, 함수 $y = e^x$는 아래로 볼록인 증가함수이다.

이제, 함수 $y = e^x$가 아래로 볼록인 증가함수라는 것을 정리 1.19를 이용하여 증명해 보자. $f(x) = e^x$가 연속함수이므로, $f(x) = e^x$가 아래로 볼록인 것을 증명하기 위해 부등식 $f\left(\frac{x_1+x_2}{2}\right) \le \frac{f(x_1)+f(x_2)}{2}$, 즉 $e^{\frac{x_1+x_2}{2}} \le \frac{e^{x_1}+e^{x_2}}{2}$를 보이자.

$e^{\frac{x_1+x_2}{2}} = \sqrt{e^{x_1}e^{x_2}}$이며, 산술평균-기하평균 부등식에 의해 $\sqrt{e^{x_1}e^{x_2}} \le \frac{e^{x_1}+e^{x_2}}{2}$가 성립한다. 즉, $e^{\frac{x_1+x_2}{2}} = \sqrt{e^{x_1}e^{x_2}} \le \frac{e^{x_1}+e^{x_2}}{2}$가 얻어진다. 이것으로 $f(x) = e^x$가 아래로 볼록인 것이 증명된다.

함수 $y = e^x$가 증가함수라는 것을 증명하기 위해, 임의의 $x_1 < x_2$에 대해, $e^{x_1} <$

e^{x_2}가 된다는 것을 보이자. $x_1 = \ln e^{x_1}$, $x_2 = \ln e^{x_2}$이므로, $x_1 < x_2$로부터 $\ln e^{x_1} < \ln e^{x_2}$가 얻어진다. 함수 $f(x)$가 증가함수이면, $f(x_1) < f(x_2)$로부터 $x_1 < x_2$가 유도된다. $y = \ln x$가 증가함수라는 것을 생각하면, $\ln e^{x_1} < \ln e^{x_2}$로부터 부등식 $e^{x_1} < e^{x_2}$를 얻을 수 있다. 이것은 함수 $y = e^x$가 증가함수라는 것을 의미한다.

살펴본 $y = e^x$가 아래로 볼록이면서 증가함수라는 것, $y = \ln x$의 역함수라는 것을 생각하면, 그림 1.17과 같은 $y = e^x$의 그래프를 얻을 수 있다.

제 2장. 함수 그래프의 연산

함수 $y = f(x)$, $y = g(x)$의 그래프로부터 함수 $y = f(x) \pm g(x)$, $y = f(x)g(x)$, $y = \frac{f(x)}{g(x)}$의 그래프를 작도하는 방법을 살펴보자. 이때, 함수 $y = f(x)$, $y = g(x)$의 정의역을 각각 D_1, D_2라 하면, 함수 $y = f(x) \pm g(x)$, $y = f(x)g(x)$, $y = \frac{f(x)}{g(x)}$의 정의역 D'은 $D' = D_1 \cap D_2$이다. 가령, $y = x + \frac{2x+1}{(x-1)(x-3)}$의 그래프를 작도하기 위해, $y_1 = x$, $y_2 = \frac{2x+1}{(x-1)(x-3)}$라 놓고 $y = y_1 + y_2$를 생각한다고 하자. 그러면, 함수 $y_1 = x$의 정의역은 $\mathbb{R}$이지만, $y_2 = \frac{2x+1}{(x-1)(x-3)}$의 정의역은 $\mathbb{R}$에서 $\{1, 3\}$을 제외해야 한다. 그러므로, 함수 $y = y_1 + y_2$의 정의역은 $\mathbb{R} \setminus \{1, 3\}$이다.

정의역이 D인 함수 $y = f(x)$, $y = g(x)$가 주어지고, $y = f(x)$, $y = g(x)$의 그래프로부터 $y = f(x) \pm g(x)$, $y = f(x)g(x)$, $y = \frac{f(x)}{g(x)}$의 그래프 개형을 작도하려면, $\forall x_1 \in D$에 대해(실제로는 몇 개의 x_1에 대해) 함숫값 $f(x_1)$, $g(x_1)$을 구해 $f(x_1) \pm g(x_1)$, $f(x_1)g(x_1)$, $\frac{f(x_1)}{g(x_1)}$의 값을 계산하고, 좌표평면에 해당하는 점들을 표시하여 그래프의 개형을 그린다. 이때, $y = f(x) \pm g(x)$, $y = f(x)g(x)$, $y = \frac{f(x)}{g(x)}$의 그래프 개형을 결정하는 전형적인 x값에 대한 함숫값을 생각하는 것이 중요하다.

함수 $y = f(x) \pm g(x)$, $y = f(x)g(x)$, $y = \frac{f(x)}{g(x)}$의 함숫값의 표를 만들면, 정교하게 함수 $y = f(x) \pm g(x)$, $y = f(x)g(x)$, $y = \frac{f(x)}{g(x)}$의 그래프 개형을 추측할 수 있다. 아울러, 함수 $y = f(x) \pm g(x)$, $y = f(x)g(x)$, $y = \frac{f(x)}{g(x)}$의 특징인 증감, 홀짝성(함수 그래프의 대칭성), 주기성, 볼록성 등을 조사하는 것도 함수의 그래프 개형을 추측하는데 유익하다.

1. $y = f(x) \pm g(x)$의 그래프

함수 $y = f(x) \pm g(x)$의 정의역을 D라 하면, $\forall x_1 \in D$에 대해 함수 $y = f(x) \pm g(x)$의 함숫값 $f(x_1) \pm g(x_1)$은 함수 $y = f(x)$의 함숫값 $f(x_1)$과 $y = g(x)$의 함숫값 $g(x_1)$을 더하거나 빼서 얻어진다. 그러므로, 함수 $y = f(x) \pm g(x)$의 그래프 개형은 정의역에 속한 $x = x_1$에 대해 함수 $y = f(x)$와 $y = g(x)$의 함숫값 $f(x_1)$, $g(x_1)$을 더하거나 빼고 나서, 얻어진 점들을 연결하여 작도할 수 있다.

예제 2.1. 함수 $y = \frac{e^x + e^{-x}}{2}$의 그래프 개형을 그려라.

풀이. 함수 $y = \frac{e^x + e^{-x}}{2}$는 쌍곡코사인함수 $y = \cosh x$이다. $y = \cosh x = \frac{e^x + e^{-x}}{2}$의 그래프 개형을 $y_1 = \frac{e^x}{2}$와 $y_2 = \frac{e^{-x}}{2}$의 합으로 생각하여 작도하자.

먼저, 함수 $y_1 = \frac{e^x}{2}$의 그래프는 함수 $y = e^x$의 함숫값을 $\frac{1}{2}$배하여 얻어질 수 있다. 그림 2.1에서 점선은 $y = e^x$의 그래프이고, 실선은 $y_1 = \frac{e^x}{2}$의 그래프이다. $y = e^x$의 그래프에서 함숫값의 절반이 되는 점들을 표시하여 연결하면, 함수 $y_1 = \frac{e^x}{2}$의 그래프 개형을 얻을 수 있다. $y_1 = \frac{e^x}{2}$와 유사한 방법으로, $y_2 = \frac{e^{-x}}{2}$의 그래프를 작도할 수 있다.

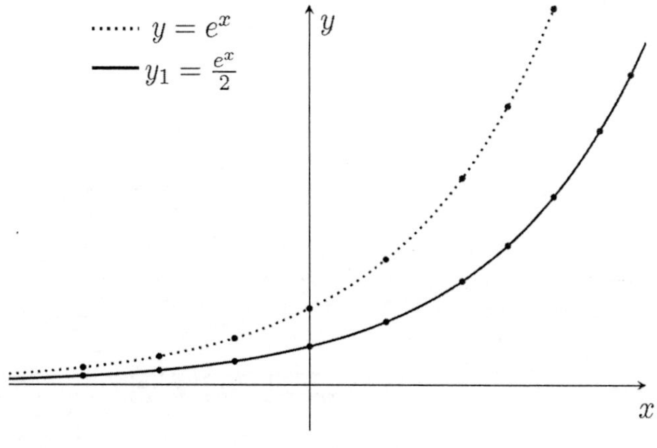

그림 2.1

그림 2.2에 함수 $y_1 = \frac{e^x}{2}$와 $y_2 = \frac{e^{-x}}{2}$의 그래프 개형이 있다. 이제, 함수 $y_1 = \frac{e^x}{2}$와 $y_2 = \frac{e^{-x}}{2}$의 함숫값을 더하면, $y = \cosh x = \frac{e^x + e^{-x}}{2}$의 그래프를 얻을 수 있다. x

값이 $-1.3, -1, -0.7, -0.4, 0, 0.4, 0.7, 1, 1.3$일 때에 $y_1 = \frac{e^x}{2}$, $y_2 = \frac{e^{-x}}{2}$, $y = \cosh x = \frac{e^x+e^{-x}}{2}$의 함숫값을 정리하면, 표 2.1과 같다. 참고로, 표 2.1에 제시된 $y_1 = \frac{e^x}{2}$, $y_2 = \frac{e^{-x}}{2}$, $y = \frac{e^x+e^{-x}}{2}$의 함숫값은 반올림하여 소숫점 세자리까지 구한 것이다.

x	-1.3	-1.0	-0.7	-0.4	0.0	0.4	0.7	1.0	1.3
$\frac{e^x}{2}$	0.136	0.184	0.248	0.335	0.500	0.746	1.007	1.359	1.835
$\frac{e^{-x}}{2}$	1.835	1.359	1.007	0.746	0.500	0.335	0.248	0.184	0.136
$\frac{e^x+e^{-x}}{2}$	1.971	1.543	1.255	1.081	1.000	1.081	1.255	1.543	1.971

표 2.1: $y = \frac{e^x}{2}$, $y = \frac{e^{-x}}{2}$, $y = \frac{e^x+e^{-x}}{2}$의 함숫값

함수 $y_1 = \frac{e^x}{2}$와 $y_2 = \frac{e^{-x}}{2}$의 그래프를 그리고, 이 함수들의 함숫값을 더하면, 그림 2.2와 같은 $y = \frac{e^x+e^{-x}}{2}$의 그래프 개형을 얻을 수 있다. 이러한 방법으로 함수 $y = y_1 + y_2$의 그래프 개형을 작도하는 경우, 함수 $y_1 = \frac{e^x}{2}$와 $y_2 = \frac{e^{-x}}{2}$의 특징, 예를 들어 함수의 증감, 볼록성, 홀짝성 등을 알아야 한다. 여기서는 $y_1 = \frac{e^x}{2}$와 $y_2 = \frac{e^{-x}}{2}$의 그래프가 그림 2.2와 같은 형태로 증가(또는 감소)하면서 아래로 볼록이라는 특징을 가진다는 것을 바탕으로 $y = y_1 + y_2$의 그래프 개형을 작도하였다.

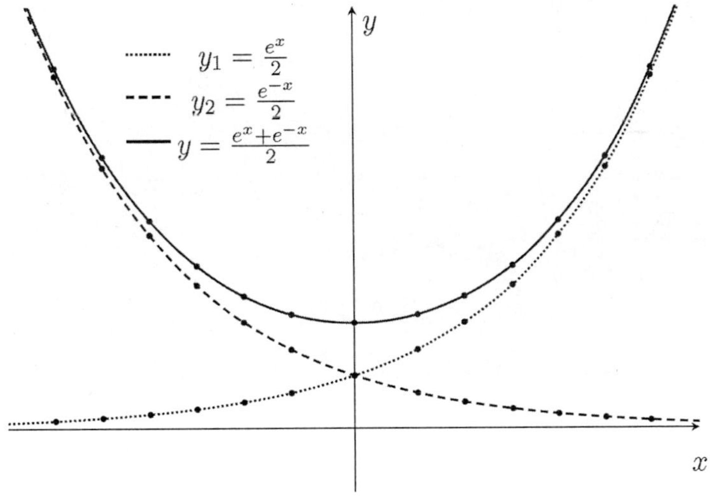

그림 2.2

$y = \frac{e^x+e^{-x}}{2}$의 그래프 개형을 작도하기 위해, (1) 함수 $y_1 = \frac{e^x}{2}$와 $y_2 = \frac{e^{-x}}{2}$의 그래프 개형을 작도하고, (2) 그래프에 몇 개의 점들을 표시하고, (3) 표시된 점들의 y 좌표(함숫값)를 더하여 함수 $y = \frac{e^x+e^{-x}}{2}$의 함숫값을 얻었다. 그리고 좌표평면에서 이 점들을 연결하여 함수 $y = \frac{e^x+e^{-x}}{2}$의 그래프 개형을 추측하여 작도하였다. □

$y = \sinh x = \frac{e^x-e^{-x}}{2}$의 그래프 개형도 유사한 방법으로 작도할 수 있다. 이를 위해, 함수 $y_1 = \frac{e^x}{2}$와 $y_2 = \frac{e^{-x}}{2}$의 그래프 개형을 작도하고, 그래프에 몇 개의 점들을 표시하고, 표시된 점들의 y좌표(함숫값)를 빼서 함수 $y = \frac{e^x-e^{-x}}{2}$의 함숫값을 얻을 수 있다.

함수 $y_2 = \frac{e^{-x}}{2}$의 그래프 대신에 $y_2' = -\frac{e^{-x}}{2}$의 그래프를 이용할 수도 있다. $y_2' = -\frac{e^{-x}}{2}$의 그래프는 $y_2 = \frac{e^{-x}}{2}$의 그래프를 x축에 대해 대칭시킨 것이다. 이때에는 함수 $y_1 = \frac{e^x}{2}$와 $y_2' = -\frac{e^{-x}}{2}$의 그래프 개형을 작도하여 대응하는 함숫값을 더하여, 함수 $y = \frac{e^x-e^{-x}}{2}$의 그래프 개형을 얻을 수 있다.

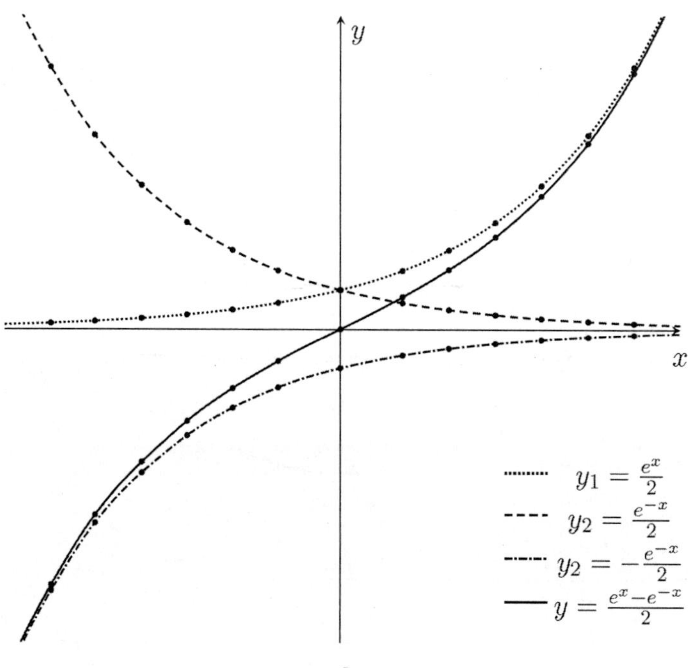

그림 2.3

이제, 얻어진 점들을 좌표평면에 표시하여 연결하면, 그림 2.3과 같은 함수 $y = \frac{e^x - e^{-x}}{2}$의 그래프 개형을 얻게 된다. 그림 2.3에는 $y_1 = \frac{e^x}{2}$, $y_2 = \frac{e^{-x}}{2}$, $y_2' = -\frac{e^{-x}}{2}$, $y = \sinh x = \frac{e^x - e^{-x}}{2}$의 그래프가 모두 제시되어 있다. $y = y_1 - y_2$ 또는 $y = y_1 + y_2'$으로 얻어질 수 있다는 것을 직접 확인하면 좋을 것이다.

$y = f(x) - g(x)$의 그래프 개형을 작도할 때에 익숙하지 않은 상황이 발생할 수도 있다. 이러한 경우에는 함수 $y = f(x)$, $y = -g(x)$의 그래프를 작도하고, $y = f(x) + (-g(x))$를 이용하여 $y = f(x) - g(x)$의 그래프를 작도하는 것도 좋은 방법이 될 수 있다.

다른 예로, $y = x^2 - x$의 그래프를 생각하자. $y = x^2 - x$는 전형적인 이차함수로, (1) $x^2 - x = x(x-1) = 0$으로부터 x절편 0, 1을 구하고, y절편이 0이라는 것을 확인한 다음, (2) x^2항의 계수가 양수이므로 $x \to \infty$, $x \to -\infty$에서 $y \to \infty$가 된다는 것, (3) $y = x^2 - x$의 그래프가 아래로 볼록이라는 것을 이용하여 그래프의 개형을 작도할 수 있다.

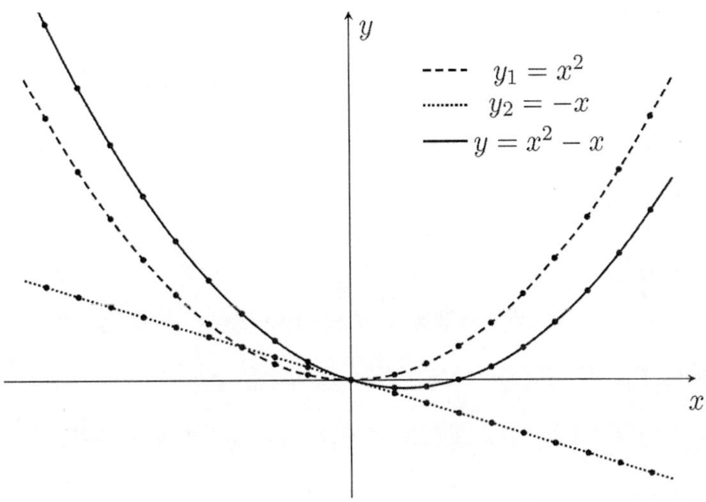

그림 2.4

함수 $y = x^2 - x$의 그래프를 다른 관점에서도 볼 수 있다. $y_1 = x^2$, $y_2 = -x$라고 하면, $y = y_1 + y_2 = x^2 + (-x)$로 생각할 수 있다. 즉, 함수 $y = x^2 - x$가 두

함수 $y_1 = x^2$, $y_2 = -x$의 합이라는 것을 이용할 수 있다. 그림 2.4에 함수 $y_1 = x^2$, $y_2 = -x$, $y = x^2 - x$의 그래프가 제시되어 있다.

$x = 1$에서 $y_1 = x^2 = 1$, $y_2 = -x = -1$이므로, $x = 1$에서 $y = y_1 + y_2 = 0$이 된다. 그리고 $x > 1$인 x에 대해 $y_1 = x^2$의 함숫값과 $y_2 = -x$의 함숫값의 합이 $y_1 = x^2$과 유사한 경향을 가지며 증가한다는 것을 알 수 있다.

$x < 0$인 경우도 비슷하게 생각할 수 있다. $x < 0$에서 함수 $y = x^2 - x$의 증감을 조사하면, 함수 $y = x^2 - x$의 변화에 대한 정확한 정보를 확인할 수 있다. 그림 2.4에서 보듯이, $x < 0$에서 함수 $y = x^2 - x$가 감소한다는 것을 확인하려면 $\forall x_1, x_2 \in (-\infty, 0)$인 $x_1 < x_2$에 대해 $f(x_1) > f(x_2)$를 증명하면 된다. 이를 위해 부등식 $f(x_1) - f(x_2) > 0$을 보여야 한다.

$f(x_1) - f(x_2) = (x_1^2 - x_1) - (x_2^2 - x_2) = (x_1^2 - x_2^2) + (x_2 - x_1) = (x_1 - x_2)(x_1 + x_2) + (x_2 - x_1) = (x_1 - x_2)(x_1 + x_2 - 1)$이다. 이때, $x_1 < x_2 < 0$이므로, $x_1 + x_2 < 0$이고 $x_1 + x_2 - 1 < -1 < 0$이다. 그러므로, $(x_1 - x_2)(x_1 + x_2 - 1) > 0$이 성립하며, $f(x_1) - f(x_2) > 0$이 된다. 결국, $\forall x_1, x_2 \in (-\infty, 0)$인 $x_1 < x_2$에 대해 $f(x_1) > f(x_2)$이므로, 구간 $(-\infty, 0)$에서 함수 $y = x^2 - x$는 감소함수이다. 즉, $(-\infty, 0)$에 속하는 모든 x에 대해 함수 $y = x^2 - x$는 그림 2.4와 같이 감소한다.

예제 2.2. 함수 $y = x + \frac{1}{x}$, $y = x - \frac{1}{x}$의 그래프 개형을 그려라.

풀이. 함수 $y = x + \frac{1}{x}$의 그래프 개형을 조사하자. 이를 위해, $y_1 = x$, $y_2 = \frac{1}{x}$이라 놓고, 이들의 그래프를 작도하자. 이때, 함수 $y_2 = \frac{1}{x}$은 $x = 0$에서는 정의되지 않으므로, 함수 $y = x + \frac{1}{x}$도 $x = 0$에서는 정의되지 않는다는 것에 유의하자.

함수 $y_1 = x$의 그래프가 일정하게 변하므로, $y_1 = x$의 함숫값에 $y_2 = \frac{1}{x}$의 함숫값을 더한다고 생각하면, $y = x + \frac{1}{x}$의 그래프 개형을 추측하기가 용이하다. 즉, $x > 0$인 경우에 $y_1 = x$와 $y_2 = \frac{1}{x}$의 함숫값이 모두 양수이므로, $y = x + \frac{1}{x}$의 그래프는 $y_1 = x$의 그래프 위쪽에 놓인다. 그리고 $x < 0$인 경우에는 $y_1 = x$와 $y_2 = \frac{1}{x}$의 함숫값이 모두 음수이므로, $y = x + \frac{1}{x}$의 그래프는 $y_1 = x$의 그래프 아랫쪽에 놓인다.

$x \to \infty$에서 $y_2 = \frac{1}{x}$의 함숫값이 양의 방향으로부터 0으로 가까이 가므로, 함수 $y = x + \frac{1}{x}$의 그래프는 $y_1 = x$의 그래프에 위쪽으로부터 가까이 간다는 것을 알 수 있다. 그리고 $x \to 0^+$에서 $y_1 = x$의 함숫값은 양의 방향으로부터 0으로 가까이 가고 $y_2 = \frac{1}{x}$의 함숫값은 ∞로 발산하므로, 함수 $y = x + \frac{1}{x}$의 그래프 개형은 $y_2 = \frac{1}{x}$의 그래프를 따라 ∞로 발산한다.

$x \to -\infty$인 경우와 $x \to 0^-$인 경우에도 함수 $y = x + \frac{1}{x}$의 그래프 개형을 유사한 방법으로 생각할 수 있다. 살펴본 것과 같이, 함수 $y = x + \frac{1}{x}$의 탐구를 바탕으로 그림 2.5와 같은 그래프 개형을 얻을 수 있다. 특히, 함수 $f(x) = x + \frac{1}{x}$는 $f(-x) = -f(x)$가 성립하므로, $f(x) = x + \frac{1}{x}$는 홀함수이며 $f(x) = x + \frac{1}{x}$의 그래프는 원점에 대해 대칭이다.

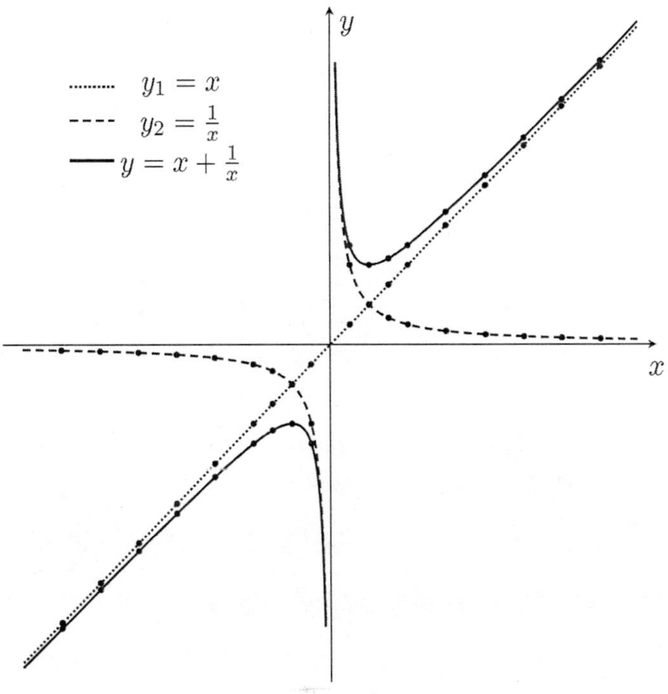

그림 2.5

한편, 함수 $y = x - \frac{1}{x}$의 그래프 개형을 조사하기 위해, $y_1 = x$, $y_2 = -\frac{1}{x}$이라 놓자. $y_2 = -\frac{1}{x}$의 그래프는 $y = \frac{1}{x}$의 그래프를 x축(또는 y축)에 대해 대칭시켜 얻어진다.

함수 $y = x + \frac{1}{x}$과 유사한 탐구를 통해, 함수 $y = x - \frac{1}{x}$의 그래프 개형을 그림 2.6과 같이 작도할 수 있다.

함수 $f(x) = x - \frac{1}{x}$에 대해 $f(x) = f(-x)$ 또는 $f(-x) = -f(x)$가 성립하지 않으므로, 함수 $f(x) = x - \frac{1}{x}$은 짝함수도 홀함수도 아니며, $f(x) = x - \frac{1}{x}$의 그래프는 y축이나 원점에 대한 대칭성을 가지지 않는다. □

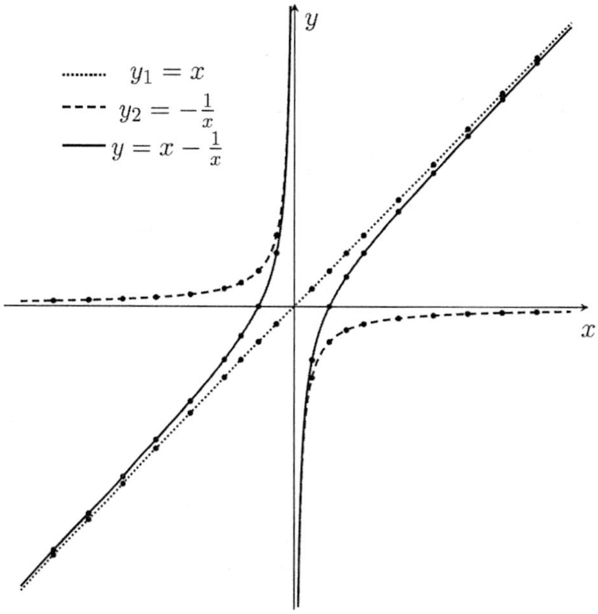

그림 2.6

예제 2.3. 함수 $y = x + 2\sin x$의 그래프 개형을 그려라.

풀이. 함수 $y = x + \sin x$의 그래프 개형을 조사하기 위해, $y_1 = x$, $y_2 = 2\sin x$라 놓고 이들의 그래프를 작도하자. $y_1 = x$의 함숫값에 $y_2 = 2\sin x$의 함숫값을 더한다고 생각하자. 함수 $y_2 = 2\sin x$는 주기함수이며 함숫값이 일정하게 양의 값과 음의 값을 반복한다. $y_1 = x$의 함숫값에 일정하게 양수와 음수를 더한다고 생각하면, 함수 $y = x + 2\sin x$의 그래프 개형을 추측할 수 있으며, 실제로 함수 $y = x + 2\sin x$의 그래프 개형은 그림 2.7과 같다.

함수 $y = x + 2\sin x$는 주기함수는 아니다. 비록, $y_1 = x$에 주기적으로 2와 -2

사이에서 변하는 $y_2 = 2\sin x$의 값이 더해져서 $y = x + 2\sin x$의 함숫값이 일정하게 변하기는 것처럼 보이지만, 함수 $y = x + 2\sin x$는 주기함수가 아니다. 주기함수가 되려면, $\forall x \in \mathbb{R}$에 대해 $f(x+T) = f(x)$가 성립해야 하는데, $f(x) = x + 2\sin x$에서는 등식 $f(x+T) = f(x)$가 성립하는 T가 존재하지 않는다.

주목할 것은 함수 $y_1 = x$와 $y = x + 2\sin x$의 그래프의 교점이다. 그림 2.7에서 $y_1 = x$와 $y = x + 2\sin x$의 교점은 $y_1 = x$와 $y = x + 2\sin x$의 함숫값이 같은, 즉 $2\sin x = 0$이 되는 점이다. 그러므로 $y_1 = x$와 $y = x + 2\sin x$의 그래프의 교점은 $x = 0, \pm\pi, \pm 2\pi, \cdots$ 인 점이다.

함수 $f(x) = x + 2\sin x$에서 $f(-x) = (-x) + 2\sin(-x) = -(x + 2\sin x) = -f(x)$이며 $f(-x) = -f(x)$가 성립하므로, $f(x) = x + 2\sin x$는 홀함수이며 $f(x) = x + 2\sin x$의 그래프는 원점에 대해 대칭이다. □

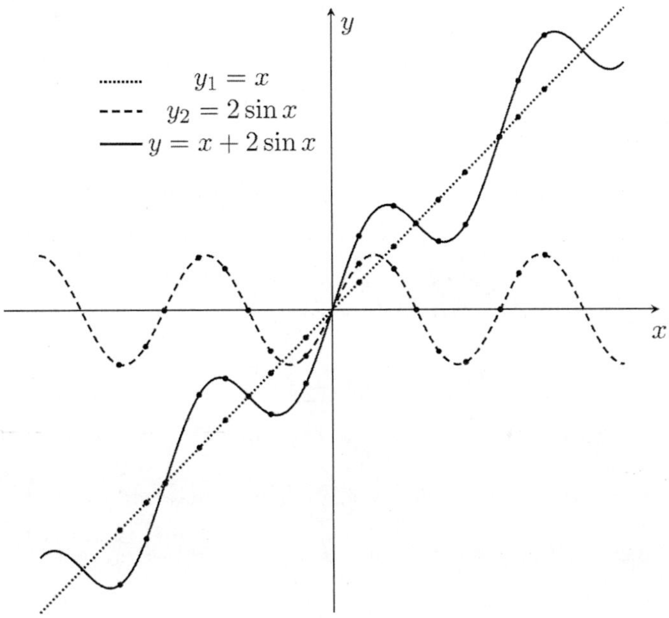

그림 2.7

예제 2.3과 같은 방법으로 함수 $y = \sqrt{x} - 2\cos x$의 그래프를 그릴 수 있다. 이때, $y = \sqrt{x} - 2\cos x$에 $\sqrt{x}$가 포함되어 있으므로, 이 함수의 정의역이 $x \geq 0$이라는 것을

염두에 두자.

$y_1 = \sqrt{x}$, $y_2 = -2\cos x$라 놓고, 그림 2.8과 같이 이들의 그래프를 작도하자. 이제, $y_1 = \sqrt{x}$의 함숫값에 $y_2 = -2\cos x$의 함숫값을 더하자. 이때, 함수 $y_2 = -2\cos x$는 주기함수이며 $-2 \le -2\cos x \le 2$사이의 값을 반복한다. $y = \sqrt{x} - 2\cos x$의 함숫값은 $y_1 = \sqrt{x}$의 함숫값에 일정하게 변하는 2와 -2사이의 값을 더해 얻어지므로, 함수 $y = \sqrt{x} - 2\cos x$의 그래프는 $y = \sqrt{x} - 2$의 그래프와 $y = \sqrt{x} + 2$의 그래프 사이에 놓이게 된다(그림 2.8). 이러한 아이디어는 사인함수나 코사인함수처럼 함숫값이 유계인 경우(여기서는 $-2 \le -2\cos x \le 2$)에 함수의 합 또는 차의 그래프 개형을 그리는 경우에 유익하다.

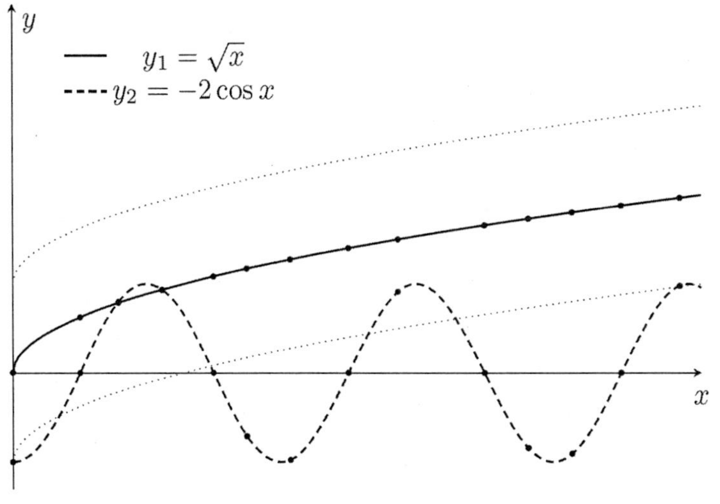

그림 2.8

이제, 함수 $y = \sqrt{x} - 2\cos x$의 그래프 개형을 함수 $y_1 = \sqrt{x}$와 $y_2 = -2\cos x$의 합으로 추측하자. 그림 2.8에 함수 $y_1 = \sqrt{x}$와 $y_2 = -2\cos x$의 그래프에 x좌표가 0, $\frac{\pi}{2}$, $2.5, 3.5$, $\frac{3\pi}{2}$, $5.5, 6.5$, $\frac{5\pi}{2}$, 9, $\frac{7\pi}{2}$,12, 13, $\frac{9\pi}{2}$, 15.5인 점을 표시하자. 이 점들에서 $y_1 = \sqrt{x}$와 $y_2 = -2\cos x$의 함숫값을 더하여, 함수 $y = \sqrt{x} - 2$와 $y = \sqrt{x} + 2$의 그래프 사이에 표시하면, 그림 2.9와 같은 $y = \sqrt{x} - 2\cos x$의 그래프 개형을 얻을 수 있다.

이때, 함수 $f(x) = \sqrt{x} - 2\cos x$의 정의역이 원점에 대해 대칭이 되지 않으므로, 함수 $y = \sqrt{x} - 2\cos x$의 홀짝성에 대해서는 논의할 필요가 없다. 즉, 함수 $y = \sqrt{x} - 2\cos x$는 홀함수도 짝함수도 아니다.

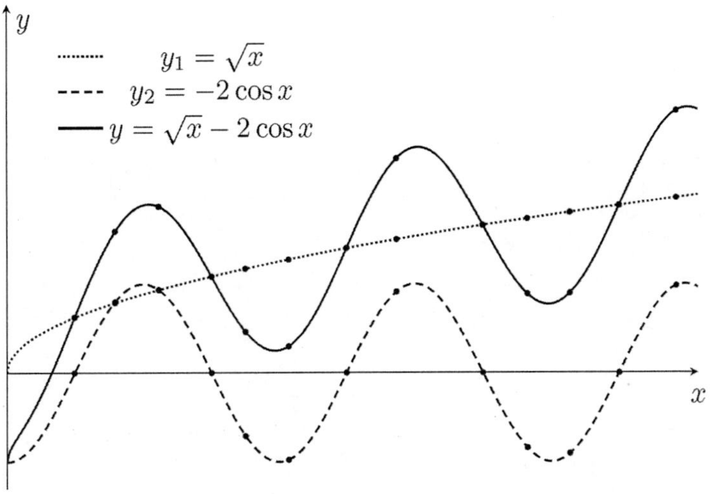

그림 2.9

그림 2.9에서 함수 $y_1 = \sqrt{x}$와 $y = \sqrt{x} - 2\cos x$의 그래프의 교점을 살펴보자. 그림 2.9에서 $y_1 = \sqrt{x}$와 $y = \sqrt{x} - 2\cos x$의 교점은 $y_1 = \sqrt{x}$와 $y = \sqrt{x} - 2\cos x$의 함숫값이 같은 점인 $2\cos x = 0$을 만족하는 점이다. 그러므로 $y_1 = \sqrt{x}$와 $y = \sqrt{x} - 2\cos x$의 교점은 x좌표가 $\frac{\pi}{2}, \frac{3\pi}{2}, \frac{5\pi}{2}, \frac{7\pi}{2}, \cdots$인 점이다.

예제 2.4. 함수 $y = e^x + 3\sin 2x$의 그래프 개형을 그려라.

풀이. 함수 $y = e^x + 3\sin 2x$의 그래프 개형을 조사하기 위해, $y_1 = e^x$, $y_2 = 3\sin 2x$라 놓자. $y_1 = e^x$의 그래프는 알고 있으며, 함수 $y_2 = 3\sin 2x$의 그래프는 주기가 π이고 함숫값이 $-3 \le 3\sin 2x \le 3$에 속한다. 결국, 함수 $y = e^x + 3\sin 2x$의 그래프는 함수 $y = e^x + 3$과 함수 $y = e^x - 3$의 사이에 놓이게 된다.

한편, 함수 $y = e^x + 3\sin 2x$의 그래프와 함수 $y_1 = e^x$의 그래프가 만나는 점을 찾아보자. 이를 위해, 방정식 $e^x + 3\sin 2x = e^x$의 해를 구하면 된다. 우변의 e^x를 이항하여 정리하면, $3\sin 2x = 0$, $\sin 2x = 0$이 된다. 이로부터 $2x = n\pi$, $x = \frac{n\pi}{2}$가

함수 $y = e^x + 3\sin 2x$와 $y_1 = e^x$의 교점의 x좌표이다. 즉, 교점의 x좌표는 $x = \cdots$, -2π, $-\frac{3\pi}{2}$, $-\pi$, $-\frac{\pi}{2}$, 0, $\frac{\pi}{2}$, π, $\frac{3\pi}{2}$, 2π, $\cdots$ 이다.

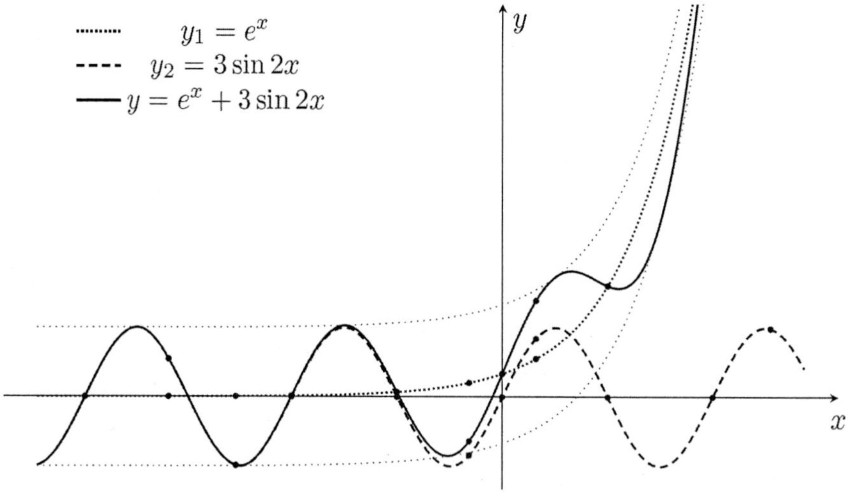

그림 2.10

$\lim_{x\to-\infty} e^x = 0$이므로, $x \to -\infty$일 때에 함수 $y = e^x + 3\sin 2x$의 그래프는 $y_2 = 3\sin 2x$의 그래프에 근접한다. 그리고 $\lim_{x\to\infty} e^x = \infty$이므로, $x \to \infty$일 때에 함수 $y = e^x + 3\sin 2x$의 그래프는 $y_1 = e^x$의 그래프에 근접한다.

이제, 함수 $y = e^x + 3\sin 2x$의 그래프 개형을 $y_1 = e^x$와 $y_2 = 3\sin 2x$의 합을 이용하여 구하면, 그림 2.10과 같다. □

2. $y = f(x)g(x)$, $y = \frac{f(x)}{g(x)}$의 그래프

$y = f(x)g(x)$, $y = \frac{f(x)}{g(x)}$의 그래프 개형을 함수 $y = f(x)$와 $g(x)$의 곱, 몫으로 구하는 방법은 $y = f(x) \pm g(x)$의 그래프 개형을 작도하는 것만큼 직관적이지는 않다. 가령, 함수 $y = f(x)$와 $y = g(x)$의 합의 그래프 개형을 작도하기 위해, (1) 정의역에 속하는 $x_1, x_2, \cdots, x_n$에 대해 $f(x_1), f(x_2), \cdots, f(x_n)$과 $g(x_1), g(x_2), \cdots, g(x_n)$을 구하여, (2) $f(x_1)$의 값에 $g(x_1)$의 값과 같은 선분을 추가하여 $f(x_1) + g(x_1)$의 값을 표시하고, $f(x_2)$의 값에 $g(x_2)$의 값과 같은 선분을 추가하여 $f(x_2) + g(x_2)$의 값을

표시하였다. 이러한 과정을 반복하여 $y = f(x) + g(x)$의 그래프 개형을 얻을 수 있다. 단순하게 말하면, 함수 $y = f(x)$의 그래프 위에 함수 $y = g(x)$의 함숫값 만큼을 컴퍼스로 덧붙이는 것이라 할 수 있다.

함수 $y = f(x)$와 $y = g(x)$의 곱 $y = f(x)g(x)$의 그래프 개형을 작도하려면, (1) 정의역에 속하는 $x_1, x_2, \cdots, x_n$에 대해 $f(x_1)$, $f(x_2)$, $\cdots$, $f(x_n)$과 $g(x_1)$, $g(x_2)$, $\cdots$, $g(x_n)$을 구하여, (2) $f(x_1)$의 값에 $g(x_1)$의 값을 곱하여 $f(x_1)g(x_1)$의 값을 구하고, $f(x_2)$의 값에 $g(x_2)$의 값을 곱하여 $f(x_2)g(x_2)$의 값을 구하는 과정을 반복하여 $y = f(x)g(x)$의 그래프 개형을 찾아야 한다. $y = f(x)$와 $y = g(x)$의 함숫값을 구하여 그 곱을 계산해야 $y = f(x)g(x)$의 함숫값을 찾을 수 있다.

예제 2.5. 함수 $y = (x+2)(-3x+5)$의 그래프 개형을 그려라.

풀이. 함수 $y_1 = x + 2$와 $y_2 = -3x + 5$의 곱으로 함수 $y = (x+2)(-3x+5)$의 그래프 개형을 작도하자. 함수 $y_1 = x + 2$와 $y_2 = -3x + 5$의 그래프는 직선이고 함수 $y = (x+2)(-3x+5)$의 그래프는 포물선이므로, 그 관련성을 보는 것은 쉽지 않다. 한편으론, $\forall x_1 \in \mathbb{R}$에 대해 직선 $y_1 = x + 2$의 점 $(x_1, x_1 + 2)$와 직선 $y_2 = -3x + 5$의 점 $(x_1, -3x_1 + 5)$로부터 함숫값의 곱 $(x_1, (x_1+2)(-3x_1+5))$을 구해, 이 점들이 포물선을 만든다는 것은 예상하기 어려울 수 있다.

함수 $y_1 = x+2$, $y_2 = -3x+5$, $y = (x+2)(-3x+5)$의 함숫값을 표로 정리하면, 표 2.2와 같다. 이때, 얻어진 $y = (x+2)(-3x+5)$에 속하는 점들의 좌표가 포물선이 된다는 것을 추측하기는 어렵다. 표 2.2에서는 $x = 0$의 근방에서 $y = (x+2)(-3x+5)$의 함숫값이 증가하다가 감소한다는 것을 개략적으로 알 수 있다.

그림 2.11에 $y_1 = x + 2$, $y_2 = -3x + 5$를 작도하고, 이 직선들의 함숫값의 곱을 좌표평면에 개략적으로 표시하였다(그림 2.11의 그래프에서는 x축의 간격과 y의 간격이 균일하지는 않다). 그림 2.11에는 표 2.2에 있는 x값에 몇 개의 값을 추가하여, $x = -3, -2.5, -2, -1.5, -1, -0.5, 0, 0.5, 1, 1.5, 2, 3$에 대해 $y_1 = x_1+2$, $y_2 = -3x_1+5$의 점들을 표시하고, 좌표가 $(x_1, (x_1+2)(-3x_1+5))$인 점들을 선분으로 연결하였다.

	-2	-1	-0.5	0	0.5	1	2
$y = x + 2$	0.00	1.00	1.50	2.00	2.50	3.00	4.00
$y = -3x + 5$	11.00	8.00	6.50	5.00	3.50	2.00	-1.00
$y = (x+2)(-3x+5)$	0.00	8.00	9.75	10.00	8.75	6.00	-4.00

표 2.2: $y_1 = x + 2$, $y_2 = -3x + 5$, $y = (x+2)(-3x+5)$의 함숫값

이제, 그림 2.11의 꺾인선을 곡선으로 연결하면, 함수 $y = (x+2)(-3x+5)$의 그래프 개형을 얻을 수 있다.

함수 $y = (x+2)(-3x+5)$는 짝함수도 홀함수도 아니므로, y축과 원점에 대한 대칭성은 가지지 않는다. 추가적으로, 이 함수의 그래프와 관련하여 볼록성, 증감 등에 대해 조사할 수 있다. □

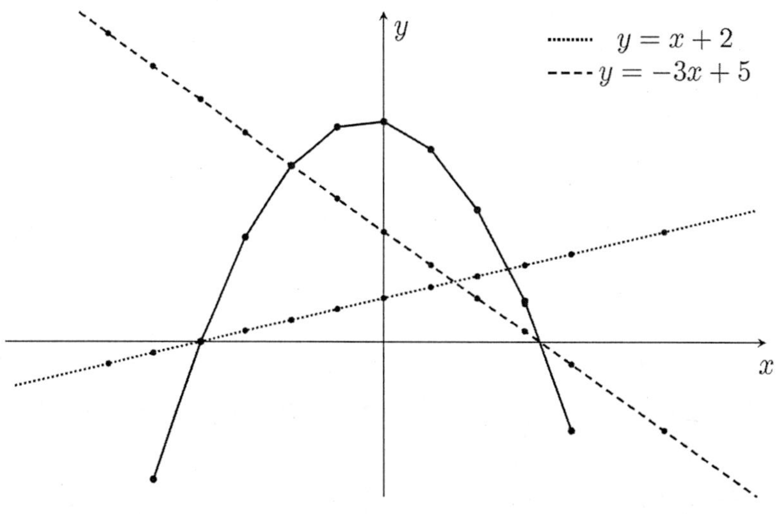

그림 2.11

이제, $y = x\sin 3x$의 그래프를 작도한다고 하자. $y_1 = x$, $y_2 = \sin 3x$라 놓고, $y_1 = x$, $y_2 = \sin 3x$의 그래프를 작도하자. 함수 $f(x) = x\sin 3x$에서 $f(-x) = (-x)\sin(-3x) = x\sin 3x = f(x)$이므로, $f(-x) = f(x)$이며 $y = x\sin 3x$는 짝함수이고, 함수 $y = x\sin 3x$의 그래프는 y축에 대해 대칭이다.

그리고 $\sin 3x$는 $-1 \le \sin 3x \le 1$이므로, 함수 $y = x\sin 3x$의 그래프는 부등식 $-x \le x\sin 3x \le x$에 의해 경계가 지워진다. 즉, 함수 $y = x\sin 3x$의 그래프는 함수 $y = -x$와 $y = x$의 그래프 사이에 놓이게 된다.

함수 $y = x\sin 3x$의 그래프와 함수 $y_1 = x$의 그래프가 만나는 점을 찾아보자. 이를 위해, 방정식 $x\sin 3x = x$의 해를 구하자. 우변을 이항하여 정리하면, $x(\sin 3x - 1) = 0$, $x = 0$, $\sin 3x = 1$이 된다. 이로부터 $x = 0$, $3x = 2n\pi + \frac{\pi}{2}$, $x = \frac{2n\pi}{3} + \frac{\pi}{6}$가 함수 $y = x\sin 3x$와 $y_1 = x$의 교점의 x좌표라는 것을 알 수 있다. $x = \frac{2n\pi}{3} + \frac{\pi}{6}$를 만족시키는 x값을 몇 개 구해보자. $n = 0$이면, $x = \frac{\pi}{6}$이다. $n = 1$이면, $\frac{2\pi}{3} + \frac{\pi}{6} = \frac{5\pi}{6}$이다. $n = 2$이면, $\frac{4\pi}{3} + \frac{\pi}{6} = \frac{9\pi}{6} = \frac{3\pi}{2}$이다. 그리고 $n = 3$이면, $\frac{13\pi}{6}$이다.

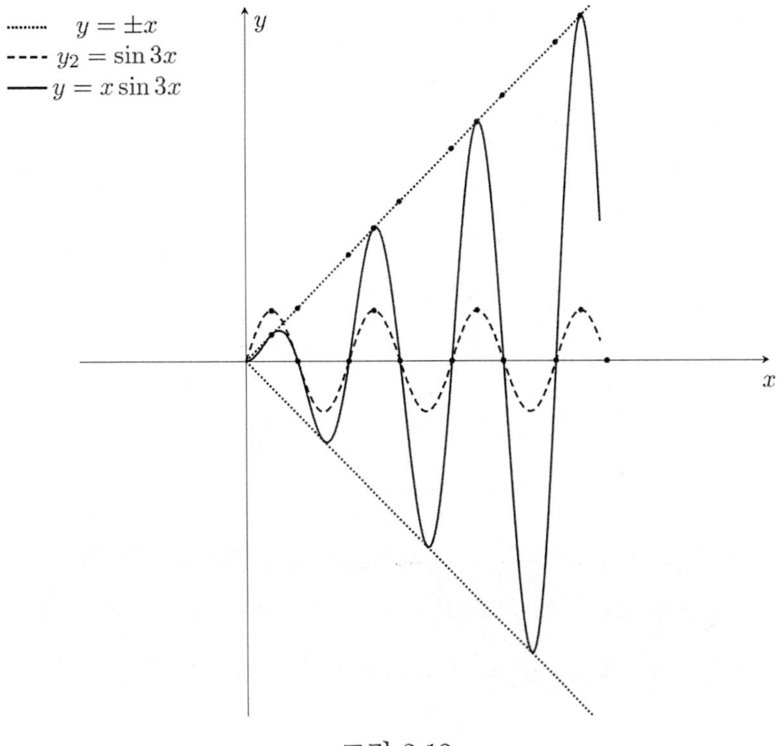

그림 2.12

함수 $y = x\sin 3x$의 그래프와 함수 $y_2 = \sin 3x$의 그래프가 만나는 점을 찾아보자. 이를 위해, 방정식 $x\sin 3x = \sin 3x$의 해를 구하면 된다. 우변의 $\sin 3x$를 이항하여 정리하면, $(x-1)\sin 3x = 0$, $x = 1$, $\sin 3x = 0$이다. 이로부터 $x = 1$, $3x = n\pi$, $x = \frac{n\pi}{3}$

가 함수 $y = x\sin 3x$와 $y_2 = \sin 3x$의 교점의 x좌표이다. 교점의 x좌표는 $x = 1, \cdots,$ $-\frac{4\pi}{3}, -\pi, -\frac{2\pi}{3}, -\frac{\pi}{3}, 0, \frac{\pi}{3}, \frac{2\pi}{3}, \pi, \frac{4\pi}{3}, \cdots$이다.

함수 $y = x\sin 3x$에서 방정식 $x\sin 3x = 0$을 생각하면, $y = x\sin 3x$의 x절편으로 $\frac{n\pi}{3}$를 구할 수 있다. 함수 $y = \sin 3x$와 $y = x\sin 3x$는 모두 x절편으로 $x = \frac{n\pi}{3}$를 가진다. 그러나 함수 $y = \sin 3x$는 주기가 $\frac{2\pi}{3}$인 주기함수이지만, $y = x\sin 3x$는 주기함수가 아니다.

$x \geq 0$인 경우에 $y = x\sin 3x$의 특징을 중심으로 그래프 개형을 작도하면, 그림 2.12를 얻을 수 있다.

이때, 함수 $y_1 = x$, $y_2 = \sin 3x$, $y = x\sin 3x$의 함숫값을 구해 표로 나타내면(표 2.3), 그림 2.12와 같은 함수 $y = x\sin 3x$의 그래프 개형을 추측하거나 확인하는데 도움이 될 수 있다.

	0.5	1.4	2.3	3.2	4.1	5.0	5.9	6.8	7.7
$y_1 = x$	0.50	1.40	2.30	3.20	4.10	5.00	5.90	6.80	7.70
$y_2 = \sin 3x$	0.99	0.08	−0.86	−0.14	0.98	−0.99	0.14	0.86	−0.08
$y = x\sin 3x$	0.49	0.11	−1.98	−0.45	4.02	−4.95	0.82	5.87	−0.62

표 2.3: $y = x$, $y = \sin 3x$, $y = x\sin 3x$의 함숫값

표 2.3에서 보듯이, $y_1 = x$와 $y_2 = \sin 3x$의 함숫값을 구하여 이들을 곱하여 $y = x\sin 3x$의 함숫값을 계산하는 것은 쉽지 않을 수 있다. 그리고 함수 $y_1 = x$와 $y_2 = \sin 3x$의 그래프 개형으로부터 곧바로 함수 $y = x\sin 3x$의 그래프 개형을 추측하여 그래프를 그리는 것도 쉽지 않다($y = y_1 + y_2$는 직관적으로 함숫값과 그래프 개형을 찾을 수 있었지만). 그렇지만, 함수 $y = x\sin 3x$의 그래프 개형을 이해하고, $y = x\sin 3x$의 그래프를 $y_1 = x$와 $y_2 = \sin 3x$의 그래프에 관련지으려는 시도는 교수학적으로 의미가 있다.

이제, 얻어진 그림 2.12를 y축에 대해 대칭시키면, $x \in \mathbb{R}$에서 함수 $y = x\sin 3x$의

그래프를 그림 2.13과 같이 얻을 수 있다. 함수 $y = x\sin 3x$를 $y_1 = x$와 $y_2 = \sin 3x$의 곱으로 접근하기 때문에, 그림 2.13에서 $y_1 = x$와 $y_2 = \sin 3x$ 중 하나가 음의 값을 가지는 경우에 함수 $y = x\sin 3x$은 음의 값을 가지며, $y_1 = x$와 $y_2 = \sin 3x$가 모두 양의 값을 가지는 경우에만 함수 $y = x\sin 3x$가 양의 값을 가진다는 것도 확인할 수 있다.

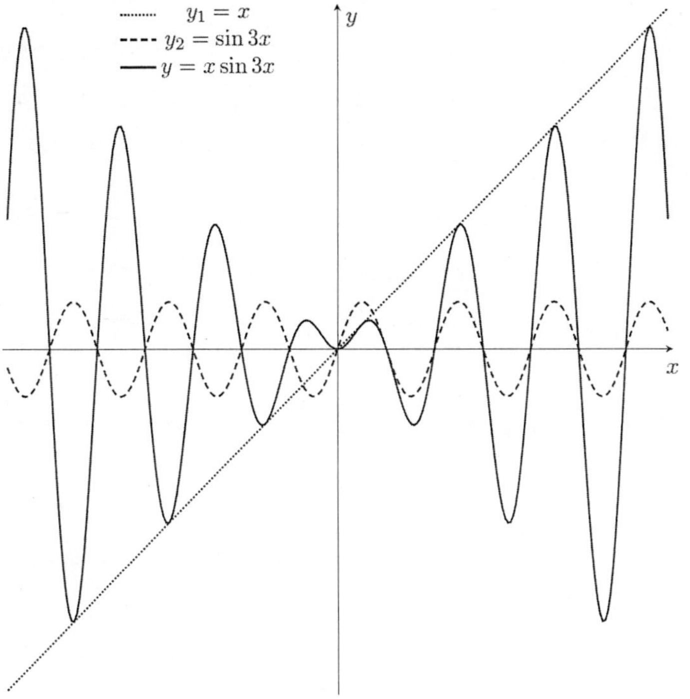

그림 2.13

함수 $y_1 = f(x)$, $y_2 = g(x)$에 대해 $y = \frac{f(x)}{g(x)}$의 그래프 개형을 조사하자. 가령, $y_1 = 1$, $y_2 = x$라 하고, $y = \frac{1}{x}$의 그래프 개형을 추측해 보자.

$y_1 = 1$은 x축에 평행한 직선이며, $y_2 = x$는 제1사분면에서 원점을 지나 제3사분면으로 향하는 직선이다. 이들의 함숫값을 조사하여 $y = \frac{1}{x}$의 그래프 개형을 추측하자. 함수 $y = \frac{1}{x}$은 $x \neq 0$에서 정의되므로, $y = \frac{1}{x}$의 정의역은 $\mathbb{R} \setminus \{0\}$이다.

이제, $x = -2, -1.5, -1, -0.5, 0.5, 1, 1.5, 2$에 대해 $y_1 = 1$, $y_2 = x$, $y = \frac{1}{x}$의 함숫값을 정리하면, 표 2.4와 같다.

x	-2	-1.5	-1	-0.5	0.5	1	1.5	2
$y_1 = 1$	1.00	1.00	1.00	1.00	1.00	1.00	1.00	1.00
$y_2 = x$	-2.00	-1.50	-1.00	-0.50	0.50	1.00	1.50	2.00
$y = \dfrac{1}{x}$	-0.50	-0.67	-1.00	-2.00	2.00	1.00	0.67	0.50

표 2.4: $y_1 = 1$, $y_2 = x$, $y = \frac{1}{x}$의 함숫값

이 점들을 $y_1 = 1, y_2 = x$의 그래프에 표시하는 것으로 함수 $y = \frac{1}{x}$의 그래프 개형을 추측하는 것은 쉽지 않다. 함수 $y = \frac{1}{x}$의 특징을 살펴보자. 함수 $y = \frac{1}{x}$은 $f(-x) = -\frac{1}{x} = -f(x)$이므로, 홀함수이다. 즉, 함수 $y = \frac{1}{x}$의 그래프는 원점에 대해 대칭이다. 그러므로, $x > 0$인 경우에 함수 $y = \frac{1}{x}$의 그래프 개형을 추측하면, $x \in \mathbb{R} \setminus \{0\}$에서 그래프의 개형을 얻을 수 있다.

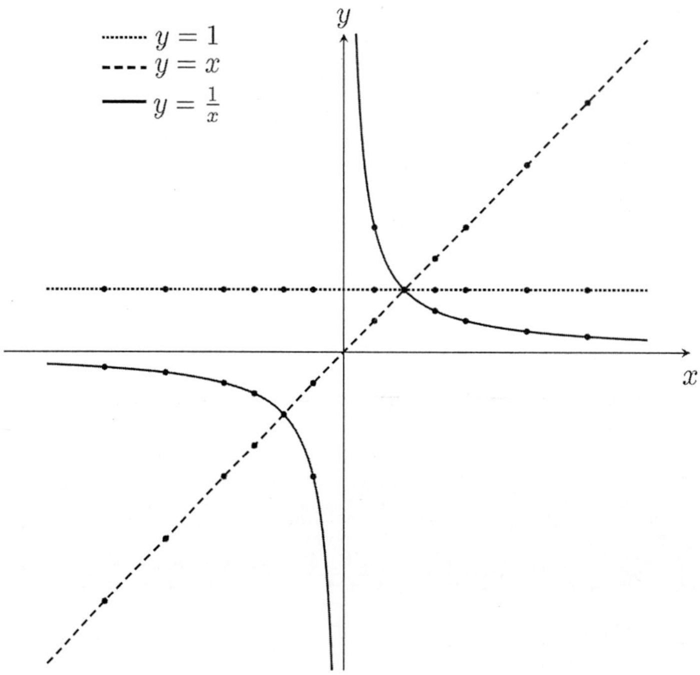

그림 2.14

$x \to \infty$일 때에 $y_1 = 1$로 일정하지만, 함수 $y_2 = x$는 ∞로 발산한다. 이로부터

$x \to \infty$이면, 함수 $y = \frac{y_1}{y_2} = \frac{1}{x}$의 그래프는 양의 방향에서 0으로 가까이 간다는 것을 알 수 있다. 그리고 $x \to 0^+$일 때에 $y_1 = 1$이며 함수 $y_2 = x$는 양의 방향에서 0으로 가까이 간다. 결국, $x \to 0^+$일 때에 함수 $y = \frac{y_1}{y_2} = \frac{1}{x}$은 $\frac{1}{0}$인 꼴이 되어, $x \to 0^+$일 때에 함수 $y = \frac{1}{x}$은 ∞로 발산한다.

이제, 표 2.4의 함숫값들을 이용하여 함수 $y = \frac{1}{x}$의 몇몇 점을 개략적으로 표시하자. 그런 후에, 함수 $y = \frac{1}{x}$이 홀함수인 것, $x \to \infty$일 때에 $y = \frac{1}{x}$의 함숫값의 변화, $x \to 0^+$인 경우에 $y = \frac{1}{x}$의 함숫값의 변화를 생각하면, 그림 2.14와 같은 함수 $y = \frac{1}{x}$의 그래프 개형을 추측할 수 있다.

함수 $y_1 = f(x)$, $y_2 = g(x)$에 대해 $y = \frac{y_1}{y_2} = \frac{f(x)}{g(x)}$의 그래프 개형을 추측하기 위해, 함수 $y_1 = f(x)$, $y_2 = g(x)$의 그래프를 그리고, $y_1 = f(x)$의 함숫값에서 $y_2 = g(x)$의 함숫값을 나누어 $y = \frac{f(x)}{g(x)}$의 함숫값을 구해서 $y = \frac{f(x)}{g(x)}$의 그래프 개형을 찾았다.

다른 방법으로, 함수 $y_1 = f(x)$, $y_2 = \frac{1}{g(x)}$이라 놓고, $y = \frac{f(x)}{g(x)}$의 그래프 개형을 추측할 수 있다. 함수 $y_1 = f(x)$, $y_2 = \frac{1}{g(x)}$의 그래프를 그리고, $y_1 = f(x)$의 함숫값과 $y_2 = \frac{1}{g(x)}$의 함숫값을 곱하여 $y = \frac{f(x)}{g(x)}$의 그래프 개형을 찾아보자.

예제 2.6. 함수 $y = \frac{e^x}{x}$의 그래프 개형을 그려라.

풀이. 함수 $y_1 = e^x$의 그래프와 $y_2 = \frac{1}{x}$의 그래프 개형을 작도하자(그림 2.15). 이때, 함수 $y_2 = \frac{1}{x}$가 $x \neq 0$인 $\mathbb{R}$에서 정의되므로, $y = \frac{e^x}{x}$의 정의역은 $\mathbb{R} \setminus \{0\}$이다.

그림 2.15에서 $\lim_{x \to 0^+} \frac{1}{x} = \infty$, $\lim_{x \to 0^-} \frac{1}{x} = -\infty$이며, $\lim_{x \to \infty} \frac{1}{x} = 0$, $\lim_{x \to -\infty} \frac{1}{x} = 0$이다. (1) $\lim_{x \to -\infty} e^x = 0$인 것을 생각하면, $\lim_{x \to -\infty} y_1 y_2 = \lim_{x \to -\infty} \frac{e^x}{x} = 0$이다. 이때, 극한 $\lim_{x \to -\infty} \frac{1}{x}$이 음의 방향에서 0으로 가까이 가며, $\lim_{x \to -\infty} e^x$는 양의 방향에서 0으로 가까이 가므로, $x \to -\infty$일 때에 $\frac{e^x}{x}$의 값은 음의 방향에서 0으로 가까이 간다. (2) $\lim_{x \to 0^-} e^x = 1$이므로, $\lim_{x \to 0^-} y_1 y_2 = \lim_{x \to 0^-} \frac{e^x}{x} = -\infty$이다. (3) (2)와 같은 이유로, $\lim_{x \to 0^+} y_1 y_2 = \lim_{x \to 0^+} \frac{e^x}{x} = \infty$이다. (4) $\lim_{x \to \infty} e^x = \infty$, $\lim_{x \to \infty} \frac{1}{x} = 0$이므로, $\lim_{x \to \infty} y_1 y_2 = \lim_{x \to \infty} \frac{e^x}{x}$의 값에 대해서는 추가적으로 조사해야 한다.

우선, $x = 1, 1.5, 2, 2.5, 3$에서 함수 $y_1 = e^x$, $y_2 = \frac{1}{x}$의 함숫값을 구해 곱하면,

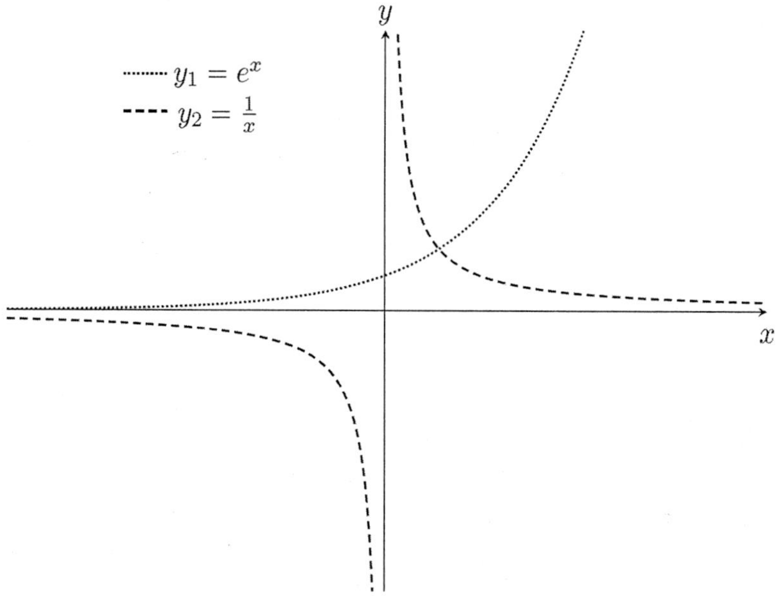

그림 2.15

$y = \frac{e^x}{x}$의 함숫값을 구할 수 있다. 이 값들을 좌표평면에 표시하면, 함수 $y = \frac{e^x}{x}$의 증감, 그래프 개형을 추측할 수 있다. $x > 1$인 경우에 함수 $y = \frac{e^x}{x}$가 증가함수라는 것을 도함수를 이용하여 확인할 수 있다. 다른 방법으로, 극한 $\lim_{x\to\infty} \frac{e^x}{x}$를 로피탈 정리를 이용하여 구할 수 있다. $\lim_{x\to\infty} \frac{e^x}{x} = \lim_{x\to\infty} \frac{(e^x)'}{(x)'} = \lim_{x\to\infty} \frac{e^x}{1} = \lim_{x\to\infty} e^x = \infty$이다.

표 2.5에는 $x \geq 1$인 경우에 함수 $y_1 = e^x$, $y_2 = \frac{1}{x}$, $y = \frac{e^x}{x}$의 함숫값이 계산되어 있다.

x	1	1.5	2	2.5	3	4	5	6
$y_1 = e^x$	2.72	4.48	7.39	12.18	20.09	54.60	148.41	403.43
$y_2 = \frac{1}{x}$	1.00	0.67	0.50	0.40	0.33	0.25	0.20	0.17
$y = \frac{e^x}{x}$	2.72	2.99	3.69	4.87	6.70	13.65	29.68	67.24

표 2.5: $y_1 = e^x$, $y_2 = \dfrac{1}{x}$, $y = \dfrac{e^x}{x}$의 함숫값

함수 $y = \frac{e^x}{x}$는 홀함수도 아니고 짝함수도 아니므로, y축과 원점에 대한 대칭성이

없다는 것도 생각할 수 있다.

살펴본 (1) $\lim_{x\to-\infty}\frac{e^x}{x}=0$인데 음의 방향에서 0으로 가까이 가며, (2) $\lim_{x\to0^-}\frac{e^x}{x}=-\infty$이며, (3) $\lim_{x\to0^+}\frac{e^x}{x}=\infty$이며, (4) $\lim_{x\to\infty}\frac{e^x}{x}=\infty$이며, (5) 함수 $y=\frac{e^x}{x}$는 홀함수도 아니고 짝함수도 아니라는 것을 생각하면, 그림 2.16과 같은 함수 $y=\frac{e^x}{x}$의 그래프 개형을 찾을 수 있다. □

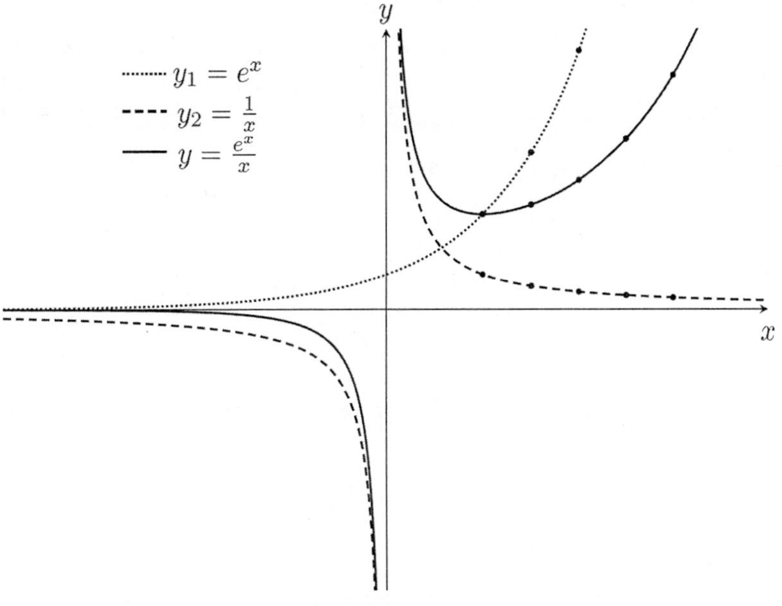

그림 2.16

$y=\frac{f(x)}{g(x)}$의 다른 예로 $y=\frac{\sin x}{x}$를 생각하자. 여기서는 $y_1=\sin x$, $y_2=x$라 놓고, $y=\frac{\sin x}{x}=\frac{y_1}{y_2}$을 이용하여 함수 $y=\frac{\sin x}{x}$의 그래프 개형을 찾아보자. 먼저, $y_1=\sin x$, $y_2=x$의 그래프를 알고 있으며, 함수 $y=\frac{\sin x}{x}$의 정의역이 $\mathbb{R}\setminus\{0\}$이라는 것을 염두에 두자.

함수 $y=\frac{\sin x}{x}$의 홀짝성을 생각해 보면, $f(-x)=\frac{\sin(-x)}{-x}=\frac{\sin x}{x}=f(x)$가 성립한다. 즉, 함수 $y=\frac{\sin x}{x}$는 짝함수로, 이 함수의 그래프는 y축에 대해 대칭이다. $x>0$인 경우에 함수 $y=\frac{\sin x}{x}$의 그래프 개형을 구하면, $\mathbb{R}\setminus\{0\}$에서 전체 그래프 개형을 작도할 수 있다.

함수 $y_1 = \sin x$에서 $y_2 = x$를 나눈 것으로 함수 $y = \frac{\sin x}{x}$를 생각하여 그래프 개형을 추측할 때에 어려움의 하나는 $\lim_{x\to\infty} x = \infty$인데, 그렇다면 $x \to \infty$에 대해 $\frac{\sin x}{x}$의 함숫값은 어떻게 변하는가에 대한 것이다. 이 물음은 극한 $\lim_{x\to\infty} \frac{\sin x}{x}$를 구하는 것에 관련된다. $-1 \le \sin x \le 1$이므로, $-\frac{1}{x} \le \frac{\sin x}{x} \le \frac{1}{x}$이 성립한다. 이제, $x \to \infty$로 극한을 취하면, $\lim_{x\to\infty} \frac{\sin x}{x} = 0$이 된다는 것을 알 수 있다.

$x \to \infty$일 때에 함수 $y = \frac{\sin x}{x}$가 0으로 가까이 간다면, 감소하면서 0으로 수렴하는지 진동하면서 수렴하는지를 조사하자. 이를 위해, 함수 $y = \frac{\sin x}{x}$의 x절편을 생각하자. 등식 $\frac{\sin x}{x} = 0$으로부터 $\sin x = 0$이며, 함수 $y = \frac{\sin x}{x}$의 x절편은 $x = n\pi$이다(n은 0이 아닌 정수). $x = n\pi$에서 함숫값의 부호 +와 −가 바뀐다.

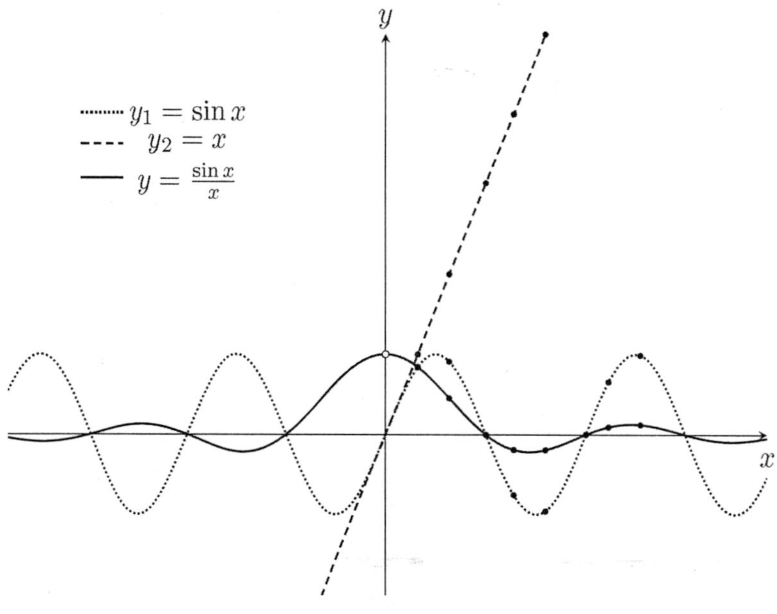

그림 2.17

함수 $y = \frac{\sin x}{x}$의 그래프 개형을 그릴 때에 추가적으로 필요한 것이 극한 $\lim_{x\to 0} \frac{\sin x}{x}$를 구하는 것이다. 즉, $x \to 0$에서 함수 $y = \frac{\sin x}{x}$가 어떻게 변하는지에 대한 정보이다. 이것은 미적분학에서 다루는 중요한 극한 문제로 $\lim_{x\to 0} \frac{\sin x}{x} = 1$이라는 것이 알려져 있다. 여기서는 이것의 증명은 다루지 않을 것이다.

얻어진 정보를 바탕으로, 즉 $x \to \infty$일 때에 함수 $y = \frac{\sin x}{x}$의 변화, 함수 $y = \frac{\sin x}{x}$

의 x절편, 극한 $\lim_{x\to0}\frac{\sin x}{x}=1$, 홀짝성을 바탕으로 그래프의 개형을 개략적으로 추측할 수 있다. 그리고 $y_1=\sin x$의 함숫값에서 $y_2=x$의 함숫값을 나누어 $y=\frac{\sin x}{x}$의 함숫값을 계산하면, 그림 2.17과 같은 그래프 개형을 얻을 수 있다.

이제, $y=\frac{1}{x}$의 그래프를 이용하여 함수 $y=f(x)$가 주어진 경우에 함수 $y=\frac{1}{f(x)}$의 그래프 개형 작도를 [11]의 방법을 중심으로 살펴보자.

함수 $y=f(x)$의 그래프가 주어진 경우에 함수 $y=\frac{1}{f(x)}$의 그래프 개형을 작도하려면, $y=f(x)$의 그래프에 속하는 점 $(x,f(x))$로부터 점 $\left(x,\frac{1}{f(x)}\right)$의 위치를 찾아야 한다. 즉, 주어진 x에 대해 $f(x)$로부터 $\frac{1}{f(x)}$을 작도해야 한다.

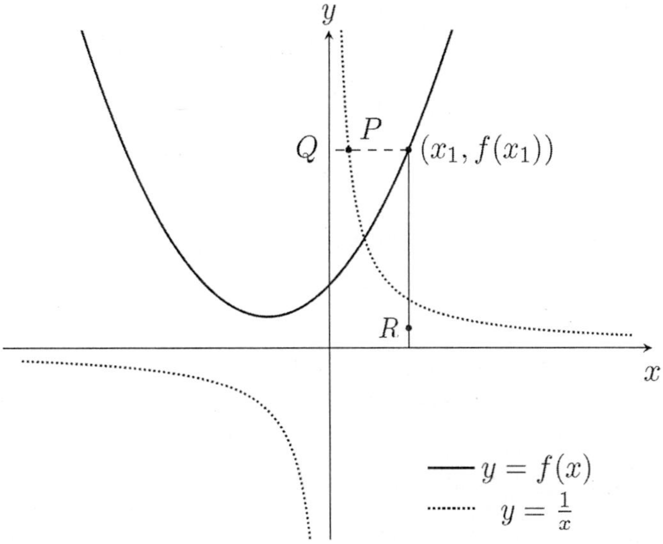

그림 2.18

그림 2.18에 $y=f(x)$, $y=\frac{1}{x}$의 그래프가 있다. $y=f(x)$의 그래프에서 임의의 점 $(x_1,f(x_1))$을 잡자. 점 $(x_1,f(x_1))$을 지나 x축에 평행한 직선을 그어, $y=\frac{1}{x}$과의 교점을 P, y축과의 교점을 Q라 하자. 그러면, P의 y좌표는 $f(x_1)$이며, 점 P가 함수 $y=\frac{1}{x}$의 그래프에 속하므로 점 P의 x좌표는 $\frac{1}{f(x_1)}$이다. 점 P의 좌표는 $\left(\frac{1}{f(x_1)},f(x_1)\right)$이다. 그리고 Q의 좌표는 $(0,f(x_1))$이며, $\overline{PQ}=\frac{1}{f(x_1)}$이다.

결국, 직선 $x=x_1$의 점 $(x_1,0)$으로부터 $\overline{PQ}$만큼 떨어진 점 R을 잡으면, 점 R의 좌표가 $\left(x_1,\frac{1}{f(x_1)}\right)$이다. 이러한 방법으로, $y=f(x)$의 점들에 대해 좌표가 $\left(x,\frac{1}{f(x)}\right)$

인 점들을 찾아서, 이들을 연결하면 $y = \frac{1}{f(x)}$의 그래프 개형을 얻을 수 있다.

그림 2.18에 제시된 $y = f(x)$에 대해 $y = \frac{1}{f(x)}$의 그래프 개형을 추가하여 그리면, 그림 2.19와 같다.

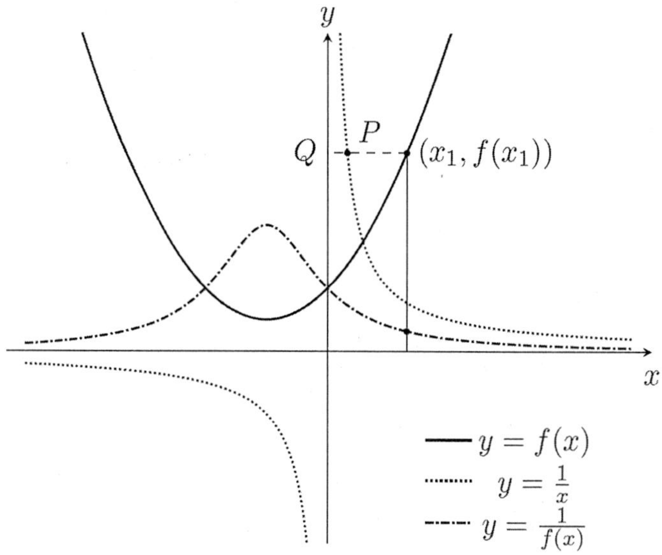

그림 2.19

예제 2.7. 함수 $y = \frac{1}{\frac{x}{2}+1}$, 즉 $y = \frac{2}{x+2}$의 그래프 개형을 그려라.

풀이. 함수 $y = \frac{2}{x+2}$의 그래프 개형은 함수 $y = \frac{2}{x}$의 그래프를 x축으로 -2만큼 평행이동시켜 얻을 수 있다. 여기서는 위에서 설명한 함수 $y = \frac{1}{f(x)}$의 그래프 작도 방법을 이용하여 $y = \frac{1}{\frac{x}{2}+1}$의 그래프 개형을 그려보자.

함수 $y = \frac{x}{2} + 1$과 $y = \frac{1}{x}$의 그래프를 작도하자. 함수 $y = \frac{x}{2} + 1$의 그래프에 속하는 점 $\left(x_1, \frac{x_1}{2} + 1\right)$에 대해 y좌표가 같으며 y축에 속하는 점 $Q\left(0, \frac{x_1}{2} + 1\right)$을 표시하자. 그리고 점 $\left(x_1, \frac{x_1}{2} + 1\right)$과 $Q\left(0, \frac{x_1}{2} + 1\right)$을 지나는 선분과 함수 $y = \frac{1}{x}$의 그래프의 교점을 P라 하자. 그러면, 점 P의 좌표는 $\left(\frac{1}{\frac{x_1}{2}+1}, \frac{x_1}{2} + 1\right)$이며, $\overline{PQ} = \frac{1}{\frac{x_1}{2}+1}$이다.

이제, 직선 $x = x_1$의 점 $(x_1, 0)$으로부터 $\overline{PQ}$만큼 떨어진 점 R을 잡으면, 점 R의 좌표는 $\left(x_1, \frac{1}{\frac{x_1}{2}+1}\right)$이다. 이러한 과정을 반복하여, 함수 $y = \frac{x}{2} + 1$의 그래프에 속하는 점 $\left(x_2, \frac{x_2}{2} + 1\right)$, $\left(x_3, \frac{x_3}{2} + 1\right)$, $\left(x_4, \frac{x_4}{2} + 1\right)$ 등에 대해 좌표가 $\left(x_2, \frac{1}{\frac{x_2}{2}+1}\right)$, $\left(x_3, \frac{1}{\frac{x_3}{2}+1}\right)$,

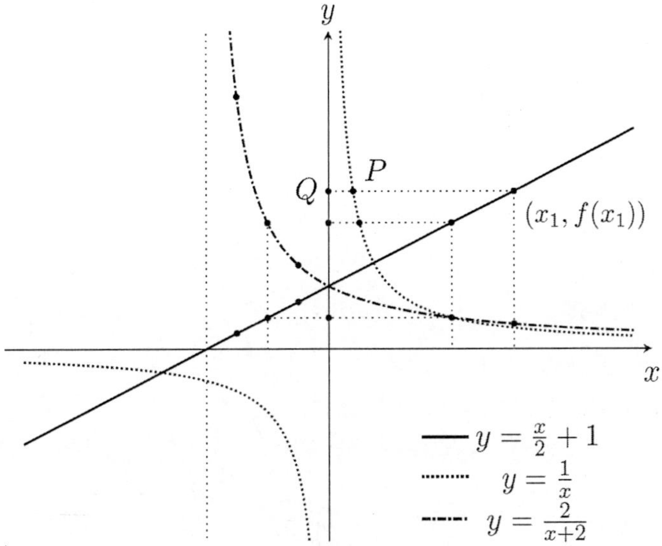

그림 2.20

$\left(x_4, \frac{1}{\frac{x_4}{2}+1}\right)$인 점들을 대응시킬 수 있다. 이 점들을 연결하면, 함수 $y = \frac{1}{\frac{x}{2}+1}$의 그래프 개형을 얻을 수 있다.

함수 $y = \frac{2}{x+2}$의 그래프는 $\mathbb{R} \setminus \{-2\}$에서 정의된다는 것을 염두에 두자. 우선 $x > -2$인 경우에 대해 함수 $y = \frac{2}{x+2}$에 속한 점들을 표시하여 연결하면, 그림 2.20과 같은 곡선을 얻을 수 있다.

$x > -2$인 경우에 함수 $y = \frac{2}{x+2}$의 그래프 개형 작도는 독자에게 남긴다. □

제 3장. 함수 그래프의 대칭과 이동

1. 축과 직선에 대한 대칭

함수의 홀짝성에서 짝함수 $y = f(x)$는 $f(-x) = f(x)$가 성립하며, 짝함수 $y = f(x)$의 그래프는 y축에 대해 대칭이 된다는 것을 살펴보았고, 홀함수 $y = g(x)$는 $g(-x) = -g(x)$가 성립하며, 홀함수 $y = g(x)$의 그래프는 원점에 대해 대칭이라는 것을 보였다. 여기서는 y축에 대한 대칭, x축에 대한 대칭, 원점에 대한 대칭을 자세히 살펴보자.

y축에 대한 대칭 좌표평면에 y축에 대해 대칭인 점 $A(x_1, y_1)$, $B(x_2, y_2)$가 주어졌다 (그림 3.1). y축에 대해 대칭인 두 점의 y좌표는 같으며, 이 점들의 x좌표의 중점은 y축에 놓여있다. 그림 3.1에서 $A(x_1, y_1)$, $B(x_2, y_2)$가 y축에 대해 대칭이므로, $y_1 = y_2$이고 $\frac{x_1+x_2}{2} = 0$, $x_1 = -x_2$ 또는 $-x_1 = x_2$이다.

점 $A(x_1, y_1)$와 y축에 대해 대칭인 점 $B(x_2, y_2)$에서 $y_2 = y_1$이고 $x_2 = -x_1$이 성립한다. 이로부터 함수 $y_1 = f(x_1)$과 y축에 대해 대칭인 함수를 구하기 위해, $y_1 = f(x_1)$에 $y_1 = y_2$, $x_1 = -x_2$를 대입하자. 그러면, $y_2 = f(-x_2)$를 얻을 수 있으며, 함수 $y = f(x)$와 y축에 대해 대칭인 함수는 $y = f(-x)$이다.

짝함수 $y = f(x)$에서는 $f(-x) = f(x)$가 성립하는데, 등식 $f(-x) = f(x)$는 $y = f(x)$와 $y = f(-x)$가 같다는 것을 말한다. 짝함수에서는 $y = f(x)$와 y축에 대해 대칭인 함수 $y = f(-x)$가 같으며, 이것은 짝함수 $y = f(x)$의 그래프 자체가 y축에 대해 대칭이라는 것을 말한다.

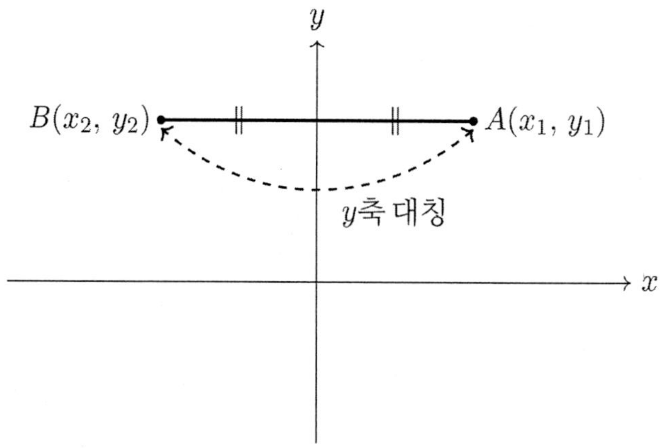

그림 3.1

일반적으로, 함수 $y = f(x)$와 $y = f(-x)$가 항상 같지는 않다. $f(x) \neq f(-x)$가 성립하는, 즉 짝함수가 아닌 함수 $y = f(x)$에 대해 $y = f(-x)$를 살펴보자. 가령, $f(x) = x^2 - 3x + 2$와 $f(-x) = x^2 + 3x + 2$를 생각하자. 이때, 함수 $y = f(x)$와 $y = f(-x)$는 정의역의 모든 x에 대해 $f(x) = f(-x)$가 되지는 않는다. $f(x) = f(-x)$가 성립하는 x값은 $x^2 - 3x + 2 = x^2 + 3x + 2$, 즉 $x = 0$이다. 함수 $f(x) = x^2 + 3x + 2$와 $f(-x) = x^2 - 3x + 2$의 그래프를 작도하면, 그림 3.2와 같다.

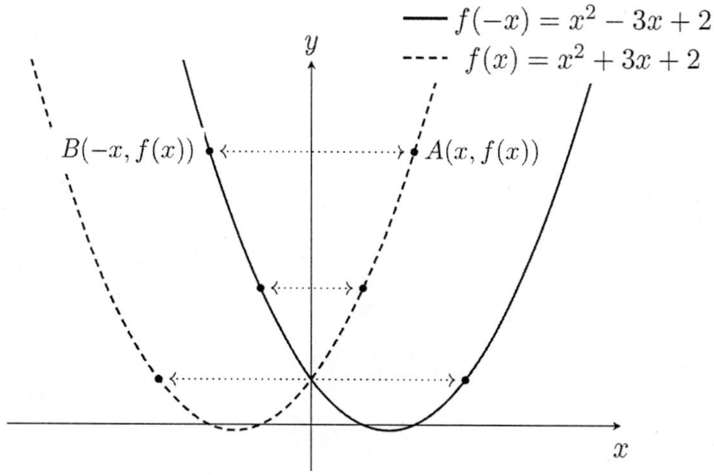

그림 3.2

그림 3.2에서 보는 바와 같이, 함수 $f(x) = x^2 + 3x + 2$와 $f(-x) = x^2 - 3x + 2$

의 그래프는 y축에 대해 대칭이다. 왜냐 하면, 함수 $y = f(x)$에 속하는 임의의 점 $A(x, f(x))$는 점 $B(-x, f(x))$에 대응되며, 점 $B(-x, f(x))$는 함수 $y = f(-x)$에 속하기 때문이다. 이때, 함수 $f(x) = x^2 + 3x + 2$와 $f(-x) = x^2 - 3x + 2$가 짝함수는 아니다. 결국, 함수 $y = f(x)$와 $y = f(-x)$의 그래프는 y축에 대해 대칭이며, 특히 $f(x) = f(-x)$가 성립하는 경우에는 함수 $y = f(x)$를 짝함수라고 부른다. 기술한 내용을 다음과 같이 정리할 수 있다.

정리 3.1. 함수 $y = f(x)$의 그래프와 $y = f(-x)$의 그래프는 y축에 대해 대칭이다.

예제 3.1. 함수 $y = \sin(-x)$의 그래프를 그리고, 이를 이용하여 $y = \sin(-x) + \cos x$의 그래프를 그려라.

풀이. 정리 3.1에 의해, 함수 $y = \sin(-x)$의 그래프는 $y = \sin x$의 그래프와 y축에 대해 대칭이다. 그러므로, $y = \sin x$의 그래프를 그린 다음, 이 그래프를 y축에 대해 대칭시키면 $y = \sin(-x)$의 그래프가 얻어진다(그림 3.3).

그림 3.3에서 함수 $y = \sin x$와 $y = \sin(-x)$의 그래프가 x축에 대해서도 대칭이라는 것을 볼 수 있다. 이것은 $y = \sin(-x) = -\sin x$가 되기 때문이다.

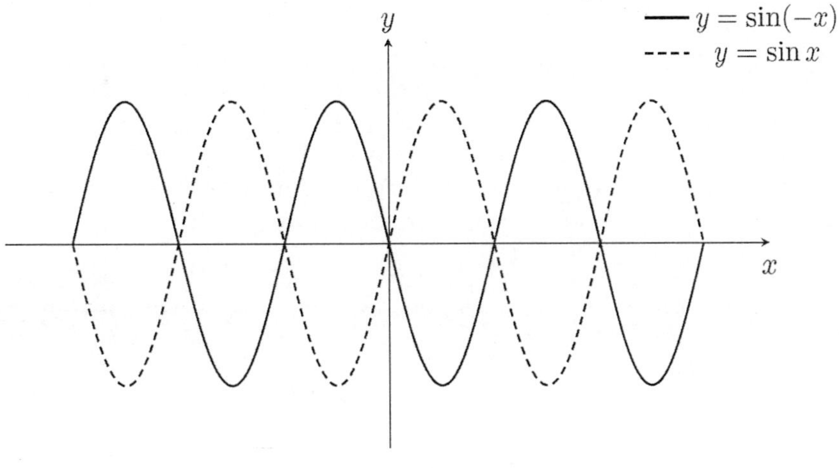

그림 3.3

이제, $y = \cos x$의 그래프를 그려서 $y = \sin(-x)$의 그래프의 함숫값을 합하여 $y = \sin(-x) + \cos x$의 그래프를 얻을 수 있다. 즉, $\forall x_1 \in \mathbb{R}$에 대해 $\sin(-x_1)$의 값과

$\cos x_1$의 값을 구하여, $\sin(-x_1) + \cos x_1$을 x_1에서 $y = \sin(-x) + \cos x$의 함숫값으로 하면 된다. 이러한 방법으로, 함수 $y = \sin(-x) + \cos x$의 함숫값을 구하여 연결하면, 그림 3.4와 같은 $y = \sin(-x) + \cos x$의 그래프를 얻을 수 있다. □

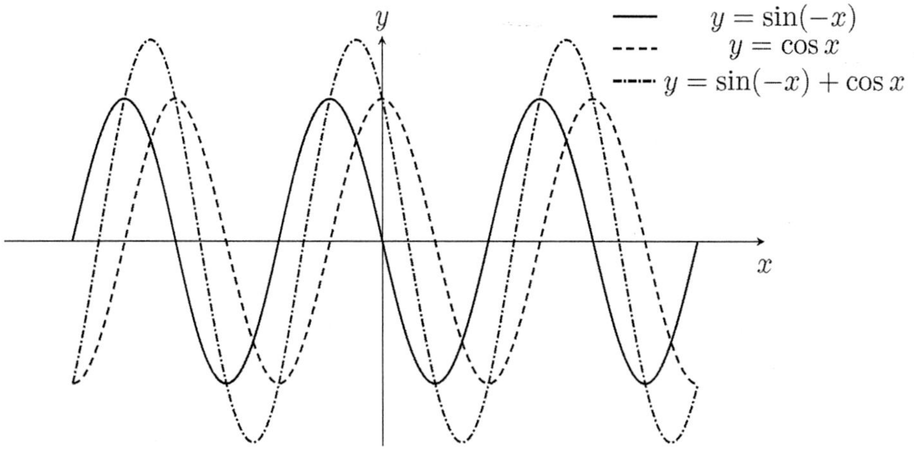

그림 3.4

x축에 대한 대칭 정리 3.1에서 y축에 대해 대칭인 함수 $y = f(x)$와 $y = f(-x)$에 대해 살펴보았다. 이제, x축에 대한 함수 그래프의 대칭을 살펴보자.

좌표평면에 x축에 대해 대칭인 점 $A(x_1, y_1)$, $B(x_2, y_2)$가 주어졌다(그림 3.5). x축에 대해 대칭인 두 점의 x좌표는 같으며, 이 점들의 y좌표의 중점은 x축에 놓여 있다. 즉, 그림 3.5에서 $A(x_1, y_1)$, $B(x_2, y_2)$가 x축에 대해 대칭이므로, $x_1 = x_2$이고 $\frac{y_1+y_2}{2} = 0$, $y_1 = -y_2$ 또는 $-y_1 = y_2$이다.

x축에 대해 대칭인 점 $A(x_1, y_1)$, $B(x_2, y_2)$에서 $x_1 = x_2$, $y_1 = -y_2$이다. 이로부터 함수 $y_1 = f(x_1)$과 x축에 대해 대칭인 함수는 $-y_2 = f(x_2)$, 즉 $-y = f(x)$, $y = -f(x)$라는 것을 알 수 있다. 예를 들어, 함수 $y = x^2 + 5x - 6$이 주어졌다고 하면, 이 함수의 그래프와 x축에 대해 대칭인 그래프를 가지는 함수는 $y = -f(x) = -(x^2 + 5x - 6) = -x^2 - 5x + 6$이다.

함수 그래프의 x축에 대한 대칭을 다음과 같이 정리할 수 있다.

정리 3.2. 함수 $y = f(x)$의 그래프와 $y = -f(x)$의 그래프는 x축에 대해 대칭이다.

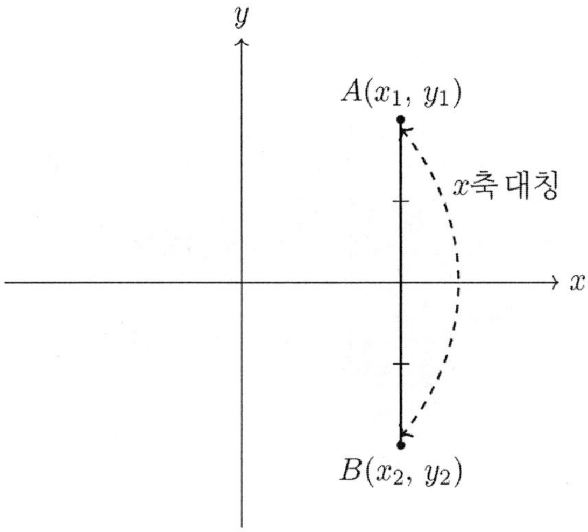

그림 3.5

원점에 대한 대칭 함수 그래프의 y축에 대한 대칭을 설명하는 정리 3.1과 x축에 대한 대칭을 말하는 정리 3.2를 살펴보았다. 이제, 원점에 대한 함수 그래프의 대칭을 살펴보자.

함수의 홀짝성에서 $y = f(x)$가 홀함수이면, 즉 $f(-x) = -f(x)$이면, 함수 $y = f(x)$의 그래프가 원점에 대해 대칭이라는 것을 살펴보았다. 이제, 원점에 대해 대칭인 함수들의 특징을 살펴보자.

좌표평면에 원점에 대해 대칭인 점 $A(x_1, y_1)$, $B(x_2, y_2)$가 주어졌다(그림 3.6). 원점에 대해 대칭인 두 점의 x좌표의 중점과 y좌표의 중점이 원점에 놓이게 된다. 그림 3.6에서 $A(x_1, y_1)$, $B(x_2, y_2)$가 원점에 대해 대칭이므로, $\frac{x_1+x_2}{2} = 0$, $\frac{y_1+y_2}{2} = 0$이며, $x_1 = -x_2$ 또는 $-x_1 = x_2$, $y_1 = -y_2$ 또는 $-y_1 = y_2$가 성립한다.

원점에 대해 대칭인 점 $A(x_1, y_1)$, $B(x_2, y_2)$에서 $x_1 = -x_2$, $y_1 = -y_2$이다. 이로부터 함수 $y_1 = f(x_1)$과 원점에 대해 대칭인 함수는 $-y_2 = f(-x_2)$, 즉 $-y = f(-x)$, $y = -f(-x)$라는 것을 알 수 있다. 예를 들어, 함수 $y = x^3 - 5x^2 - 6$이 주어졌다고

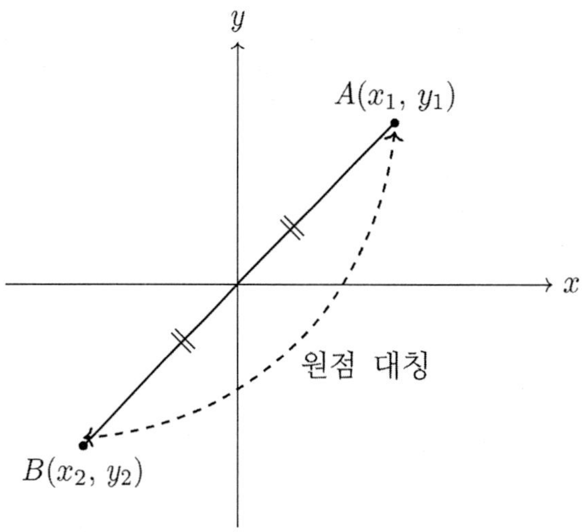

그림 3.6

하면, 이 함수의 그래프와 원점에 대해 대칭인 그래프를 가지는 함수는 $y = -f(-x) = -\left((-x)^3 + 5(-x)^2 - 6\right) = x^3 - 5x^2 + 6$이다.

함수 그래프의 원점에 대한 대칭을 다음과 같이 정리할 수 있다.

정리 3.3. 함수 $y = f(x)$에서 x대신에 $-x$, y대신에 $-y$를 대입하여 얻어진 함수 $-y = f(-x)$, 즉 $y = -f(-x)$의 그래프는 함수 $y = f(x)$의 그래프와 원점에 대해 대칭이다.

그림 3.6에서 점 $A(x_1, y_1)$을 y축에 대해 대칭시킨 후에 다시 x축에 대해 대칭시키면 $B(x_2, y_2)$가 얻어진다. 결국, 원점에 대한 대칭은 y축에 대한 대칭과 x축에 대한 대칭의 합성이라고 할 수 있다. 이것은 정리 3.1에서 함수 $y = f(x)$에 대해 y축에 대해 대칭인 함수는 $y = f(-x)$이고, 정리 3.2에서 함수 $y = f(-x)$와 x축에 대해 대칭인 함수는 $y = -f(-x)$라는 것으로부터 확인할 수 있다.

홀함수는 원점에 대해 대칭인 함수들 중에서 $f(x) = -f(-x)$가 성립하는 함수이다. 예를 들어, $y = x^3 - 5x^2 - 6$와 $y = x^3 - 5x^2 + 6$의 그래프는 서로 원점에 대해 대칭이지만, $x^3 - 5x^2 - 6 \neq x^3 - 5x^2 + 6$이다. 그러므로, 함수 $y = x^3 - 5x^2 - 6$은 홀함수가 아니다.

예제 3.2. 함수 $y = e^x$와 원점에 대해 대칭인 함수의 식을 구하고, 그 그래프를 작도하여라.

풀이. 정리 3.3에 의하면, 함수 $y = f(x)$와 원점에 대해 대칭인 함수는 $y = -f(-x)$이다. 그러므로, $y = e^x$와 원점에 대해 대칭인 함수는 $y = -e^{-x}$이다. 함수 $y = e^x$와 $y = -e^{-x}$의 그래프는 그림 3.7에 제시되어 있다. 이때, 함수 $y = e^x$는 원점에 대해 대칭인 함수 $y = -e^{-x}$를 가지지만, $e^x \neq -e^{-x}$이므로 $y = e^x$는 홀함수가 아니다. □

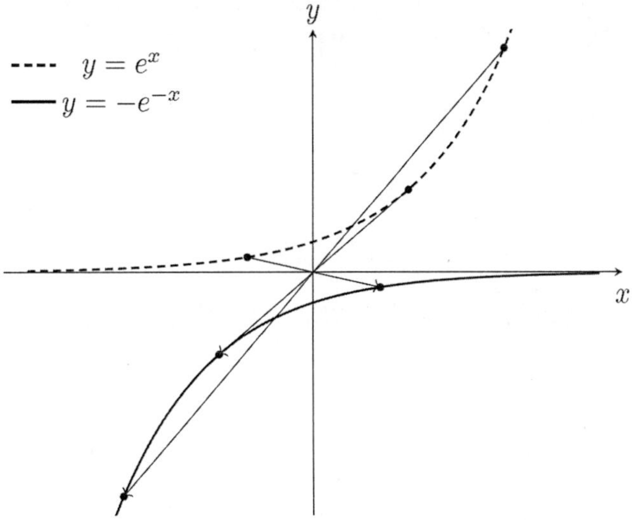

그림 3.7

$y = \sin x$와 원점에 대해 대칭인 함수는 $y = -\sin(-x)$인데, $\sin(-x) = -\sin x$이므로 $y = -\sin(-x) = -(-\sin x) = \sin x$이다. 즉, $y = \sin x$와 원점에 대해 대칭인 함수는 $y = \sin x$이며, $y = \sin x$에서 $f(x) = -f(-x)$가 성립한다. $y = \sin x$는 홀함수이며, $y = \sin x$의 그래프에 속한 점에 대해 $y = \sin x$의 그래프에서 원점에 대해 대칭인 점을 찾을 수 있다.

그림 3.8에 함수 $y = \sin x$의 그래프가 제시되어 있으며, $y = \sin x$에 속한 점 $(x_1, \sin x_1)$에 대해 원점에 대칭인 점 $(-x_1, -\sin(-(-x_1)))$, 즉 $(-x_1, -\sin x_1)$이 표시되어 있다.

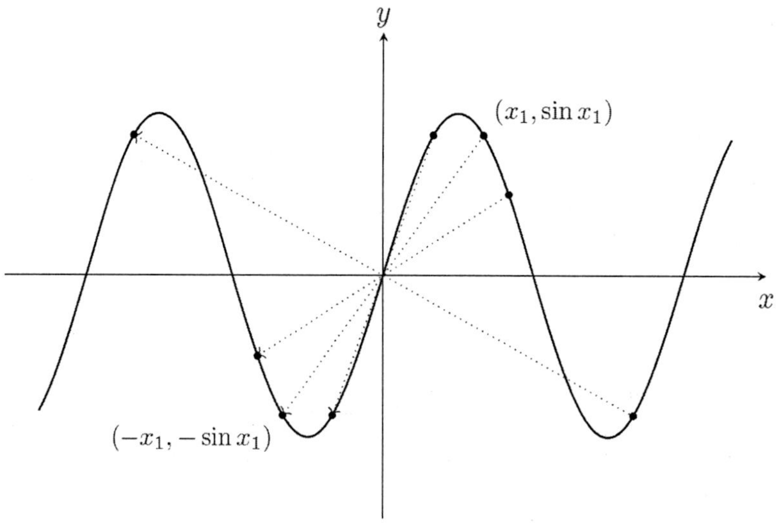

그림 3.8

$y = k$, $x = k$에 대한 대칭 함수의 그래프를 그릴 때에 y축에 대한 대칭, x축에 대한 대칭, 원점에 대한 대칭을 주로 이용한다. 여기서는 좌표축에 평행한 직선에 대해 대칭인 함수들을 살펴보자. 우선, $y = k$에 대해 대칭인 함수를 살펴보자.

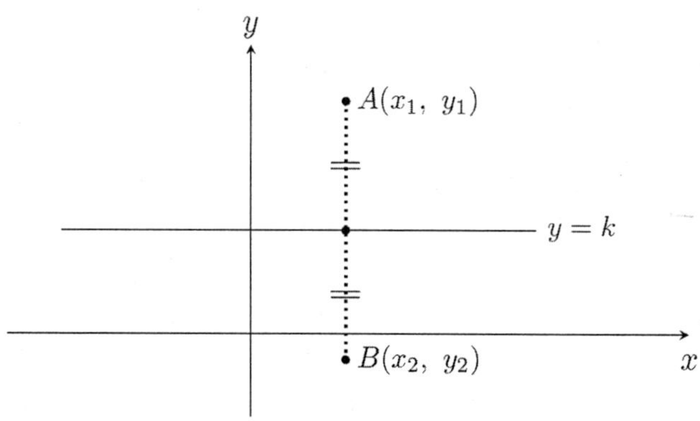

그림 3.9

좌표평면에 $y = k$에 대해 대칭인 점 $A(x_1, y_1)$, $B(x_2, y_2)$를 작도하고(그림 3.9), $y = k$에 대해 대칭인 점들의 특징을 살펴보자. $y = k$에 대해 대칭인 점 $A(x_1, y_1)$, $B(x_2, y_2)$는 x좌표는 같고, y좌표의 중점이 $y = k$에 속한다. 그림 3.9에서 $x_1 = x_2$이고 $\frac{y_1+y_2}{2} = k$이다. 이로부터 $y_1 = 2k - y_2$이다.

결국, $y = k$에 대해 대칭인 점 $A(x_1, y_1)$, $B(x_2, y_2)$에서 $x_1 = x_2$이고, $y_1 = 2k - y_2$이다. 이로부터 함수 $y_1 = f(x_1)$과 $y = k$에 대해 대칭인 함수는 $2k - y_2 = f(x_2)$, 즉 $2k - y = f(x)$, $y = 2k - f(x)$라는 것을 알 수 있다. 예를 들어, 함수 $y = x - 6$이 주어졌다고 하면, 이 함수의 그래프와 $y = 2$에 대해 대칭인 그래프를 가지는 함수는 $y = 4 - f(x) = 4 - (x - 6) = -x + 10$이다. 그림 3.10에 함수 $y = x - 6$, $y = 2$, $y = -x + 10$의 그래프가 제시되어 있다.

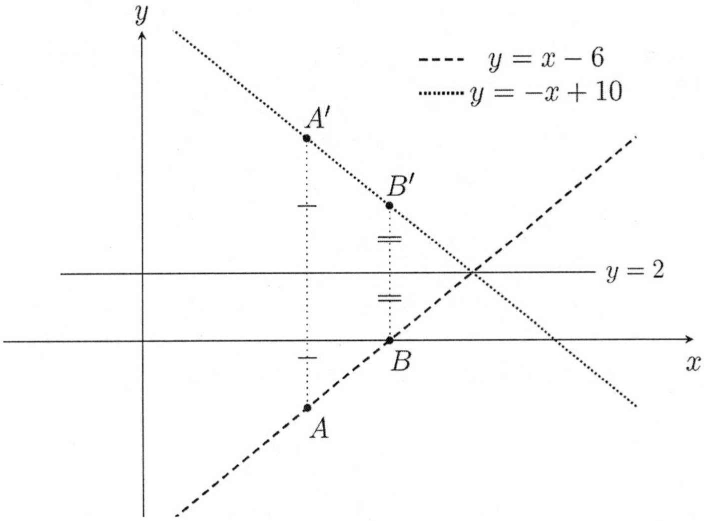

그림 3.10

정리 3.4. 함수 $y = f(x)$에서 y대신에 $2k - y$를 대입하여 얻어진 함수 $2k - y = f(x)$, 즉 $y = 2k - f(x)$의 그래프는 함수 $y = f(x)$의 그래프와 $y = k$에 대해 대칭이다.

정리 3.4로부터 일차함수 $f_1(x) = ax + b$와 $f_2(x) = -ax + c$는 직선 $y = \frac{b+c}{2}$에 대해 대칭이라는 것을 확인할 수 있다. 일차함수 $f_2(x) = -ax + c = c - ax = 2 \cdot \frac{b+c}{2} - ax - b = 2 \cdot \frac{b+c}{2} - (ax + b) = 2 \cdot \frac{b+c}{2} - f_1(x)$라고 쓸 수 있다. 결국, $f_1(x) = ax + b$와 $f_2(x) = -ax + c$는 직선 $y = \frac{b+c}{2}$에 대해 대칭이다.

예제 3.3. 함수 $y^2 = 2x + 1$과 $y = 3$에 대해 대칭인 함수를 구하고, 그 함수의 그래프를 그려라.

풀이. 정리 3.4에 의하면, 함수 $y = f(x)$에 y대신 $6-y$를 대입하여 얻어진 함수의 그래프는 함수 $y = f(x)$의 그래프와 $y = 3$에 대해 대칭이다. 함수 $y^2 = 2x+1$이 주어졌으므로, y대신 $6-y$를 대입하면 $(6-y)^2 = 2x+1$이다.

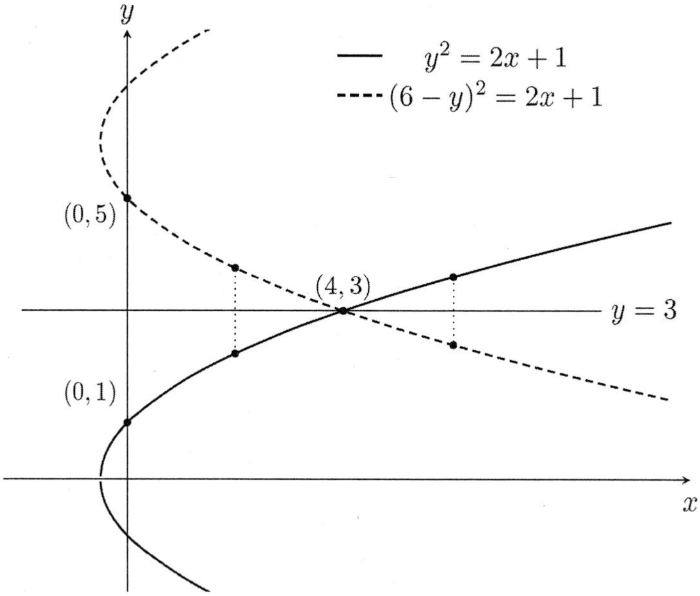

그림 3.11

그림 3.11에 $y^2 = 2x+1$, $(6-y)^2 = 2x+1$, $y = 3$의 그래프가 제시되어 있다. 그리고 $y^2 = 2x+1$과 $(6-y)^2 = 2x+1$을 연립하면, $y^2 = (6-y)^2$이며 $y = 3$을 얻을 수 있다. 그러므로, $y^2 = 2x+1$과 $(6-y)^2 = 2x+1$의 교점은 직선 $y = 3$에 속한다. □

이제, $x = k$에 대해 대칭인 함수들을 살펴보자. 좌표평면에 $x = k$에 대해 대칭인 점 $A(x_1, y_1)$, $B(x_2, y_2)$를 작도하자(그림 3.12). $x = k$에 대해 대칭인 점 $A(x_1, y_1)$, $B(x_2, y_2)$는 y좌표는 같고, x좌표의 중점이 $x = k$에 속한다. 그림 3.12에서 $y_1 = y_2$이고 $\frac{x_1+x_2}{2} = k$이다. 이로부터 $x_2 = 2k - x_1$, $x_1 = 2k - x_2$이다. 함수 $y_1 = f(x_1)$과 $x = k$에 대해 대칭인 함수는 $y_2 = f(2k - x_2)$, $y = f(2k - x)$이다.

정리 3.5. 함수 $y = f(x)$에서 x대신에 $2k - x$를 대입하여 얻어진 함수 $y = f(2k - x)$

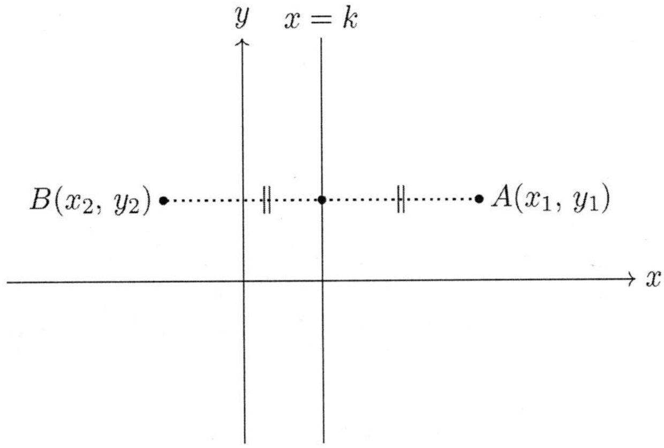

그림 3.12

의 그래프는 함수 $y=f(x)$의 그래프와 $x=k$에 대해 대칭이다.

함수 $y=x^2(x-1)(x+2)$의 그래프와 $x=2$에 대해 대칭인 함수의 식과 그래프를 구해보자. 함수 $y=x^2(x-1)(x+2)$의 그래프는 $x=0$, $x=-2$, $x=1$에서 x축과 만나며, $x\to\pm\infty$일 때에 $y\to\infty$로 발산하므로, 이를 이용하여 함수 그래프의 개형을 그리자.

정리 3.5에 의해, 함수 $y=x^2(x-1)(x+2)$에 x대신에 $4-x$를 대입하자. 그러면, $y=(4-x)^2(4-x-1)(4-x+2)=(x-4)^2(3-x)(6-x)=(x-4)^2(x-3)(x-6)$이 된다. 좌표평면에 함수 $y=(x-4)^2(x-3)(x-6)$, $x=2$, $y=x^2(x-1)(x+2)$의 그래프를 작도하면, 그림 3.13과 같다.

$y=(x-4)^2(x-3)(x-6)$의 그래프는 $y=x^2(x-1)(x+2)$의 그래프와 같이 $x=\pm\infty$에서 $y\to\infty$로 발산하며, $y=(x-4)^2(x-3)(x-6)$의 x절편은 3, 4, 6이다.

$y=x^2(x-1)(x+2)$의 그래프가 x축과 만나는 점인 $(0,0)$은 직선 $x=2$에 대해 대칭되어 $y=(x-4)^2(x-3)(x-6)$의 그래프에서 $(4,0)$이 된다. 그리고 $y=x^2(x-1)(x+2)$의 그래프에 속한 점 $(1,0)$이 $x=2$에 대해 대칭되어 $(3,0)$이 되고, $(-2,0)$이 $x=2$에 대해 대칭되어 $(6,0)$이 된다.

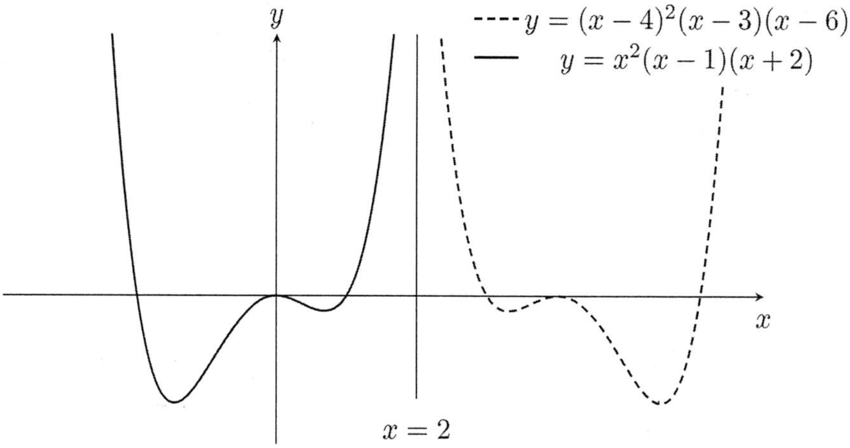

그림 3.13

$y = mx$에 대한 대칭 직선 $y = mx$에 대한 대칭을 살펴보자. 좌표평면에 $y = mx$에 대해 대칭인 점 $A(x_1, y_1)$, $B(x_2, y_2)$를 작도하고(그림 3.14), $y = mx$에 대해 대칭인 점들의 특징을 살펴보자. $y = mx$에 대해 대칭인 점 $A(x_1, y_1)$, $B(x_2, y_2)$에서 (1) 점 A와 B의 중점이 직선 $y = mx$에 속하고, (2) 직선 AB와 $y = mx$가 수직으로 만난다.

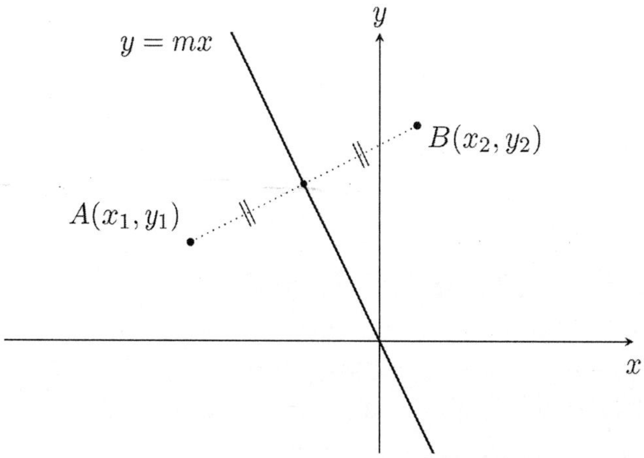

그림 3.14

(1) 점 A와 B의 중점이 직선 $y = mx$에 속하므로, 선분 AB의 중점 $\left(\frac{x_1+x_2}{2}, \frac{y_1+y_2}{2}\right)$가 $y = mx$에 속한다. 즉, $\frac{y_1+y_2}{2} = m \cdot \frac{x_1+x_2}{2}$이며 $y_1 + y_2 = m(x_1 + x_2)$이다. (2) 직선 AB와 $y = mx$가 수직으로 만나므로, 직선 AB의 기울기 $\frac{y_1-y_2}{x_1-x_2} \cdot m = -1$이며

$m(y_1 - y_2) = -x_1 + x_2$이다.

두 식 $y_1 + y_2 = m(x_1 + x_2)$와 $m(y_1 - y_2) = -x_1 + x_2$를 연립하여 x_1, y_1을 x_2, y_2로 나타내자. $y_1 + y_2 = m(x_1 + x_2)$를 $y_1 = mx_1 + mx_2 - y_2$로, $m(y_1 - y_2) = -x_1 + x_2$를 $x_1 + my_1 = my_2 + x_2$로 쓸 수 있다. $y_1 = mx_1 + mx_2 - y_2$를 $x_1 + my_1 = my_2 + x_2$에 대입하여 정리하자. $x_1 + m(mx_1 + mx_2 - y_2) = my_2 + x_2$, $x_1 + m^2x_1 + m^2x_2 - my_2 = my_2 + x_2$, $(1+m^2)x_1 = my_2 + x_2 + my_2 - m^2x_2$, $(1+m^2)x_1 = (1-m^2)x_2 + 2my_2$가 된다. 이로부터 $x_1 = \frac{(1-m^2)x_2 + 2my_2}{1+m^2}$를 얻을 수 있다.

이제, $y_1 = mx_1 + mx_2 - y_2$에 $x_1 = \frac{(1-m^2)x_2 + 2my_2}{1+m^2}$을 대입하여 정리하자.

$$\begin{aligned} y_1 = mx_1 + mx_2 - y_2 &= m\left(\frac{(1-m^2)x_2 + 2my_2}{1+m^2}\right) + mx_2 - y_2 \\ &= \frac{m(1-m^2)x_2 + 2m^2y_2}{1+m^2} + mx_2 - y_2 \end{aligned}$$

얻어진 식을 통분하여 다음과 같이 정리할 수 있다.

$$\begin{aligned} &\frac{m(1-m^2)x_2 + 2m^2y_2}{1+m^2} + mx_2 - y_2 \\ &\qquad = \frac{(m-m^3)x_2 + 2m^2y_2 + mx_2(1+m^2) - y_2(1+m^2)}{1+m^2} \\ &\qquad = \frac{(m-m^3)x_2 + 2m^2y_2 + mx_2 + m^3x_2 - y_2 - m^2y_2}{1+m^2} \\ &\qquad = \frac{(m-m^3+m+m^3)x_2 + (2m^2 - m^2 - 1)y_2}{1+m^2} \\ &\qquad = \frac{2mx_2 - (1-m^2)y_2}{1+m^2} \end{aligned}$$

결국, $y_1 = \frac{2mx_2 - (1-m^2)y_2}{1+m^2}$이며, 점 $A(x_1, y_1)$이 직선 $y = mx$에 대해 $B(x_2, y_2)$와 대칭인 경우에 점 $A(x_1, y_1)$과 $B(x_2, y_2)$의 좌표 사이에 다음과 같은 관계가 성립한다.

$$x_1 = \frac{1-m^2}{1+m^2}x_2 + \frac{2m}{1+m^2}y_2, \quad y_1 = \frac{2m}{1+m^2}x_2 - \frac{1-m^2}{1+m^2}y_2$$

기술한 내용을 다음과 같이 정리할 수 있다.

정리 3.6. 함수 $y = f(x)$에서 x대신에 $\frac{(1-m^2)x}{1+m^2} + \frac{2my}{1+m^2}$를, y대신에 $\frac{2mx}{1+m^2} - \frac{(1-m^2)y}{1+m^2}$를 대입하여 얻어진 함수 $\frac{2mx}{1+m^2} - \frac{(1-m^2)y}{1+m^2} = f\left(\frac{(1-m^2)x}{1+m^2} + \frac{2my}{1+m^2}\right)$, 즉 $\frac{(1-m^2)}{1+m^2}y =$

$\frac{2mx}{1+m^2} - f\left(\frac{(1-m^2)x}{1+m^2} + \frac{2my}{1+m^2}\right)$의 그래프는 함수 $y = f(x)$의 그래프와 $y = mx$에 대해 대칭이다.

정리 3.6에 의하면, 함수 $y = f(x)$를 직선 $y = mx$에 대해 대칭시킨 함수가 $\frac{(1-m^2)}{1+m^2}y = \frac{2mx}{1+m^2} - f\left(\frac{(1-m^2)x}{1+m^2} + \frac{2my}{1+m^2}\right)$이다. 이때, 직선 $y = mx$의 기울기 m대신에 직선 $y = mx$이 x축과 이루는 각 α를 이용하여 정리 3.7을 나타내자.

직선 $y = mx$가 x축과 각이 α라 하면, $m = \tan\alpha$이다. 이제, $x_1 = \frac{1-m^2}{1+m^2}x_2 + \frac{2m}{1+m^2}y_2$, $y_1 = \frac{2m}{1+m^2}x_2 - \frac{1-m^2}{1+m^2}y_2$을 α를 이용하여 나타내자.

$\frac{1-m^2}{1+m^2} = \cos 2\alpha$, $\frac{2m}{1+m^2} = \sin 2\alpha$라는 것을 보일 수 있다. $\tan\alpha = m$이므로, $\sin\alpha = \frac{m}{\sqrt{1+m^2}}$이고 $\cos\alpha = \frac{1}{\sqrt{1+m^2}}$이다. 삼각함수의 배각공식에 의해, $\cos 2\alpha = 2\cos^2\alpha - 1$, $\sin 2\alpha = 2\sin\alpha\cos\alpha$이므로, 다음을 알 수 있다.

$$\cos 2\alpha = 2\left(\frac{1}{\sqrt{1+m^2}}\right)^2 - 1 = \frac{2}{1+m^2} - 1 = \frac{2-(1+m^2)}{1+m^2} = \frac{1-m^2}{1+m^2}$$
$$\sin 2\alpha = 2 \cdot \frac{m}{\sqrt{1+m^2}} \cdot \frac{1}{\sqrt{1+m^2}} = 2 \cdot \frac{m}{1+m^2} = \frac{2m}{1+m^2}$$

이로부터, 다음을 알 수 있다.

$$x_1 = x_2\cos 2\alpha + y_2\sin 2\alpha, \quad y_1 = x_2\sin 2\alpha - y_2\cos 2\alpha$$

정리 3.6을 각 α를 이용하여 재기술하면, 다음과 같다.

따름정리 3.7. 함수 $y = f(x)$에서 x대신에 $x\cos 2\alpha + y\sin 2\alpha$를, y대신에 $x\sin 2\alpha - y\cos 2\alpha$를 대입하여 얻어진 함수 $x\sin 2\alpha - y\cos 2\alpha = f(x\cos 2\alpha + y\sin 2\alpha)$, 즉 $y\cos 2\alpha = x\sin 2\alpha - f(x\cos 2\alpha + y\sin 2\alpha)$의 그래프와 함수 $y = f(x)$의 그래프는 $y = mx$에 대해 대칭이다. 이때, $m = \tan\alpha$이다.

함수 $y = x - 1$을 직선 $y = 2x$에 대해 대칭시킨 식을 구해보자. 이를 위해, x 대신에 $\frac{-3x+4y}{5}$를, y대신에 $\frac{4x+3y}{5}$를 대입하자. 그러면, $\frac{4x+3y}{5} = \frac{-3x+4y}{5} - 1$, $4x + 3y =$

$-3x+4y-5$, $4x+3y+3x-4y=-5$가 된다. 이 식을 정리하면, $y=7x+5$를 얻을 수 있다.

그림 3.15에 함수 $y=x-1$, $y=7x+5$, 직선 $y=2x$의 그래프가 있으며, 함수 $y=x-1$과 $y=7x+5$의 그래프가 직선 $y=2x$에 대해 대칭이라는 것을 시각적으로 확인할 수 있다.

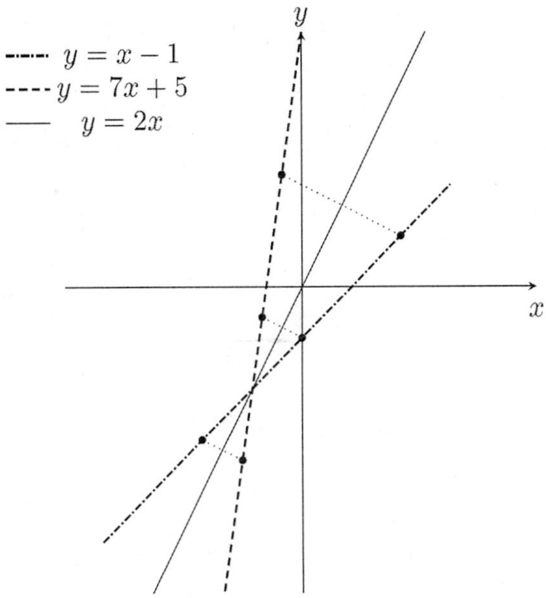

그림 3.15

정리 3.6에서 함수 $y=f(x)$와 $y=x$에 대해 대칭인 함수를 구하려면, $m=1$을 대입하면 된다. $\frac{(1-m^2)}{1+m^2}y=\frac{2mx}{1+m^2}-f\left(\frac{(1-m^2)x}{1+m^2}+\frac{2my}{1+m^2}\right)$에 $m=1$을 대입하면, $0=x-f(y)$, $x=f(y)$가 된다. 즉, $y=x$에 대해 $y=f(x)$와 대칭인 함수는 $y=f(x)$에서 x대신에 y를, y대신에 x를 대입한 $x=f(y)$이다.

유사한 방법으로, 함수 $y=f(x)$와 $y=-x$에 대해 대칭인 함수를 찾아보자. 이를 위해, $\frac{(1-m^2)}{1+m^2}y=\frac{2mx}{1+m^2}-f\left(\frac{(1-m^2)x}{1+m^2}+\frac{2my}{1+m^2}\right)$에 $m=-1$을 대입하면, $0=-x-f(-y)$, $-x=f(-y)$가 된다. 즉, $y=-x$에 대해 $y=f(x)$와 대칭인 함수는 $y=f(x)$에서 x대신에 $-y$를, y대신에 $-x$를 대입한 $-x=f(-y)$이다. 예를 들어, $y=-x$에 대해 함수 $y=x^2$과 대칭인 함수는 $-x=(-y)^2$, $y^2=-x$이다. 그림

3.16에 직선 $y=-x$, 함수 $y=x^2$, $y^2=-x$의 그래프가 제시되어 있다.

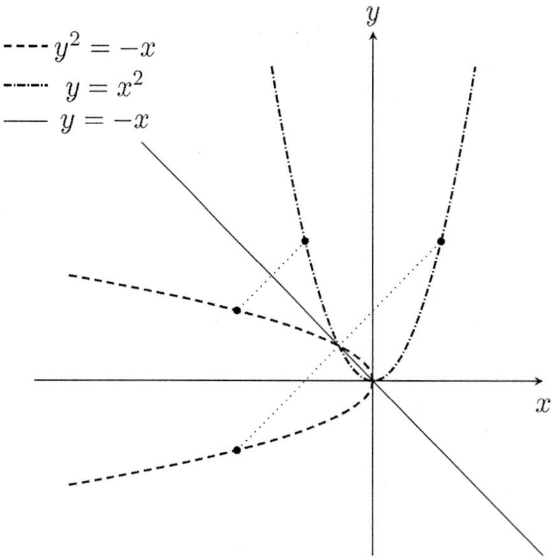

그림 3.16

2. 함수 그래프의 평행이동

함수 $y=f(x)$ 그래프를 x축을 따라 또는 y축을 따라 평행이동하는 방법을 살펴보자.

x축을 따라 평행이동 좌표평면에 점 $A(x_1,y_1)$가 주어졌고, 이 점을 x축을 따라 a만큼 평행이동을 하여 점 $B(x_2,y_2)$를 얻었다고 하자(그림 3.17). 그러면, 두 점 $A(x_1,y_1)$과 $B(x_2,y_2)$의 y좌표는 같으며, $x_1+a=x_2$가 된다. 이로부터 $y_1=y_2$, $x_1=x_2-a$가 되며, 함수 $y_1=f(x_1)$의 그래프를 x축을 따라 a만큼 평행이동한 함수를 구하기 위해, $y_1=f(x_1)$에 $y_1=y_2$, $x_1=x_2-a$를 대입한다. 그러면, $y_2=f(x_2-a)$를 얻을 수 있으며, 함수 $y=f(x)$를 x축을 따라 a만큼 평행이동한 함수는 $y=f(x-a)$이다.

살펴본 평행이동을 다음과 같이 정리할 수 있다.

정리 3.8. 함수 $y=f(x)$에서 x대신에 $x-a$를 대입하여 $y=f(x-a)$를 얻었다. 함수 $y=f(x-a)$의 그래프는 $y=f(x)$의 그래프를 x축을 따라 a만큼 평행이동한 것이다.

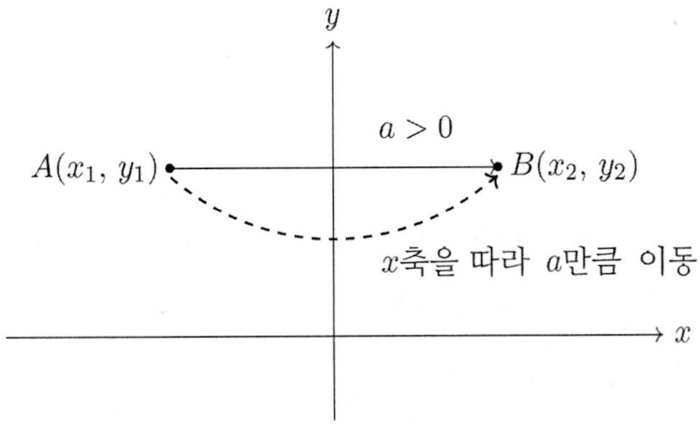

그림 3.17

정리 3.8에서 $a > 0$이면 $y = f(x)$의 그래프를 x축을 따라 오른쪽으로 평행이동하게 되고, $a < 0$이면 $y = f(x)$의 그래프를 x축을 따라 왼쪽으로 평행이동을 한다. 함수 $y = f(x)$의 그래프를 x축을 따라 a만큼 평행이동을 하면 함수 그래프의 모양(예를 들어, 홀짝성, 볼록성, 증감 등)에는 변화가 없고, 단지 그래프만 x축을 따라 이동하게 된다.

함수 $y = (x-2)^2-1$을 x축을 따라 -3만큼 평행이동한다고 하자. 그러면, 정리 3.8에 의해 $y = (x-2)^2-1$에 x대신 $x-(-3)$, 즉 $x+3$을 대입하면, $y = (x-2)^2-1$을 x축을 따라 -3만큼 평행이동한 함수를 얻게 된다. 즉, $y = ((x+3)-2)^2 - 1 = (x+1)^2 - 1$을 얻을 수 있다. 그림 3.18에 함수 $y = (x-2)^2 - 1$을 x축을 따라 -3만큼 평행이동한 함수 $y = (x+1)^2 - 1$의 그래프가 제시되어 있다.

예제 3.4. 함수 $y = \sin x$의 그래프를 x축을 따라 $\frac{\pi}{2}$만큼 평행이동한 함수의 식을 구하여라.

풀이. 함수 $y = \sin x$를 x축을 따라 $\frac{\pi}{2}$만큼 평행이동한 함수의 식을 구하려면, x대신에 $x - \frac{\pi}{2}$를 대입해야 한다. $y = \sin x$에 x대신에 $x - \frac{\pi}{2}$를 대입하면, $y = \sin\left(x - \frac{\pi}{2}\right)$가 된다. $\sin\left(x - \frac{\pi}{2}\right) = \cos x$이므로, 함수 $y = \sin x$의 그래프를 x축을 따라 $\frac{\pi}{2}$만큼 평행이동하면, $y = \cos x$의 그래프를 얻는다.

$\sin\left(x + \frac{\pi}{2}\right) = \cos x$도 성립하므로, 함수 $y = \sin x$의 그래프를 x축을 따라 $-\frac{\pi}{2}$

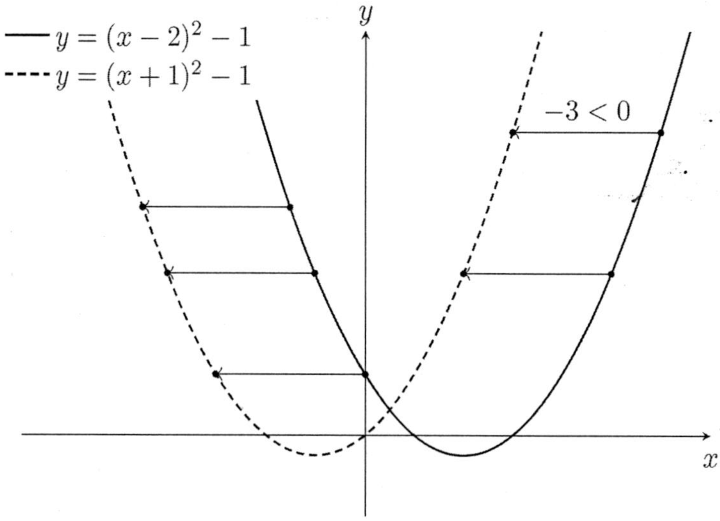

그림 3.18

만큼 평행이동해도 $y = \cos x$의 그래프를 얻을 수 있다. 그리고 $\cos\left(x - \frac{\pi}{2}\right) = \sin x$가 성립하므로, 함수 $y = \cos x$의 그래프를 x축을 따라 $\frac{\pi}{2}$만큼 평행이동하면 $y = \sin x$의 그래프를 얻을 수 있다. □

y축을 따라 평행이동 좌표평면에 점 $A(x_1, y_1)$가 주어졌고, 이 점을 y축을 따라 a 만큼 평행이동을 하여 점 $B(x_2, y_2)$를 얻었다(그림 3.19). 그러면, 두 점 $A(x_1, y_1)$과 $B(x_2, y_2)$의 x좌표는 같으며, $y_1 + a = y_2$이다. 이로부터 $x_1 = x_2$, $y_1 = y_2 - a$가 되며, 함수 $y_1 = f(x_1)$의 그래프를 y축을 따라 a만큼 평행이동한 함수를 구하기 위해, $y_1 = f(x_1)$에 $x_1 = x_2$, $y_1 = y_2 - a$를 대입한다. 그러면, $y_2 - a = f(x_2)$, 즉 $y_2 = f(x_2) + a$를 얻으며, 함수 $y = f(x)$를 y축을 따라 a만큼 평행이동한 함수는 $y = f(x) + a$라는 것을 알 수 있다.

정리 3.9. 함수 $y = f(x)$에서 y대신에 $y - a$를 대입하여 $y - a = f(x)$, 즉 $y = f(x) + a$를 얻었다. 함수 $y = f(x) + a$의 그래프는 $y = f(x)$의 그래프를 y축을 따라 a만큼 평행이동한 것이다.

정리 3.9에서 $a > 0$이면 $y = f(x)$의 그래프를 y축을 따라 윗쪽으로 평행이동하

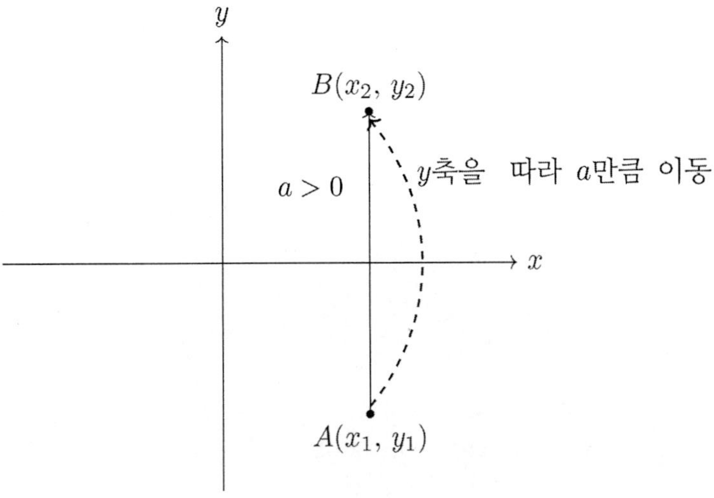

그림 3.19

며, $a < 0$이면 $y = f(x)$의 그래프를 y축을 따라 아랫쪽으로 평행이동을 한다. 함수 $y = f(x)$의 그래프를 y축을 따라 a만큼 평행이동을 하면 함수 그래프의 모양(예를 들어, 홀짝성, 볼록성, 증감 등)에는 변화가 없고, 단지 그래프만 y축을 따라 이동한다.

함수 $y = \cos x$를 y축을 따라 -2만큼 평행이동한 함수를 구하자. 정리 3.9에 의해 $y = f(x)$에서 x는 그대로 두고 y만 $y-(-2)$, 즉 $y+2$를 대입한다. 그러면, $y+2 = \cos x$, $y = \cos x - 2$가 된다. 함수 $y = \cos x$와 $y = \cos x - 2$의 그래프는 그림 3.20에 있다.

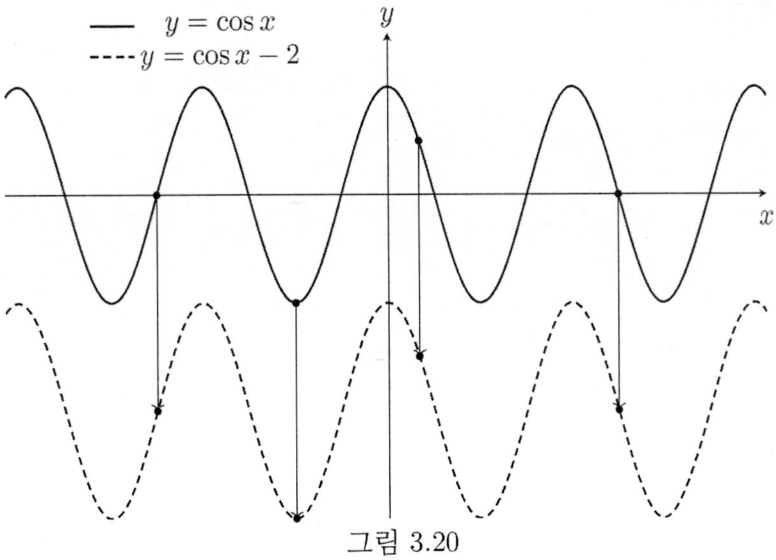

그림 3.20

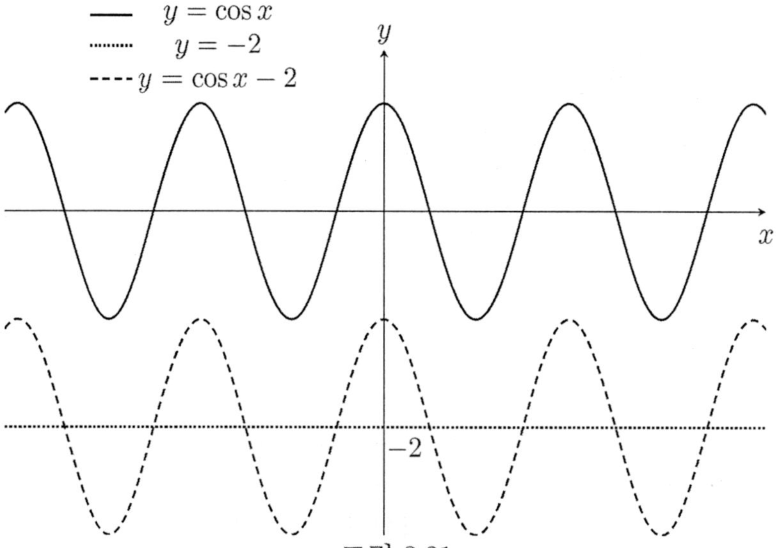

그림 3.21

$y=f(x)$의 그래프를 y축을 따라 a만큼 평행이동하면, 함수 $y=f(x)+a$의 그래프가 된다. y축을 따라 a만큼의 평행이동은 함수 $y=f(x)$와 $y=a$의 합(차)로 생각할 수 있다. 왜냐 하면, $y=f(x)+a$는 $y=f(x)$와 $y=a$의 합이기 때문이다. $y=\cos x-2$도 $y=\cos x$와 $y=-2$의 합으로 얻어진다. 그림 3.21에 $y=\cos x$, $y=-2$, $y=\cos x-2$의 그래프가 제시되어 있다. $\forall x_1\in\mathbb{R}$에 대해 $y=\cos x_1$을 표시하고 여기에 $y=-2$를 더하면, 얻어진 값이 x_1에서 $y=\cos x-2$의 함숫값인 $y=\cos x_1-2$이다.

예제 3.5. 함수 $y=ax^2+bx+c$의 그래프를 좌표축을 따라 평행이동하면 함수 $y=ax^2$의 그래프와 일치한다는 것을 증명하여라.

풀이. 함수 $y=ax^2+bx+c$에서 ax^2+bx+c를 완전제곱식을 포함하는 식으로 나타내자. $ax^2+bx+c=a\left(x^2+\frac{b}{a}x\right)+c$로 나타내면, 식 $x^2+\frac{b}{a}x$를 이용하여 완전제곱식을 만들 수 있다. 다음과 같이 식을 변형시키자.

$$\begin{aligned}ax^2+bx+c&=a\left(x^2+\frac{b}{a}x\right)+c=a\left[x^2+\frac{b}{a}x+\left(\frac{b}{2a}\right)^2-\left(\frac{b}{2a}\right)^2\right]+c\\&=a\left[\left(x+\frac{b}{2a}\right)^2-\left(\frac{b}{2a}\right)^2\right]+c=a\left(x+\frac{b}{2a}\right)^2-a\left(\frac{b}{2a}\right)^2+c\end{aligned}$$

$a\left(x+\frac{b}{2a}\right)^2-\frac{b^2}{4a}+c = a\left(x+\frac{b}{2a}\right)^2+\left(c-\frac{b^2}{4a}\right)$이므로, 함수 $y = ax^2+bx+c$를 $y=a\left(x+\frac{b}{2a}\right)^2+\left(c-\frac{b^2}{4a}\right)$으로 쓸 수 있다. 이제, $y=a\left(x+\frac{b}{2a}\right)^2+\left(c-\frac{b^2}{4a}\right)$을 x축을 따라 $\frac{b}{2a}$만큼 평행이동하면, $y = ax^2+\left(c-\frac{b^2}{4a}\right)$이 된다. 그리고 y 축을 따라 $-\left(c-\frac{b^2}{4a}\right)$만큼 평행이동하면, $y=ax^2$이 된다. □

예제 3.5에 의하면, 이차함수 $y=ax^2+bx+c$에서 최고차 항의 계수만 같으면, 이차함수를 좌표축을 따라 평행이동시켜 그래프를 포갤 수 있다. 예를 들어, $y=-3x^2+2$, $y=-3x^2+7x-10$, $y=-3x^2+5x$ 등과 같은 이차항의 계수가 -3인 이차함수들을 좌표축을 따라 평행이동시키면 서로 포개어진다. 게다가, 좌표축을 따라 평행이동하는 것과 좌표축에 대한 대칭까지 생각하면, 이차항의 계수의 절댓값이 같은 이차함수들은 서로 포개질 수 있다.

함수 $y=-5x^2+7x-3$과 $y=5x^2$에 대해 살펴보자. 함수 $y=-5x^2+7x-3$의 그래프를 x축에 대칭시켜 얻어지는 함수는 y대신에 $-y$를 대입하여 얻을 수 있다. $y=-5x^2+7x-3$에 y대신 $-y$를 대입하면, $-y=-5x^2+7x-3$, $y=5x^2-7x+3$이다. 예제 3.5에서와 같이, $y=5x^2-7x+3$을 좌표축을 따라 평행이동시키면 $y=5x^2$을 얻을 수 있다. 실제로, $y=5x^2-7x+3$을 다음과 같이 변형시킬 수 있다.

$$\begin{aligned}
5x^2-7x+3 &= 5\left(x^2-\frac{7}{5}x\right)+3 \\
&= 5\left(x^2-\frac{7}{5}x+\left(\frac{-\frac{7}{5}}{2}\right)^2-\left(\frac{-\frac{7}{5}}{2}\right)^2\right)+3 \\
&= 5\left(\left(x-\frac{7}{10}\right)^2-\frac{49}{100}\right)+3 = 5\left(x-\frac{7}{10}\right)^2-5\cdot\frac{49}{100}+3
\end{aligned}$$

$5x^2-7x+3=5\left(x-\frac{7}{10}\right)^2+\frac{11}{20}$이다. 그러므로, $y=-5x^2+7x-3$을 (1) x축에 대해 대칭시키고, (2) $y=5x^2-7x+3$를 x축을 따라 $-\frac{7}{10}$만큼, y축을 따라 $-\frac{11}{20}$만큼 평행이동시키면 $y=5x^2$을 얻는다.

제 4장. 함수 그래프의 압축과 팽창

1. $y = kf(x)$의 그래프

함수 $y = f(x)$의 그래프와 $y = kf(x)$의 그래프의 관계를 살펴보자. 함수 $y = f(x)$에 속한 점 $A(x_1, y_1)$을 생각하여, 이 점과 x좌표가 같은 $y = kf(x)$의 점 $B(x_1, y_2)$의 관계를 조사하자.

점 $A(x_1, y_1)$이 $y = f(x)$에 속하므로 $y_1 = f(x_1)$이고, 점 $B(x_1, y_2)$가 $y = kf(x)$에 속하므로 $y_2 = kf(x_1)$이다. $y_1 = f(x_1)$과 $y_2 = kf(x_1)$로부터, $y_2 = ky_1$이 된다.

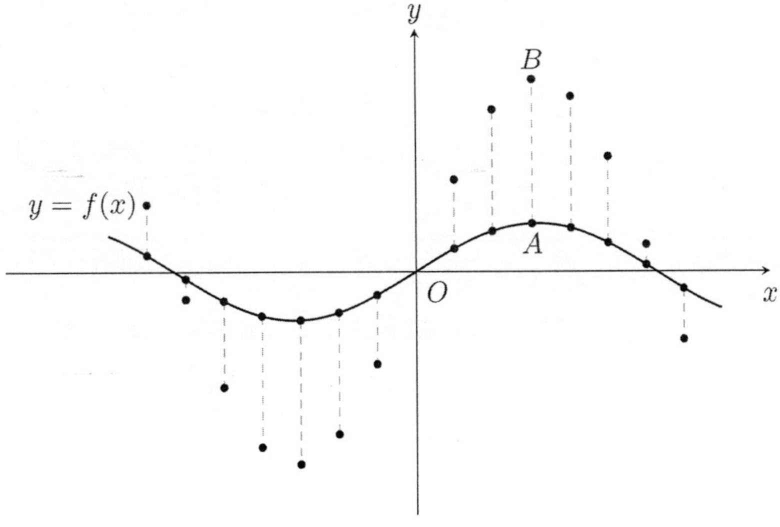

그림 4.1

함수 $y = f(x)$와 점 $A(x_1, y_1)$이 그림 4.1과 같이 주어졌으며, $k > 1$인 경우를 살펴보자. 함수 $y = kf(x)$에 속하며 함수 $y = f(x)$의 점 $A(x_1, y_1)$에 대응하는 점 $B(x_1, y_2)$의 자취를 $y_2 = ky_1$에 의해 그래프로 표시할 수 있다. $k > 1$이므로, $y_1 > 0$인 경우에는 $y_2 > y_1$이며 $y_1 < 0$인 경우에는 $y_2 < y_1$이다. 점 $B(x_1, y_2)$는 $A(x_1, y_1)$과 x좌표는 같지만, $B(x_1, y_2)$의 y좌표인 y_2의 절댓값은 $A(x_1, y_1)$의 y좌표인 y_1의 절댓값의 k배이며, $|y_2| = k|y_1|$이고 $|y_2| > |y_1|$이다.

그림 4.1과 같이 함수 $y = f(x)$의 점 A_1, A_2, $\cdots$에 대응하는 점 B_1, B_2, $\cdots$을 표시할 수 있다. 그리고 점 B_1, B_2, $\cdots$을 연결하면, 함수 $y = kf(x)$의 그래프 개형 그림 4.2를 얻을 수 있다.

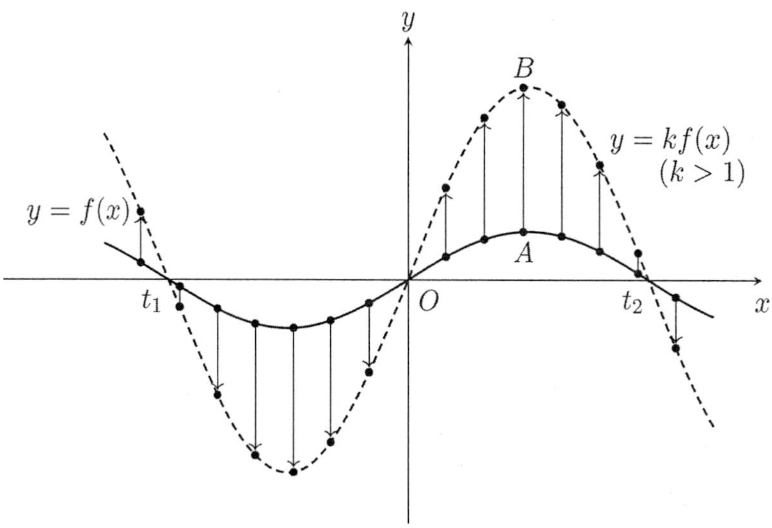

그림 4.2

그림 4.2에서 $y = f(x)$의 그래프와 $y = kf(x)$의 그래프가 만나는 곳은 $y = f(x)$와 $y = kf(x)$의 함숫값이 0인 점이다. 그러한 점의 x좌표를 t_1, t_2라 하자.

함수 $y = kf(x)$의 그래프는 함수 $y = f(x)$의 그래프를 x축으로부터 y좌표가 k배가 되도록 팽창시킨 것으로 생각할 수 있다. 이때 '함수 $y = f(x)$의 그래프를 x축으로부터 계수 k인 팽창을 하여 함수 $y = kf(x)$의 그래프가 얻어졌다'고 말하자. 구간 $[0, t_2]$에서는 x축으로부터 위로 팽창시킨 것이고, 구간 $[t_1, 0]$에서는 x축으로부터 아래로 팽창시킨 것이다.

이제, $0 < k < 1$인 경우를 살펴보자. $0 < k < 1$이므로, $y_1 > 0$인 경우에는 $y_2 < y_1$이며 $y_1 < 0$인 경우에는 $y_2 > y_1$이다. 점 $B(x_1, y_2)$는 $A(x_1, y_1)$과 x좌표는 같지만, $B(x_1, y_2)$의 y좌표 y_2의 절댓값은 $A(x_1, y_1)$의 y좌표 y_1의 절댓값의 k배이며, $|y_2| = k|y_1|$이고 $|y_2| < |y_1|$이다. 그림 4.2와 유사한 방법으로, $0 < k < 1$인 경우에 $y = f(x)$의 그래프와 $y = kf(x)$의 그래프를 그림 4.3과 같이 작도할 수 있다.

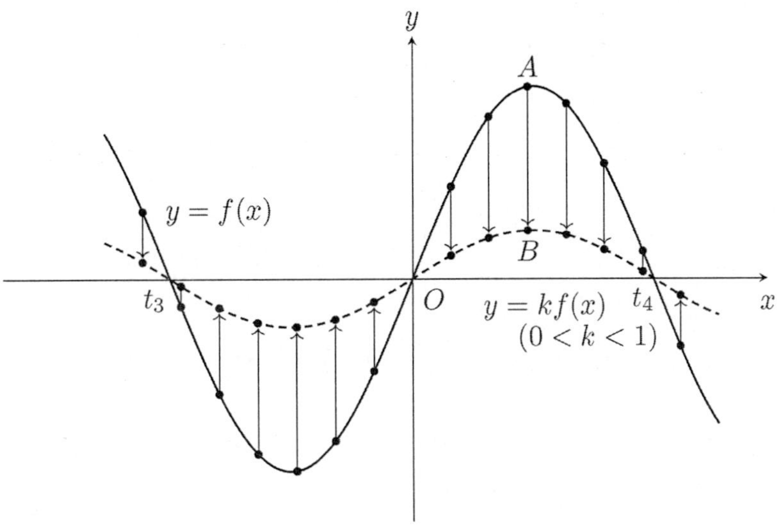

그림 4.3

그림 4.3에서 $y = f(x)$의 그래프와 $y = kf(x)$의 그래프가 만나는 곳은 $y = f(x)$와 $y = kf(x)$의 함숫값이 0인 점이다. 그러한 점의 x좌표를 t_3, t_4라 하자.

함수 $y = kf(x)$의 그래프는 함수 $y = f(x)$의 그래프를 x축으로 y좌표가 k배가 되게 압축시킨 것으로 볼 수 있다. 이때 '함수 $y = f(x)$의 그래프를 x축으로 계수 k인 압축을 하여 함수 $y = kf(x)$의 그래프가 얻어졌다'고 말하자. 구간 $[0, t_4]$에서는 위로부터 x축으로 압축시키고, 구간 $[t_3, 0]$에서는 아래로부터 x축으로 압축시킨 것이다.

$k < 0$인 경우에 $y = kf(x)$를 생각하자. 양수인 k'에 대해 $k = -k'$이라 놓으면, $y = kf(x)$는 $y = -k'f(x)$가 된다. $y = -k'f(x)$는 $y = k'f(x)$를 x축에 대해 대칭시킨 것이다. $k < 0$인 경우에 $y = kf(x)$의 그래프는 $k' > 0$인 경우에 $y = k'f(x)$의

그래프를 생각하여, 이를 x축에 대해 대칭시켜 얻을 수 있다.

정리 4.1. 함수 $y = f(x)$와 $y = kf(x)$에 대해 다음이 성립한다.

(1) $0 < k < 1$이면, 함수 $y = f(x)$의 그래프를 x축으로 계수 k인 압축을 하여 함수 $y = kf(x)$의 그래프 개형을 얻는다.

(2) $k > 1$이면, 함수 $y = f(x)$의 그래프를 x축으로부터 계수 k인 팽창을 하여 함수 $y = kf(x)$의 그래프 개형을 얻는다.

(3) $k < 0$이면, $y = kf(x)$의 그래프는 $-k = k' > 0$인 경우에 위의 (1), (2)로부터 $y = k'f(x)$를 작도하고, 이를 x축에 대해 대칭시켜 얻는다.

함수 $y = e^x$의 그래프에 대해, $k = 0.5$, $k = 0.8$, $k = 1.3$, $k = 2$, $k = 3.5$인 경우에 함수 $y = 0.5e^x$, $y = 0.8e^x$, $y = 1.3e^x$, $y = 2e^x$, $y = 3.5e^x$의 그래프를 생각하자. 정리 4.1에 의해, 함수 $y = 0.5e^x$, $y = 0.8e^x$의 그래프는 $y = e^x$의 그래프에 x축으로 계수 0.5, 0.8인 압축을 한 것이고, $y = 1.3e^x$, $y = 2e^x$, $y = 3.5e^x$의 그래프는 $y = e^x$의 그래프에 x축으로부터 계수가 1.3, 2, 3.5인 팽창을 한 것이다. 그림 4.4에 이 함수들의 그래프가 제시되어 있다.

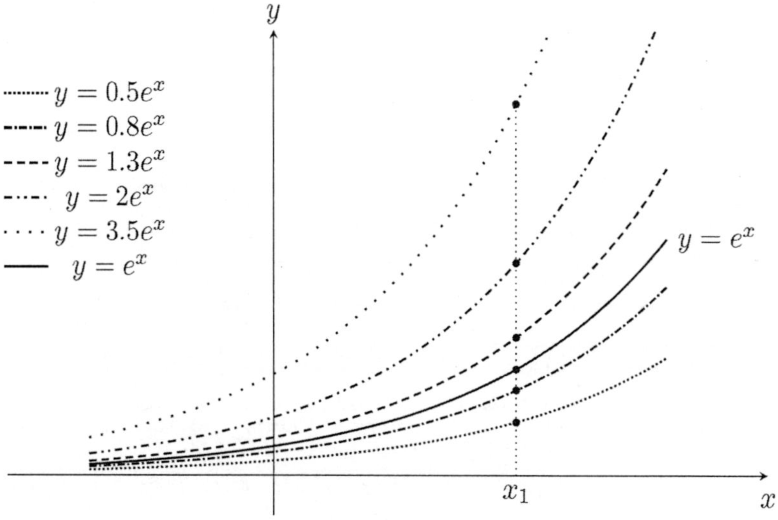

그림 4.4

예제 4.1. 함수 $y = x^2$이 주어졌다. 다양한 k값에 대해 $y = kx^2$의 그래프를 작도하고, 그래프의 특징을 설명하여라.

풀이. $k > 0$인 경우에 다양한 k값에 대해 $y = kx^2$의 그래프를 작도하자. 그림 4.5에 $0 < k < 1$인 경우와 $k > 1$인 경우의 다양한 k값에 대해 $y = kx^2$의 그래프가 제시되어 있다.

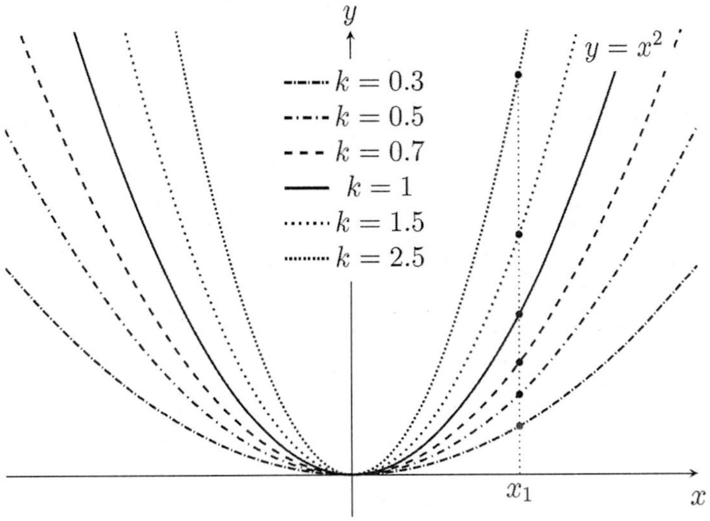

그림 4.5

그림 4.5에서 $k = 1$인 $y = x^2$을 중심으로 $0 < k < 1$인 함수 $y = 0.3x^2$, $y = 0.5x^2$, $y = 0.7x^2$을 살펴보자. 이 함수들은 $x = x_1$에서의 함숫값이 $y = x^2$에서의 함숫값 x_1^2보다 작으며 x축에 가까이 있다. 그러므로, 함수 $y = x^2$의 그래프에 x축으로 계수 0.3, 0.5, 0.7인 압축을 하여 함수 $y = 0.3x^2$, $y = 0.5x^2$, $y = 0.7x^2$의 그래프를 얻을 수 있다. 이때, 함수 $y = 0.3x^2$, $y = 0.5x^2$, $y = 0.7x^2$의 그래프에서 볼록성, 홀짝성, 증감, 대칭성 등은 $y = x^2$과 동일하다.

$k > 1$인 함수 $y = 1.5x^2$, $y = 2.5x^2$을 보면, 이 함수들은 $x = x_1$에서의 함숫값이 $y = x^2$에서의 함숫값 x_1^2보다 크며 x축으로부터 멀리 떨어져 있다. 그러므로, 함수 $y = x^2$의 그래프를 x축으로부터 계수 1.5, 2.5인 팽창을 하여 함수 $y = 1.5x^2$, $y = 2.5x^2$의 그래프를 얻을 수 있다.

그림 4.6에 $k < 0$인 경우에 다양한 k값에 대해 $y = kx^2$의 그래프가 제시되어 있다. 이들 중 일부는 $-1 < k < 0$인 경우이고, 일부는 $k < -1$인 경우에 $y = kx^2$의 그래프이다. 그림 4.6은 그림 4.5를 x축에 대해 대칭시켜 얻어진 것으로, 압축이나 팽창에 대한 특징은 $k > 0$인 경우와 동일하다. 즉, $-1 < k < 0$인 경우에는 함수 $y = x^2$의 그래프를 x축으로 압축시켜 함수 $y = kx^2$의 그래프를 얻고, $k < -1$인 경우에는 함수 $y = x^2$의 그래프를 x축으로부터 팽창시켜 함수 $y = kx^2$의 그래프를 얻을 수 있다. □

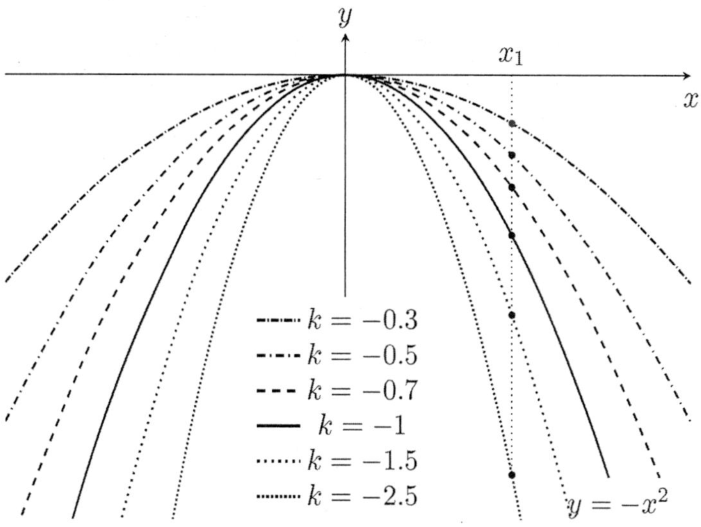

그림 4.6

함수 $y = f(x)$의 그래프와 $y = kf(x)$의 그래프의 관계를 살펴보았다. 함수 $y = f(x)$의 그래프에 속한 점을 $(x, f(x))$라 하고, 함수 $y = kf(x)$의 그래프에 속한 점을 $(x, kf(x))$라 할 수 있다. 정의역에 속한 $\forall x_1$에 대해 점 $(x_1, f(x_1))$과 $(x_1, kf(x_1))$을 비교하면, $x = x_1$에 대해 함수 $y = f(x)$의 함숫값은 $f(x_1)$이고 함수 $y = kf(x)$의 함숫값은 $kf(x_1)$이므로, 함수 $y = kf(x)$의 그래프는 $y = f(x)$의 그래프를 x축에 대해 압축 또는 팽창시켜 얻어진다.

2. $y = f(kx)$의 그래프

함수 $y = f(x)$와 $y = f(kx)$의 그래프 사이의 관계를 살펴보자. $y = f(kx)$는 $y = f(x)$에서 x대신에 kx를 대입한 것이다. $f(x) = x$라면, $f(kx) = kx$이다. $y = f(kx) = g(x)$라 놓고, $k = 2$인 경우에 $y = f(x)$와 $y = g(x)$사이의 관계를 조사하자.

함수 $y = f(x)$의 정의역이 $[a, b]$라고 하자(이때 $a < b$). $x = 1$, $x = 2$가 정의역에 속한다면, $x = 1$에서 $y = f(x)$의 함숫값은 $f(1)$이며, $y = g(x) = f(2x)$의 함숫값은 $g(1) = f(2)$이다. $x = 2$에서도 $y = f(x)$의 함숫값은 $f(2)$이며, $y = g(x) = f(2x)$의 함숫값은 $g(2) = f(4)$이다. 함수 $y = f(x)$의 정의역이 $[a, b]$이므로, $x = b$보다 큰 값에 대해 함수 $y = f(x)$가 정의되지 못한다. 즉, $y = f(b)$까지만 정의된다. 이때, $y = g(x) = f(2x)$도 $y = g(x) = f(b)$까지 정의되므로, 이때 $y = g(x) = f(b)$의 x값은 $x = \frac{b}{2}$이다. 결국, $y = g(x) = f(2x)$는 $x = \frac{b}{2}$까지만 정의된다.

함수 $y = f(x)$의 정의역 $[a, b]$에서 $x = a$에 대해서도 유사하게 생각할 수 있다. $y = g(x) = f(2x)$에서 $y = g(x) = f(a)$부터 정의되므로, 이때 $y = g(x) = f(a)$의 $x = \frac{a}{2}$이다. 결국, $y = g(x) = f(2x)$의 x값은 $x = \frac{a}{2}$부터 정의된다. 결국, 함수 $y = f(x)$의 정의역이 $[a, b]$라면, 함수 $y = g(x) = f(2x)$의 정의역은 $\left[\frac{a}{2}, \frac{b}{2}\right]$이다. 함수 $y = f(x)$의 정의역이 $\mathbb{R}$이면, $y = g(x) = f(2x)$도 $\mathbb{R}$에서 정의된다.

살펴본 내용을 정리하면, 함수 $y = f(x)$의 정의역이 유한집합인 $[a, b]$라고 하면, $y = f(kx) = g(x)$의 정의역은 $\left[\frac{a}{k}, \frac{b}{k}\right]$이며, 함수 $y = f(x)$의 정의역이 $\mathbb{R}$이면, $y = g(x) = f(kx)$의 정의역도 $\mathbb{R}$이다.

한 가지 예를 살펴보자. $[2, 10]$에서 정의된 함수 $y = \frac{1}{2}x$를 생각하고, $y = f(4x)$에 대해 조사하자. 이를 위해, $f(4x) = g(x)$라 하자. $y = g(x) = f(4x) = \frac{1}{2}(4x)$이므로 $y = g(x) = f(4x) = 2x$이다. $f(x)$가 $2 \le x \le 10$에서 정의되므로, $2 \le x \le 10$에 속한 x에 대해 $y = f(x)$는 함숫값을 가지며, $f(2)$, $f(10)$ 등의 함숫값을 가진다. 이때, $y = g(x) = f(4x) = f(2)$인 x값은 $4x = 2$, 즉 $x = \frac{1}{2}$이고, $y = g(x) = f(4x) = f(10)$인 x값은 $4x = 10$, 즉 $x = 2.5$이다. 결국, $y = g(x) = f(4x)$는 구간 $\left[\frac{1}{2}, 2.5\right]$에서

정의된다. 이로부터, 그림 4.7을 얻을 수 있다.

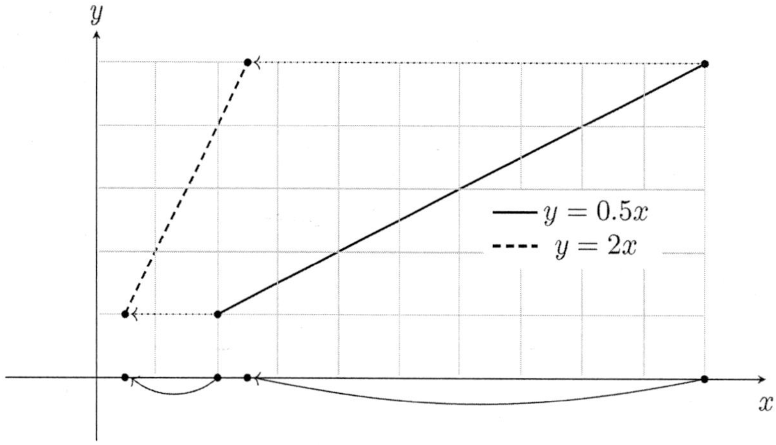

그림 4.7

그림 4.7에서 함수 $g(x) = f(4x) = 2x$는 함수 $y = \frac{1}{2}x$를 y축으로 압축을 하여 얻어졌다고 말한다. 함수 그래프의 압축, 팽창의 예를 살펴보자.

예제 4.2. 함수 $y = f(x) = \frac{1}{3}x + 1$, $y = 2f(x) = 2\left(\frac{1}{3}x + 1\right)$, $y = f(2x) = \frac{2}{3}x + 1$의 그래프를 작도하고, 이들 그래프 사이의 압축, 팽창의 관계를 설명하여라.

풀이. 그림 4.8에 함수 $y = \frac{1}{3}x + 1$, $y = 2\left(\frac{1}{3}x + 1\right)$, $y = \frac{2}{3}x + 1$의 그래프가 제시되어 있다. $2f(x) = 2\left(\frac{1}{3}x + 1\right)$의 그래프는 $f(x) = \frac{1}{3}x + 1$의 그래프를 x축으로부터 계수 2인 팽창을 한 것이며, $f(x) = \frac{1}{3}x + 1$와 $2f(x) = 2\left(\frac{1}{3}x + 1\right)$의 그래프의 교점은 $f(x) = 2f(x)$, $f(x) = 0$인 점이다.

$g(x) = f(2x) = \frac{2}{3}x + 1$에서 $g(1) = f(2)$, $g(2) = f(4)$이다. 즉, $f(x) = \frac{1}{3}x + 1$에 $x = 2$를 대입한 함숫값은 $g(x) = f(2x) = \frac{2}{3}x + 1$에 $x = 1$을 대입한 함숫값과 같고, $f(x) = \frac{1}{3}x + 1$에 $x = 4$를 대입한 함숫값은 $g(x) = f(2x) = \frac{2}{3}x + 1$에 $x = 2$를 대입한 함숫값과 같다. 마찬가지로, $f(x) = \frac{1}{3}x + 1$에 $x = 1$, $x = 3$을 대입한 함숫값은 $g(x) = f(2x) = \frac{2}{3}x + 1$에 각각 $x = 0.5$, $x = 1.5$를 대입한 함숫값과 같다.

이러한 방법으로, $f(x) = \frac{1}{3}x + 1$에 $x = 2x_1$을 대입한 함숫값은 $g(x) = f(2x) = \frac{2}{3}x + 1$에 $x = x_1$을 대입한 함숫값과 같다. 그러므로, 구간 $[0, 4]$에서 함수 $f(x) =$

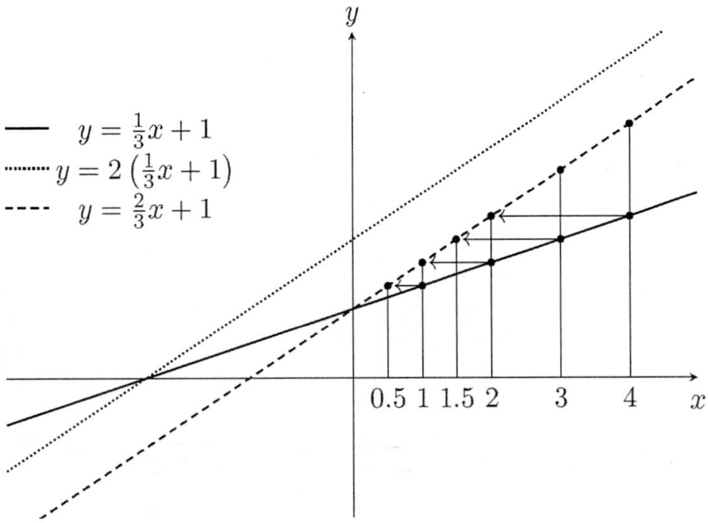

그림 4.8

$\frac{1}{3}x+1$는 구간 $[0,2]$에서 함수 $g(x)=f(2x)=\frac{2}{3}x+1$가 된다. 구간 $[0,4]$에서 함수 $f(x)=\frac{1}{3}x+1$의 그래프를 y축으로 압축하여 구간 $[0,2]$의 함수 $g(x)=f(2x)=\frac{2}{3}x+1$의 그래프를 얻을 수 있다. 이때, 압축의 계수는 $\frac{1}{2}$이다. □

다른 함수의 예를 살펴보자. 그림 4.9에서 $y=\sin x$와 $y=\sin 3x$의 그래프를 생각하자. $y=\sin x$의 그래프에는 구간 $[0,\pi]$의 $x=0$, $x=\frac{\pi}{8}$, $x=\frac{2\pi}{8}$, $x=\frac{3\pi}{8}$, $\cdots$, $x=\frac{7\pi}{8}$, $x=\frac{8\pi}{8}$에 대해 점 $\left(\frac{\pi}{8},\sin\frac{\pi}{8}\right)$, $\left(\frac{2\pi}{8},\sin\frac{2\pi}{8}\right)$, $\cdots$, $\left(\frac{8\pi}{8},\sin\frac{8\pi}{8}\right)$를 표시하였다. $y=\sin 3x$의 그래프에는 $\sin 3x=\sin\frac{\pi}{8}$, 즉 $3x=\frac{\pi}{8}$, $x=\frac{\pi}{24}$에 대해 점 $\left(\frac{\pi}{24},\sin 3\cdot\frac{\pi}{24}\right)$를 표시했다. 그리고 $\sin 3x=\frac{2\pi}{8}$를 만족시키는 $x=\frac{2\pi}{24}$에 대해 점 $\left(\frac{2\pi}{24},\sin 3\cdot\frac{2\pi}{24}\right)$를 표시했다. 이러한 방법으로 $y=\sin 3x$의 그래프에 점 $\left(\frac{3\pi}{24},\sin 3\cdot\frac{3\pi}{24}\right)$, $\cdots$, $\left(\frac{8\pi}{24},\sin 3\cdot\frac{8\pi}{24}\right)$를 표시했다.

그림 4.9의 대응하는 점들을 연결하자. 그러면, 구간 $[0,\pi]$에서 $y=\sin x$의 그래프에 속하는 모든 점 $(x,\sin x)$는 구간 $\left[0,\frac{\pi}{3}\right]$의 점 $\left(\frac{x}{3},\sin 3\cdot\frac{x}{3}\right)$, 즉 점 $\left(\frac{x}{3},\sin x\right)$에 대응된다. 결국, 구간 $[0,\pi]$에서 $y=\sin x$의 그래프를 y축으로 압축하여 구간 $\left[0,\frac{\pi}{3}\right]$의 $f(x)=\sin 3x$의 그래프를 얻을 수 있다. 이로부터, $\mathbb{R}$에서 $f(x)=\sin 3x$의 그래프는 $\mathbb{R}$에서 $y=\sin x$의 그래프를 y축으로 압축하여 얻을 수 있다.

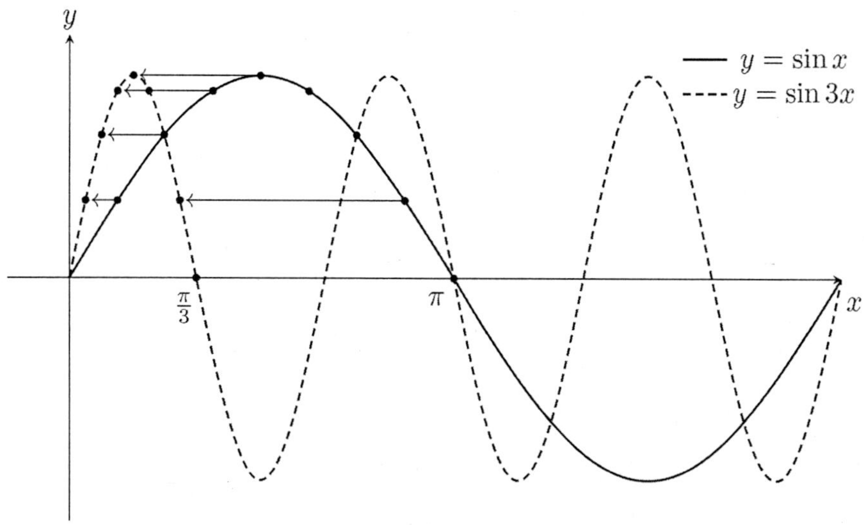

그림 4.9

함수 $y = \sin x$와 $y = \sin 3x$의 그래프는 홀짝성, 주기성, 볼록성, 함수의 증감에서 유사한 성질을 가진다. 그림 4.9에서와 같이, $y = \sin x$의 기본주기가 2π이면, $y = \sin 3x$의 기본주기는 $\frac{2\pi}{3}$이다. 이를 일반화하면, $y = \sin kx$의 기본주기는 $\frac{2\pi}{k}$라는 것을 생각할 수 있다.

주목할 것은 그림 4.2의 x축으로부터 팽창, 그림 4.3의 x축으로 압축에서 함수 $y = f(x)$와 $y = kf(x)$의 x절편은 같으며 최댓값과 최솟값이 달라졌지만, 그림 4.9에서는 함수 $y = f(x)$와 $y = f(kx)$의 그래프는 x절편이 다르고 최댓값과 최솟값은 같다는 것이다.

$\mathbb{R}$에서 $y = \sin\frac{x}{3}$의 그래프는 $\mathbb{R}$에서 $y = \sin x$의 그래프를 y축으로 팽창시켜 얻을 수 있다. 그림 4.10의 $y = \sin x$와 $y = \sin\frac{x}{3}$의 그래프를 생각하자.

$y = \sin x$의 그래프에는 구간 $[0, \pi]$의 $x = 0$, $x = \frac{\pi}{8}$, $x = \frac{2\pi}{8}$, $x = \frac{3\pi}{8}$, $\cdots$, $x = \frac{7\pi}{8}$, $x = \frac{8\pi}{8}$에 대해 점 $(\frac{\pi}{8}, \sin\frac{\pi}{8})$, $(\frac{2\pi}{8}, \sin\frac{2\pi}{8})$, $\cdots$, $(\frac{8\pi}{8}, \sin\frac{8\pi}{8})$를 표시하였다. $y = \sin\frac{x}{3}$의 그래프에는 $\sin\frac{x}{3} = \sin\frac{\pi}{8}$, 즉 $\frac{x}{3} = \frac{\pi}{8}$, $x = \frac{3\pi}{8}$에 대해 점 $(\frac{3\pi}{8}, \sin\frac{1}{3}\cdot\frac{3\pi}{8})$, 즉 $(\frac{3\pi}{8}, \sin\frac{3\pi}{24})$를 표시했다. $\sin\frac{x}{3} = \frac{2\pi}{8}$를 만족시키는 $x = \frac{6\pi}{8}$에 대해 점 $(\frac{6\pi}{8}, \sin\frac{1}{3}\cdot\frac{6\pi}{8})$, 즉 $(\frac{6\pi}{8}, \sin\frac{6\pi}{24})$를 표시했다. 이러한 방법으로 $y = \sin 3x$의 그래프에 점 $(\frac{3\pi}{8}, \sin\frac{3\pi}{24})$,

$(\frac{6\pi}{8}, \sin\frac{6\pi}{24}), \cdots, (\frac{24\pi}{8}, \sin\frac{24\pi}{24})$를 표시했다.

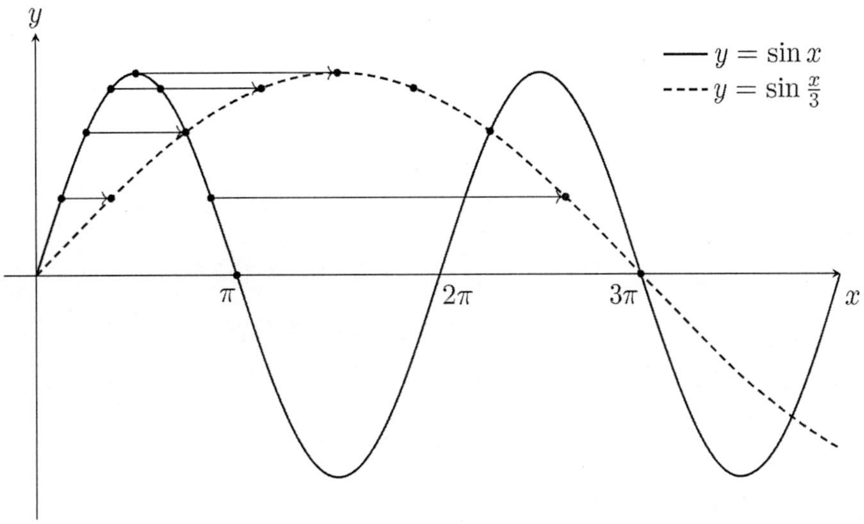

그림 4.10

그림 4.10의 대응하는 점들을 연결하면, 구간 $[0, \pi]$의 모든 x에 대해 점 $(x, \sin x)$는 구간 $[0, 3\pi]$의 점 $(3x, \sin\frac{x}{3})$에 대응된다. 구간 $[0, \pi]$에서 $y = \sin x$의 그래프를 y축으로부터 팽창시켜 구간 $[0, 3\pi]$의 $f(x) = \sin\frac{x}{3}$의 그래프를 얻을 수 있다. 결국, $\mathbb{R}$에서 $f(x) = \sin\frac{x}{3}$의 그래프는 $\mathbb{R}$에서 $y = \sin x$의 그래프를 y축으로부터 계수가 3인 팽창을 통해 얻을 수 있다. 그러므로, $y = \sin x$와 $y = \sin\frac{x}{3}$의 그래프는 홀짝성, 주기성, 볼록성, 함수의 증감에서 유사한 성질을 가진다. 그림 4.10에서 보았듯이, $y = \sin x$의 기본주기가 2π이면, $y = \sin\frac{x}{3}$의 기본주기는 6π이다. 이로부터, 다음 성질을 알 수 있다.

정리 4.2. 함수 $y = f(x)$와 $y = f(kx)$에 대해 다음이 성립한다.

(1) $0 < k < 1$이면, 함수 $y = f(x)$의 그래프를 y축으로부터 계수 $\frac{1}{k}$인 팽창을 하여 함수 $y = f(kx)$의 그래프 개형을 얻는다.

(2) $k > 1$이면, 함수 $y = f(x)$의 그래프를 y축으로 계수 $\frac{1}{k}$인 압축을 하여 함수 $y = f(kx)$의 그래프 개형을 얻는다.

(3) $k < 0$이면, $y = f(kx)$의 그래프는 $-k = k' > 0$인 경우에 위의 (1), (2)로부터 $y = f(k'x)$를 작도하고, 이를 y축에 대해 대칭시켜 얻는다.

예제 4.3. 함수 $y = e^{0.5x}$, $y = e^{0.8x}$, $y = e^{x}$, $y = e^{1.3x}$, $y = e^{2x}$의 그래프를 작도하고, 이들 사이의 관계를 조사하여라.

풀이. 함수 $y = e^{x}$의 그래프에 대해, $k = 0.65$, $k = 0.8$, $k = 1.3$, $k = 2$인 함수 $y = e^{0.65x}$, $y = e^{0.8x}$, $y = e^{x}$, $y = e^{1.3x}$, $y = e^{2x}$의 그래프를 생각하자. 정리 4.2에 의해, 함수 $y = e^{0.65x}$, $y = e^{0.8x}$의 그래프는 $y = e^{x}$의 그래프를 y축으로부터 계수가 $\frac{1}{0.65} = \frac{20}{13}$, $\frac{1}{0.8} = \frac{5}{4}$인 팽창을 시킨 것이고, $y = e^{1.3x}$, $y = e^{2x}$의 그래프는 $y = e^{x}$의 그래프를 y축으로 계수가 $\frac{1}{1.3} = \frac{10}{13}$, $\frac{1}{2}$인 압축을 시킨 것이다. 그림 4.11에 이 함수들의 그래프가 제시되어 있다.

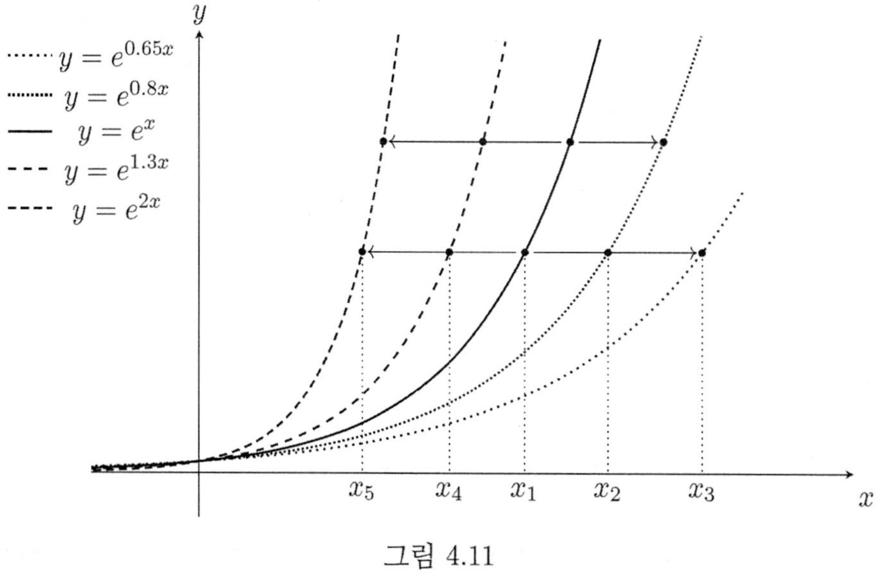

그림 4.11

그림 4.11에서 x_2, x_3, x_4, x_5를 x_1을 이용해서 나타내자. $x = x_2$에서 함수 $y = e^{0.8x}$의 함숫값은 $e^{0.8x_2}$인데, 이것이 $x = x_1$에서 $y = e^{x}$의 함숫값 e^{x_1}과 같다. 즉 $e^{0.8x_2} = e^{x_1}$이며 $0.8x_2 = x_1$이다. 이로부터 $x_2 = \frac{10}{8}x_1 = \frac{5}{4}x_1$이다. 이와 유사한 방법으로, $0.65x_3 = x_1$이며, $x_3 = \frac{100}{65}x_1 = \frac{20}{13}x_1$이다. 그리고 x_4, x_5를 구하면, $x_4 = \frac{10}{13}x_1$, $x_5 = \frac{1}{2}x_1$이다.

살펴본 것과 같이, $f(kx'_1) = f(x_1)$으로부터 $kx'_1 = x_1$이고 $x'_1 = \frac{x_1}{k}$이 된다. 이때, $0 < k < 1$이면 $x'_1 > x_1$이 되며, 함수 $y = f(kx)$의 그래프는 $f(x)$의 그래프를 y축으로부터 계수 $\frac{1}{k}$인 팽창을 시킨 것이다. $k > 1$이면 $x'_1 < x_1$이 되며, 함수 $y = f(kx)$의 그래프는 $f(x)$의 그래프를 y축으로 계수 $\frac{1}{k}$인 압축을 시킨 것이다. □

예제 4.4. 양의 실수 집합에서 함수 $y = f(x)$의 그래프가 그림 4.12와 같이 주어졌다. 이때, $y = f(0.7x)$, $y = f(1.6x)$의 그래프 개형을 작도하고, 그 이유를 설명하여라.

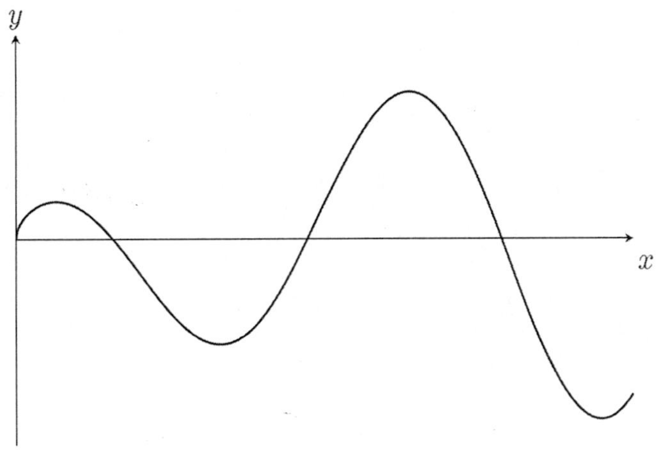

그림 4.12

풀이. (1) $y = f(0.7x)$의 그래프를 생각하자. 정리 4.2에 의하면, 함수 $y = f(0.7x)$의 그래프는 함수 $y = f(x)$의 그래프를 y축으로부터 계수 $\frac{1}{0.7} = \frac{10}{7}$인 팽창을 시킨 것이다.

그래프의 개형을 작도하기 위해, $y = f(x)$의 x절편과 $y = f(0.7x)$의 x절편을 비교하자. 그림 4.12에서 $y = f(x)$의 x절편을 차례대로 x_1, x_2, x_3이라 하자. 그러면, 함수 $y = f(0.7x)$의 x절편은 $\frac{x_1}{0.7} = \frac{10x_1}{7}$이며, 함수 $y = f(0.7x)$의 x절편은 $\frac{10x_1}{7}, \frac{10x_2}{7}, \frac{10x_3}{7}$이다. 그리고 $y = f(0.7x)$의 그래프는 $y = f(x)$의 그래프와 최댓값, 최솟값이 같다. 이로부터, 그림 4.13과 같은 함수 $y = f(0.7x)$의 개형을 추측할 수 있다.

(2) $y = f(1.6x)$의 그래프를 생각하자. 정리 4.2에 의하면, 함수 $y = f(1.6x)$의 그래프는 함수 $y = f(x)$의 그래프를 y축으로 계수가 $\frac{1}{1.6} = \frac{5}{8}$인 압축을 시킨 것이다.

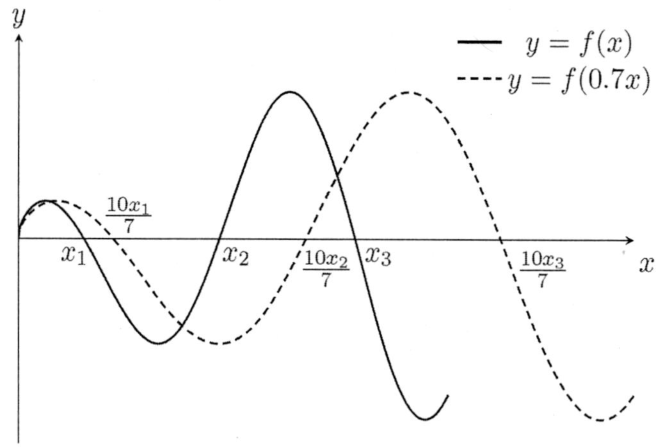

그림 4.13

그래프의 개형을 작도하기 위해, 함수 $y = f(1.6x)$의 x절편을 구하면 $\frac{x_1}{1.6}$, $\frac{x_2}{1.6}$, $\frac{x_3}{1.6}$이다. 그리고 $y = f(1.6x)$의 그래프는 $y = f(x)$의 그래프와 최댓값, 최솟값이 같으므로, 그림 4.14와 같은 함수 $y = f(1.6x)$의 개형을 추측할 수 있다. 이때, 함수 $y = f(x)$의 정의역이 $[a, b]$라면, 함수 $y = f(1.6x)$의 정의역은 $\left[\frac{a}{1.6}, \frac{b}{1.6}\right]$가 된다. □

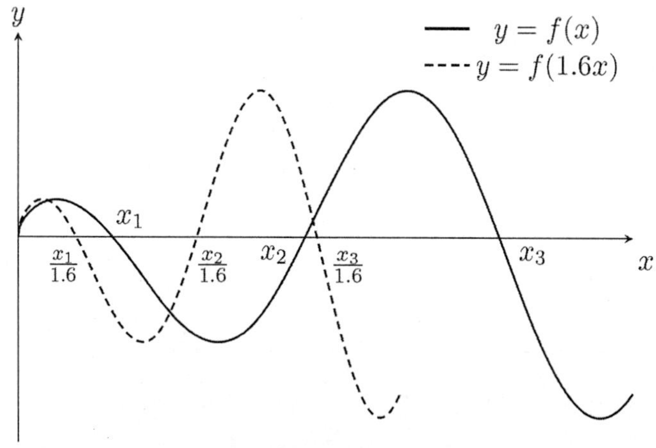

그림 4.14

함수 $y = f(kx + b)$, $y = f(kx) + b$의 그래프 개형 함수 $y = f(kx + b)$를 $y = f\left(k\left(x + \frac{b}{k}\right)\right)$로 쓸 수 있으며, 이것은 (1) $y = f(x)$의 그래프를 x축에 대해 계수 $\frac{1}{k}$인

압축 또는 팽창을 하여 $y = f(kx)$를 만들고, (2) $f(kx)$의 그래프를 x축으로 $-\frac{b}{k}$만큼 평행이동하여 얻어진다.

$y = \cos(3x + 2)$의 그래프를 작도한다고 하자. 그러면, $y = \cos(3x + 2) = \cos\left(3\left(x + \frac{2}{3}\right)\right)$와 같이 쓸 수 있다. 우선 $y = \cos 3x$의 그래프를 작도하자. $y = \cos 3x$는 $y = \cos x$를 y축으로 계수 $\frac{1}{3}$인 압축을 하여 얻어진다. 그림 4.15에 $y = \cos x$와 $y = \cos 3x$의 그래프가 제시되어 있다.

이제, $y = \cos 3x$의 그래프를 x축 방향으로 $-\frac{2}{3}$만큼 평행이동하자. 그러면, $y = \cos\left(3\left(x + \frac{2}{3}\right)\right)$, 즉 $y = \cos(3x + 2)$의 그래프를 얻을 수 있다.

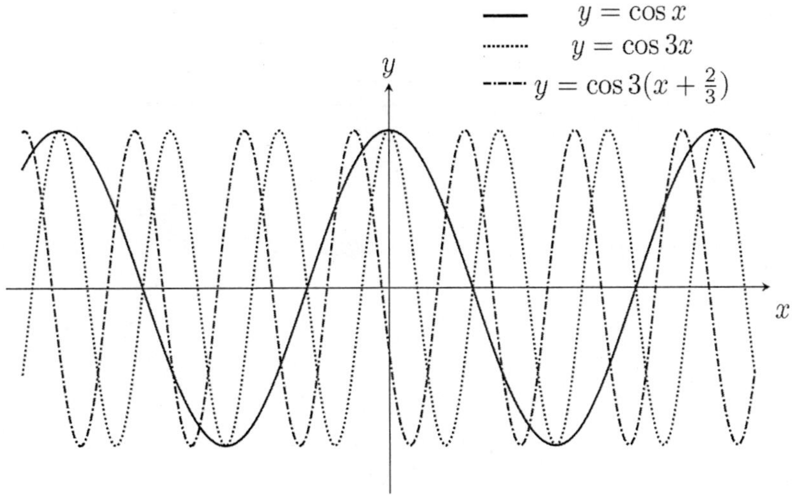

그림 4.15

한편, 함수 $y = f(kx) + b$는 함수 $y - b = f(kx)$로 쓸 수 있다. 그러므로, 함수 $y = f(kx) + b$의 그래프 개형은 (1) $y = f(x)$의 그래프를 x축에 대해 계수 $\frac{1}{k}$인 압축 또는 팽창을 하여 $y = f(kx)$를 만들고, (2) $f(kx)$의 그래프를 y축으로 b만큼 평행이동하여 얻어진다.

예제 4.5. 함수 $y = \ln(5x - 3) + 2$의 그래프를 작도하여라.

풀이. 함수 $y = \ln(5x - 3) + 2$는 $y = \ln 5\left(x - \frac{3}{5}\right) + 2$로 쓸 수 있다. $y = \ln(5x - 3) + 2$의 그래프 개형은 그림 4.16과 같이, (1) $y = \ln x$의 그래프를 y축으로 계수 $\frac{1}{5}$인 압

축을 하여 $y = \ln 5x$의 그래프를 그리고, (2) $y = \ln 5x$의 그래프를 x축으로 $\frac{3}{5}$만큼 평행이동하여 $y = \ln 5\left(x - \frac{3}{5}\right)$의 그래프를 그리고, (3) $y = \ln 5\left(x - \frac{3}{5}\right)$를 y축으로 2만큼 평행이동하여 작도할 수 있다.

그림 4.16에서 x절편을 중심으로 함수 $y = \ln x$, $y = \ln 5x$, $y = \ln 5\left(x - \frac{3}{5}\right)$, $y = \ln 5\left(x - \frac{3}{5}\right) + 2$의 그래프 개형을 비교하면, 그 차이를 확인할 수 있다. □

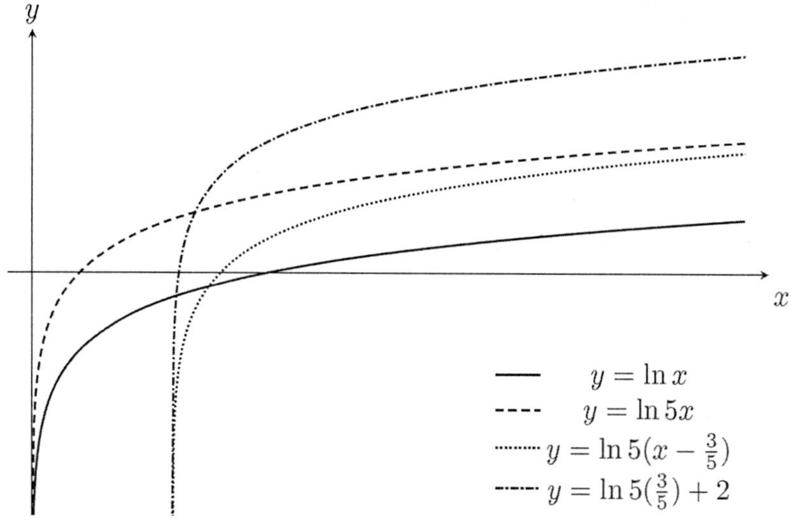

그림 4.16

함수 $y = k_1 f(k_2 x)$의 그래프 개형 $y = kf(x)$와 $y = f(kx)$가 결합된 형태인 함수 $y = k_1 f(k_2 x)$의 그래프 개형을 살펴보자. 정리 4.1에 의하면, 함수 $y = k_1 f(x)$의 그래프는 $y = f(x)$의 그래프를 x축에 대해 계수 k_1인 압축 또는 팽창을 하여 얻는다. 그리고 정리 4.2에 의하면, 함수 $y = f(k_2 x)$의 그래프는 $y = f(x)$의 그래프를 y축에 대해 계수 $\frac{1}{k_2}$인 압축 또는 팽창을 하여 얻는다.

결국, $y = k_1 f(x)$과 $y = f(k_2 x)$를 결합한 함수 $y = k_1 f(k_2 x)$의 그래프는 함수 $y = f(x)$의 그래프를 x축과 y축에 대해 압축 또는 팽창을 하여 얻을 수 있다.

예제 4.4에서 $y = f(1.6x)$의 그래프는 함수 $y = f(x)$의 그래프를 y축으로 계수가 $\frac{1}{1.6} = \frac{5}{8}$인 압축을 하여 얻어진다는 것을 이용하여, $y = f(1.6x)$의 그래프 개형을 작도하였다. $y = f(1.6x)$의 $f(1.6x)$에 1.4를 곱한 함수 $y = 1.4f(1.6x)$의 그래프 개형을 그림 4.14에서 생각하자.

정리 4.1에 의하면, 함수 $y = 1.4f(1.6x)$에서 계수인 1.4가 1보다 크므로, 함수 $y = 1.4f(1.6x)$의 그래프는 함수 $y = f(1.6x)$의 그래프를 x축으로부터 계수 1.4인 팽창을 하여 얻을 수 있다. 함수 $y = 1.4f(1.6x)$의 함숫값은 $y = f(1.6x)$의 함숫값의 1.4배이다. 이러한 방법으로, 그림 4.14로부터 함수 $y = 1.4f(1.6x)$의 그래프 개형을 작도하면, 그림 4.17과 같다.

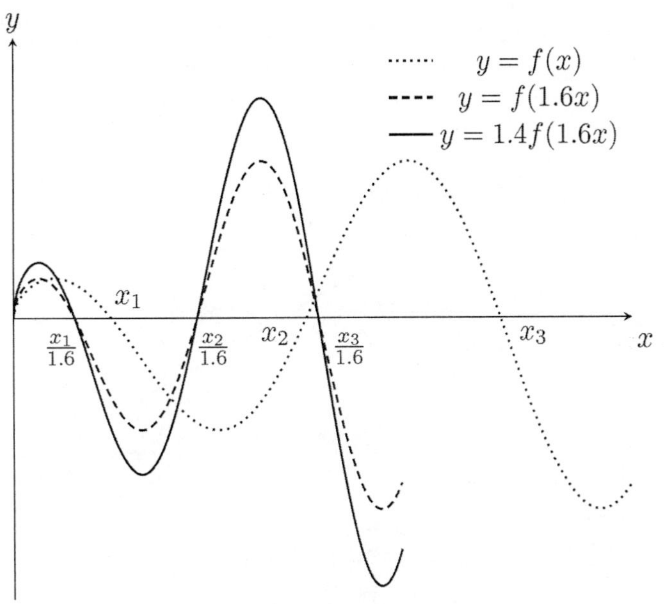

그림 4.17

함수 $y = 1.4f(1.6x)$의 그래프 개형을 얻기 위해, (1) y축으로 계수 $\frac{5}{8}$인 압축을 통해 $y = f(1.6x)$의 그래프 개형을 작도하고, (2) $y = f(1.6x)$의 그래프 개형에서 x축으로부터 계수 1.4인 팽창을 하여 $y = 1.4f(1.6x)$의 그래프 개형을 작도하였다.

이때, y축으로 압축하는 것과 x축으로부터 팽창하는 것의 순서는 바꾸어도 상관이 없다. 함수 $y = 1.4f(1.6x)$의 그래프 개형을 (1) x축으로부터 계수 1.4인 팽창을 통해 $y = 1.4f(x)$의 그래프 개형을 작도하고, (2) $y = 1.4f(x)$의 그래프 개형에서 y축으로 계수 $\frac{5}{8}$인 압축을 하여 $y = 1.4f(1.6x)$의 그래프 개형을 작도해도 된다.

예제 4.6. 구간 $[0,3]$에서 $y=-x+3$에 대해 $y=f(\frac{x}{2})$, $y=\frac{3}{2}f(x)$, $y=\frac{3}{2}f(\frac{x}{2})$의 그래프를 그려라.

풀이. 구간 $[0,3]$에서 $y=-x+3$의 그래프는 그림 4.18과 같은 선분이다. $y=f(\frac{x}{2})$는 함수 $y=f(x)$를 y축으로부터 계수 2인 팽창을 통해 얻는다. 함수 $y=f(x)$가 구간 $[0,3]$에서 주어졌으므로, $y=f(\frac{x}{2})$는 구간 $[0,6]$에서 작도된다. 실제로, $y=f(x)$에서 $x\to\frac{x}{2}$를 대입하면, $y=-\frac{x}{2}+3$가 되며, $y=f(\frac{x}{2})$의 그래프 개형을 작도할 수 있다.

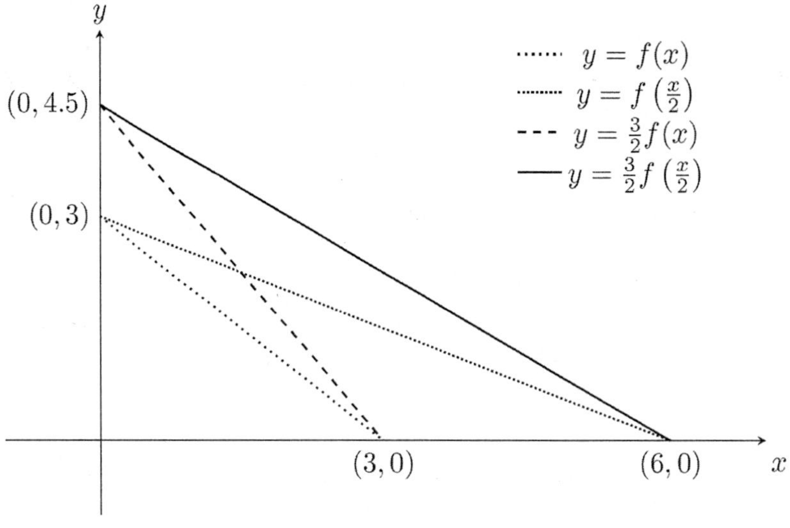

그림 4.18

$y=\frac{3}{2}f(x)$는 함수 $y=f(x)$를 x축으로부터 계수 $\frac{3}{2}$인 팽창을 통해 얻어진다. 함수 $y=f(x)$가 구간 $[0,3]$에서 주어졌으므로, $y=\frac{3}{2}f(x)$도 $[0,3]$에서 작도된다. $y=\frac{3}{2}f(x)$에 $y=-x+3$를 대입하면, $y=\frac{3}{2}(-x+3)$이 되며, $y=\frac{3}{2}f(x)$의 그래프 개형을 작도할 수 있다.

이제, $y=\frac{3}{2}f(\frac{x}{2})$의 그래프를 $y=\frac{3}{2}f(x)$의 그래프를 y축으로부터 계수 $\frac{3}{2}$인 팽창을 하여 구하자. 함수 $y=\frac{3}{2}f(x)$가 구간 $[0,3]$에서 정의되므로, $y=\frac{3}{2}f(\frac{x}{2})$는 구간 $[0,6]$에서 정의된다. $y=\frac{3}{2}f(x)$에 $x\to\frac{x}{2}$를 대입하면, $y=\frac{3}{2}\left(-\frac{x}{2}+3\right)$, $y=-\frac{3}{4}x+\frac{9}{2}$가 되며, $y=\frac{3}{2}f(\frac{x}{2})$의 그래프 개형을 작도할 수 있다. □

함수 $y = f(x)$를 음함수 꼴인 $f(x,y) = 0$으로 쓴다면, $y = k_1 f(k_2 x)$는 $\frac{y}{k_1} = f(k_2 x)$이므로 음함수 꼴로 $f\left(k_2 x, \frac{y}{k_1}\right)$와 같이 쓸 수 있다.

종속변수 y를 독립변수 x에 대한 식 $y = f(x)$로 표현하는데, 이것을 양함수(explicit function)라고 부른다. $y = e^x$, $y = x^2 - 4x + 6$, $y = \sin x$ 등이 양함수 표현이다. 양함수에 대응되는 개념이 음함수(implicit function)이다. $y = f(x)$와 같은 꼴로 식을 표현하기 어려운 경우에 $f(x,y) = 0$과 같이 나타내기도 한다. $x^2 + y^2 - 9 = 0$은 $f(x,y) = 0$의 꼴로 표현되었으며, $x^2 + y^2 - 9 = 0$은 음함수 꼴이라고 말한다. $x^2 + y^2 - 9 = 0$에서 $x = 2$를 대입하면 $y = \pm\sqrt{5}$이므로, 관계식 $x^2 + y^2 - 9 = 0$이 함수는 아니지만, 음함수 꼴이라고 말한다. $x^2 + y^2 - 9 = 0$은 $y = \pm\sqrt{9 - x^2}$과 같이 양함수로 나누어 쓸 수 있다.

음함수 꼴로 제시된 $f(x,y) = x^2 + y^2 - 4 = 0$에 대해 $f\left(k_2 x, \frac{y}{k_1}\right)$를 조사하자. 예를 들어, $f\left(3x, \frac{y}{2}\right)$는 $y = 2f(3x)$에 해당하며, x축으로부터 계수 2인 팽창을 하고 y축으로 계수 $\frac{1}{3}$인 압축을 한 그래프 개형을 생각할 수 있다.

$x^2 + y^2 - 4 = 0$에 $x \to 3x$, $y \to \frac{y}{2}$를 대입하면, $(3x)^2 + \left(\frac{y}{2}\right)^2 - 4 = 0$, $9x^2 + \frac{y^2}{4} - 4 = 0$이 된다. 얻어진 식을 타원 방정식의 표준형으로 바꾸기 위해, 양변을 4로 나누자. 그러면, $\frac{x^2}{\left(\frac{2}{3}\right)^2} + \frac{y^2}{4^2} = 1$이 된다. 얻어진 결과를 그래프로 나타내면 그림 4.19와 같다. 살펴본 것과 같이, 원을 x축 또는 y축에 대해 압축, 팽창을 하면 타원의 방정식을 유도할 수 있다.

그림 4.19에서 장축이 x축인 타원을 얻으려면, $k > 1$에 대해 $y = f(\frac{1}{k}x)$를 생각하면 된다. 그러면, $x \to \frac{1}{k}x$를 대입하며, $x^2 + y^2 - 4 = 0$을 $\left(\frac{1}{k}x\right)^2 + y^2 - 4 = 0$, $\frac{x^2}{k^2} + y^2 = 4$, $\frac{x^2}{(2k)^2} + \frac{y^2}{2^2} = 1$로 쓸 수 있다. 이 타원의 방정식에서 장축은 x축에 놓이며, 그 길이는 $4k$이다.

이제, $f(x,y) = 0$에 대해 $f\left(\frac{x}{k}, \frac{y}{k}\right) = 0$의 특징을 살펴보자. 이때, $k > 1$인 경우를 대표적으로 살펴보자. $f\left(\frac{x}{k}, \frac{y}{k}\right) = 0$은 $y = kf(\frac{x}{k})$에 해당하며, $y = f(x)$의 그래프를 x축으로부터 계수 k인 팽창을 하고 y축으로부터 계수 k인 팽창을 한 그래프 개형을 가진다.

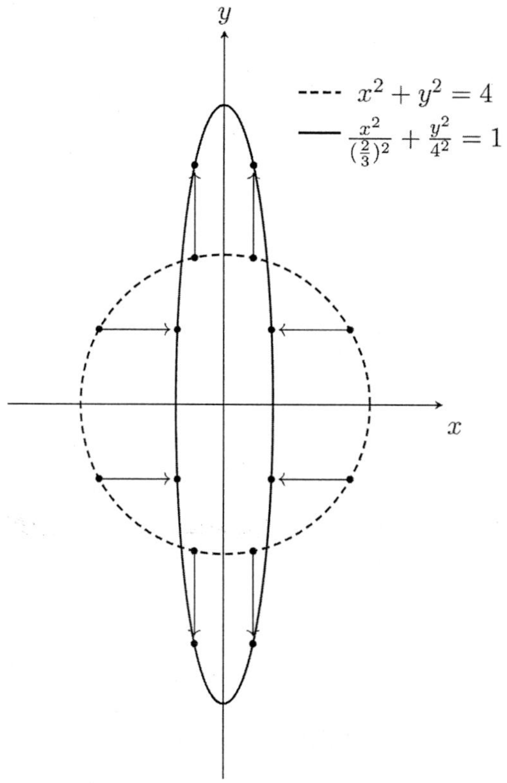

그림 4.19

$f(kx, ky) = 0$은 $y = \frac{1}{k}f(kx)$에 해당하며, $y = f(x)$의 그래프를 x축으로 계수 $\frac{1}{k}$인 압축을 하고 y축으로 계수 $\frac{1}{k}$인 압축을 한 그래프 개형을 가진다.

예제 4.7. 함수 $y = f(x)$의 그래프가 그림 4.20과 같이 주어졌다. $k > 1$일 때, $f\left(\frac{x}{k}, \frac{y}{k}\right) = 0$, $f(xk, yk) = 0$의 그래프 개형을 작도하여라.

풀이. $k > 1$일 때 $f(x, y) = 0$에 대해 $f\left(\frac{x}{k}, \frac{y}{k}\right) = 0$은 $\frac{y}{k} = f(\frac{x}{k})$, 즉 $y = kf(\frac{x}{k})$에 해당한다. 이것은 x축으로부터 계수 k인 팽창을 하고 y축으로부터 계수 k인 팽창을 하는 것을 의미한다.

그러므로, $f\left(\frac{x}{k}, \frac{y}{k}\right) = 0$은 $y = f(x)$의 그래프를 원점을 중심으로 k배 확대한 그래프가 된다. 가령, $k = 2$이면, 그림 4.21과 같은 곡선을 얻을 수 있다. 이때, 그림 4.20의 점 A는 팽창에 의해 그림 4.21의 점 A'에 대응된다. 참고로 그림 4.21은 그림 4.20의

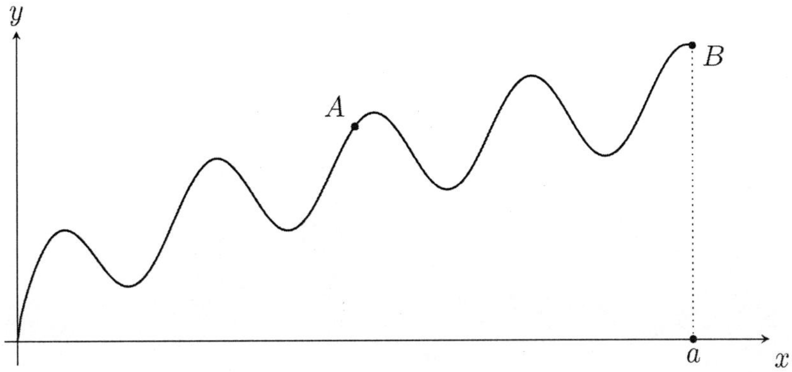

그림 4.20

점 A까지의 부분에 대해 $f\left(\frac{x}{2}, \frac{y}{2}\right) = 0$을 작도하여 70%로 축소한 것이다.

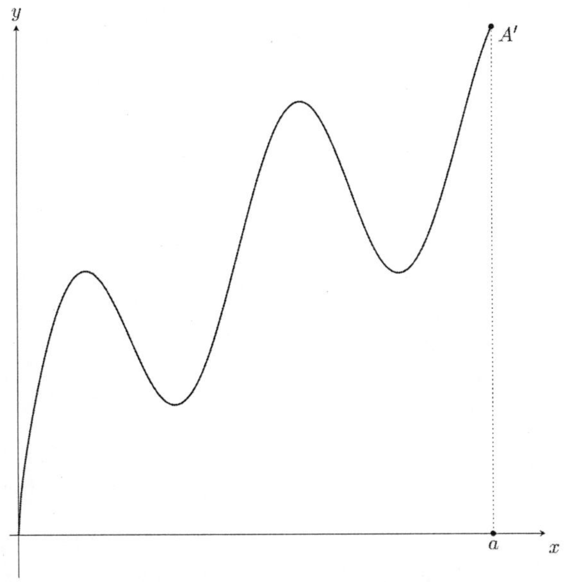

그림 4.21

$f\left(kx, ky\right) = 0$은 $y = \frac{1}{k}f(kx)$에 해당하며, $y = f(x)$의 그래프를 x축으로 계수 $\frac{1}{k}$인 압축을 하고 y축으로 계수 $\frac{1}{k}$인 압축을 한 그래프 개형을 가진다. $k = 2$인 경우에 $f\left(2x, 2y\right) = 0$의 그래프 개형은 그림 4.22와 같다.

그림 4.20과 그림 4.22를 비교하면, 그림 4.20의 점 B는 압축에 의해 그림 4.22의 점 B'에 대응된다. 그리고 그림 4.20의 함숫값들도 그림 4.22에서는 함숫값의 절반이

되었다. $f(2x, 2y) = 0$은 $f(x, y) = 0$의 그래프를 2배로 축소한 것이다. □

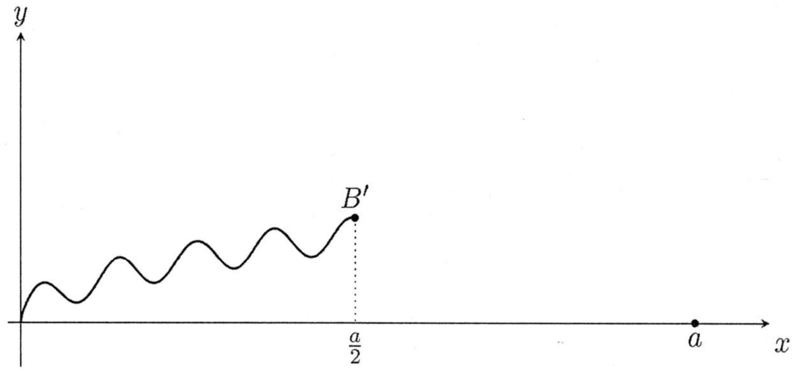

그림 4.22

제 5장. 절댓값과 함수의 그래프

임의의 실수 $a \in \mathbb{R}$에 대해 a의 절댓값 $|a|$는 다음과 같이 쓸 수 있다.

$$|a| = \begin{cases} -a, & \text{만약, } a < 0 \\ a, & \text{만약, } a \geq 0 \end{cases}$$

수 a의 절댓값 $|a|$는 수직선에서 원점과 수 a의 거리를 나타내며, $|a| \geq 0$이다. 절댓값 정의로부터 $|-a| = |a|$, $|a|^2 = a^2$, $|ab| = |a||b|$, $|\frac{a}{b}| = \frac{|a|}{|b|}$(이때, $b \neq 0$임)가 된다는 것을 알 수 있다.

치역이 $\mathbb{R}$인 함수 $y = f(x)$에 대해서도 $y = |f(x)|$를 다음과 같이 쓸 수 있다.

$$|f(x)| = \begin{cases} -f(x), & \text{만약, } f(x) < 0 \\ f(x), & \text{만약, } f(x) \geq 0 \end{cases}$$

(1) 함수 $y = f(x)$의 함숫값 $f(x)$가 음이 아닌 경우에는 그대로 $f(x)$를 함수 $y = |f(x)|$의 함숫값으로 하고, (2) 함숫값 $f(x)$가 음인 경우에는 $-$를 붙여서 $-f(x)$를 $y = |f(x)|$의 함숫값으로 한다. 그러면, 함수 $y = |f(x)|$의 함숫값은 항상 음이 아닌 값을 가진다.

함수 $y = |f(x)|$의 그래프 함수 $y = |f(x)|$의 그래프는 $f(x) \geq 0$에서는 $y = f(x)$의 그래프와 같고, $x < 0$에서는 $y = -f(x)$의 그래프와 같게 된다. 함수 $y = f(x)$와 $y = -f(x)$의 그래프는 x축에 대해 대칭이므로, 함수 $y = |f(x)|$의 그래프는 함수

$y = f(x)$에서 함숫값이 음수인 부분을 x축에 대해 대칭시켜 얻을 수 있다. 예를 들어, 그림 5.1의 구간 $(-\infty, -3]$, $[2, \infty)$에서 함수 $f(x) = x^2 + x - 6$의 함숫값은 음이 아닌 값이므로, 이 구간에서 $y = |f(x)|$의 함숫값은 $y = x^2 + x - 6$의 함숫값을 취한다. 그러므로, 구간 $(-\infty, -3]$, $[2, \infty)$에서 함수 $y = |f(x)|$의 그래프는 $y = x^2 + x - 6$의 그래프와 일치한다.

구간 $(-3, 2)$에서 함수 $f(x) = x^2 + x - 6$의 함숫값은 음의 값이므로, 이 구간에서 함수 $y = |f(x)|$의 함숫값은 $y = -(x^2 + x - 6) = -x^2 - x + 6$의 함숫값과 같다. 함수 $y = -x^2 - x + 6$의 그래프는 함수 $y = x^2 + x - 6$의 그래프와 x축에 대해 대칭이다. 그림 5.1에는 구간 $(-3, 2)$에서 함수 $f(x) = x^2 + x - 6$의 그래프가 점선으로, $y = -x^2 - x + 6$의 그래프가 실선으로 표시되어 있다. $y = |f(x)| = |x^2 + x - 6|$의 그래프는 그림 5.1에서 실선으로 표시된 것이다. 절댓값의 성질에 의해 $|a| = |-a|$이므로, $y = |x^2 + x - 6| = |-x^2 - x + 6|$이다. 그러므로, 그림 5.1에서 실선으로 표시된 그래프는 함수 $y = |-x^2 - x + 6|$의 그래프이기도 하다.

간단히 생각하면, 그림 5.1에서 함수 $y = |x^2 + x - 6|$의 그래프를 얻기 위해, (1) 함수 $y = x^2 + x - 6$의 그래프를 그리고, (2) 함숫값이 음수인 부분을 x축에 대해 대칭시킨다. 그러면, 함수 $y = |x^2 + x - 6|$의 그래프를 작도할 수 있다.

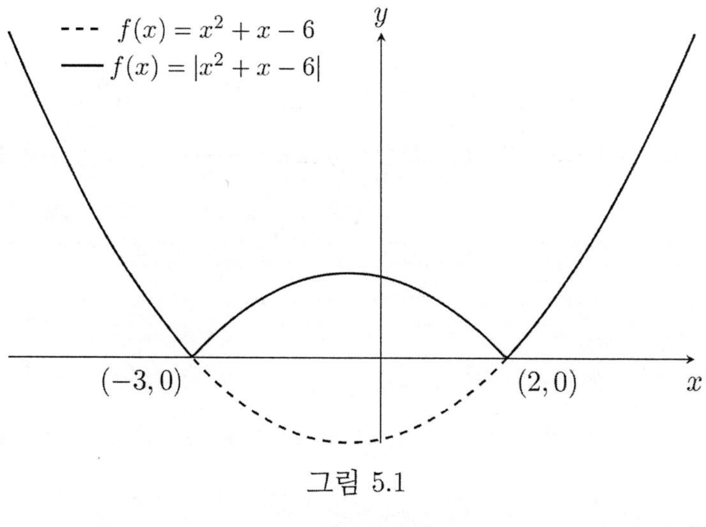

그림 5.1

살펴본 내용을 정리하면, 정리 5.1과 같다.

정리 5.1. $f(x) \geq 0$인 경우에 함수 $y = |f(x)|$의 그래프는 $y = f(x)$의 그래프와 일치하고, $f(x) < 0$인 경우에 함수 $y = |f(x)|$의 그래프는 $y = f(x)$의 그래프를 x축에 대해 대칭시킨 그래프와 일치한다.

증명. 절댓값의 정의에 의해, $y = |f(x)|$는 (1) $f(x) \geq 0$인 경우에는 $y = f(x)$이고, (2) $f(x) < 0$인 경우에는 $y = -f(x)$이다. 그러므로, $f(x) \geq 0$인 경우에 함수 $y = |f(x)|$의 그래프는 함수 $y = f(x)$의 그래프와 일치한다.

$f(x) < 0$인 경우를 살펴보면, 함수 $y = |f(x)|$는 $y = -f(x)$이다. $y = -f(x)$를 $-y = f(x)$와 같이 쓸 수 있으며, $-y = f(x)$의 그래프는 $y = f(x)$의 그래프를 x축에 대해 대칭시킨 것이다. 그러므로, $f(x) < 0$인 경우에 함수 $y = |f(x)|$의 그래프는 함수 $y = f(x)$의 그래프를 x축에 대해 대칭시킨 그래프와 일치한다. □

절댓값을 포함한 수식을 절댓값이 없는 수식으로 변형시키는 방법을 살펴보자. 함수 $f(x) = |x+1| - |x-3| + |x^2-4|$가 주어졌다고 하자. 이 함수를 절댓값을 포함하지 않는 식으로 변형시키자. 이를 위해, 절댓값 안의 식이 0이 되는 값을 중심으로 구간을 나눈 후에 식을 정리해야 한다.

$f(x)$에는 절댓값이 $|x+1|$, $|x-3|$, $|x^2-4|$가 포함되어 있으며, 절댓값 안이 0이 되는 x값은 -1, 3, ± 2이다. 그러므로, $\mathbb{R}$을 다음과 같은 구간으로 나누자.

$$(-\infty, -2), \quad [-2, -1), \quad [-1, 2), \quad [2, 3), \quad [3, \infty)$$

(1) 구간 $x < -2$에서 $f(x) = |x+1| - |x-3| + |x^2-4|$를 정리하자. 구간 $x < -2$에서 절댓값 안의 식들을 부호를 조사하자. $x + 1 < 0$이므로, $|x+1| = -(x+1)$로 쓴다. $x - 3 < 0$이므로 $|x-3| = -(x-3)$이며, $x^2 - 4 > 0$이므로 $|x^2-4| = x^2 - 4$로 쓴다. 결국, $f(x) = |x+1| - |x-3| + |x^2-4| = -(x+1) - (-(x-3)) + (x^2-4) = -x - 1 + x - 3 + x^2 - 4 = x^2 - 8$이다. 구간 $x < -2$에서 $f(x) = x^2 - 8$이다.

(2) 구간 $-2 \leq x < -1$에서 $f(x) = |x+1| - |x-3| + |x^2-4|$를 살펴보자. 구간

$-2 \le x < -1$에서 $x+1 < 0$이며 $|x+1| = -(x+1)$, $x-3 < 0$이며 $|x-3| = -(x-3)$, $x^2-4 \le 0$이며 $|x^2-4| = -(x^2-4)$이다. 그러므로, $f(x) = |x+1|-|x-3|+|x^2-4| = -(x+1)-(-(x-3))-(x^2-4) = -x-1+x-3-x^2+4 = -x^2$이다. 구간 $-2 \le x < -1$에서 $f(x) = -x^2$이다.

(3) 구간 $-1 \le x < 2$에서 $f(x) = |x+1| - |x-3| + |x^2-4|$를 살펴보자. 구간 $-1 \le x < 2$에서 $x+1 \ge 0$이며 $|x+1| = x+1$, $x-3 < 0$이며 $|x-3| = -(x-3)$, $x^2-4 < 0$이며 $|x^2-4| = -(x^2-4)$이다. 그러므로, $f(x) = |x+1|-|x-3|+|x^2-4| = (x+1) - (-(x-3)) - (x^2-4) = x+1+x-3-x^2+4 = -x^2+2x+2$이다. 구간 $-1 \le x < 2$에서 $f(x) = -x^2+2x+2$이다.

(4) 구간 $2 \le x < 3$에서 $f(x) = |x+1| - |x-3| + |x^2-4|$를 살펴보자. 구간 $2 \le x < 3$에서 $x+1 > 0$이며 $|x+1| = x+1$, $x-3 < 0$이며 $|x-3| = -(x-3)$, $x^2-4 \ge 0$이며 $|x^2-4| = x^2-4$이다. 그러므로, $f(x) = |x+1|-|x-3|+|x^2-4| = (x+1) - (-(x-3)) + (x^2-4) = x+1+x-3+x^2-4 = x^2+2x-6$이다. 구간 $2 \le x < 3$에서 $f(x) = x^2+2x-6$이다.

(5) 구간 $x \ge 3$에서 $f(x) = |x+1| - |x-3| + |x^2-4|$를 살펴보자. 구간 $x \ge 3$에서 $x+1 > 0$이며 $|x+1| = x+1$, $x-3 \ge 0$이며 $|x-3| = x-3$, $x^2-4 > 0$이며 $|x^2-4| = x^2-4$이다. 그러므로, $f(x) = |x+1| - |x-3| + |x^2-4| = (x+1) - (x-3) + (x^2-4) = x+1-x+3+x^2-4 = x^2$이다. 구간 $x \ge 3$에서 $f(x) = x^2$이다.

함수 $f(x) = |x+1| - |x-3| + |x^2-4|$를 구간으로 나누어 절댓값을 포함하지 않는 식으로 표현하면, 다음과 같다.

$$f(x) = \begin{cases} x^2-8, & \text{만약, } x < -2 \\ -x^2, & \text{만약, } -2 \le x < -1 \\ -x^2+2x+2, & \text{만약, } -1 \le x < 2 \\ x^2+2x-6, & \text{만약, } 2 \le x < 3 \\ x^2, & \text{만약, } x \ge 3 \end{cases}$$

함수 $f(x) = |x+1| - |x-3| + |x^2-4|$의 그래프를 그리려면, 구간별로 나누어 그래프를 그려야 한다. 구간 $x < -2$에서는 $f(x) = x^2 - 8$의 그래프를 그리고, 구간 $-2 \le x < -1$에서는 $f(x) = -x^2$의 그래프를, 구간 $-1 \le x < 2$에서는 $f(x) = -x^2+2x+2$의 그래프를, 구간 $2 \le x < 3$에서는 $f(x) = x^2+2x-6$의 그래프를, 구간 $x \ge 3$에서는 $f(x) = x^2$의 그래프를 그려서, 얻어진 그래프들을 연결하면 된다.

예제 5.1. 함수 $f(x) = ||1.5x-2|-2|$를 구간으로 나누어 절댓값을 포함하지 않는 식으로 나타내고, 함수 $f(x) = ||1.5x-2|-2|$의 그래프를 그려라.

풀이. 절댓값을 포함한 식 $||1.5x-2|-2|$를 절댓값이 없는 식으로 정리하려면, 안쪽에 있는 식 $|1.5x-2|$의 절댓값을 정리해야 한다. $1.5x-2=0$이 되는 x값은 $x=\frac{4}{3}$이다. 그러므로, 구간 $(-\infty, \frac{4}{3})$, $[\frac{4}{3}, \infty)$로 나누어 식을 변형시키자. 구간 $(-\infty, \frac{4}{3})$에서 $|1.5x-2| = -(1.5x-2) = -1.5x+2$이고, 구간 $[\frac{4}{3}, \infty)$에서는 $|1.5x-2| = 1.5x-2$이다. $|1.5x-2|$를 다음과 같이 정리할 수 있다.

$$|1.5x-2| = \begin{cases} -1.5x+2 & \text{만약, } x < \dfrac{4}{3} \\ 1.5x-2 & \text{만약, } x \ge \dfrac{4}{3} \end{cases}$$

식 $||1.5x-2|-2|$에서 밖에 있는 두 번째 절댓값을 정리하자. 이를 위해, 방정식 $|1.5x-2|-2=0$의 해를 찾아야 한다. $|1.5x-2|-2=0$으로부터 $|1.5x-2|=2$가 얻어지며, $1.5x-2=\pm 2$이다. 이로부터, $x=0$ 또는 $x=\dfrac{8}{3}$이다. 식 $||1.5x-2|-2|$을 정리하려면, 실수 전체의 집합 $\mathbb{R}$을 다음 점을 중심으로 네 개의 구간으로 나누어야 한다.

$$x=0, \quad x=\frac{4}{3}, \quad x=\frac{8}{3}$$

(1) 구간 $(-\infty, 0)$에서 살펴보자. 이 구간에서 $1.5x-2<0$이므로, $||1.5x-2|-2| = |-(1.5x-2)-2| = |-1.5x+2-2| = |-1.5x| = 1.5|x| = -1.5x$이다.

(2) 구간 $[0, \frac{4}{3})$에서 살펴보자. 이 구간에서 $1.5x-2<0$이므로, $|1.5x-2| = -1.5x+2$가 된다. $|1.5x-2|-2 = -1.5x+2-2 = -1.5x$이며, $|-1.5x| = 1.5x$이다.

(3) 구간 $[\frac{4}{3}, \frac{8}{3})$에서 살펴보자. 이 구간에서 $1.5x-2 \geq 0$이므로, $|1.5x-2| = 1.5x-2$이다. $|1.5x-2|-2 = 1.5x-4$이며, $|1.5x-4| = -(1.5x-4) = -1.5x+4$이다. 왜냐하면, 이 구간에서 $1.5x-4 < 0$이기 때문이다.

(4) 구간 $[\frac{8}{3}, \infty)$에서 살펴보자. 이 구간에서 $1.5x-2 > 0$이므로, $|1.5x-2| = 1.5x-2$이다 . $|1.5x-2|-2 = 1.5x-4$이고, $|1.5x-4| = 1.5x-4$이다. 왜냐 하면, 이 구간에서 $1.5x-4 \geq 0$이기 때문이다.

식 $||1.5x-2|-2|$를 구간 $(-\infty, 0)$, $[0, \frac{4}{3})$, $[\frac{4}{3}, \frac{8}{3})$, $[\frac{8}{3}, \infty)$로 나누어 정리하면, 다음과 같다.

$$f(x) = \begin{cases} -1.5x & \text{만약,} \quad x < 0 \\ 1.5x & \text{만약,} \quad 0 \leq x < \dfrac{4}{3} \\ -1.5x+4 & \text{만약,} \quad \dfrac{4}{3} \leq x < \dfrac{8}{3} \\ 1.5x-4 & \text{만약,} \quad x \geq \dfrac{8}{3} \end{cases}$$

구간별로 얻어진 함수 $f(x)$를 이용하여, $y = f(x)$의 그래프를 그림 5.2와 같이 작도할 수 있다.

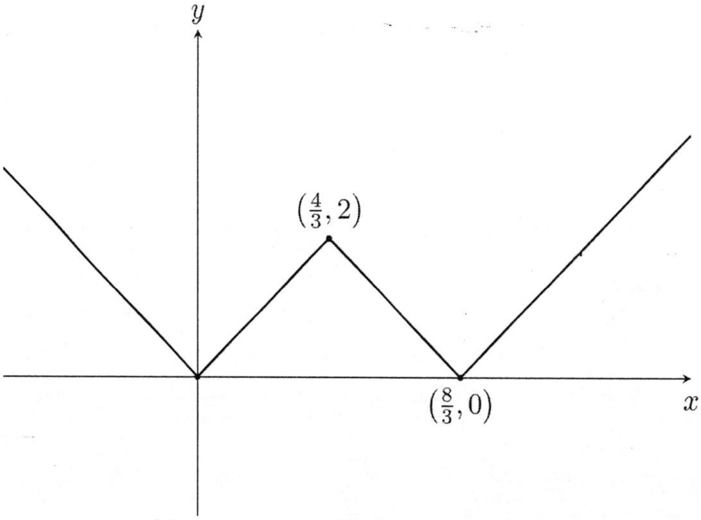

그림 5.2

다른 방법으로, 함수 $f(x) = ||1.5x-2|-2|$의 그래프를 정리 5.1에서 살펴본 대칭

을 이용하여 작도해 보자. $g(x) = |1.5x - 2| - 2$라 하면, 함수 $f(x) = ||1.5x - 2| - 2|$는 $y = |g(x)|$가 된다. 그림 5.1에서 $y = |x^2 + x - 6|$의 그래프를 그렸던 것과 유사한 방법으로, 함수 $f(x) = ||1.5x - 2| - 2|$의 그래프를 작도하자.

우선, $g(x) = |1.5x - 2| - 2$의 그래프를 작도하자. 이를 위해, $\mathbb{R}$을 $x = \frac{4}{3}$를 중심으로 구간 $(-\infty, \frac{4}{3})$, $[\frac{4}{3}, \infty)$로 나누자. 앞에서 살펴보았듯이, 구간 $(-\infty, \frac{4}{3})$에서는 $|1.5x - 2| = -1.5x + 2$, 구간 $[\frac{4}{3}, \infty)$에서는 $|1.5x - 2| = 1.5x - 2$이다. 이로부터 $g(x) = |1.5x - 2| - 2$를 다음과 같이 쓸 수 있다.

$$g(x) = |1.5x - 2| - 2 = \begin{cases} -1.5x & \text{만약, } x < \dfrac{4}{3} \\ 1.5x - 4 & \text{만약, } x \geq \dfrac{4}{3} \end{cases}$$

$\mathbb{R}$에서 $g(x) = |1.5x - 2| - 2$의 그래프를 작도하면, 그림 5.3과 같다.

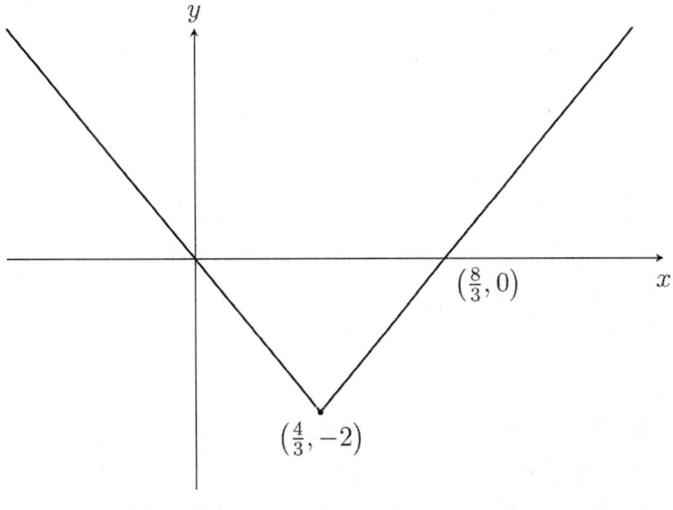

그림 5.3

함수 $f(x) = ||1.5x - 2| - 2| = |g(x)|$의 그래프를 얻으려면, 그림 5.3의 $g(x) = |1.5x - 2| - 2$의 그래프에서 함숫값이 음인 부분을 x축에 대해 대칭시키면 된다. 그러면, 그림 5.2와 같은 함수 $f(x) = ||1.5x - 2| - 2|$의 그래프가 얻어진다. □

정리 5.1, 예제 5.1을 일반화하여 정리해 보자. 함수 $y = f(x)$의 그래프가 그림

5.4와 같이 주어졌다고 하자. 정리 5.1에 의하면, 절댓값을 포함하는 함수 $y = |f(x)|$의 그래프를 함수 $y = f(x)$의 그래프로부터 유도할 수 있다.

함수 $y = |f(x)|$의 그래프는 $f(x) \geq 0$인 경우에는 함수 $y = f(x)$의 그래프와 일치하고, $f(x) < 0$인 경우에는 함수 $y = f(x)$의 그래프를 x축에 대해 대칭시킨 그래프와 일치한다. 함수 $y = f(x)$의 그래프에서 함숫값이 음인 부분을 x축에 대해 대칭시키고, 양인 부분을 그대로 두면 $y = |f(x)|$의 그래프가 된다.

이러한 방법으로, 함수 $y = f(x)$를 나타내는 식이 구체적으로 주어지지 않고, 함수 $y = f(x)$가 그림 5.4로 주어진 경우에도 $y = |f(x)|$의 그래프를 작도할 수 있다. 그림 5.4에서 $f(x) \geq 0$인 부분은 그대로 두고, $f(x) < 0$에 대해서는 $y = f(x)$의 함숫값이 음이 되는 부분을 x축에 대해 대칭시켜 $y = -f(x)$의 그래프를 그린다. 그러면, 함수 $y = |f(x)|$의 그래프를 그림 5.5의 실선 부분처럼 얻을 수 있다.

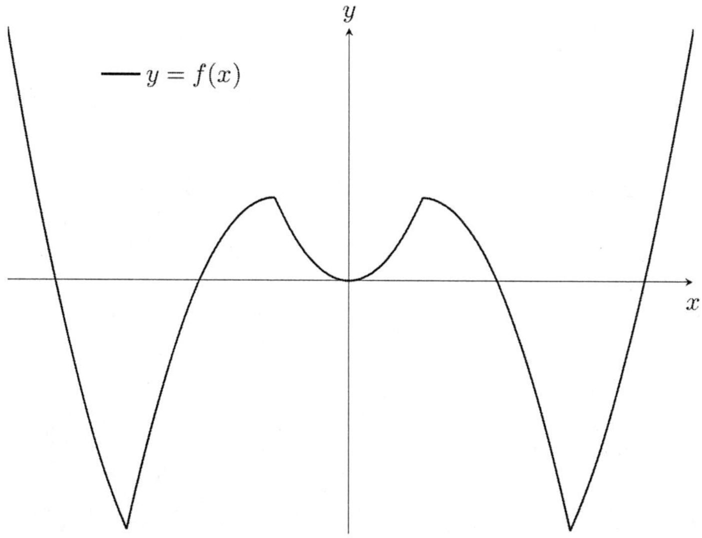

그림 5.4

함수 $y = f(|x|)$의 그래프 함수 $y = f(|x|)$는 $x < 0$인 경우에는 $y = f(-x)$가 되며, $x \geq 0$이면 $y = f(x)$이다. 함수 $y = f(-x)$와 $y = f(x)$를 비교하면, $y = f(-x)$는 $y = f(x)$에서 x대신에 $-x$를 대입한 것이다. 그러므로, $x < 0$인 경우의 함수

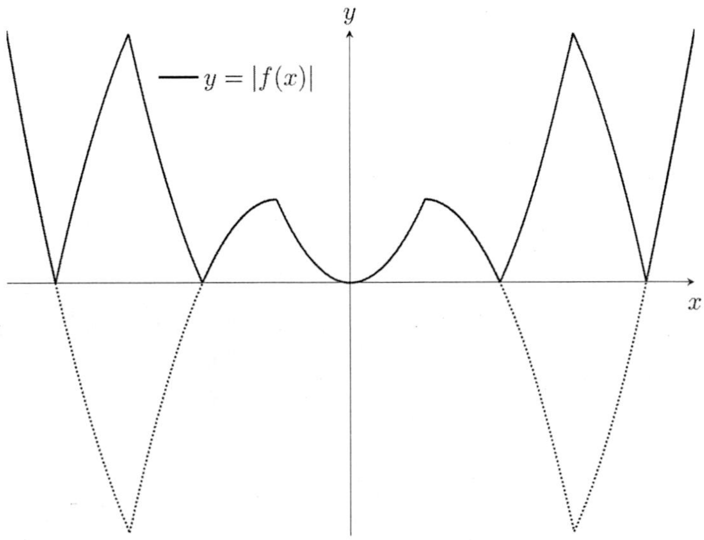

그림 5.5

$y = f(-x)$의 그래프는 $x \geq 0$인 경우의 함수 $y = f(x)$의 그래프를 y축에 대해 대칭시켜 얻어진다.

그림 5.1에서 함수 $f(x) = x^2 + x - 6$으로부터 함수 $y = |f(x)| = |x^2 + x - 6|$의 그래프를 얻기 위해, $f(x) = x^2 + x - 6$의 그래프에서 함숫값이 음수인 부분을 x축에 대해 대칭시켰다. 이제, 함수 $y = f(|x|) = |x|^2 + |x| - 6$의 그래프를 살펴보자. 절댓값의 성질에 의해 $|x|^2 = x^2$이므로, $y = f(|x|) = x^2 + |x| - 6$이라 놓을 수 있다.

$x < 0$인 경우에 $|x| = -x$이므로, $x < 0$이면 $y = x^2 + |x| - 6 = x^2 - x - 6$이 된다. 그리고 $x \geq 0$이면 $y = x^2 + |x| - 6 = x^2 + x - 6$이다.

그림 5.6에서 점선은 $f(x) = |x^2 + x - 6|$의 그래프이고, 실선은 $f(x) = |x|^2 + |x| - 6$의 그래프이다. 구간 $[2, \infty)$에서는 $f(x) = |x^2 + x - 6|$과 $f(x) = |x|^2 + |x| - 6$의 그래프는 일치하지만, 구간 $(-\infty, 2)$에서는 다르다.

함수 $f(x) = |x^2 + x - 6|$은 구간 $(-3, 2)$에서 $f(x) = -x^2 - x + 6$이고, $(-\infty, -3]$에서 $f(x) = x^2 + x - 6$이다. 함수 $y = |x|^2 + |x| - 6$은 $x \geq 0$에서 $y = x^2 + x - 6$이고, $x < 0$에서는 $y = x^2 - x - 6$이다. 이때, $x < 0$에서 $y = x^2 - x - 6$의 그래프는 $x \geq 0$에서 $y = x^2 + x - 6$의 그래프를 y축에 대해 대칭시킨 것이다.

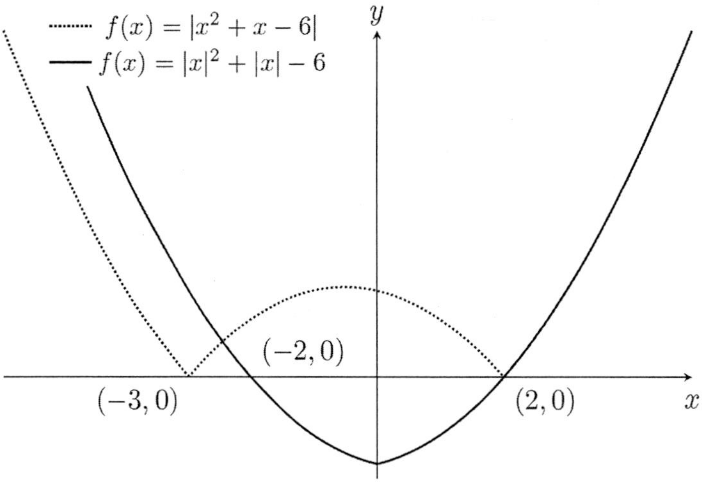

그림 5.6

살펴본 내용을 정리 5.2로 기술할 수 있다.

정리 5.2. $x \geq 0$인 경우에 함수 $y = f(|x|)$의 그래프는 $y = f(x)$의 그래프와 일치하고, $x < 0$인 경우에 함수 $y = f(|x|)$의 그래프는 $x \geq 0$일 때의 $y = f(x)$의 그래프를 y축에 대해 대칭시킨 그래프와 일치한다.

증명. 절댓값의 정의에 의해, $y = f(|x|)$는 (1) $x \geq 0$인 경우에 $y = f(x)$가 되고, (2) $x < 0$인 경우에 $y = f(-x)$가 된다. 그러므로, $x \geq 0$인 경우에 함수 $y = f(|x|)$의 그래프는 함수 $y = f(x)$의 그래프와 일치한다.

이제, $x < 0$인 경우를 살펴보자. 이 경우에 함수 $y = f(|x|)$는 $y = f(-x)$가 된다. $y = f(-x)$는 $x \geq 0$일 때의 $y = f(x)$의 그래프를 y축에 대해 대칭시킨 그래프이다. 그러므로, $x < 0$인 경우에 함수 $y = |f(x)|$의 그래프는 $x \geq 0$일 때의 $y = f(x)$의 그래프를 y축에 대해 대칭시킨 그래프와 일치한다. □

그림 5.7과 같이 실선으로 함수 $y = f(x)$의 그래프가 주어졌다고 하자. 함수 $y = f(|x|)$의 그래프를 작도하자. 이를 위해, $x \geq 0$인 경우에 함수 $y = f(x)$의 그래프를 y축에 대해 대칭시켜 $x < 0$인 구간에서 함수의 그래프를 점선으로 완성한다. 그러면, 함수 $y = f(|x|)$의 그래프를 얻을 수 있다.

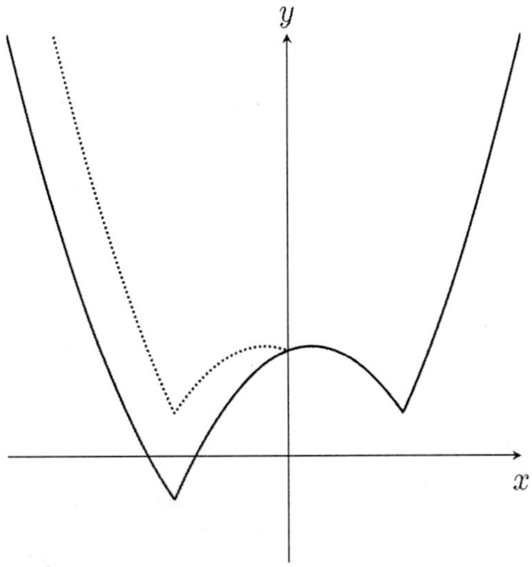

그림 5.7

예제 5.2. 함수 $f(x) = -|x| + |x-2| - |x+2| + |x-3|$에 대해 답하여라.

(1) 구간으로 나누어 절댓값을 포함하지 않는 식으로 나타내어라.

(2) 함수 $f(x) = -|x| + |x-2| - |x+2| + |x-3|$의 그래프를 그려라.

(3) 함수 $y = f(|x|)$의 그래프를 그려라.

풀이. (1) 함수 $f(x) = -|x| + |x-2| - |x+2| + |x-3|$에서 각 절댓값 안의 식이 0이 되는 점들을 중심으로 구간으로 나누고, 식을 정리하자. $-|x|+|x-2|-|x+2|+|x-3|$에서 각 절댓값 안의 식이 0이 되는 점은 $x = 0$, $x = 2$, $x = -2$, $x = 3$이다. 그러므로, $\mathbb{R}$을 다음과 같은 구간으로 나눌 수 있다.

$$(-\infty, -2), \quad [-2, 0), \quad [0, 2), \quad [2, 3), \quad [3, \infty)$$

첫째, 구간 $x < -2$를 생각하자. 이 구간에서 $|x| = -x$, $|x-2| = -(x-2)$, $|x+2| = -(x+2)$, $|x-3| = -(x-3)$이므로, 다음을 유도할 수 있다.

$$\begin{aligned} f(x) &= -|x| + |x-2| - |x+2| + |x-3| \\ &= -(-x) + (-(x-2)) - (-(x+2)) + (-(x-3)) \\ &= x - x + 2 + x + 2 - x + 3 = 7 \end{aligned}$$

구간 $x < -2$에서 $f(x) = 7$이다.

둘째, 구간 $-2 \le x < 0$을 살펴보자. 이 구간에서 $|x| = -x$, $|x-2| = -(x-2)$, $|x+2| = x+2$, $|x-3| = -(x-3)$이므로, 다음과 같이 식을 정리할 수 있다.

$$\begin{aligned} f(x) &= -|x| + |x-2| - |x+2| + |x-3| \\ &= -(-x) + (-(x-2)) - (x+2) + (-(x-3)) \\ &= x - x + 2 - x - 2 - x + 3 = -2x + 3 \end{aligned}$$

구간 $-2 \le x < 0$에서 $f(x) = -2x + 3$이다.

셋째, 구간 $0 \le x < 2$를 살펴보자. 이 구간에서 $|x| = x$, $|x-2| = -(x-2)$, $|x+2| = x+2$, $|x-3| = -(x-3)$이므로, 다음을 알 수 있다.

$$\begin{aligned} f(x) &= -|x| + |x-2| - |x+2| + |x-3| \\ &= -x + (-(x-2)) - (x+2) + (-(x-3)) \\ &= -x - x + 2 - x - 2 - x + 3 = -4x + 3 \end{aligned}$$

구간 $0 \le x < 2$에서 $f(x) = -4x + 3$이다.

넷째, 구간 $2 \le x < 3$을 살펴보자. 이 구간에서 $|x| = x$, $|x-2| = x-2$, $|x+2| = x+2$, $|x-3| = -(x-3)$이므로, 다음을 알 수 있다.

$$\begin{aligned} f(x) &= -|x| + |x-2| - |x+2| + |x-3| \\ &= -x + (x-2) - (x+2) + (-(x-3)) \\ &= -x + x - 2 - x - 2 - x + 3 = -2x - 1 \end{aligned}$$

구간 $2 \le x < 3$에서 $f(x) = -2x - 1$이다.

다섯째, 구간 $x \ge 3$을 살펴보자. 이 구간에서 $|x| = x$, $|x-2| = x-2$, $|x+2| = x+2$, $|x-3| = x-3$이므로, 다음을 알 수 있다.

$$\begin{aligned} f(x) &= -|x| + |x-2| - |x+2| + |x-3| \\ &= -x + (x-2) - (x+2) + (x-3) \\ &= -x + x - 2 - x - 2 + x - 3 = -7 \end{aligned}$$

구간 $x \geq 3$에서 $f(x) = -7$이다.

(2) (1)에서 함수 $f(x) = -|x| + |x-2| - |x+2| + |x-3|$을 구간별로 정리하면, 다음과 같다.

$$f(x) = \begin{cases} 7 & \text{만약, } x < -2, \\ -2x+3 & \text{만약, } -2 \leq x < 0, \\ -4x+3 & \text{만약, } 0 \leq x < 2, \\ -2x-1 & \text{만약, } 2 \leq x < 3, \\ -7 & \text{만약, } x \geq 3. \end{cases}$$

이 식을 그래프로 나타내면, 그림 5.8과 같다.

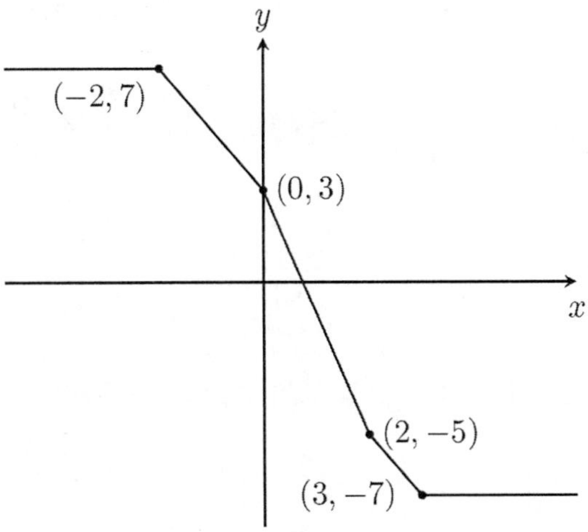

그림 5.8

(3) 정리 5.2를 이용하여, 그림 5.8로부터 함수 $y = f(|x|)$, 즉 $f(x) = -||x|| + ||x|-2| - ||x|+2| + ||x|-3|$의 그래프를 작도할 수 있다. $x < 0$인 구간의 그래프는 $x \geq 0$인 구간에서 그림 5.8을 y축에 대해 대칭시켜 얻어진다. 이로부터 그림 5.9를 얻을 수 있다.

정리 5.2를 이용하지 않고, 식 $f(x) = -||x|| + ||x|-2| - ||x|+2| + ||x|-3|$을 직접 정리하여 함수의 그래프를 얻을 수도 있다. 먼저 절댓값을 정리하기 위해, $x = 0$,

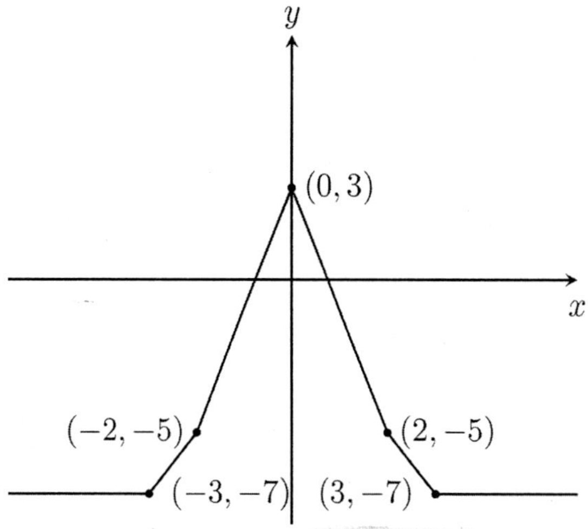

그림 5.9

$|x| = 2$, $|x| = 3$을 중심으로 $\mathbb{R}$을 몇 개의 구간으로 다음과 같이 나눌 수 있다.

$$(-\infty, -3), \quad [-3, -2), \quad [-2, 0), \quad [0, 2), \quad [2, 3), \quad [3, \infty)$$

첫째, 구간 $(-\infty, -3)$을 생각하자. 이 구간에서 $f(x) = -||x|| + ||x| - 2| - ||x| + 2| + ||x| - 3|$를 다음과 같이 정리할 수 있다.

$$\begin{aligned} f(x) &= -|-x| + |-x-2| - |-x+2| + |-x-3| \\ &= -(-x) + (-x-2) - (-x+2) + (-x-3) \\ &= x - x - 2 + x - 2 - x - 3 = -7 \end{aligned}$$

둘째, 구간 $[-3, -2)$를 생각하자. 이 구간에서 $f(x) = -||x|| + ||x| - 2| - ||x| + 2| + ||x| - 3|$를 다음과 같이 정리할 수 있다.

$$\begin{aligned} f(x) &= -|-x| + |-x-2| - |-x+2| + |-x-3| \\ &= -(-x) + (-x-2) - (-x+2) - (-x-3) \\ &= x - x - 2 + x - 2 + x + 3 = 2x - 1 \end{aligned}$$

셋째, 구간 $[-2, 0)$를 생각하자. 이 구간에서 $f(x) = -||x|| + ||x| - 2| - ||x| + 2| +$

$||x|-3|$를 다음과 같이 정리할 수 있다.

$$f(x) = -|-x| + |-x-2| - |-x+2| + |-x-3|$$
$$= -(-x) - (-x-2) - (-x+2) - (-x-3)$$
$$= x + x + 2 + x - 2 + x + 3 = 4x + 3$$

넷째, 구간 $[0, 2)$를 생각하자. 이 구간에서 $f(x) = -||x||+||x|-2|-||x|+2|+||x|-3|$를 다음과 같이 정리할 수 있다.

$$f(x) = -|x| + |x-2| - |x+2| + |x-3|$$
$$= -x - (x-2) - (x+2) - (x-3)$$
$$= -x - x + 2 - x - 2 - x + 3 = -4x + 3$$

다섯째, 구간 $[2, 3)$을 생각하자. 이 구간에서 $f(x) = -||x|| + ||x|-2| - ||x|+2| + ||x|-3|$를 다음과 같이 정리할 수 있다.

$$f(x) = -|x| + |x-2| - |x+2| + |x-3|$$
$$= -x + x - 2 - x - 2 - (x-3) = -2x - 1$$

여섯째, 구간 $[3, \infty)$을 생각하자. 이 구간에서 $f(x) = -||x|| + ||x|-2| - ||x| + 2| + ||x|-3|$를 다음과 같이 정리할 수 있다.

$$f(x) = -|x| + |x-2| - |x+2| + |x-3|$$
$$= -x + x - 2 - x - 2 + x - 3 = -7$$

구간 $(-\infty, -3), [-3, -2), [-2, 0), [0, 2), [2, 3), [3, \infty)$에서 얻어진 식들을 좌표평면에 그리면, 그림 5.9를 얻을 수 있다. □

함수 $y = |f(|x|)|$의 그래프 함수 $y = f(x)$의 그래프가 주어진 경우에 함수 $y = |f(x)|$의 그래프와 $y = f(|x|)$의 그래프를 작도하는 방법을 살펴보았다. 함수 $y = |f(x)|$와 $y = f(|x|)$를 결합한 함수 $y = |f(|x|)|$의 그래프에 대해 살펴보자.

함수 $y = |f(|x|)|$는 함수 $y = f(|x|)$에 다시 절댓값을 취해 얻어진 것으로 생각할 수 있다. 그러므로, 정리 5.1에 의하면, 함수 $y = |f(|x|)|$의 그래프는 $f(|x|) \geq 0$인 경우에는 함수 $y = f(|x|)$의 그래프와 일치하고, $f(|x|) < 0$인 경우에는 함수 $y = f(|x|)$의 그래프를 x축에 대해 대칭시킨 그래프와 일치한다. 그러므로, 함수 $y = f(|x|)$의 그래프에서 함숫값이 음수인 영역에 대해서는 $y = f(|x|)$의 그래프를 x축에 대칭시켜 음이 아닌 함숫값을 가지도록 하면, 함수 $y = |f(|x|)|$의 그래프를 얻을 수 있다.

함수 $y = |f(|x|)|$의 그래프를 작도하려면, (1) 함수 $y = f(|x|)$의 그래프를 작도하고, (2) 함숫값이 $f(|x|) \geq 0$인 경우에는 함수 $y = f(|x|)$의 그래프를 그대로 두고, 함숫값 $f(|x|) < 0$인 경우에는 함수 $y = f(|x|)$의 그래프를 x축에 대해 대칭시킨다. 그러면, 함수 $y = |f(|x|)|$의 그래프를 얻을 수 있다.

예제 5.2에서 함수 $f(x) = -|x| + |x - 2| - |x + 2| + |x-3|$의 그래프, $y = f(|x|)$의 그래프를 작도하였다. 여기서는 이 그래프들을 이용하여 $y = |f(|x|)| = |-||x|| + ||x| - 2| - ||x| + 2| + ||x|-3||$의 그래프를 작도하자.

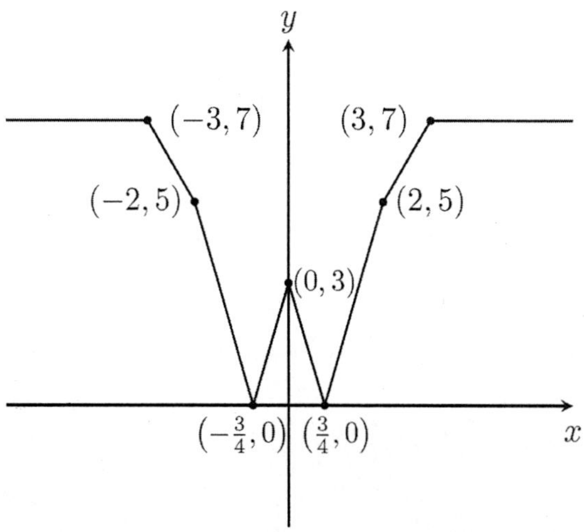

그림 5.10

함수 $y = f(|x|)$의 그래프인 그림 5.9를 $f(|x|) \geq 0$인 구간과 $f(|x|) < 0$인 구간으로 나누어 살펴보자. 우선, $f(|x|) = 0$이 되는 x를 구하자. 구간 $[-2, 0)$에서 $f(|x|) = 4x+3$이며, $4x + 3 = 0$으로부터 $x = -\frac{3}{4}$일 때에 $f(|x|) = 0$이다. 그리고 구간 $[0, 2)$에서

$f(|x|) = -4x + 3$이며, $-4x + 3 = 0$으로부터 $x = \frac{3}{4}$일 때에 $f(|x|) = 0$이다. 결국, 구간 $[-\frac{3}{4}, \frac{3}{4}]$에서 $f(|x|) \geq 0$이 되며, 나머지 구간에서는 $f(|x|) < 0$이다.

구간 $[-\frac{3}{4}, \frac{3}{4}]$에서 $y = f(|x|)$의 그래프를 그대로 두고, 구간 $(-\infty, -\frac{3}{4})$, $(\frac{3}{4}, \infty)$에서는 함수 $y = f(|x|)$의 그래프를 x축에 대해 대칭시키면, $y = |f(|x|)|$의 그래프를 그림 5.10과 같이 얻을 수 있다.

예제 5.3. 함수 $f(x) = |x^2 - 5x - 6| - x$–6에 대해 다음 물음에 답하여라.

(1) 함수 $f(x) = |x^2 - 5x - 6| - x$–6의 그래프를 그려라.

(2) 함수 $y = f(|x|) = ||x|^2 - 5|x| - 6| - |x|$–6의 그래프를 그려라.

(3) 함수 $y = |f(|x|)| = |||x|^2 - 5|x| - 6| - |x|$–6|의 그래프를 그려라.

풀이. (1) 함수 $f(x) = |x^2 - 5x - 6| - x$–6의 그래프를 작도하자. 절댓값을 정리하기 위해, 절댓값 안의 식의 0이 되는 x값을 구하자. $x^2 - 5x - 6 = (x-6)(x+1) = 0$으로부터, $x = -1$ 또는 $x = 6$이다. 이로부터, $x < -1$, $x \geq 6$이면 $|x^2 - 5x - 6| = x^2 - 5x - 6$이 되며, $-1 \leq x < 6$이면 $|x^2 - 5x - 6| = -(x^2 - 5x - 6)$이다.

그러므로, $x < -1$, $x \geq 6$에서 $f(x) = x^2 - 5x - 6 - x$–$6 = x^2 - 6x - 12$가 되며, $-1 \leq x < 6$에서 $f(x) = -(x^2 - 5x - 6) - x$–$6 = -x^2 + 4x$가 된다. $x = -1$, $x = 6$에서 함숫값을 구하면 $f(-1) = -5$, $f(6) = -12$이며, 얻어진 결과로부터 그림 5.11을 작도할 수 있다.

(2) 함수 $y = f(|x|) = ||x|^2 - 5|x| - 6| - |x|$–6의 그래프를 작도하자. 정리 5.2에 의하면, 함수 $y = f(|x|)$의 그래프는 $x \geq 0$인 경우에 함수 $y = f(x)$의 그래프와 일치하고, $x < 0$인 경우에는 $x \geq 0$일 때의 $y = f(x)$의 그래프를 y축에 대해 대칭시킨 그래프와 일치한다.

그림 5.11에서 $x \geq 0$인 경우의 그래프를 y축에 대칭하여 $x < 0$인 경우의 그래프로 하면, 그림 5.12를 얻을 수 있다.

다른 방법으로, 함수 $f(x) = \big|\, |x|^2 - 5|x| - 6 \,\big| - |x| - 6$에서 절댓값을 없앤 후에, 얻어진 식들을 이용하여 그림 5.12를 작도할 수도 있다. 함수 $f(x)$에서 절댓값을 없

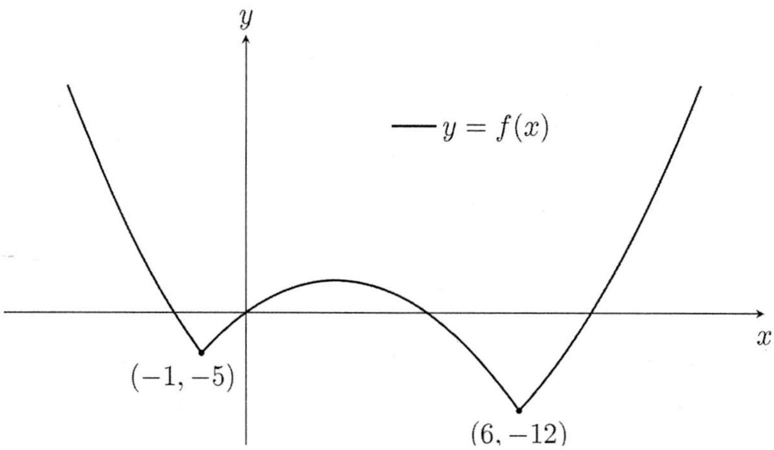

그림 5.11

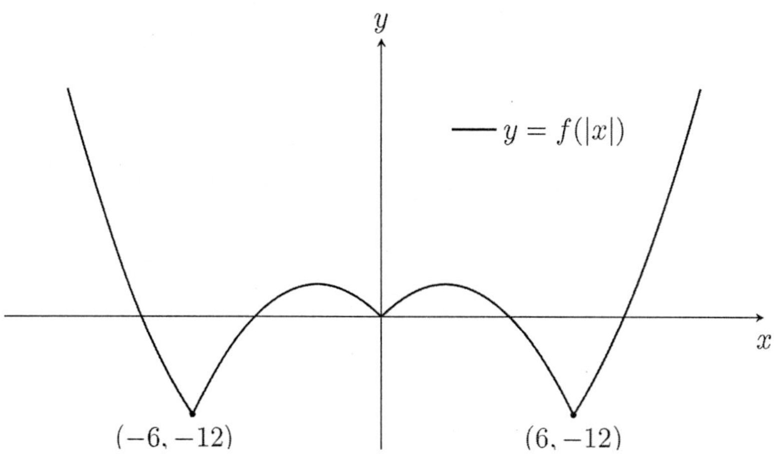

그림 5.12

애는 과정을 살펴보자. 먼저, $|x| = u$로 치환하자. 그러면, $f(x) = \big|\,|x|^2 - 5|x| - 6\,\big| - |x| - 6 = |u^2 - 5u - 6| - u - 6$이다. 여기서 $|u^2 - 5u - 6|$에 있는 절댓값을 없애기 위해, $u^2 - 5u - 6 = (u-6)(u+1)$을 생각하자. 이로부터 $|u^2 - 5u - 6| = 0$이 되는 u의 값은 $u = 6$, $u = -1$이다. $|x| = u$이므로 $u > 0$이며 $u + 1 > 0$이다. 즉, $u = 6$을 중심으로 구간을 나누면 된다. $0 \le u < 6$이면 $|u^2 - 5u - 6| = -(u^2 - 5u - 6) = -(|x|^2 - 5|x| - 6) = -|x|^2 + 5|x| + 6$이며, $u \ge 6$이면 $|u^2 - 5u - 6| = u^2 - 5u - 6 = |x|^2 - 5|x| - 6$이다.

$0 \le u < 6$, 즉 $|x| < 6$인 경우를 살펴보자. $f(x) = \big|\,|x|^2 - 5|x| - 6\,\big| - |x| - 6 =$

$-|x|^2+5|x|+6-|x|-6=-|x|^2+4|x|$이다. $|x|\geq 6$이면, $f(x)=\big||x|^2-5|x|-6\big|-|x|-6=|x|^2-5|x|-6-|x|-6=|x|^2-6|x|-12$이다. 부등식 $|x|<6$은 $-6<x<6$이므로, $-6<x<6$에 대해 $f(x)=-|x|^2+4|x|$이다. 그리고 $|x|\geq 6$은 $x\leq -6$, $x\geq 6$이므로, $x\leq -6$, $x\geq 6$에서 $f(x)=|x|^2-6|x|-12$이다.

이제, 얻어진 식의 $|x|$을 정리하기 위해, 다시 $x=0$을 중심으로 구간을 나누자. 즉, $\mathbb{R}$을 다음과 같은 구간으로 나누자.

$$(-\infty,-6],\quad (-6,0),\quad [0,6),\quad [6,\infty)$$

구간 $(-\infty,-6]$에서 $f(x)=|x|^2-6|x|-12=x^2+6x-12$이며, 구간 $(-6,0)$에서 $f(x)=-|x|^2+4|x|=-x^2-4x$이며, 구간 $[0,6)$에서 $f(x)=-|x|^2+4|x|=-x^2+4x$이다. 구간 $[6,\infty)$에서 $f(x)=|x|^2-6|x|-12=x^2-6x-12$이다. 이것을 정리하면, 다음과 같이 쓸 수 있다.

$$f(x)=\begin{cases} x^2+6x-12 & \text{만약,}\quad x\leq -6 \\ -x^2-4x & \text{만약,}\quad -6<x<0 \\ -x^2+4x & \text{만약,}\quad 0\leq x<6 \\ x^2-6x-12 & \text{만약,}\quad x\geq 6 \end{cases}$$

구간 별로 얻어진 함수를 좌표평면에 표시하면, 그림 5.12를 얻을 수 있다.

(3) 함수 $y=|f(|x|)|=\big|\big||x|^2-5|x|-6\big|-|x|-6\big|$의 그래프를 작도하자. 정리 5.1에 의하면, 함수 $y=|f(x)|$의 그래프는 $f(x)\geq 0$인 경우에는 함수 $y=f(x)$의 그래프와 일치하고, $f(x)<0$인 경우에는 함수 $y=f(x)$의 그래프를 x축에 대해 대칭시킨 그래프와 일치한다. 이와 같은 방법으로, 그림 5.13을 얻을 수 있다. □

예제 5.4. 함수 $f(x)=|x^2-3x|-|x^2-4x+3|-x$에 대해 다음 물음에 답하여라.

(1) 함수 $f(x)=|x^2-3x|-|x^2-4x+3|-x$의 그래프를 그려라.

(2) 함수 $y=f(|x|)=\big||x|^2-3|x|\big|-\big||x|^2-4|x|+3\big|-|x|$의 그래프를 그려라.

(3) 함수 $y=|f(|x|)|=\big|\big||x|^2-3|x|\big|-\big||x|^2-4|x|+3\big|-|x|\big|$의 그래프를 그려라.

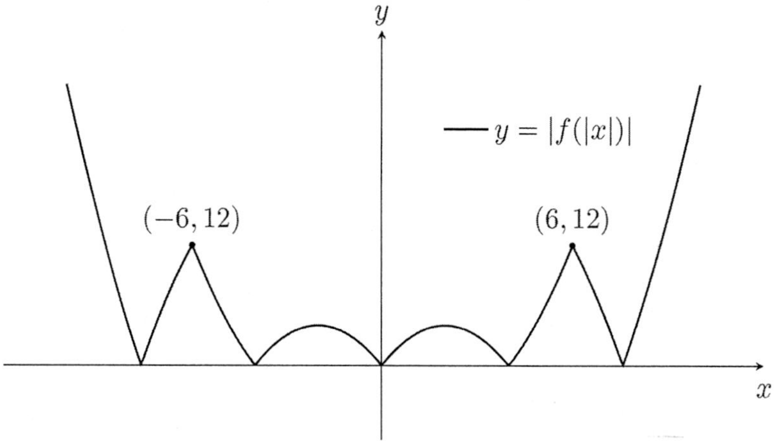

그림 5.13

풀이. (1) 함수 $f(x) = |x^2 - 3x| - |x^2 - 4x + 3| - x$의 그래프를 그리기 위해, 절댓값을 정리하자. 이를 위해, 절댓값 안의 식이 0이되는 x값을 찾자. $x^2 - 3x = 0$으로부터 $x = 0$, $x = 3$이고, $x^2 - 4x + 3 = 0$으로부터 $x = 1$, $x = 3$이다. 즉, $x = 0$, $x = 1$, $x = 3$이므로, $\mathbb{R}$을 다음과 같은 구간으로 나누자.

$$(-\infty, 0), \quad [0, 1), \quad [1, 3), \quad [3, \infty)$$

첫 번째 구간 $(-\infty, 0)$에서 $x^2 - 3x > 0$이고 $x^2 - 4x + 3 > 0$이므로, $|x^2 - 3x| = x^2 - 3x$, $|x^2 - 4x + 3| = x^2 - 4x + 3$이다. 이로부터, $f(x) = |x^2 - 3x| - |x^2 - 4x + 3| - x = x^2 - 3x - (x^2 - 4x + 3) - x = -3$이다.

두 번째 구간 $[0, 1)$에서는 $x^2 - 3x \leq 0$, $x^2 - 4x + 3 > 0$이므로, $|x^2 - 3x| = -(x^2 - 3x)$, $|x^2 - 4x + 3| = x^2 - 4x + 3$이다. 그러므로, $f(x) = |x^2 - 3x| - |x^2 - 4x + 3| - x = -(x^2 - 3x) - (x^2 - 4x + 3) - x = -2x^2 + 6x - 3$이다.

세 번째 구간 $[1, 3)$에서 $x^2 - 3x < 0$, $x^2 - 4x + 3 \leq 0$이므로, $|x^2 - 3x| = -(x^2 - 3x)$, $|x^2 - 4x + 3| = -(x^2 - 4x + 3)$이다. 그러므로, $f(x) = |x^2 - 3x| - |x^2 - 4x + 3| - x = -(x^2 - 3x) + (x^2 - 4x + 3) - x = -2x + 3$이다.

네 번째 구간 $[3, \infty)$에서 $x^2 - 3x \geq 0$, $x^2 - 4x + 3 \geq 0$이므로, $|x^2 - 3x| = x^2 - 3x$, $|x^2 - 4x + 3| = x^2 - 4x + 3$이다. 그러므로, $f(x) = |x^2 - 3x| - |x^2 - 4x + 3| - x =$

$(x^2-3x)-(x^2-4x+3)-x=-3$이다.

네 개의 구간에서 얻어진 식을 정리하면 다음과 같다.

$$f(x)=\begin{cases}-3 & (-\infty<x<0)\\ -2x^2+6x-3 & (0\le x<1)\\ -2x+3 & (1\le x<3)\\ -3 & (x\ge 3)\end{cases}$$

구간 $(-\infty,0),[0,1),[1,3),[3,\infty)$에서 얻어진 함수를 좌표평면에 나타내면, 그림 5.14의 그래프를 얻을 수 있다.

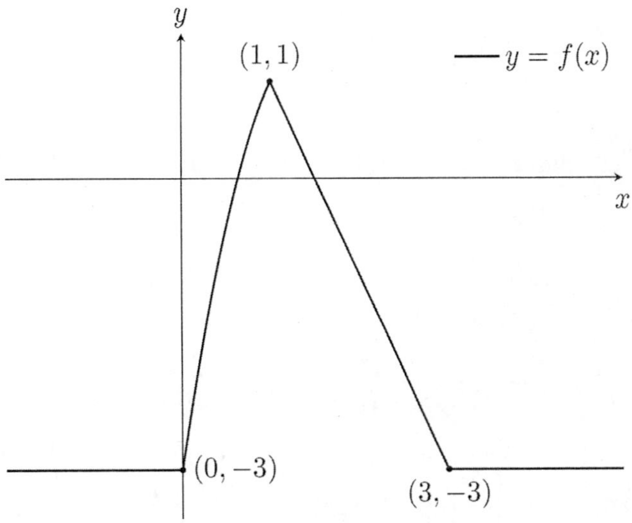

그림 5.14

(2) 함수 $y=f(|x|)=||x|^2-3|x||-||x|^2-4|x|+3|-|x|$의 그래프를 정리 5.2를 이용하여 작도하자. 함수 $y=f(|x|)$의 그래프는 $x\ge 0$인 경우에는 함수 $y=f(x)$의 그래프와 일치하고, $x<0$인 경우에는 $x\ge 0$일 때 $y=f(x)$의 그래프를 y축에 대해 대칭시킨 그래프와 일치한다. 그러면, 그림 5.14에 $x<0$인 경우에 y축에 대한 대칭을 이용하여 그림 5.15와 같은 그래프를 얻을 수 있다. 얻어진 그림 5.15는 y축에 대한 대칭성을 가지므로, 함수 $y=f(|x|)=||x|^2-3|x||-||x|^2-4|x|+3|-|x|$는

짝함수이다.

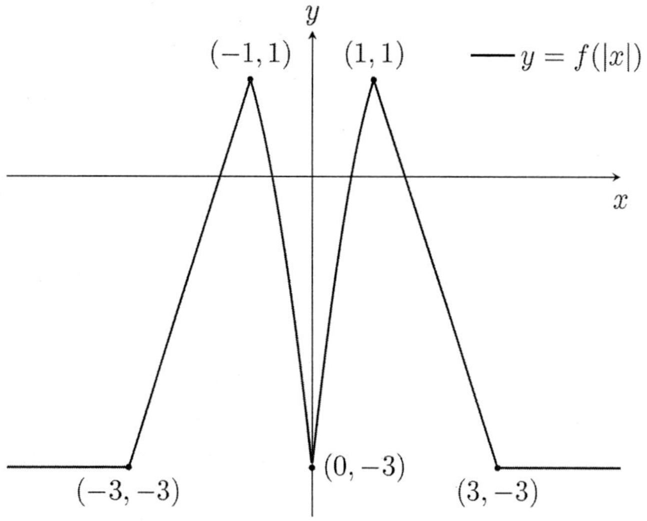

그림 5.15

한편, 식 $\big||x|^2 - 3|x|\big| - \big||x|^2 - 4|x| + 3\big| - |x|$에서 절댓값을 정리하는 것은 쉽지 않다. 먼저, $|x| = u$라 치환하면, $\big||x|^2 - 3|x|\big| - \big||x|^2 - 4|x| + 3\big| - |x| = |u^2 - 3u| - |u^2 - 4u + 3| - u$가 된다. 이 식에서 절댓값 안이 0이 되는 u의 값을 찾아 구간을 나누자.

$|u^2 - 3u|$에서 $u^2 - 3u = u(u-3) = 0$을 만족시키는 $u = 0$, $u = 3$이다. 그리고 $|u^2 - 4u + 3|$에서 $u^2 - 4u + 3 = 0$인 $u = 1$, $u = 3$이다. $u \geq 0$이라는 것을 생각하면, 구간을 다음과 같이 나눌 수 있다.

$$0 \leq u < 1, \quad 1 \leq u < 3, \quad u \geq 3$$

구간 $0 \leq u < 1$에서 $|u^2 - 3u| = -u^2 + 3u$이고 $|u^2 - 4u + 3| = u^2 - 4u + 3$이므로, $|u^2 - 3u| - |u^2 - 4u + 3| - u = -u^2 + 3u - (u^2 - 4u + 3) - u = -2u^2 + 6u - 3$이다.

구간 $1 \leq u < 3$에서 $|u^2 - 3u| = -u^2 + 3u$이고 $|u^2 - 4u + 3| = -u^2 + 4u - 3$이므로, $|u^2 - 3u| - |u^2 - 4u + 3| - u = -u^2 + 3u + u^2 - 4u + 3 - u = -2u + 3$이다.

구간 $u \geq 3$에서 $|u^2 - 3u| = u^2 - 3u$이고 $|u^2 - 4u + 3| = u^2 - 4u + 3$이므로, $|u^2 - 3u| - |u^2 - 4u + 3| - u = u^2 - 3u - u^2 + 4u - 3 - u = -3$이다.

얻어진 식을 $u = |x|$라 놓고 정리하면, 다음과 같다.

$$f(|x|) = \begin{cases} -2|x|^2 + 6|x| - 3 & \text{만약, } 0 \le |x| < 1 \\ -2|x| + 3 & \text{만약, } 1 \le |x| < 3 \\ -3 & \text{만약, } |x| \ge 3 \end{cases}$$

이제 $|x|$를 정리하기 위해, 구간을 나누어야 한다. $0 \le |x| < 1$을 $-1 < x \le 0$과 $0 \le x < 1$로, $1 \le |x| < 3$을 $-3 < x \le -1$과 $1 \le x < 3$으로, $|x| \ge 3$을 $x \le -3$과 $x \ge 3$으로 나눈다.

구간 $x \le -3$과 $x \ge 3$에서는 $f(|x|) = -3$이다. 구간 $-3 < x \le -1$에서는 $|x| = -x$이므로 $f(|x|) = -2|x| + 3 = -2(-x) + 3 = 2x + 3$이다.

구간 $-1 < x \le 0$에서는 $|x| = -x$이며 $f(|x|) = -2|x|^2 + 6|x| - 3 = -2(-x)^2 + 6(-x) - 3 = -2x^2 - 6x - 3$이다.

구간 $0 \le x < 1$에서는 $|x| = x$이며 $f(|x|) = -2x^2 + 6x - 3$이다. 구간 $1 \le x < 3$에서는 $|x| = x$이며 $f(|x|) = -2x + 3$이다.

구간 별로 얻어진 $f(|x|)$의 식을 정리하면, 다음과 같다.

$$f(|x|) = \begin{cases} -3 & \text{만약, } x \le -3 \\ 2x + 3 & \text{만약, } -3 < x \le -1 \\ -2x^2 - 6x - 3 & \text{만약, } -1 < x < 0 \\ -2x^2 + 6x - 3 & \text{만약, } 0 \le x < 1 \\ -2x + 3 & \text{만약, } 1 \le x < 3 \\ -3 & \text{만약, } x \ge 3 \end{cases}$$

얻어진 $f(|x|)$의 식을 좌표평면에 작도하면, 그림 5.15를 얻을 수 있다.

(3) 함수 $y = |f(|x|)| = \big||\,|x|^2 - 3|x|\,| - |\,|x|^2 - 4|x| + 3| - |x|\,|\big|$의 그래프를 작도하자. 정리 5.1에 의하면, 함수 $y = |f(x)|$의 그래프는 $f(x) \ge 0$인 경우에는 함수 $y = f(x)$

의 그래프와 일치하고, $f(x) < 0$인 경우에는 함수 $y = f(x)$의 그래프를 x축에 대해 대칭시킨 그래프와 일치한다. 이와 같은 방법으로 그림 5.16을 얻을 수 있다. □

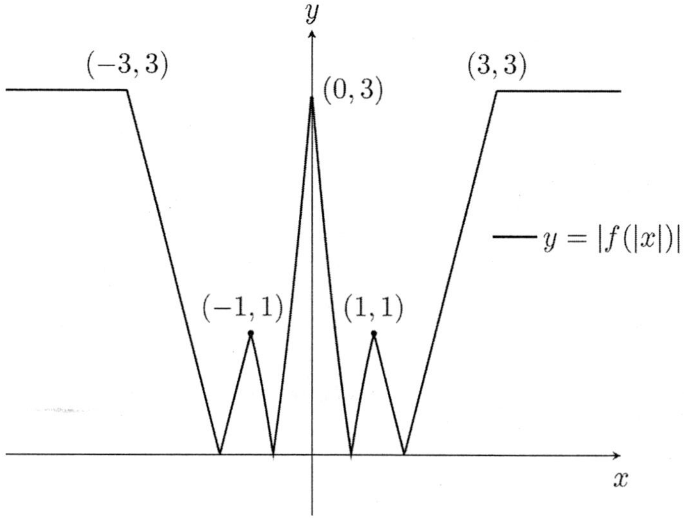

그림 5.16

제 6장. 함수 그래프의 점근선

점근선의 한자어를 그대로 옮겨 적으면 '점진적으로 가까워지는 선'이라고 할 수 있다. '점진적으로 가까워진다'는 표현을 더 살펴보면, (1) $x \to \pm\infty$에서 $f(x) \to M$을 생각할 수 있고, (2) $x \to a$에서 $f(x) \to \pm\infty$를 생각할 수 있다. (1)에서는 x가 $\pm\infty$로 갈 때 $f(x)$의 함숫값이 M으로 가는 것이고, (2)에서는 x가 a로 갈 때 $f(x)$의 함숫값이 $\pm\infty$로 가는 것이다.

여기서는 점근선으로 수평점근선, 수직점근선, 경사점근선을 다룰 것이다. 이 점근선들의 정의를 살펴보자.

정의 6.1. 함수 $y = f(x)$에 대해 다음 중 하나가 성립하면, $y = k$는 함수 $y = f(x)$의 수평점근선이라고 말한다.

(1) $\lim\limits_{x\to\infty} f(x) = k$이고, 어떤 n에 대해 $x > n$이면 $f(x) \neq k$이다.

(2) $\lim\limits_{x\to-\infty} f(x) = k$이고, 어떤 n에 대해 $x < n$이면 $f(x) \neq k$이다.

정의 6.1에서 '어떤 n에 대해 $x > n$이면 $f(x) \neq k$'라는 것은 n보다 큰 모든 x에 대해 $y = f(x)$의 함숫값이 k와 같지 않아야 한다는 것이다. 예를 들어, 함수 $y = \frac{\cos x}{x}$를 생각하면, $\lim\limits_{x\to\infty} \frac{\cos x}{x} = 0$이다. 실제로, $-1 \leq \cos x \leq 1$이므로, $\frac{-1}{x} \leq \frac{\cos x}{x} \leq \frac{1}{x}$이다. 부등식에 극한 $x \to \infty$를 취하면, 다음을 얻을 수 있다.

$$\lim_{x\to\infty} \frac{-1}{x} \leq \lim_{x\to\infty} \frac{\cos x}{x} \leq \lim_{x\to\infty} \frac{1}{x}$$

$\lim\limits_{x\to\infty} \frac{-1}{x} = 0$이고 $\lim\limits_{x\to\infty} \frac{1}{x} = 0$이므로, $\lim\limits_{x\to\infty} \frac{\cos x}{x} = 0$이다.

극한 $\lim_{x\to\infty}\frac{\cos x}{x}=0$은 정의 6.1의 일부를 충족시키지만, $y=0$이 함수 $y=\frac{\cos x}{x}$의 수평점근선은 아니다. 왜냐 하면, 함수 $y=\frac{\cos x}{x}$의 그래프가 진동하므로, $x>n$인 모든 x에 대해 $f(x)\neq 0$이 성립하는 n이 존재하지 않기 때문이다. 그림 6.1에 양수인 x에 대해 함수 $y=\frac{\cos x}{x}$의 그래프가 제시되어 있다.

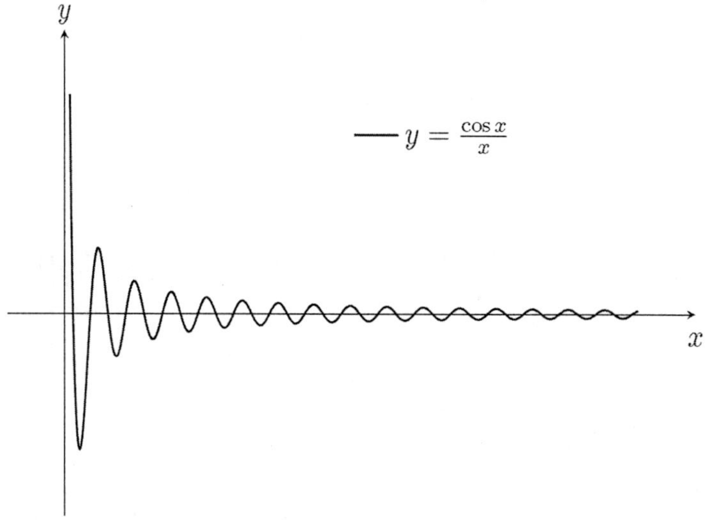

그림 6.1

함수 $y=\frac{a_m x^m+a_{m-1}x^{m-1}+\cdots+a_2x^2+a_1x+a_0}{b_m x^m+b_{m-1}x^{m-1}+\cdots+b_2x^2+b_1x+b_0}$을 생각하여($a_m\neq 0,\ b_m\neq 0$), 극한 $\lim_{x\to\pm\infty}\frac{a_m x^m+a_{m-1}x^{m-1}+\cdots+a_2x^2+a_1x+a_0}{b_m x^m+b_{m-1}x^{m-1}+\cdots+b_2x^2+b_1x+b_0}$을 구하자. 식 $\frac{a_m x^m+a_{m-1}x^{m-1}+\cdots+a_2x^2+a_1x+a_0}{b_m x^m+b_{m-1}x^{m-1}+\cdots+b_2x^2+b_1x+b_0}$의 분자와 분모를 x^m으로 나누면, 다음과 같이 극한을 구할 수 있다.

$$\lim_{x\to\infty}\frac{a_m x^m+a_{m-1}x^{m-1}+\cdots+a_2x^2+a_1x+a_0}{b_m x^m+b_{m-1}x^{m-1}+\cdots+b_2x^2+b_1x+b_0}$$
$$=\lim_{x\to\infty}\frac{a_m+\frac{a_{m-1}}{x}+\cdots+\frac{a_2}{x^{m-2}}+\frac{a_1}{x^{m-1}}+\frac{a_0}{x^m}}{b_m+\frac{b_{m-1}}{x}+\cdots+\frac{b_2}{x^{m-2}}+\frac{b_1}{x^{m-1}}+\frac{b_0}{x^m}}=\frac{a_m}{b_m}$$

유사한 방법으로, $\lim_{x\to-\infty}\frac{a_m x^m+a_{m-1}x^{m-1}+\cdots+a_2x^2+a_1x+a_0}{b_m x^m+b_{m-1}x^{m-1}+\cdots+b_2x^2+b_1x+b_0}=\frac{a_m}{b_m}$가 된다. 그러면, 정의 6.1에 의해 $y=\frac{a_m}{b_m}$은 $y=\frac{a_m x^m+a_{m-1}x^{m-1}+\cdots+a_2x^2+a_1x+a_0}{b_m x^m+b_{m-1}x^{m-1}+\cdots+b_2x^2+b_1x+b_0}$의 수평점근선이다.

함수 $y=\frac{3x+5}{7x+4}$를 생각하자. 그러면, $\lim_{x\to\infty}\frac{3x+5}{7x+4}=\frac{3}{7}$이다. 이로부터 직선 $y=\frac{3}{7}$은 함수 $y=\frac{3x+5}{7x+4}$의 수평점근선이다. 그림 6.2에 함수 $y=\frac{3x+5}{7x+4}$의 그래프 개형과

수평점근선 $y = \frac{3}{7}$이 제시되어 있다.

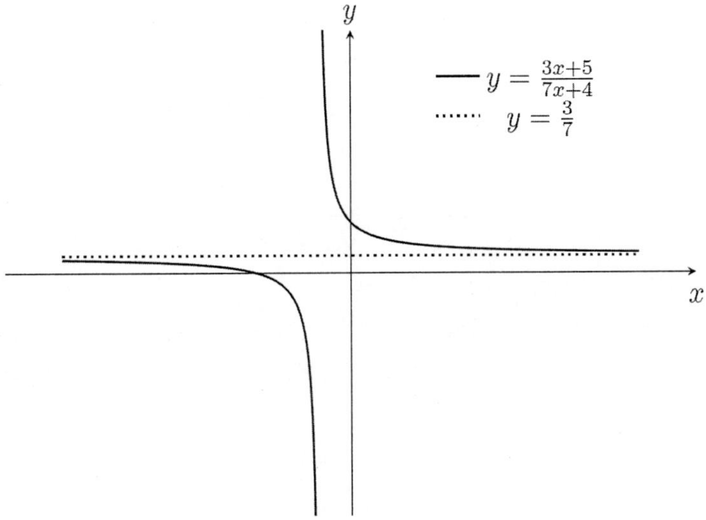

그림 6.2

함수 $y = \frac{3x+5}{7x+4}$의 수평점근선을 다른 관점에서 볼 수 있다. $y = \frac{3x+5}{7x+4} = \frac{3}{7} + \frac{\frac{23}{7}}{7x+4} = \frac{3}{7} + \frac{23}{7} \cdot \frac{1}{7x+4}$로 쓸 수 있다. 즉, 함수 $y = \frac{3x+5}{7x+4}$의 그래프 개형을 (1) 함수 $y = \frac{1}{7x+4}$을 $\frac{23}{7}$배 한 후에, (2) y축으로 $\frac{3}{7}$만큼 평행이동하여 얻을 수 있다. 그러므로, $y = \frac{3x+5}{7x+4}$의 그래프 개형은 x축(즉, $y = 0$)을 $y = \frac{3}{7}$으로 옮겨서 그리며, 수평점근선은 $y = \frac{3}{7}$이다.

예제 6.1. 함수 $y = \frac{5x}{x^2+1}$의 수평점근선을 구하여라.

풀이. $y = \frac{5x}{x^2+1}$의 수평점근선을 구하기 위해, 극한 $\lim\limits_{x\to\pm\infty} \frac{5x}{x^2+1}$를 구하자. 이를 위해, 분자와 분모를 x^2으로 나누면, 다음과 같이 극한값을 구할 수 있다.

$$\lim_{x\to\infty} \frac{5x}{x^2+1} = \lim_{x\to\infty} \frac{\frac{5}{x}}{1+\frac{1}{x^2}} = 0$$

$y = \frac{5x}{x^2+1}$의 수평점근선은 $y = 0$이다. □

함수 $y = \frac{5x}{x^2+1}$의 그래프 개형이 그림 6.3에 제시되어 있다. 여기서 수평점근선 $y = 0$은 x축을 의미한다. 그림 6.3에서 $y = \frac{5x}{x^2+1}$의 그래프는 $x > 0$인 경우에 함숫값은 양의 방향으로부터 0으로 가까이 가며, $x < 0$인 경우에는 음의 방향으로부터 0으로 가까이 간다.

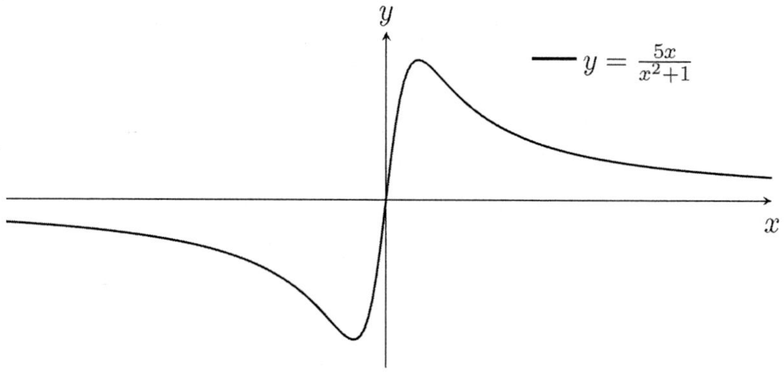

그림 6.3

그림 6.3에서 극값을 가지는 x값은 도함수를 이용하여 구할 수 있다. 함수 $y = \frac{5x}{x^2+1}$의 도함수를 구하면, 다음과 같다.

$$y' = \frac{\frac{d}{dx}(5x)(x^2+1) - 5x \cdot \frac{d}{dx}(x^2+1)}{(x^2+1)^2}$$
$$= \frac{5(x^2+1) - 5x \cdot 2x}{(x^2+1)^2} = \frac{5x^2+5-10x^2}{(x^2+1)^2} = \frac{-5x^2+5}{(x^2+1)^2}$$

이로부터 $y' = 0$이려면 $-5x^2 + 5 = 0$이며, $x = 1$, $x = -1$이다.

예제 6.1의 결과를 일반화하면, $m < n$인 함수 $y = \frac{a_m x^m + a_{m-1}x^{m-1} + \cdots + a_2x^2 + a_1x + a_0}{b_nx^n + b_{n-1}x^{n-1} + \cdots + b_2x^2 + b_1x + b_0}$의 수평점근선은 $y = 0$이다. 이러한 일반화는 극한 계산으로 타당성을 확인할 수 있다. 함수식의 분자와 분모를 x^n으로 나누면, 다음과 같이 극한을 구할 수 있다.

$$\lim_{x\to\infty} \frac{a_m x^m + a_{m-1}x^{m-1} + \cdots + a_2x^2 + a_1x + a_0}{b_nx^n + b_{n-1}x^{n-1} + \cdots + b_2x^2 + b_1x + b_0}$$
$$= \lim_{x\to\infty} \frac{\frac{a_m}{x^{n-m}} + \frac{a_{m-1}}{x^{n-m+1}} + \cdots + \frac{a_2}{x^{n-2}} + \frac{a_1}{x^{n-1}} + \frac{a_0}{x^n}}{b_n + \frac{b_{n-1}}{x} + \cdots + \frac{b_2}{x^{n-2}} + \frac{b_1}{x^{n-1}} + \frac{b_0}{x^n}} = \frac{0}{b_n} = 0$$

정의 6.1에 의해 $y = 0$은 함수 $y = \frac{a_m x^m + a_{m-1}x^{m-1} + \cdots + a_2x^2 + a_1x + a_0}{b_nx^n + b_{n-1}x^{n-1} + \cdots + b_2x^2 + b_1x + b_0}$의 수평점근선이라는 것을 알 수 있다.

정의 6.2. 함수 $y = f(x)$에 대해 다음 중 하나가 성립하면, $x = k$를 함수 $y = f(x)$의 수직점근선이라고 말한다.

(1) $\lim_{x \to k^+} f(x) = \infty$,

(2) $\lim_{x \to k^-} f(x) = \infty$,

(3) $\lim_{x \to k^+} f(x) = -\infty$,

(4) $\lim_{x \to k^-} f(x) = -\infty$

정의 6.2에서 $\lim_{x \to k^+} f(x)$는 우극한, 즉 x축의 양의 방향으로부터 k로 가까이 가는 것이고, $\lim_{x \to k^-} f(x)$는 좌극한을 말한다. $x \to k$에서 좌극한이나 우극한 중 하나에 대해서 함수 $f(x)$의 극한이 ∞로 발산하면, $x = k$가 수직점근선이다.

예를 들어, 함수 $y = \frac{1}{x-4}$을 생각하자. $\lim_{x \to 4^+} \frac{1}{x-4} = \infty$, $\lim_{x \to 4^-} \frac{1}{x-4} = -\infty$이므로, $x = 4$는 함수 $y = \frac{1}{x-4}$의 수직점근선이다. 그림 6.4는 함수 $y = \frac{1}{x-4}$의 그래프인데, $y = \frac{1}{x}$을 x축으로 4만큼 평행이동하여 얻어진다.

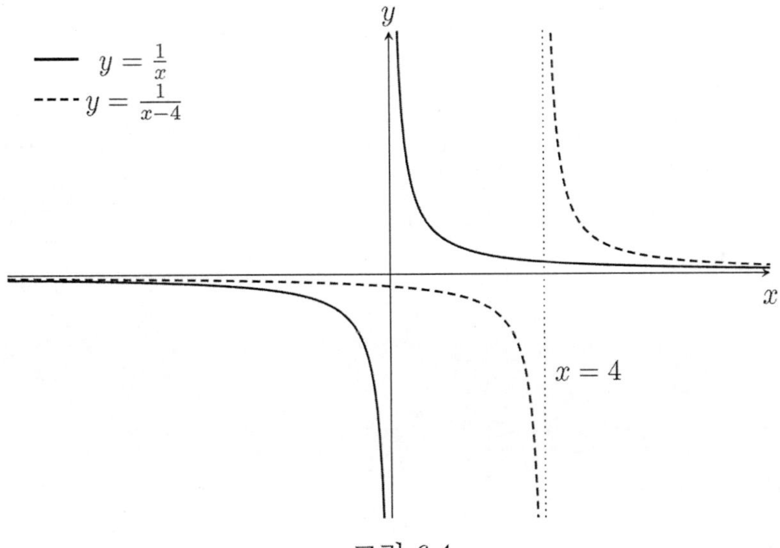

그림 6.4

예제 6.2. 함수 $y = \frac{x}{x^2-4x+3}$의 수직점근선을 구하여라.

풀이. $y = \frac{x}{x^2-4x+3}$의 분모를 인수분해하면, $y = \frac{x}{(x-1)(x-3)}$가 된다. $x = 1$, $x = 3$

에서 함수가 정의되지 않으며, $x = 1$, $x = 3$이 $y = \frac{x}{x^2-4x+3}$의 수직점근선이 되는지 확인하자.

$\lim_{x\to 1^+} \frac{x}{x^2-4x+3}$에서 $x \to 1^+$이면 분모가 음의 방향에서 0으로 가까이 가며, 이때 극한은 $\lim_{x\to 1^+} \frac{x}{x^2-4x+3} = -\infty$가 된다. 유사한 방법으로, $\lim_{x\to 1^-} \frac{x}{x^2-4x+3} = \infty$가 된다. 그러므로, $x = 1$은 함수 $y = \frac{x}{x^2-4x+3}$의 수직점근선이다. 같은 이유로, $x = 3$도 수직점근선이며, $\lim_{x\to 3^+} \frac{x}{x^2-4x+3} = \infty$, $\lim_{x\to 3^-} \frac{x}{x^2-4x+3} = -\infty$이다. □

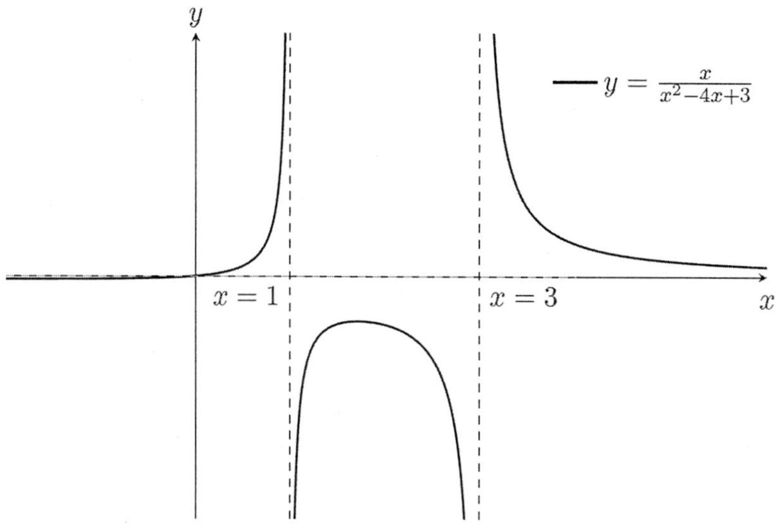

그림 6.5

함수 $y = \frac{x}{x^2-4x+3}$의 그래프 개형을 생각하자. 이를 위해, $x \to \pm\infty$에서 함수의 극한값을 조사하자. $y = \frac{x}{x^2-4x+3}$의 분자와 분모를 x^2으로 나누면, 다음과 같이 극한을 구할 수 있다.

$$\lim_{x\to\infty} \frac{x}{x^2-4x+3} = \lim_{x\to\infty} \frac{\frac{1}{x}}{1 - \frac{4}{x} + \frac{3}{x^2}} = 0$$

같은 방법으로 $\lim_{x\to-\infty} \frac{x}{x^2-4x+3} = 0$이 된다는 것을 알 수 있다. 이제, 구간 $(-\infty, 1)$, $(1, 3)$, $(3, \infty)$에서 함수 $y = \frac{x}{x^2-4x+3}$의 그래프 개형을 극한을 구해 추측할 수 있다. 그림 6.5에 함수 $y = \frac{x}{x^2-4x+3}$의 그래프 개형이 제시되어 있다.

함수 $y = \frac{a_m x^m + a_{m-1}x^{m-1} + \cdots + a_2x^2 + a_1x + a_0}{b_n x^n + b_{n-1}x^{n-1} + \cdots + b_2x^2 + b_1x + b_0}$에서 분자와 분모에 $x = k$를 대입하여 $a_m k^m + a_{m-1}k^{m-1} + \cdots + a_2k^2 + a_1k + a_0 \neq 0$이고 $b_n k^n + b_{n-1}k^{n-1} + \cdots + b_2k^2 + b_1k + b_0 = 0$이면 수직점근선은 $x = k$이다.

함수 $y = \frac{3x^3}{x-2}$에서 $x = 2$를 대입하면, 분자는 24이지만, 분모는 0이다. 그러므로, 함수 $y = \frac{3x^3}{x-2}$의 수직점근선은 $x = 2$이다. 이것은 정의 6.2를 이용하여 확인할 수 있다. 즉, $\lim_{x\to 2^+} \frac{3x^3}{x-2} = \infty$이다.

예제 6.3. 함수 $y = \frac{2x^2+3}{(x-1)(x^2-9)}$의 수평점근선과 수직점근선이 존재하면, 수평점근선과 수직점근선을 구하여라.

풀이. 수평점근선을 확인하기 위해, 극한 $\lim_{x\to\infty} \frac{2x^2+3}{(x-1)(x^2-9)}$을 구하자. 분모를 전개하면, $(x-1)(x^2-9) = x^3 - x^2 - 9x + 9$이며, 다음과 같이 극한을 구할 수 있다.

$$\begin{aligned}\lim_{x\to\infty} \frac{2x^2+3}{(x-1)(x^2-9)} &= \lim_{x\to\infty} \frac{2x^2+3}{x^3-x^2-9x+9} \\ &= \lim_{x\to\infty} \frac{\frac{2x^2+3}{x^3}}{\frac{x^3-x^2-9x+9}{x^3}} = \lim_{x\to\infty} \frac{\frac{2}{x}+\frac{3}{x^3}}{1-\frac{1}{x}-\frac{9}{x^2}+\frac{9}{x^3}}\end{aligned}$$

이때, $x \to \infty$이면, $\frac{2}{x} \to 0$, $\frac{3}{x^3} \to 0$, $\frac{1}{x} \to 0$, $\frac{9}{x^2} \to 0$, $\frac{9}{x^3} \to 0$이다. 그러므로, 구하는 극한은 $\lim_{x\to\infty} \frac{2x^2+3}{(x-1)(x^2-9)} = 0$이며, $y = 0$은 수평점근선이다.

수직점근선을 구하기 위해, 분모가 0이되는 x값을 구하자. 즉, $(x-1)(x^2-9) = 0$으로부터 $x = 1, x = \pm 3$이다. 이 값들을 분자에 대입해도 0이 되지 않으므로, $x = 1, x = \pm 3$은 수직점근선이다. □

함수 $y = \frac{2x^2+3}{(x-1)(x^2-9)}$의 그래프 개형을 작도해 보자. 극한 $\lim_{x\to-\infty} \frac{2x^2+3}{(x-1)(x^2-9)} = 0$도 성립한다. 그리고 $x \to -3^-$일 때 $f(x) \to -\infty$, $x \to -3^+$일 때 $f(x) \to \infty$, $x \to 1^-$일 때 $f(x) \to \infty$, $x \to 1^+$일 때 $f(x) \to -\infty$, $x \to 3^-$일 때 $f(x) \to -\infty$, $x \to 3^+$일 때 $f(x) \to \infty$가 된다. 이로부터, 함수 $y = \frac{2x^2+3}{(x-1)(x^2-9)}$의 그래프 개형을 그림 6.6과 같이 추측할 수 있다.

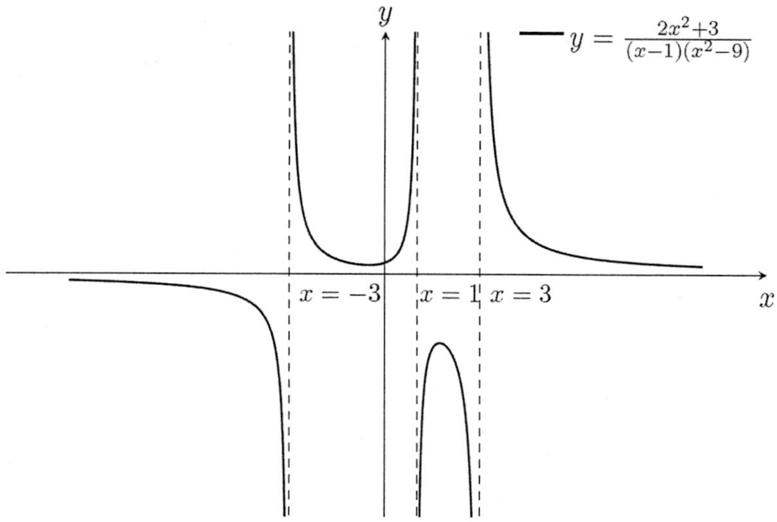

그림 6.6

정의 6.3. 함수 $y = f(x)$에 대해 다음 중 하나가 성립하면, $y = mx + k$를 경사점근선이라고 말한다.

(1) $\lim_{x\to\infty}(f(x) - (mx + k)) = 0$,

(2) $\lim_{x\to-\infty}(f(x) - (mx + k)) = 0$

정의 6.3의 경사점근선은 $x \to \pm\infty$에서 함수 $f(x)$의 그래프가 직선 $y = mx + k$에 가까워진다는 것을 의미한다. 함수 $y = \frac{x^2+2x+3}{x+1}$의 경사점근선을 구해보자. 이를 위해, 식 $\frac{x^2+2x+3}{x+1}$을 $\frac{x^2+2x+3}{x+1} = x+1+\frac{2}{x+1}$와 같이 변형하자. 그러면, $y = x+1+\frac{2}{x+1}$가 된다.

정의 6.3을 이용하여 경사점근선을 구하자. $y = x+1+\frac{2}{x+1}$에서 $f(x)-(x+1) = \frac{2}{x+1}$이며, 다음과 같이 극한값을 구할 수 있다.

$$\lim_{x\to\infty}(f(x) - (x+1)) = \lim_{x\to\infty}\frac{2}{x+1} = 0$$

이로부터, $y = x+1$이 함수 $y = x+1+\frac{2}{x+1}$의 경사점근선이라는 것을 알 수 있다. 그림 6.7에 $y = \frac{x^2+2x+3}{x+1}$의 그래프, 수직점근선 $x = -1$, 경사점근선 $y = x+1$이 표시되어 있다. 수직점근선 $x = -1$은 함수 $y = \frac{x^2+2x+3}{x+1}$의 분모가 0이 되는 x값이다.

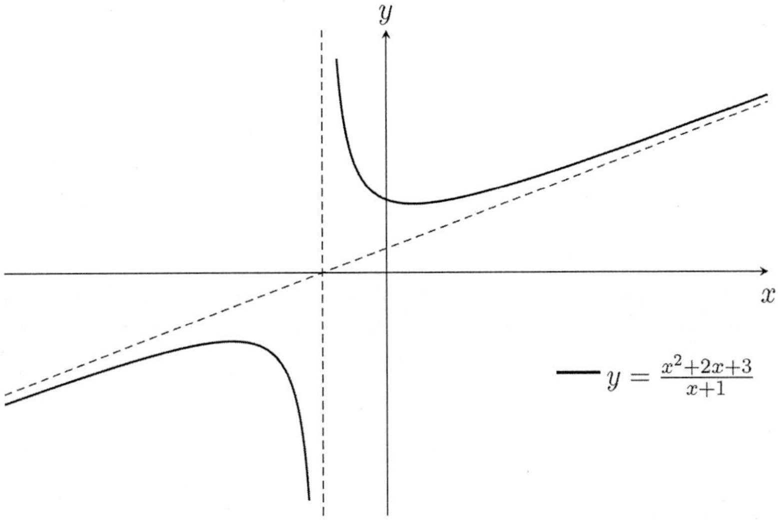

그림 6.7

한편, 그림 6.7에서 $y = \frac{x^2+2x+3}{x+1}$의 그래프 개형은 $y = \frac{x^2+2x+3}{x+1}$을 $y = x+1+\frac{2}{x+1}$로 생각하여, 두 함수 $y = x+1$, $y = \frac{2}{x+1}$의 합을 구하여 작도할 수 있다. 그림 6.8에 함수 $y = x+1$, $y = \frac{2}{x+1}$, $y = x+1+\frac{2}{x+1}$의 그래프와 이 그래프에서 같은 x값에 대해 상응하는 점들이 표시되었다.

예를 들어, $x = x_1$에 대해 함수 $y = x+1$에서의 함숫값 x_1+1, $y = \frac{2}{x+1}$에서의 함숫값 $\frac{2}{x_1+1}$을 더하면, $y = x+1+\frac{2}{x+1}$에서의 함숫값 $(x_1+1)+\frac{2}{x_1+1}$가 된다. 이와 같은 방법으로, 함수 $y = x+1$, $y = \frac{2}{x+1}$의 그래프 개형을 작도하고, 상응하는 함숫값들을 더하면 함수 $y = x+1+\frac{2}{x+1}$의 그래프 개형을 얻을 수 있다.

직관적인 이해를 위해, 다른 관점에서 살펴보자. 함수 $y = \frac{2}{x+1}$를 $y = \frac{2}{x+1}+0$으로 생각하면, 함수 $y = \frac{2}{x+1}$는 함수 $y = \frac{2}{x+1}$와 함수 $y = 0$의 합으로 볼 수 있다. 이때, $y = 0$의 그래프는 x축을 나타낸다.

이제, 함수 $y = \frac{2}{x+1}$에 $y = 0$대신에 $y = x+1$을 더한다고 하자. 그러면, $x > 0$인 구간에서 함수 $y = \frac{2}{x+1}$의 그래프에 대해 x축을 $y = x+1$로 올려주면 되고, $x < 0$에서는 함수 $y = \frac{2}{x+1}$의 그래프에 대해 x축을 $y = x+1$로 내리면, 그림 6.9와 같이 $y = x+1+\frac{2}{x+1}$의 함수 그래프를 얻을 수 있다.

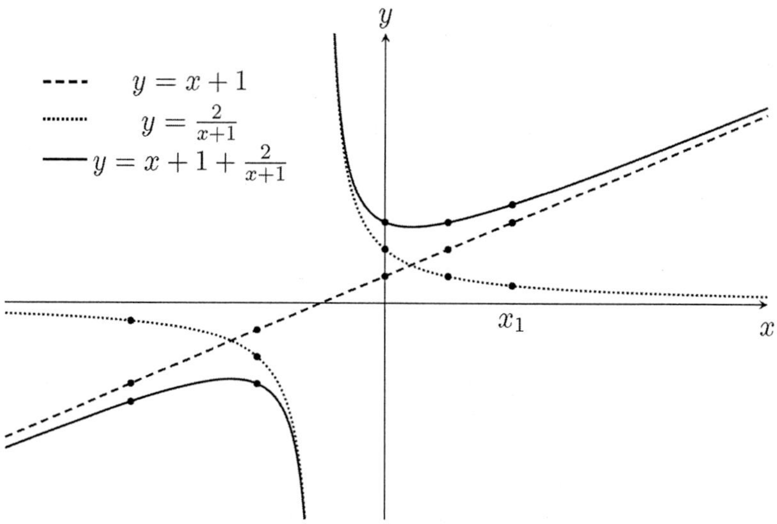

그림 6.8

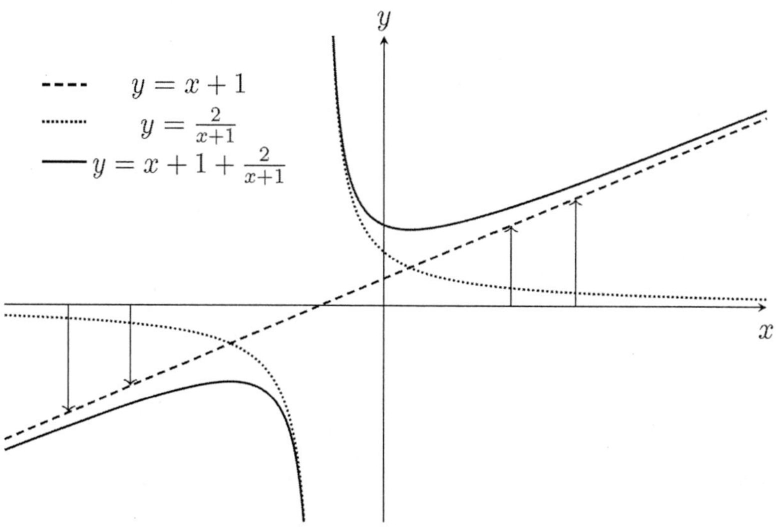

그림 6.9

예제 6.4. 함수 $y = \frac{2x^2-5x+5}{2x-3}$의 점근선들을 모두 구하여라.

풀이. 함수 $y = \frac{2x^2-5x+5}{2x-3}$의 수직점근선은 분모가 0되는 x값이다. 그러므로, $2x-3=0$으로부터 $x = \frac{3}{2}$을 얻을 수 있다. 실제로, $x \to \frac{3}{2}^+$을 생각하면, 식 $\frac{2x^2-5x+5}{2x-3}$에서 분자는 2로 가까이 가고, 분모는 0으로 가까이 가므로, 극한은 $\lim_{x \to \frac{3}{2}^+} \frac{2x^2-5x+5}{2x-3} = \infty$이다.

이제, 경사점근선을 구하기 위해, $\frac{2x^2-5x+5}{2x-3} = x - 1 + \frac{8}{2x-3}$과 같이 분자의 차수가

분모의 차수보다 작게 변형시키자. 이제, 다음과 같은 극한을 생각할 수 있다.

$$\lim_{x\to\pm\infty}\left(\frac{2x^2-5x+5}{2x-3}-(x-1)\right)=\lim_{x\to\pm\infty}\frac{8}{2x-3}=0$$

정의 6.3에 의해 경사점근선은 $y=x-1$이다. □

정의 6.3에서 함수 $y=f(x)$에 대한 경사점근선 $y=mx+k$를 함수들의 차 $f(x)-(mx+k)$의 극한 $\lim\limits_{x\to\pm\infty}(f(x)-(mx+k))=0$으로 정의하였다. 이 극한을 다음과 같이 두 개의 극한으로 나누어 쓸 수 있다. 이때, 복부호는 같은 순서로 생각하자.

$$(1)\ \lim_{x\to\pm\infty}\frac{f(x)}{x}=m,\quad (2)\ \lim_{x\to\pm\infty}(f(x)-mx)=k$$

이와 같은 두 개의 극한을 이용하는 방법으로 예제 6.4의 함수 $y=\frac{2x^2-5x+5}{2x-3}$에 대해 경사점근선을 구해보자.

$$\lim_{x\to\infty}\frac{f(x)}{x}=\lim_{x\to\infty}\frac{\frac{2x^2-5x+5}{2x-3}}{x}=\lim_{x\to\infty}\frac{2x^2-5x+5}{2x^2-3x}=\lim_{x\to\infty}\frac{2-\frac{5}{x}+\frac{5}{x^2}}{2-\frac{3}{x}}=1$$

이제, $\lim\limits_{x\to\pm\infty}\left(\frac{2x^2-5x+5}{2x-3}-x\right)$를 다음과 같이 구할 수 있다.

$$\begin{aligned}\lim_{x\to\infty}\left(\frac{2x^2-5x+5}{2x-3}-x\right)&=\lim_{x\to\infty}\frac{2x^2-5x+5-2x^2+3x}{2x-3}\\&=\lim_{x\to\infty}\frac{-2x+5}{2x-3}=-1\end{aligned}$$

이로부터, 함수 $y=\frac{2x^2-5x+5}{2x-3}$의 경사점근선이 $y=x-1$이라는 것을 확인할 수 있다.

예제 6.5. 함수 $y=\sqrt[3]{x(x^2+4x)}$의 경사점근선을 모두 구하여라.

풀이. 먼저 $\lim\limits_{x\to\pm\infty}\frac{f(x)}{x}=m$인 값을 구하자. 이를 위해, 다음 극한을 구하면 된다.

$$\lim_{x\to\pm\infty}\frac{f(x)}{x}=\lim_{x\to\pm\infty}\frac{\sqrt[3]{x(x^2+4x)}}{x}=\lim_{x\to\pm\infty}\frac{(x^3+4x^2)^{\frac{1}{3}}}{x}$$

식을 다음과 같이 정리할 수 있다.

$$\frac{f(x)}{x}=\frac{(x^3+4x^2)^{\frac{1}{3}}}{x}=\frac{x(1+\frac{4}{x})^{\frac{1}{3}}}{x}=\left(1+\frac{4}{x}\right)^{\frac{1}{3}}$$

이로부터, 다음 극한을 구할 수 있다.

$$m = \lim_{x\to\pm\infty} \frac{f(x)}{x} = \lim_{x\to\pm\infty} \left(1 + \frac{4}{x}\right)^{\frac{1}{3}} = 1$$

극한 $\lim_{x\to\pm\infty} \left(\sqrt[3]{x(x^2+4x)} - x\right)$를 구하기 위해, 분자와 분모에 $\sqrt[3]{(x^3+4x^2)^2} + \sqrt[3]{x^3+4x^2}\cdot x + x^2$를 곱하자. 주의할 것은 $(\sqrt[3]{a} - b)$와 같이 세제곱근을 포함한 식에 대해 분모 유리화의 방법을 적용하려면, 분자와 분모에 $(\sqrt[3]{a^2} + \sqrt[3]{a}b + b^2)$을 곱해야 한다. 그러면, 다음 식을 얻을 수 있다.

$$\sqrt[3]{x^3+4x^2} - x = \frac{\left(\sqrt[3]{x^3+4x^2} - x\right)\left(\sqrt[3]{(x^3+4x^2)^2} + \sqrt[3]{x^3+4x^2}\cdot x + x^2\right)}{\sqrt[3]{(x^3+4x^2)^2} + \sqrt[3]{x^3+4x^2}\cdot x + x^2}$$

분자를 전개하면 $(x^3+4x^2) - x^3 = 4x^2$이 되며, 다음 극한을 구하면 된다.

$$\begin{aligned}\lim_{x\to\pm\infty}\left(\sqrt[3]{x^3+4x^2} - x\right) &= \lim_{x\to\pm\infty} \frac{4x^2}{\sqrt[3]{(x^3+4x^2)^2} + \sqrt[3]{x^3+4x^2}\cdot x + x^2} \\ &= \lim_{x\to\pm\infty} \frac{4x^2}{\sqrt[3]{x^6+8x^5+16x^4} + \sqrt[3]{x^3+4x^2}\cdot x + x^2} \\ &= \lim_{x\to\pm\infty} \frac{4x^2/x^2}{\frac{\sqrt[3]{x^6+8x^5+16x^4}}{x^2} + \frac{\sqrt[3]{x^3+4x^2}\cdot x}{x^2} + \frac{x^2}{x^2}}\end{aligned}$$

이로부터 극한값 $\lim_{x\to\pm\infty}\left(\sqrt[3]{x^3+4x^2} - x\right) = \frac{4}{3}$를 구할 수 있다. 그리고 함수 $y = \sqrt[3]{x(x^2+4x)}$의 경사점근선은 $y = x + \frac{4}{3}$이다. □

예제 6.5의 함수 $y = \sqrt[3]{x(x^2+4x)}$와 경사점근선 $y = x + \frac{4}{3}$의 그래프를 작도하면, 그림 6.10과 같다. 그림 6.10의 그래프 개형을 그리려면, 도함수 y'에서 $y' = 0$인 x값을 구하여 함수의 증감, 극값을 조사하면 된다. $y = \sqrt[3]{x(x^2+4x)} = (x^3+4x^2)^{\frac{1}{3}}$이므로, 도함수를 다음과 같이 구할 수 있다.

$$\frac{dy}{dx} = \frac{1}{3}(x^3+4x^2)^{-\frac{2}{3}}\cdot\frac{d}{dx}(x^3+4x^2) = \frac{1}{3}(x^3+4x^2)^{-\frac{2}{3}}\cdot(3x^2+8x)$$

$y = \sqrt[3]{x(x^2+4x)}$의 도함수는 $y' = \frac{1}{3}(x^3+4x^2)^{-\frac{2}{3}}\cdot(3x^2+8x)$이다. $y' = 0$으로부터 $\frac{1}{3}(x^3+4x^2)^{-\frac{2}{3}}\cdot(3x^2+8x) = 0$이며, $x = 0$ 또는 $x = -\frac{8}{3}$이다. 이제, $x = 0$, $x = -\frac{8}{3}$에서 함수의 증감을 조사하고 점근선을 생각하면, 그림 6.10과 같은 그래프 개형을 얻을 수 있다.

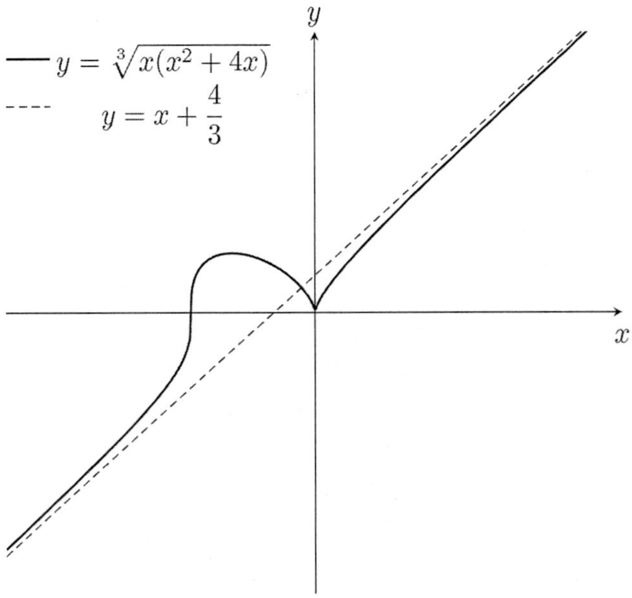

그림 6.10

예제 6.6. 함수 $y = \frac{\sqrt{3x^4+3}}{|x|}$의 경사점근선을 구하여라.

풀이. 함수 $y = \frac{\sqrt{3x^4+3}}{|x|}$을 $x > 0$인 경우와 $x < 0$인 경우로 나누어 살펴보자. $x > 0$이면 $\frac{\sqrt{3x^4+3}}{|x|} = \frac{\sqrt{3x^4+3}}{x}$이며, 다음과 같이 $\lim_{x\to\infty} \frac{f(x)}{x}$를 구할 수 있다.

$$\lim_{x\to\infty} \frac{\frac{\sqrt{3x^4+5}}{x}}{x} = \lim_{x\to\infty} \frac{\sqrt{3x^4+5}}{x^2} = \lim_{x\to\infty} \frac{\sqrt{x^4\left(3+\frac{5}{x^4}\right)}}{x^2}$$
$$= \lim_{x\to\infty} \frac{x^2\sqrt{3+\frac{5}{x^4}}}{x^2} = \lim_{x\to\infty} \sqrt{3+\frac{5}{x^4}} = \sqrt{3}$$

이로부터, 함수 $y = \frac{\sqrt{3x^4+3}}{x}$은 경사점근선이 $y = \sqrt{3}x + k$이다. 이때, 함수 $y = \frac{\sqrt{3x^4+5}}{x}$의 차수에 주목하면, 분자는 이차식이고 분모는 일차식이다. 그러므로, 일차식인 경사점근선을 가진다는 것을 추측할 수 있다.

특히, 경사점근선을 구할 때 $\frac{f(x)}{x}$의 극한을 계산한다. 그러므로, $y = \frac{\sqrt{3x^4+3}}{x}$에서 이차식의 계수 $\sqrt{3}$에 주목하여, 경사점근선의 x항의 계수로 $\sqrt{3}$을 생각할 수 있다. 그러면, 어렵지 않게 경사점근선으로 $y = \sqrt{3}x + k$를 추측할 수 있다.

k의 값을 구하기 위해, 극한 $\lim_{x\to\infty} \left(\frac{\sqrt{3x^4+3}}{x} - \sqrt{3}x\right)$를 구하자. $\frac{\sqrt{3x^4+3}}{x} - \sqrt{3}x$에서

식 $\sqrt{3x^4+3}$, $\sqrt{3}x$에서 $\sqrt{3}x$에 주목하여 $\sqrt{3}x$를 괄호로 묶어 식을 정리하자. 그러면, 극한을 다음과 같이 쓸 수 있다.

$$\begin{aligned}\lim_{x\to\infty}\left(\frac{\sqrt{3x^4+3}}{x}-\sqrt{3}x\right) &= \lim_{x\to\infty}\left(\frac{\sqrt{3x^4\left(1+\frac{1}{x^4}\right)}}{x}-\sqrt{3}x\right)\\ &= \lim_{x\to\infty}\left(\sqrt{3}x\sqrt{1+\frac{1}{x^4}}-\sqrt{3}x\right) = \lim_{x\to\infty}\sqrt{3}x\left(\sqrt{1+\frac{1}{x^4}}-1\right)\end{aligned}$$

$\sqrt{1+\frac{1}{x^4}}-1$의 분자와 분모에 $\sqrt{1+\frac{1}{x^4}}+1$을 곱하여 정리하면, 다음과 같이 쓸 수 있다.

$$\sqrt{1+\frac{1}{x^4}}-1 = \frac{\left(1+\frac{1}{x^4}\right)-1}{\sqrt{1+\frac{1}{x^4}}+1} = \frac{\frac{1}{x^4}}{\sqrt{1+\frac{1}{x^4}}+1}$$

$\sqrt{1+\frac{1}{x^4}}-1 = \frac{\frac{1}{x^4}}{\sqrt{1+\frac{1}{x^4}}+1}$을 $\lim_{x\to\infty}\sqrt{3}x\left(\sqrt{1+\frac{1}{x^4}}-1\right)$에 대입하면, 극한을 다음과 같이 구할 수 있다.

$$\begin{aligned}\lim_{x\to\infty}\sqrt{3}x\left(\sqrt{1+\frac{1}{x^4}}-1\right) &= \lim_{x\to\infty}\sqrt{3}x\cdot\frac{\frac{1}{x^4}}{\sqrt{1+\frac{1}{x^4}}+1}\\ &= \lim_{x\to\infty}\frac{\sqrt{3}}{x^3\left(\sqrt{1+\frac{1}{x^4}}+1\right)} = \frac{\sqrt{3}}{2}\lim_{x\to\infty}\frac{1}{x^3}=0\end{aligned}$$

$y=\frac{\sqrt{3x^4+3}}{x}$의 경사점근선은 $y=\sqrt{3}x$라는 것을 알 수 있다. 함수 $y=\frac{\sqrt{3x^4+3}}{|x|}$가 y축에 대한 대칭성이 있으므로, $y=-\sqrt{3}x$도 경사점근선이다. □

$\lim_{x\to 0^+}\frac{\sqrt{3x^4+3}}{x}=\infty$이고 $\lim_{x\to 0^-}\frac{\sqrt{3x^4+3}}{-x}=\infty$이라는 것도 확인할 수 있다. 즉, $x=0$은 수직점근선이다. 그리고 도함수를 구해 극값을 가지는 x값을 찾아, 함수의 증감을 조사하면 그래프의 개형을 정교하게 추측할 수 있다.

$x>0$인 경우인 $y=\frac{\sqrt{3x^4+3}}{x}$의 도함수를 몫의 형태 미분이나 곱의 형태 미분으로 구할 수 있다. 여기서는 $y=(3x^4+3)^{\frac{1}{2}}\cdot x^{-1}$로 나타내 곱의 형태 미분을 이용하여,

다음과 같이 도함수를 구하자.

$$\begin{aligned} y' &= 6x^3(3x^4+3)^{-\frac{1}{2}} \cdot x^{-1} + (3x^4+3)^{\frac{1}{2}} \cdot (-x^{-2}) \\ &= 6x^2(3x^4+3)^{-\frac{1}{2}} - \frac{(3x^4+3)^{\frac{1}{2}}}{x^2} = \frac{6x^2}{(3x^4+3)^{\frac{1}{2}}} - \frac{(3x^4+3)^{\frac{1}{2}}}{x^2} \\ &= \frac{6x^4-(3x^4+3)}{x^2\sqrt{3x^4+3}} = \frac{3x^4-3}{x^2\sqrt{3x^4+3}} = \frac{3(x^4-1)}{x^2\sqrt{3x^4+3}} \end{aligned}$$

$y' = 0$으로부터 $x^4 - 1 = 0$이며, $x = 1$ 또는 $x = -1$이다. 그러므로 $x > 0$인 경우에 $x = 1$에서 함수 $y = \frac{\sqrt{3x^4+3}}{x}$은 극값을 가진다. $x < 0$인 경우에 $x = -1$에서 극값을 가진다. 이제, $x = -1$, $x = 1$에서 함수의 증감을 조사하고 점근선을 생각하면, 그림 6.11과 같은 그래프 개형을 얻을 수 있다.

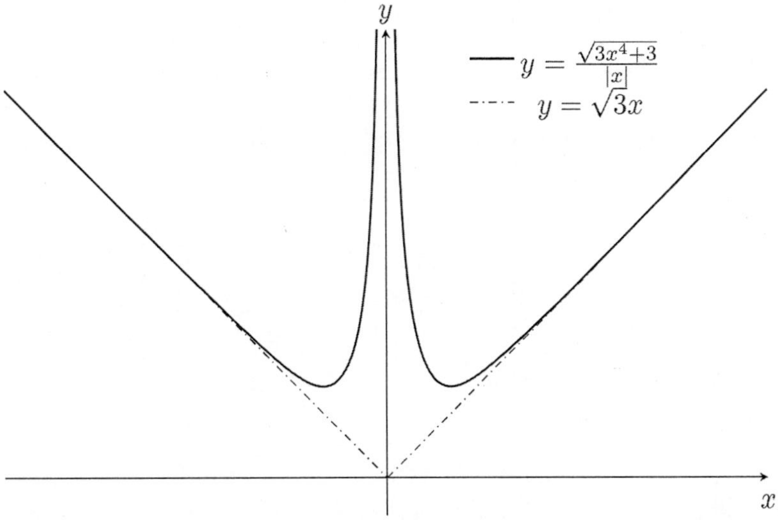

그림 6.11

제 7장. 삼차함수와 그래프

삼차함수 $f(x) = ax^3 + bx^2 + cx + d$에 대해 살펴보자(이때, $a \neq 0$). 정의역과 치역은 $\mathbb{R}$이며, $x \to \pm\infty$일 때에 함숫값은 다음과 같다.

$$\lim_{x\to\infty} f(x) = \begin{cases} \infty, & a > 0, \\ -\infty, & a < 0, \end{cases} \qquad \lim_{x\to-\infty} f(x) = \begin{cases} -\infty, & a > 0, \\ \infty, & a < 0. \end{cases}$$

삼차함수 $f(x) = ax^3 + bx^2 + cx + d$의 증감에 대해 살펴보자. 예제 1.5에 의하면, $f(x) = x^3$은 구간 $(-\infty, \infty)$에서 증가함수이다. 그리고 정리 1.5에서 함수 f가 구간 D'에서 증가하고 k가 양수이면, 함수 kf는 구간 D'에서 증가함수라는 것을 증명했다. 이로부터, 양수 a에 대해 함수 $f(x) = ax^3$은 구간 $(-\infty, \infty)$에서 증가함수라는 것을 알 수 있다.

함수 $f(x) = x^2$의 증감과 관련하여, 예제 1.4에 의하면 구간 $[0, \infty)$에서 $f(x) = x^2$은 증가함수이다. 그리고 예제 1.5에 의해 $f(x) = x$도 구간 $(-\infty, \infty)$에서 증가함수이다. 그러면, 정리 1.5에 의해 양수 b, c에 대해 함수 $f(x) = bx^2$은 구간 $[0, \infty)$에서, $f(x) = cx$는 구간 $(-\infty, \infty)$에서 증가함수이다. 그리고 정리 1.7에서 증가함수 f, g의 합 $f + g$가 증가함수라는 것을 보였으므로, 구간 $[0, \infty)$에서 증가함수의 합 $f(x) = ax^3 + bx^2 + cx$는 증가함수이다. 그리고 정리 1.6에서 증가함수와 상수함수의 합은 증가함수라는 것을 보였으므로, 삼차함수 $f(x) = ax^3 + bx^2 + cx + d$는 증가함수이다. 결국, 양수 a, b, c에 대해 삼차함수 $f(x) = ax^3 + bx^2 + cx + d$는 구간 $[0, \infty)$에서 증가한다. 예를 들어, $f(x) = x^3 + 2x^2 + 3x + 4$는 구간 $[0, \infty)$에서 증가함수이다.

다른 방법으로 삼차함수 $f(x) = ax^3 + bx^2 + cx + d$의 증감을 살펴보자. 임의의 $x_1 < x_2 \in \mathbb{R}$에 대해 $f(x_2) - f(x_1)$을 계산하면, 다음과 같이 정리할 수 있다.

$$\begin{aligned} f(x_2) - f(x_1) &= a(x_2^3 - x_1^3) + b(x_2^2 - x_1^2) + c(x_2 - x_1) \\ &= (x_2 - x_1)\left(a(x_2^2 + x_2x_1 + x_1^2) + b(x_2 + x_1) + c\right) \end{aligned}$$

이때, $a(x_2^2 + x_2x_1 + x_1^2) + b(x_2 + x_1) + c = \varphi(x_1, x_2)$라 하자. 그러면, $x_2 - x_1 > 0$이므로, $f(x_2) - f(x_1)$의 부호는 식 $\varphi(x_1, x_2)$의 부호와 일치한다.

$\varphi(x_1, x_2)$의 의미를 살펴보자. $f(x_2) - f(x_1) = (x_2 - x_1)\varphi(x_1, x_2)$이고, 이를 $\varphi(x_1, x_2) = \frac{f(x_2)-f(x_1)}{(x_2-x_1)}$과 같이 쓸 수 있다. 이때, $\varphi(x_1, x_2)$는 삼차함수 $f(x) = ax^3 + bx^2 + cx + d$의 점 $(x_1, f(x_1))$, $(x_2, f(x_2))$를 지나는 직선의 기울기를 의미한다.

결국, $x_1 < x_2$인 경우에 (1) $\varphi(x_1, x_2) > 0$이면 $f(x_1) < f(x_2)$가 되어 삼차함수는 증가하고, (2) $\varphi(x_1, x_2) < 0$이면 $f(x_1) > f(x_2)$가 되어 삼차함수는 감소하고, (3) $\varphi(x_1, x_2) = 0$이면 $f(x_1) = f(x_2)$가 된다.

삼차함수 $f(x) = ax^3$ 삼차함수 $f(x) = ax^3$에 대해 살펴보자. 앞에서 살펴보았듯이, 양수 a에 대해 함수 $f(x) = ax^3$은 구간 $(-\infty, \infty)$에서 증가함수이고, a가 음수이면 $f(x) = ax^3$은 구간 $(-\infty, \infty)$에서 감소함수이다.

함수 $f(x) = ax^3$의 볼록성에 대해 살펴보자. 함수 $f(x) = ax^3$이 $\mathbb{R}$에서 연속이므로, 함수 $f(x) = ax^3$에 대해 식 $\frac{f(x_1)+f(x_2)}{2} - f\left(\frac{x_1+x_2}{2}\right)$의 부호를 조사하자. 식 $\frac{f(x_1)+f(x_2)}{2} - f\left(\frac{x_1+x_2}{2}\right)$를 함수 $f(x) = ax^3$에 대해 쓰면, 다음과 같다.

$$\frac{f(x_1) + f(x_2)}{2} - f\left(\frac{x_1 + x_2}{2}\right) = \frac{ax_1^3 + ax_2^3}{2} - a\left(\frac{x_1 + x_2}{2}\right)^3$$

등식의 좌변 $\frac{ax_1^3+ax_2^3}{2} - a\left(\frac{x_1+x_2}{2}\right)^3$을 완전제곱식을 포함하는 식으로 정리하여, 등식의 좌변 $\frac{f(x_1)+f(x_2)}{2} - f\left(\frac{x_1+x_2}{2}\right)$의 부호를 조사하자. 식 $\frac{ax_1^3+ax_2^3}{2} - a\left(\frac{x_1+x_2}{2}\right)^3$에서

세제곱을 전개하면, 다음과 같이 인수분해 할 수 있다.

$$\begin{aligned}
\frac{ax_1^3+ax_2^3}{2}-a\left(\frac{x_1+x_2}{2}\right)^3 &= a\cdot\frac{4(x_1^3+x_2^3)-(x_1^3+3x_1^2x_2+3x_1x_2^2+x_2^3)}{8}\\
&= a\cdot\frac{4x_1^3+4x_2^3-x_1^3-3x_1^2x_2-3x_1x_2^2-x_2^3}{8}\\
&= a\cdot\frac{3x_1^3-3x_1^2x_2-3x_1x_2^2+3x_2^3}{8}=a\cdot\frac{3\left(x_1^3+x_2^3-x_1^2x_2-x_1x_2^2\right)}{8}\\
&= a\cdot\frac{3\Big((x_1+x_2)(x_1^2-x_1x_2+x_2^2)-x_1x_2(x_1+x_2)\Big)}{8}\\
&= a\cdot\frac{3(x_1+x_2)\left(x_1^2-2x_1x_2+x_2^2\right)}{8}=a\cdot\frac{3(x_1+x_2)(x_1-x_2)^2}{8}
\end{aligned}$$

실수 x_1, x_2와 $f(x)=ax^3$에 대해, 다음이 성립한다.

$$\frac{f(x_1)+f(x_2)}{2}-f\Big(\frac{x_1+x_2}{2}\Big)=\frac{3a}{8}(x_1+x_2)(x_1-x_2)^2$$

이때, $(x_1-x_2)^2 \geq 0$이며 함수 $f(x)=ax^3$가 $\mathbb{R}$에서 연속이라는 것을 생각하면, $a>0$인 경우에 $f(x)=ax^3$의 볼록성에 대해 다음을 알 수 있다: (1) $x_1, x_2>0$이면, $x_1+x_2>0$이며 $\frac{f(x_1)+f(x_2)}{2}\geq f\Big(\frac{x_1+x_2}{2}\Big)$이다. 함수 $f(x)=ax^3$은 구간 $(0,\infty)$에서 아래로 볼록이다. (2) $x_1, x_2<0$이면, $x_1+x_2<0$이며 $\frac{f(x_1)+f(x_2)}{2}\leq f\Big(\frac{x_1+x_2}{2}\Big)$이다. 함수 $f(x)=ax^3$은 구간 $(-\infty,0)$에서 위로 볼록이다.

음수 a에 대해 함수 $f(x)=ax^3$의 볼록성을 생각하면, 양수인 a에 대한 $f(x)=ax^3$의 볼록성 부등식과 반대 방향의 부등식을 얻게 된다. 그러므로, (1) $x_1, x_2>0$이면, $x_1+x_2>0$이며 $\frac{f(x_1)+f(x_2)}{2}\leq f\Big(\frac{x_1+x_2}{2}\Big)$이다. 함수 $f(x)=ax^3$은 구간 $(0,\infty)$에서 위로 볼록이다. (2) $x_1, x_2<0$이면, $x_1+x_2<0$이며 $\frac{f(x_1)+f(x_2)}{2}\geq f\Big(\frac{x_1+x_2}{2}\Big)$이다. 함수 $f(x)=ax^3$은 구간 $(-\infty,0)$에서 아래로 볼록이다.

함수 $f(x)=x^3$의 그래프는 $\forall x_1\in\mathbb{R}$에 대해 함숫값 $f(x_1)$을 찾아 좌표평면에 점 $(x_1, f(x_1))$을 표시하여 개형을 얻을 수 있지만, 다른 관점에서는 $y=x$와 $y=x^2$의 곱으로 생각할 수도 있다.

그림 7.1에는 $y=x$, $y=x^2$, $y=x^3$의 그래프와 대응하는 몇 개의 점들이 표시되어 있다. 함수 $y=x$와 $y=x^2$에 있는 대응하는 점들의 함숫값을 곱하면, 함수 $y=x^3$

의 함숫값이 얻어진다. $x > 1$인 경우에 함수 $y = x^3$의 그래프는 $y = x^2$의 윗쪽에 있으며(즉, 함숫값이 더 크다), $x < 0$인 경우에는 $y = x^3$이 홀함수이므로 $x > 0$인 경우의 그래프를 원점에 대칭시켜 얻을 수 있다.

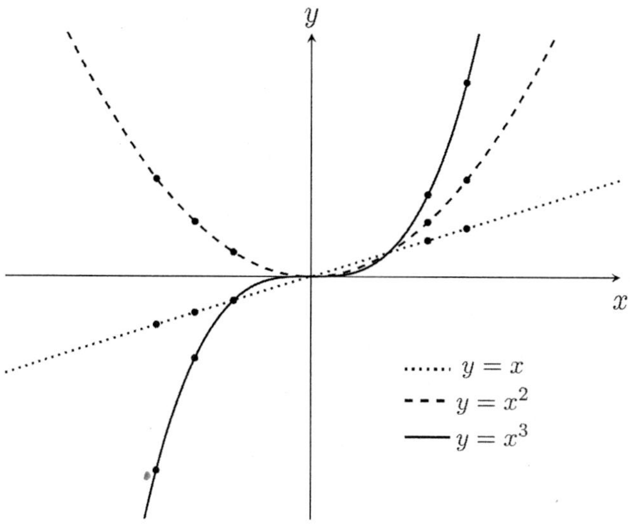

그림 7.1

그림 7.2에 함수 $f(x) = \frac{1}{4}x^3$, $f(x) = x^3$, $f(x) = -\frac{1}{3}x^3$, $f(x) = -x^3$의 그래프 개형이 있다. 함수 $f(x) = \frac{1}{4}x^3$의 그래프는 $f(x) = x^3$의 그래프를 y축으로부터 팽창시킨 것이다. 즉, $f(x) = \frac{1}{4}x^3 = \left(\frac{1}{\sqrt[3]{4}}x\right)^3$이며, $y = f(kx)$에서 $k = \frac{1}{\sqrt[3]{4}}$인 경우에 해당한다. $f(x) = -x^3$의 그래프는 $y = x^3$의 그래프를 y축으로 대칭시킨 것이며, $f(x) = -\frac{1}{3}x^3 = -\left(\frac{1}{\sqrt[3]{3}}x\right)^3$의 그래프는 $f(x) = -x^3$의 그래프를 y축으로부터 계수 $\sqrt[3]{3}$인 팽창을 하여 얻어진다.

삼차함수 $f(x) = ax^3 + cx$ 삼차함수 $f(x) = ax^3 + cx$의 그래프는 삼차함수 $y = ax^3$과 일차함수 $y = cx$의 합으로 생각할 수 있다. 이때, a와 c의 부호가 함수 그래프의 개형에 관련된다.

(1) a와 c가 같은 부호인 경우를 살펴보자. 가령, $a > 0$, $c > 0$인 경우를 생각하자. 그림 7.3에 함수 $f(x) = \frac{1}{3}x^3 + 2x$, $f(x) = \frac{1}{3}x^3$, $f(x) = 2x$의 그래프가 있으며, 대응

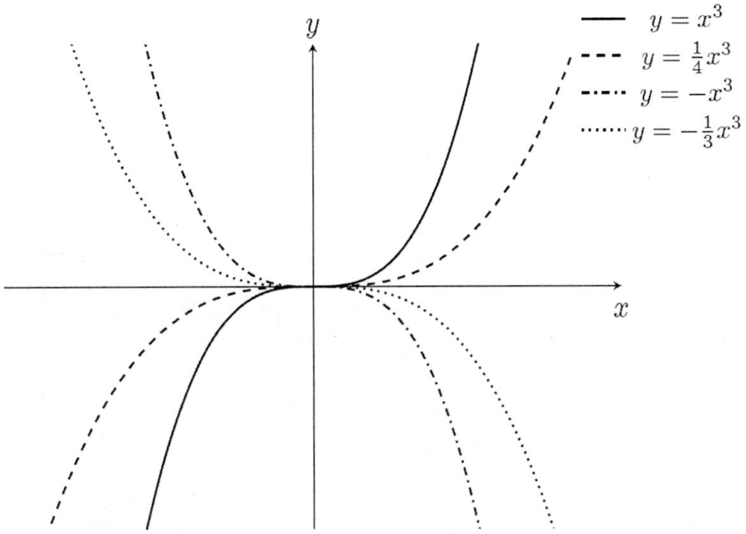

그림 7.2

하는 몇 개의 점들이 표시되어 있다. 함수 $f(x) = \frac{1}{3}x^3$, $f(x) = 2x$의 그래프에 표시된 대응하는 점들의 함숫값을 더하면, 함수 $f(x) = \frac{1}{3}x^3 + 2x$의 상응하는 점의 함숫값이 된다. 특히, $x \to \pm\infty$에서 함수 $f(x) = \frac{1}{3}x^3 + 2x$의 그래프는 함수 $f(x) = \frac{1}{3}x^3$의 그래프를 따라간다는 것을 볼 수 있다.

함수 $f(x) = \frac{1}{3}x^3 + 2x$, $f(x) = \frac{1}{3}x^3$, $f(x) = 2x$의 그래프는 제1사분면과 제3사분면을 지나며, 함수 $f(x) = \frac{1}{3}x^3 + 2x$의 그래프는 x축과 원점에서 만나며 다른 점에서는 x축과 만나지 않는다.

$a > 0$, $c > 0$인 경우에 삼차함수 $f(x) = ax^3 + cx$의 그래프가 x축과 원점에서만 만난다는 것은 방정식 $ax^3 + cx = 0$의 해를 구하여 확인할 수 있다.

$ax^3 + cx = 0$에서 $x(ax^2 + c) = 0$이며, 이로부터 $x = 0$ 또는 $ax^2 + c = 0$이다. $ax^2 + c = 0$에서 $x^2 = -\frac{c}{a}$이다. 이때, $a > 0$, $c > 0$이므로 방정식 $x^2 = -\frac{c}{a}$를 풀면, 허근 $x = \pm\sqrt{-\frac{c}{a}} = \pm\sqrt{\frac{c}{a}}i$를 구할 수 있다. 결국, 방정식 $ax^3 + cx = 0$은 실근 $x = 0$과 허근 $\pm\sqrt{\frac{c}{a}}i$를 가지며, $a > 0$, $c > 0$일 때 함수 $f(x) = ax^3 + cx$의 그래프는 x축과 원점에서만 만난다.

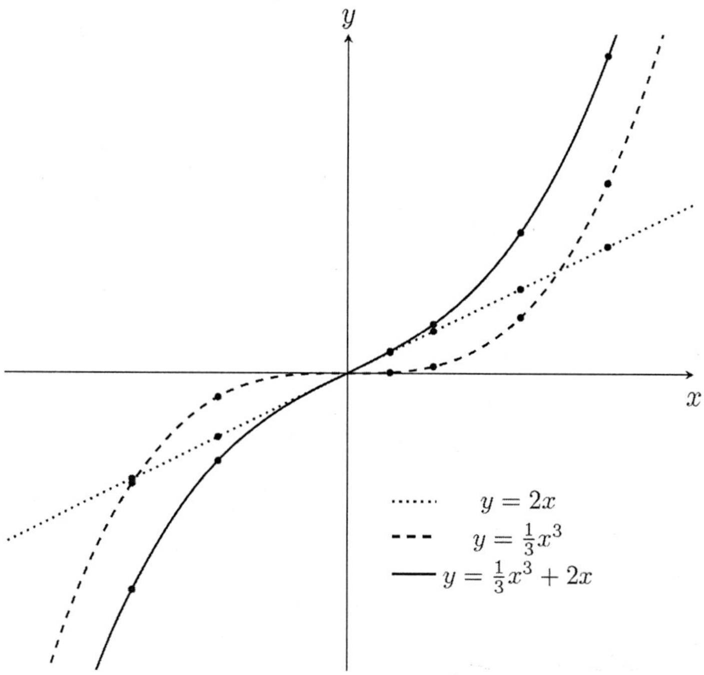
y
x
$y = 2x$
$y = \frac{1}{3}x^3$
$y = \frac{1}{3}x^3 + 2x$

그림 7.3

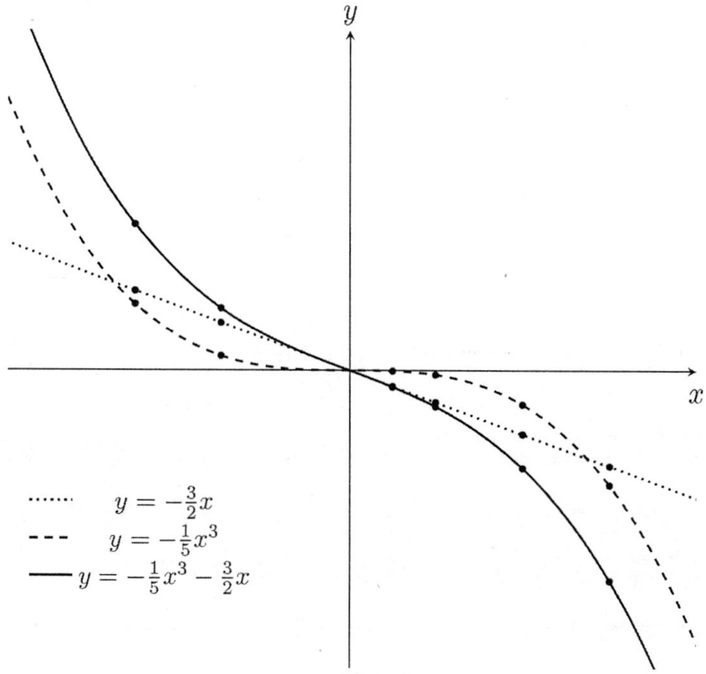
y
x
$y = -\frac{3}{2}x$
$y = -\frac{1}{5}x^3$
$y = -\frac{1}{5}x^3 - \frac{3}{2}x$

그림 7.4

한편, $a<0$, $c<0$인 경우에 그림 7.4에는 함수 $f(x)=-\frac{1}{5}x^3-\frac{3}{2}x$, $f(x)=-\frac{1}{5}x^3$, $f(x)=-\frac{3}{2}x$의 그래프가 있다. 함수 $f(x)=-\frac{1}{5}x^3-\frac{3}{2}x$, $f(x)=-\frac{1}{5}x^3$, $f(x)=-\frac{3}{2}x$의 그래프는 제2사분면과 제4사분면을 지나며, 함수 $f(x)=-\frac{1}{5}x^3-\frac{3}{2}x$의 그래프는 x축과 원점에서만 만난다.

$a>0$, $c>0$인 경우에 함수 $f(x)=ax^3+cx$는 증가함수이다. 왜냐 하면, $a>0$일 때 $f(x)=ax^3$은 증가함수이고 $c>0$이면 $f(x)=cx$도 증가함수이다. 그러므로, 정리 1.7에 의해 함수 $f(x)=ax^3+cx$도 증가함수이다. 비슷한 방법으로, $a<0$, $c<0$인 경우에 함수 $f(x)=ax^3+cx$가 감소함수라는 것을 보일 수 있다.

함수 $f(x)=ax^3+cx$의 볼록성을 살펴보자. $f(x)=ax^3+cx$가 연속이므로, $f(x)=ax^3+cx$의 볼록성을 조사하기 위해 임의의 x_1, x_2에 대해 부등식 $f\left(\frac{x_1+x_2}{2}\right) \le \frac{f(x_1)+f(x_2)}{2}$를 확인하면 된다.

$f(x)=ax^3+cx$에 대해, $\frac{f(x_1)+f(x_2)}{2}=\frac{ax_1^3+ax_2^3}{2}+\frac{cx_1+cx_2}{2}$이고 $f\left(\frac{x_1+x_2}{2}\right)=a\left(\frac{x_1+x_2}{2}\right)^3+c\left(\frac{x_1+x_2}{2}\right)$이다. 이 식들을 $\frac{f(x_1)+f(x_2)}{2}-f\left(\frac{x_1+x_2}{2}\right)$에 대입하여, 다음과 같이 쓸 수 있다.

$$\frac{ax_1^3+ax_2^3}{2}+\frac{cx_1+cx_2}{2}-a\left(\frac{x_1+x_2}{2}\right)^3-c\left(\frac{x_1+x_2}{2}\right) = \frac{ax_1^3+ax_2^3}{2}-a\left(\frac{x_1+x_2}{2}\right)^3$$

이로부터, 함수 $f(x)=ax^3+cx$의 볼록성은 함수 $f(x)=ax^3$의 볼록성과 같다는 것을 알 수 있다. 함수 $f(x)=ax^3+cx$에서 항 cx는 $f(x)=ax^3+cx$의 볼록성에 영향을 주지 못한다. 그러므로, $a>0$인 경우에 $f(x)=ax^3+cx$의 볼록성은 구간 $(0,\infty)$에서 아래로 볼록이고, 구간 $(-\infty,0)$에서는 위로 볼록이다. 그리고 $a<0$이면 함수 $f(x)=ax^3+cx$는 구간 $(0,\infty)$에서 위로 볼록이고, 구간 $(-\infty,0)$에서 아래로 볼록이다.

(2) a와 c가 다른 부호인 경우에 $f(x)=ax^3+cx$의 그래프 개형을 살펴보자. 가령, $a>0$, $c<0$인 경우를 생각하자. 그림 7.5에 함수 $f(x)=\frac{1}{5}x^3-\frac{3}{2}x$, $f(x)=\frac{1}{5}x^3$, $f(x)=-\frac{3}{2}x$의 그래프가 있으며, 대응하는 몇 개의 점들이 표시되어 있다. 함수

$f(x) = \frac{1}{5}x^3$의 그래프는 제1사분면과 제3사분면을 지나며, $f(x) = -\frac{3}{2}x$는 제2사분면과 제4사분면을 지난다. 이들의 합인 함수 $f(x) = \frac{1}{5}x^3 - \frac{3}{2}x$의 그래프는 모든 사분면을 지난다.

함수 $f(x) = \frac{1}{5}x^3 - \frac{3}{2}x$의 그래프는 x축과 세 점에서 만난다. 이 교점을 구하기 위해, 방정식 $\frac{1}{5}x^3 - \frac{3}{2}x = 0$의 해를 구하자. $\frac{1}{5}x^3 - \frac{3}{2}x = 0$로부터, $2x^3 - 15x = 0$, $x(2x^2 - 15) = 0$이 얻어진다. 이로부터, $x = 0$ 또는 $2x^2 - 15 = 0$이다. $2x^2 - 15 = 0$을 풀면, $x = \sqrt{\frac{15}{2}}$, $x = -\sqrt{\frac{15}{2}}$이다. 결국, 함수 $f(x) = \frac{1}{5}x^3 - \frac{3}{2}x$의 그래프는 x축과 $x = 0$, $x = \sqrt{\frac{15}{2}}$, $x = -\sqrt{\frac{15}{2}}$에서 만난다.

그림 7.6에 함수 $f(x) = -\frac{2}{7}x^3 + \frac{5}{2}x$, $f(x) = -\frac{2}{7}x^3$, $f(x) = \frac{5}{2}x$의 그래프가 있으며, 대응하는 몇 개의 점들이 표시되어 있다. 함수 $f(x) = -\frac{2}{7}x^3$의 그래프는 제2사분면과 제4사분면을 지나며, $f(x) = \frac{5}{2}x$의 그래프는 제1사분면과 제3사분면을 지난다. 이들의 합인 함수 $f(x) = -\frac{2}{7}x^3 + \frac{5}{2}x$의 그래프는 모든 사분면을 지난다. 함수 $f(x) = -\frac{2}{7}x^3 + \frac{5}{2}x$의 그래프는 x축과 세 점에서 만난다.

$a > 0$이고 $c < 0$인 경우 또는 $a < 0$이고 $c > 0$인 경우에는 $ax^3 + cx = 0$에서 $x = 0$ 또는 $ax^2 + c = 0$이 얻어지며, $ax^2 + c = 0$에서 실근을 구할 수 있다. $ax^2 + c = 0$에서 $x^2 = -\frac{c}{a}$가 되는데, a와 c가 서로 다른 부호이므로 $-\frac{c}{a} > 0$이다. 그러므로 $x = \pm\sqrt{-\frac{c}{a}}$가 실근이다. 결국, 함수 $f(x) = ax^3 + cx$는 x축과 $x = 0$, $x = \pm\sqrt{-\frac{c}{a}}$에서 만난다.

a와 c가 다른 부호인 경우에 함수의 증감은 a와 c가 같은 부호인 경우와는 다르다. 왜냐 하면, 함수 $f(x) = ax^3$, $f(x) = cx$는 a, c의 부호에 따라 증가함수인지, 감소함수인지 결정되기 때문이다. 그러므로 함수 $f(x) = ax^3 + cx$의 증감은 구간별로 조사해야 한다.

a와 c가 다른 부호인 경우에 $f(x) = ax^3 + cx$의 볼록성은 a와 c가 같은 부호인 경우와 마찬가지로, a의 부호에 따라 결정된다. 그림 7.5에서 $a > 0$이면 $f(x) = \frac{1}{5}x^3 - \frac{3}{2}x$의 볼록성은 구간 $(0, \infty)$에서 아래로 볼록이고, 구간 $(-\infty, 0)$에서는 위로 볼록이다. 그리고 그림 7.6에서 $a < 0$이면, 함수 $f(x) = -\frac{2}{7}x^3 + \frac{5}{2}x$는 구간 $(0, \infty)$에서 위로 볼록이고, 구간 $(-\infty, 0)$에서 아래로 볼록이다.

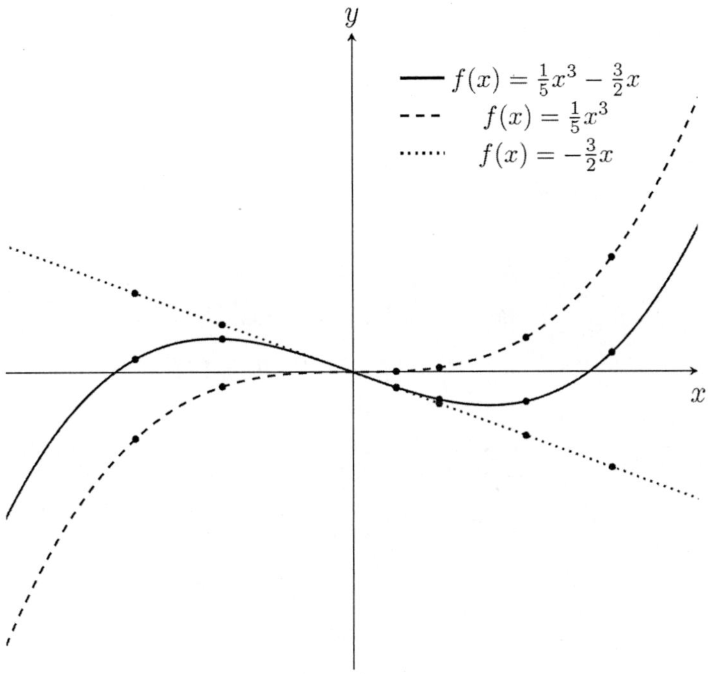

y
$f(x) = \frac{1}{5}x^3 - \frac{3}{2}x$
$f(x) = \frac{1}{5}x^3$
$f(x) = -\frac{3}{2}x$
x

그림 7.5

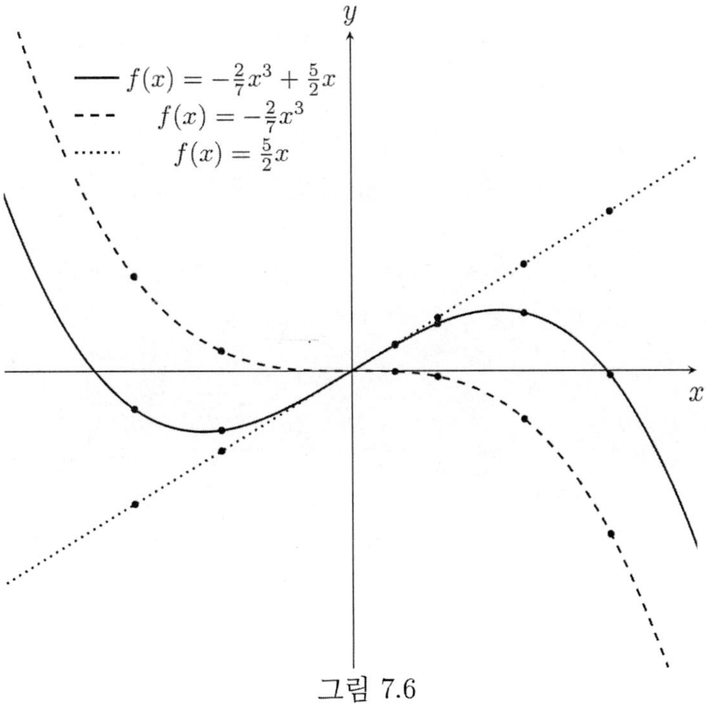

y
$f(x) = -\frac{2}{7}x^3 + \frac{5}{2}x$
$f(x) = -\frac{2}{7}x^3$
$f(x) = \frac{5}{2}x$
x

그림 7.6

삼차함수 $f(x) = ax^3 + bx^2 + cx + d$와 $f(x) = ax^3 + c'x$의 관계 삼차다항식 $ax^3 + bx^2 + cx + d$에서 a를 묶어내고, 나머지 식들을 세제곱식, 제곱식을 포함하는 형태로 정리해 보자. $ax^3 + bx^2 + cx + d = a\left(x^3 + \frac{b}{a}x^2 + \frac{c}{a}x + \frac{d}{a}\right)$라 놓을 수 있다. 식 $x^3 + \frac{b}{a}x^2 + \frac{c}{a}x + \frac{d}{a}$에서 $x^3 + \frac{b}{a}x^2$를 세제곱식을 만들기 위해, 다음과 같이 변형하자.

$$\begin{aligned}x^3 + \frac{b}{a}x^2 = &\left[x^3 + 3x^2 \cdot \frac{b}{3a} + 3x\left(\frac{b}{3a}\right)^2 + \left(\frac{b}{3a}\right)^3\right] \\ &- 3x^2 \cdot \frac{b}{3a} - 3x\left(\frac{b}{3a}\right)^2 - \left(\frac{b}{3a}\right)^3 + \frac{b}{a}x^2 = \left(x + \frac{b}{3a}\right)^3 - \frac{b^2}{3a^2}x - \frac{b^3}{27a^3}\end{aligned}$$

얻어진 식을 $x^3 + \frac{b}{a}x^2 + \frac{c}{a}x + \frac{d}{a}$에 대입하여, 다음과 같이 정리할 수 있다.

$$\begin{aligned}x^3 + \frac{b}{a}x^2 + \frac{c}{a}x + \frac{d}{a} &= \left[x^3 + \frac{b}{a}x^2\right] + \frac{c}{a}x + \frac{d}{a} \\ &= \left(x + \frac{b}{3a}\right)^3 - \frac{b^2}{3a^2}x - \frac{b^3}{27a^3} + \frac{c}{a}x + \frac{d}{a} \\ &= \left(x + \frac{b}{3a}\right)^3 + \left(\frac{c}{a} - \frac{b^2}{3a^2}\right)x + \left(\frac{d}{a} - \frac{b^3}{27a^3}\right)\end{aligned}$$

이때, 항 $\left(x + \frac{b}{3a}\right)^3$처럼 x항도 $\left(x + \frac{b}{3a}\right)$가 되도록 변형시키자. 즉, 항 $\left(\frac{c}{a} - \frac{b^2}{3a^2}\right)x$를 다음과 같이 쓸 수 있다.

$$\left(\frac{c}{a} - \frac{b^2}{3a^2}\right)x = \left(\frac{c}{a} - \frac{b^2}{3a^2}\right)\left(x + \frac{b}{3a}\right) - \left(\frac{c}{a} - \frac{b^2}{3a^2}\right)\frac{b}{3a}$$

이것을 $x^3 + \frac{b}{a}x^2 + \frac{c}{a}x + \frac{d}{a}$의 식에 대입하면, 다음을 얻을 수 있다.

$$\begin{aligned}x^3 + \frac{b}{a}x^2 + \frac{c}{a}x + \frac{d}{a} = &\left(x + \frac{b}{3a}\right)^3 + \left(\frac{c}{a} - \frac{b^2}{3a^2}\right)\left(x + \frac{b}{3a}\right) \\ &+ \left[\frac{d}{a} - \frac{b^3}{27a^3} - \left(\frac{c}{a} - \frac{b^2}{3a^2}\right)\frac{b}{3a}\right]\end{aligned}$$

상수항 $\left[\frac{d}{a} - \frac{b^3}{27a^3} - \left(\frac{c}{a} - \frac{b^2}{3a^2}\right)\frac{b}{3a}\right]$를 전개하여, 다음과 같이 정리하자.

$$\begin{aligned}\frac{d}{a} - \frac{b^3}{27a^3} - \left(\frac{c}{a} - \frac{b^2}{3a^2}\right)\frac{b}{3a} &= \frac{d}{a} - \frac{b^3}{27a^3} - \left(\frac{c}{a} \cdot \frac{b}{3a} - \frac{b^2}{3a^2} \cdot \frac{b}{3a}\right) \\ &= \frac{d}{a} - \frac{b^3}{27a^3} - \left(\frac{bc}{3a^2} - \frac{b^3}{9a^3}\right) = \frac{d}{a} - \frac{b^3}{27a^3} - \frac{bc}{3a^2} + \frac{b^3}{9a^3}\end{aligned}$$

얻어진 식에서 $\frac{d}{a}-\frac{b^3}{27a^3}-\frac{bc}{3a^2}+\frac{b^3}{9a^3}=\frac{d}{a}-\frac{bc}{3a^2}+\frac{2b^3}{27a^3}$이므로, 상수항은 다음과 같이 쓸 수 있다.

$$\frac{d}{a}-\frac{b^3}{27a^3}-\left(\frac{c}{a}-\frac{b^2}{3a^2}\right)\frac{b}{3a}=\frac{d}{a}-\frac{bc}{3a^2}+\frac{2b^3}{27a^3}$$

$a\left(x^3+\frac{b}{a}x^2+\frac{c}{a}x+\frac{d}{a}\right)$를 세제곱식, 제곱식을 포함한 식으로 다음과 같이 변형시킬 수 있다.

$$\begin{aligned}a\left(x^3+\frac{b}{a}x^2+\frac{c}{a}x+\frac{d}{a}\right)&=a\left[\left(x+\frac{b}{3a}\right)^3+\left(\frac{c}{a}-\frac{b^2}{3a^2}\right)\left(x+\frac{b}{3a}\right)\right.\\&\qquad\left.+\left(\frac{d}{a}-\frac{bc}{3a^2}+\frac{2b^3}{27a^3}\right)\right]\\&=a\left(x+\frac{b}{3a}\right)^3+\left(c-\frac{b^2}{3a}\right)\left(x+\frac{b}{3a}\right)+\left(d-\frac{bc}{3a}+\frac{2b^3}{27a^2}\right)\end{aligned}$$

삼차함수 $f(x)=ax^3+bx^2+cx+d$를 적당히 x축을 따라, y축을 따라 평행이동을 하면, 함수 $f(x)=ax^3+c'x$인 꼴이 된다는 것을 알 수 있다.

실제로, $f(x)=ax^3+bx^2+cx+d$를 x축으로 $\frac{b}{3a}$만큼 평행이동하고, y축으로 $-\left(d-\frac{bc}{3a}+\frac{2b^3}{27a^2}\right)$만큼 평행이동하여 보자. x대신에 $x-\frac{b}{3a}$를 대입하고, y대신에 $y+\left(d-\frac{bc}{3a}+\frac{2b^3}{27a^2}\right)$을 대입하자. 그러면, $f(x)=ax^3+bx^2+cx+d$는 $y=ax^3+\left(c-\frac{b^2}{3a}\right)x$가 된다. 이것을 다음 정리로 기술할 수 있다.

정리 7.1. 삼차함수 $f(x)=ax^3+bx^2+cx+d$의 그래프를 x축으로 $\frac{b}{3a}$만큼, y축으로 $-\left(d-\frac{bc}{3a}+\frac{2b^3}{27a^2}\right)$만큼 평행이동하면, 삼차함수 $f(x)=ax^3+bx^2+cx+d$는 이차항과 상수항이 없는 함수 $f(x)=ax^3+\left(c-\frac{b^2}{3a}\right)x$가 된다. 이 함수의 그래프는 원점에 대해 대칭이다.

정리 7.1에서 평행이동을 통해 얻어진 함수 $f(x)=ax^3+\left(c-\frac{b^2}{3a}\right)x$는 x^2항이 없으며, 함수의 그래프가 원점을 지난다. 그리고 함수 $f(x)=ax^3+\left(c-\frac{b^2}{3a}\right)x$는 홀함수이며, 함수의 그래프는 원점에 대해 대칭이다.

함수 $f(x)=x^3-2x^2-3x+2$가 주어졌다고 하자. 이제, $f(x)=x^3-2x^2-3x+2$를 x축으로 $\frac{b}{3a}$, y축으로 $-\left(d-\frac{bc}{3a}+\frac{2b^3}{27a^2}\right)$만큼 평행이동한 함수를 구하는 과정을 살

펴보자. $f(x) = x^3 - 2x^2 - 3x + 2$에서 $a = 1$, $b = -2$, $c = -3$, $d = 2$이므로, x축으로 $\frac{b}{3a} = -\frac{2}{3}$만큼, y축으로 $-\left(d - \frac{bc}{3a} + \frac{2b^3}{27a^2}\right) = \frac{16}{27}$만큼 평행이동을 하자. 이를 위해, $x = X + \frac{2}{3}$, $y = Y - \frac{16}{27}$을 대입하자.

우선, $f\left(X + \frac{2}{3}\right) = \left(X + \frac{2}{3}\right)^3 - 2\left(X + \frac{2}{3}\right)^2 - 3\left(X + \frac{2}{3}\right) + 2$를 계산하자. 이때, $\left(X + \frac{2}{3}\right)^3 = X^3 + 2X^2 + \frac{4}{3}X + \frac{8}{27}$, $-2\left(X + \frac{2}{3}\right)^2 = -2X^2 - \frac{8}{3}X - \frac{8}{9}$, $-3\left(X + \frac{2}{3}\right) = -3X - 2$이므로, 이들을 대입하면, 다음을 얻을 수 있다.

$$\begin{aligned}&\left(X + \frac{2}{3}\right)^3 - 2\left(X + \frac{2}{3}\right)^2 - 3\left(X + \frac{2}{3}\right) + 2 \\ &\qquad = X^3 + 2X^2 + \frac{4}{3}X + \frac{8}{27} - 2X^2 - \frac{8}{3}X - \frac{8}{9} - 3X - 2 + 2\end{aligned}$$

얻어진 식의 동류항들을 정리하면, $y = X^3 - \frac{13}{3}X - \frac{16}{27}$이 된다. 이제, $y = Y - \frac{16}{27}$을 대입하면, $Y = f\left(X + \frac{2}{3}\right) + \frac{16}{27} = X^3 - \frac{13}{3}X - \frac{16}{27} + \frac{16}{27} = X^3 - \frac{13}{3}X$, 즉 $y = x^3 - \frac{13}{3}x$을 얻게 된다. 그림 7.7에 $y = x^3 - 2x^2 - 3x + 2$와 $y = x^3 - \frac{13}{3}x$의 그래프가 제시되어 있다.

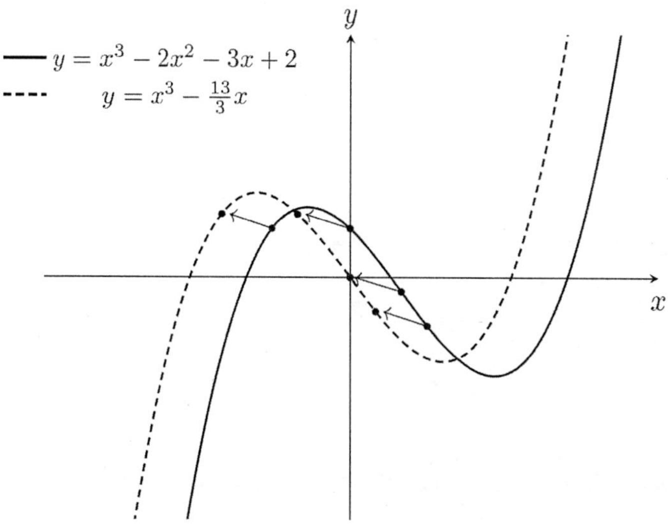

그림 7.7

그림 7.7에서 함수 $y = x^3 - \frac{13}{3}x$의 그래프의 원점은 $y = x^3 - 2x^2 - 3x + 2$의 점 $\left(\frac{2}{3}, -\frac{16}{27}\right)$에 대응된다. 결국, $y = x^3 - \frac{13}{3}x$의 그래프가 원점을 중심으로 대칭이므로,

함수 $y = x^3 - 2x^2 - 3x + 2$의 그래프는 점 $\left(\frac{2}{3}, -\frac{16}{27}\right)$을 중심으로 대칭이라는 것을 알 수 있다. 얻어진 결과를 다음 정리로 일반화 시킬 수 있다.

정리 7.2. 삼차함수 $f(x) = ax^3 + bx^2 + cx + d$의 그래프는 점 $\left(-\frac{b}{3a}, d - \frac{bc}{3a} + \frac{2b^3}{27a^2}\right)$에 대해 대칭이다.

예제 7.1. 함수 $f(x) = x^3 - 4x^2 + x + 10$을 평행이동하여 삼차항과 일차항만 포함하는 삼차함수로 변형시켜라. 그리고 함수 $f(x) = x^3 - 4x^2 + x + 10$은 어떤 점에 대해 대칭인지 구하여라.

풀이. 함수 $f(x) = x^3 - 4x^2 + x + 10$을 x축으로 $\frac{b}{3a} = -\frac{4}{3}$만큼 평행이동하고, y축으로는 $-\left(d - \frac{bc}{3a} + \frac{2b^3}{27a^2}\right) = -\frac{178}{27}$만큼 평행이동시키자. 이를 위해, $x = X + \frac{4}{3}$, $y = Y + \frac{178}{27}$을 대입하자. $f\left(X + \frac{4}{3}\right) = \left(X + \frac{4}{3}\right)^3 - 4\left(X + \frac{4}{3}\right)^2 + \left(X + \frac{4}{3}\right) + 10$을 계산하기 위해, $\left(X + \frac{4}{3}\right)^3 = X^3 + 4X^2 + \frac{16}{3}X + \frac{64}{27}$, $\left(X + \frac{4}{3}\right)^2 = X^2 + \frac{8}{3}X + \frac{16}{9}$을 대입하면 다음을 얻을 수 있다.

$$X^3 + 4X^2 + \frac{16}{3}X + \frac{64}{27} - 4X^2 - \frac{32}{3}X - \frac{64}{9} + X + \frac{4}{3} + 10$$

이 식에서 동류항을 정리하여 y축으로의 평행이동을 생각하면, $Y + \frac{178}{27} = X^3 - \frac{13}{3}X + \frac{178}{27}$, $Y = X^3 - \frac{13}{3}X$를 얻을 수 있다. 즉, 함수 $f(x) = x^3 - 4x^2 + x + 10$을 x축으로 $-\frac{4}{3}$만큼, y축으로 $-\frac{178}{27}$만큼 평행이동하면, $y = x^3 - \frac{13}{3}x$가 된다.

한편, 정리 7.2에 의해, 함수 $f(x) = x^3 - 4x^2 + x + 10$의 그래프는 점 $\left(\frac{4}{3}, \frac{178}{27}\right)$에 대해 대칭이다. □

함수 $y = x^3 - 4x^2 + x + 10$과 $y = x^3 - \frac{13}{3}x$의 그래프는 그림 7.8과 같다. 함수 $y = x^3 - 4x^2 + x + 10$을 원점을 지나도록 하는 평행이동하는 방법은 여러 가지가 있다. 예를 들어, 그림 7.8에서 $y = x^3 - 4x^2 + x + 10$의 실근을 t라 놓으면, x축으로 $-t$만큼 평행이동해도, 함수의 그래프는 원점을 지나게 된다. 그러나 평행이동을 통해 얻어진 함수식의 이차항과 상수항이 없는 그러한 평행이동은 정리 7.1에 제시된 것이다.

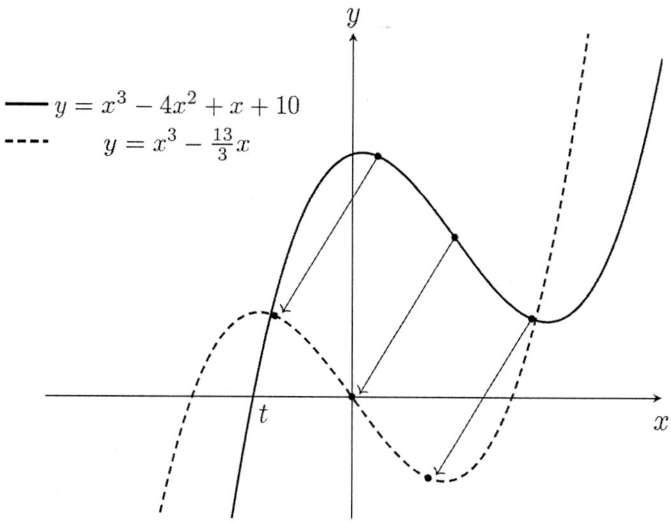

그림 7.8

이제, 역으로 $f(x) = x^3 \pm x$의 그래프를 압축, 팽창, 평행이동, 대칭의 방법으로 변형시켜 $f(x) = ax^3 + bx^2 + cx + d$의 그래프를 얻는 방법을 탐구해 보자. 여기서는 [12]에 제시된 방법을 중심으로 살펴볼 것이다.

앞에서 식 $ax^3 + bx^2 + cx + d$을 식 $(x + \frac{b}{3a})$에 대한 내림차순으로 다음과 같이 정리하였다.

$$\begin{aligned} ax^3 + bx^2 + cx + d &= a\left(x + \frac{b}{3a}\right)^3 + \left(c - \frac{b^2}{3a}\right)\left(x + \frac{b}{3a}\right) + \left(d - \frac{bc}{3a} + \frac{2b^3}{27a^2}\right) \\ &= a\left(x + \frac{b}{3a}\right)^3 + \frac{3ac - b^2}{3a}\left(x + \frac{b}{3a}\right) + \frac{27a^2d - 9abc + 2b^3}{27a^2} \\ &= a\left[\left(x + \frac{b}{3a}\right)^3 + \frac{3ac - b^2}{3a^2}\left(x + \frac{b}{3a}\right) + \frac{27a^2d - 9abc + 2b^3}{27a^3}\right] \end{aligned}$$

이제, 얻어진 식 $a\left[\left(x + \frac{b}{3a}\right)^3 + \frac{3ac-b^2}{3a^2}\left(x + \frac{b}{3a}\right) + \frac{27a^2d-9abc+2b^3}{27a^3}\right]$을 변형시켜 압축, 팽창, 평행이동을 통해 $f(x) = x^3 \pm x$로부터 얻어질 수 있는지 조사하자. 즉 $a\left[\left(x + \frac{b}{3a}\right)^3 + \frac{3ac-b^2}{3a^2}\left(x + \frac{b}{3a}\right) + \frac{27a^2d-9abc+2b^3}{27a^3}\right]$을 $A\left[\left(\frac{x+\frac{b}{3a}}{B}\right)^3 + \frac{x+\frac{b}{3a}}{B} + C\right]$ 또는 $A\left[\left(B\left(x + \frac{b}{3a}\right)\right)^3 + B\left(x + \frac{b}{3a}\right) + C\right]$와 같은 형태로 변형시키자.

$A\left[\left(B\left(x + \frac{b}{3a}\right)\right)^3 + B\left(x + \frac{b}{3a}\right) + C\right]$인 꼴로 변형시킬 수 있는지 살펴보자. 이를

위해, $\frac{27a^2d-9abc+2b^3}{27a^3} = C'$이라 놓으면, 다음과 같이 식을 쓸 수 있다.

$$a\left[\left(x+\frac{b}{3a}\right)^3 + \frac{3ac-b^2}{3a^2}\left(x+\frac{b}{3a}\right) + \frac{27a^2d-9abc+2b^3}{27a^3}\right]$$
$$= \frac{a}{B^3}\left[\left(B\left(x+\frac{b}{3a}\right)\right)^3 + B^3\cdot\frac{3ac-b^2}{3a^2}\cdot\left(x+\frac{b}{3a}\right) + B^3C'\right]$$

이때, $B^3\cdot\frac{3ac-b^2}{3a^2}\cdot\left(x+\frac{b}{3a}\right) = B^2\cdot\frac{3ac-b^2}{3a^2}\cdot B\left(x+\frac{b}{3a}\right)$라 놓고, $B^2\cdot\frac{3ac-b^2}{3a^2} = \pm 1$이 되도록 B를 정해보자. 이러한 B는 $\sqrt{\frac{1}{\frac{3ac-b^2}{3a^2}}} = \sqrt{\frac{3a^2}{3ac-b^2}}$로 놓을 수 있다. 이때, $\frac{3a^2}{3ac-b^2}$이 양수가 아닐 수도 있으므로, 절댓값을 취해 $\sqrt{\left|\frac{3a^2}{3ac-b^2}\right|} = B$라 놓아야 한다. 그러면, 다음을 얻을 수 있다.

$$a\left[\left(x+\frac{b}{3a}\right)^3 + \frac{3ac-b^2}{3a^2}\left(x+\frac{b}{3a}\right) + \frac{27a^2d-9abc+2b^3}{27a^3}\right]$$
$$= \frac{a}{B^3}\left[\left(B\left(x+\frac{b}{3a}\right)\right)^3 \pm B\left(x+\frac{b}{3a}\right) + B^3C'\right]$$

이때, $\frac{3a^2}{3ac-b^2} > 0$이면 $\pm B\left(x+\frac{b}{3a}\right)$는 $B\left(x+\frac{b}{3a}\right)$가 되고, $\frac{3a^2}{3ac-b^2} < 0$이면 $\pm B\left(x+\frac{b}{3a}\right)$는 $-B\left(x+\frac{b}{3a}\right)$가 된다. 결국, 삼차함수 $f(x) = ax^3+bx^2+cx+d$를 $B = \sqrt{\left|\frac{3a^2}{3ac-b^2}\right|}$, $C' = \frac{27a^2d-9abc+2b^3}{27a^3}$이라 놓고 다음과 같이 변형시켰다.

$$f(x) = ax^3+bx^2+cx+d \iff$$
$$f(x) = \frac{a}{B^3}\left[\left(B\left(x+\frac{b}{3a}\right)\right)^3 \pm B\left(x+\frac{b}{3a}\right) + B^3C'\right]$$

얻어진 등식의 의미를 살펴보자. 가령, 삼차함수 $f(x) = x^3+4x^2+x-6$이 주어졌다고 하자. 그러면, $B = \sqrt{\left|\frac{3a^2}{3ac-b^2}\right|}$에 $a=1$, $b=4$, $c=1$을 대입하면, 분모는 $3ac-b^2 = -13$이므로, $B = \sqrt{\frac{3}{13}}$이다. 그리고 $C' = \frac{27a^2d-9abc+2b^3}{27a^3}$에 $a=1$, $b=4$, $c=1$, $d=-6$을 대입하자. 그러면, 분자는 $27a^2d-9abc+2b^3 = -70$, 분모는 27이며, $C' = -\frac{70}{27}$이다.

$f(x) = \frac{a}{B^3}\left[\left(B\left(x+\frac{b}{3a}\right)\right)^3 - B\left(x+\frac{b}{3a}\right) + B^3C'\right]$에 $a=1$, $b=4$, $B=\sqrt{\frac{3}{13}}$, $C' = -\frac{70}{27}$을 대입하자. 그러면, 다음을 얻을 수 있다.

$$f(x) = \frac{1}{\left(\sqrt{\frac{3}{13}}\right)^3}\left[\left(\sqrt{\frac{3}{13}}\left(x+\frac{4}{3}\right)\right)^3 - \sqrt{\frac{3}{13}}\left(x+\frac{4}{3}\right) + \left(\sqrt{\frac{3}{13}}\right)^3\left(-\frac{70}{27}\right)\right]$$

$$= \frac{169}{3\sqrt{39}}\left[\left(\sqrt{\frac{3}{13}}\left(x+\frac{4}{3}\right)\right)^3 - \sqrt{\frac{3}{13}}\left(x+\frac{4}{3}\right) - \frac{70\sqrt{3}}{117\sqrt{13}}\right]$$

이제, $f(x) = x^3 - x$의 그래프를 압축, 팽창, 평행이동을 다음의 순서대로 수행하면, 삼차함수 $f(x) = x^3 + 4x^2 + x - 6$의 그래프를 얻을 수 있다.

(1) $y = x^3 - x$에 y축으로부터 계수가 $\sqrt{\frac{13}{3}}$인 팽창, 즉 $y = f\left(\sqrt{\frac{3}{13}}x\right)$를 한다. 그러면, $f_1(x) = f\left(\sqrt{\frac{3}{13}}x\right) = \left(\sqrt{\frac{3}{13}}x\right)^3 - \left(\sqrt{\frac{3}{13}}x\right)$가 된다.

(2) $y = f_1(x)$를 x축으로 $-\frac{4}{3}$만큼 평행이동하면, $f_2(x) = f\left(\sqrt{\frac{3}{13}}\left(x+\frac{4}{3}\right)\right) = \left(\sqrt{\frac{3}{13}}\left(x+\frac{4}{3}\right)\right)^3 - \sqrt{\frac{3}{13}}\left(x+\frac{4}{3}\right)$가 된다.

(3) $y = f_2(x)$를 y축으로 $-\frac{70\sqrt{3}}{117\sqrt{13}}$만큼 평행이동하면, $f_3(x) = f\left(\sqrt{\frac{3}{13}}\left(x+\frac{4}{3}\right)\right) - \frac{70\sqrt{3}}{117\sqrt{13}} = \left(\sqrt{\frac{3}{13}}\left(x+\frac{4}{3}\right)\right)^3 - \sqrt{\frac{3}{13}}\left(x+\frac{4}{3}\right) - \frac{70\sqrt{3}}{117\sqrt{13}}$이 된다.

(4) $y = f_3(x)$를 x축으로부터 계수 $\frac{169}{3\sqrt{39}}$인 팽창을 하자. 그러면, 구하는 함수 $f_4(x) = \frac{169}{3\sqrt{39}}\left[f\left(\sqrt{\frac{3}{13}}\left(x+\frac{4}{3}\right)\right) - \frac{70\sqrt{3}}{117\sqrt{13}}\right]$을 얻게 된다. 이것을 다시 쓰면, $f_4(x) = \frac{169}{3\sqrt{39}}\left[\left(\sqrt{\frac{3}{13}}\left(x+\frac{4}{3}\right)\right)^3 - \sqrt{\frac{3}{13}}\left(x+\frac{4}{3}\right) - \frac{70\sqrt{3}}{117\sqrt{13}}\right]$이다.

그림 7.9에는 (1)에 해당하는 그래프가 제시되어 있다. 즉, 함수 $y = f(x) = x^3 - x$의 그래프, $y = f(x)$를 y축으로부터 계수 $\sqrt{\frac{13}{3}}$인 팽창을 한 $y = f_1(x)$의 그래프가 제시되어 있다. 그림 7.10에는 (2)에 해당하는 그래프가 제시되어 있다. 여기에는 함수 $y = f_1(x)$의 그래프, $y = f_1(x)$를 x축으로 $-\frac{4}{3}$만큼 평행이동시킨 $y = f_2(x)$의 그래프가 제시되어 있다.

그림 7.11에는 (3)에 해당하는 그래프가 제시되어 있다. 여기에는 함수 $y = f_2(x)$의 그래프, $y = f_2(x)$를 y축으로 $-\frac{70\sqrt{3}}{117\sqrt{13}} \approx -0.287$만큼 평행이동시킨 $y = f_3(x)$의 그래프가 제시되어 있다. 그림 7.12에는 (4)에 해당하는 그래프가 제시되어 있다. 여기에는 함수 $y = f_3(x)$의 그래프, $y = f_3(x)$를 x축으로부터 계수 $\frac{169}{3\sqrt{39}} \approx 9.02$인 팽창을 한 $y = f_4(x)$의 그래프가 제시되어 있다.

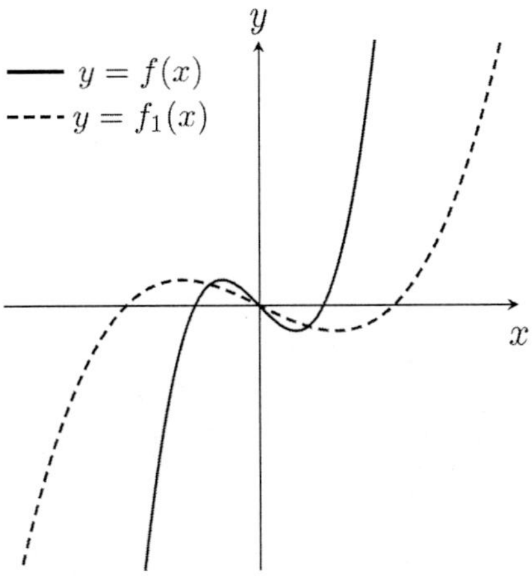

그림 7.9

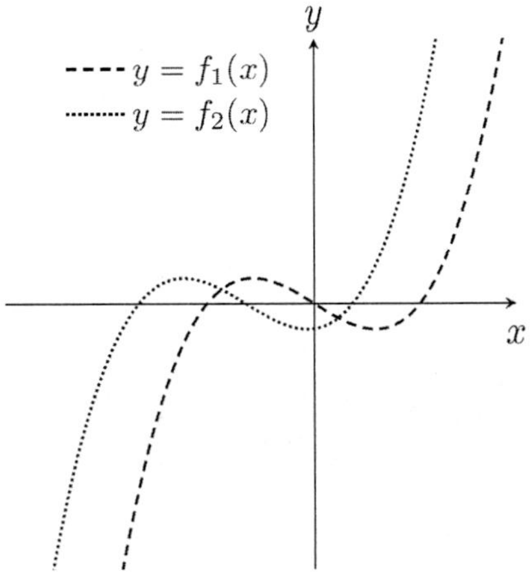

그림 7.10

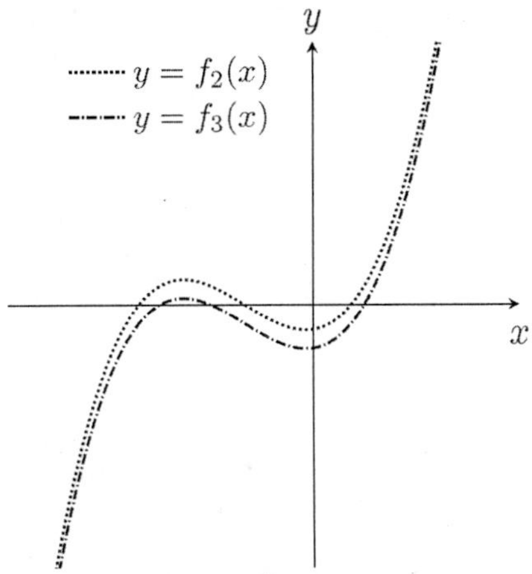

그림 7.11

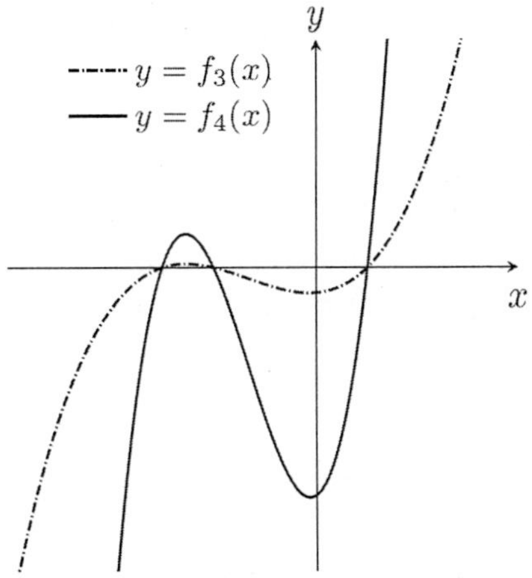

그림 7.12

결국, $f(x) = x^3 - x$의 그래프를 압축, 팽창, 평행이동을 통해 삼차함수 $f(x) = x^3 + 4x^2 + x - 6$의 그래프를 얻었다. 함수 $f(x) = x^3 + 4x^2 + x - 6$에서 $\frac{3a^2}{3ac-b^2}$의 값을 계산하면 $-\frac{3}{13} < 0$이므로, 함수 $f(x) = x^3 + 4x^2 + x - 6$의 그래프는 $f(x) = x^3 - x$의 그래프를 변형시켜 얻어진다는 것을 확인할 수 있었다.

만약, 삼차함수가 $f(x) = x^3 - 2x^2 + 3x + 5$와 같이 주어지면, 이때 $\frac{3a^2}{3ac-b^2} = \frac{3}{5}$이므로, 함수 $f(x) = x^3 - 2x^2 + 3x + 5$의 그래프는 $f(x) = x^3 + x$의 그래프를 변형시켜 얻어진다.

예제 7.2. 삼차함수 $f(x) = x^3 + x$의 그래프를 압축, 팽창, 평행이동을 통해 삼차함수

$f(x) = x^3 - 2x^2 + 3x + 5$의 그래프를 얻는 방법을 설명하여라.

풀이. 삼차함수 $f(x) = x^3 - 2x^2 + 3x + 5$에서 $B = \sqrt{\left|\frac{3a^2}{3ac-b^2}\right|}$에 $a = 1$, $b = -2$, $c = 3$을 대입하면, $B = \sqrt{\frac{3}{5}}$이다. 그리고 $d = 5$라는 것을 생각하면, $C' = \frac{27a^2d-9abc+2b^3}{27a^3}$의 분자는 $27a^2d - 9abc + 2b^3 = 173$, 분모는 27이며, $C' = \frac{173}{27}$이다.

$f(x) = \frac{a}{B^3}\left[\left(B\left(x + \frac{b}{3a}\right)\right)^3 - B\left(x + \frac{b}{3a}\right) + B^3C'\right]$에 $a = 1$, $b = -2$, $B = \sqrt{\frac{3}{5}}$, $C' = \frac{173}{27}$을 대입하자. 그러면, 다음을 얻을 수 있다.

$$\begin{aligned} f(x) &= \frac{1}{\left(\sqrt{\frac{3}{5}}\right)^3}\left[\left(\sqrt{\frac{3}{5}}\left(x - \frac{2}{3}\right)\right)^3 + \sqrt{\frac{3}{5}}\left(x - \frac{2}{3}\right) + \left(\sqrt{\frac{3}{5}}\right)^3 \cdot \frac{173}{27}\right] \\ &= \frac{25}{3\sqrt{15}}\left[\left(\sqrt{\frac{3}{5}}\left(x - \frac{2}{3}\right)\right)^3 + \sqrt{\frac{3}{5}}\left(x - \frac{2}{3}\right) + \frac{173}{27}\right] \end{aligned}$$

이제, $f(x) = x^3 + x$의 그래프를 압축, 팽창, 평행이동을 다음과 같이 수행하면, 삼차함수 $f(x) = x^3 - 2x^2 + 3x + 5$의 그래프를 얻을 수 있다.

(1) $y = x^3 + x$에 y축으로부터 계수가 $\sqrt{\frac{5}{3}}$인 팽창, 즉 $y = f\left(\sqrt{\frac{3}{5}}x\right)$를 한다. 그러면, $f_1(x) = f\left(\sqrt{\frac{3}{5}}x\right) = \left(\sqrt{\frac{3}{5}}x\right)^3 + \left(\sqrt{\frac{3}{5}}x\right)$가 된다.

(2) $y = f_1(x)$를 x축으로 $\frac{2}{3}$만큼 평행이동하면, $f_2(x) = f\left(\sqrt{\frac{3}{5}}\left(x - \frac{2}{3}\right)\right) = \left(\sqrt{\frac{3}{5}}\left(x - \frac{2}{3}\right)\right)^3 + \sqrt{\frac{3}{5}}\left(x - \frac{2}{3}\right)$가 된다.

(3) $y = f_2(x)$를 y축으로 $\frac{173}{27}$만큼 평행이동하면, $f_3(x) = f\left(\sqrt{\frac{3}{5}}\left(x - \frac{2}{3}\right)\right) + \frac{173}{27} = \left(\sqrt{\frac{3}{5}}\left(x - \frac{2}{3}\right)\right)^3 + \sqrt{\frac{3}{5}}\left(x - \frac{2}{3}\right) + \frac{173}{27}$이 된다.

(4) $y = f_3(x)$를 x축으로부터 계수 $\frac{25}{3\sqrt{15}}$인 팽창을 하자. 그러면, 구하는 함수 $f_4(x) = \frac{25}{3\sqrt{15}}\left[f\left(\sqrt{\frac{3}{5}}\left(x - \frac{2}{3}\right)\right) + \frac{173}{27}\right]$을 얻게 된다. 이것을 다시 쓰면, $f_4(x) = \frac{25}{3\sqrt{15}}\left[\left(\sqrt{\frac{3}{5}}\left(x - \frac{2}{3}\right)\right)^3 + \sqrt{\frac{3}{5}}\left(x - \frac{2}{3}\right) + \frac{173}{27}\right]$이다. □

함수 $f(x) = ax^3 + cx$와 $f(x) = ax^3 + cx + d$의 그래프 함수 $f(x) = ax^3 + cx + d$는 함수 $f(x) = ax^3 + cx$를 y축으로 d만큼 평행이동하여 얻어진다. 그러므로, 함수

$f(x) = ax^3 + cx + d$의 증감, 볼록성은 함수 $f(x) = ax^3 + cx$의 증감, 볼록성과 일치한다. 여기서는 함수 $f(x) = ax^3 + cx + d$의 x절편에 대해 살펴보자.

우선, 함수 $f(x) = ax^3 + cx$의 극값에 대해 살펴보자. 보통, 극값은 도함수를 이용하여 $f'(x) = 3ax^2 + c = 0$이 되는 $x = \pm\sqrt{-\frac{c}{3a}}$에서 조사한다. [10]에는 도함수를 이용하지 않고 함수 $f(x) = ax^3 + cx$의 극값을 구했는데, 이를 중심으로 살펴보자.

앞에서 살펴보았듯이, $f(x) = ax^3 + cx$에서 $a > 0$이고 $c < 0$이면(또는 $a < 0$이고 $c > 0$), $f(x) = ax^3 + cx$의 그래프는 x축과 $x = 0$, $x = \pm\sqrt{-\frac{c}{a}}$에서 만나며, 원점에 대해 대칭이다.

$f(x) = ax^3 + cx$의 그래프에 속한 점 $M(x_1, y_1)$을 생각하면, $y_1 = f(x_1)$이 성립한다. 점 $M(x_1, y_1)$을 지나 x축과 평행한 직선 l을 그어서, 직선 l과 $f(x) = ax^3 + cx$가 점 $M(x_1, y_1)$이 아닌 다른 한 점에서 만난다고 하자. 그러면, 직선 l은 $f(x) = ax^3 + cx$에 대한 접선이며, 접점에서 $f(x) = ax^3 + cx$는 극값을 가진다.

그림 7.13에는 $a > 0$이고 $c < 0$인 함수 $f(x) = ax^3 + cx$의 그래프, $f(x) = ax^3 + cx$에 대한 접선 l, 접선 l과 $f(x) = ax^3 + cx$의 교점 $M(x_1, y_1)$이 있다. 그리고 $f(x) = ax^3 + cx$에 대한 다른 접선 l', 접선 l'과 $f(x) = ax^3 + cx$의 교점 $M(x'_1, y'_1)$이 있다.

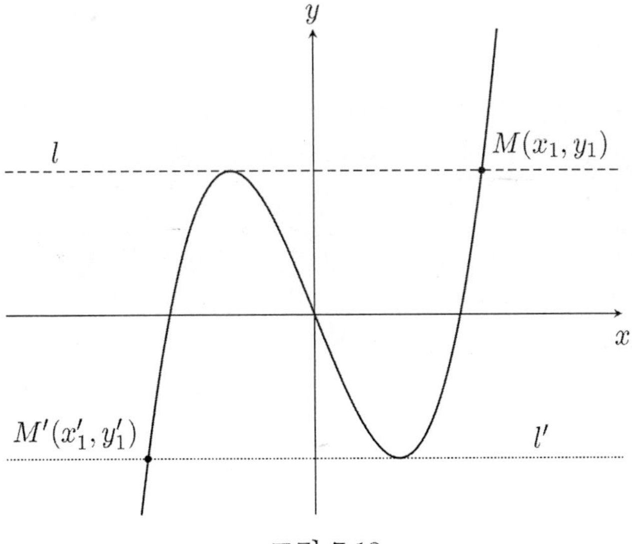

그림 7.13

그림 7.13에서 $f(x)=ax^3+cx$와 접선 l의 접점을 구하자. 접점의 y좌표가 y_1이므로, 접점의 좌표를 (x,y_1)이라 놓을 수 있다. (x,y_1)을 $f(x)=ax^3+cx$에 대입하면, $y_1=ax^3+cx$이다. 점 $M(x_1,y_1)$은 $f(x)=ax^3+cx$에 속하므로, $y_1=ax_1^3+cx_1$이 성립한다. 이제, $y_1=ax^3+cx$와 $y_1=ax_1^3+cx_1$을 연립하면, $ax^3+cx=ax_1^3+cx_1$이 얻어지며, 이로부터 x를 구할 수 있다.

$ax^3+cx=ax_1^3+cx_1$을 이항하여 정리하면, $a(x^3-x_1^3)+c(x-x_1)=0$, $(x-x_1)(ax^2+ax_1x+ax_1^2+c)=0$이다. 여기서 $x=x_1$은 점 M의 x좌표이며, 이차방정식 $ax^2+ax_1x+ax_1^2+c=0$에서 접점의 x좌표를 구할 수 있다. 이차방정식 $ax^2+ax_1x+ax_1^2+c=0$의 근을 근의 공식으로 구하면, 다음과 같다.

$$x=\frac{-ax_1\pm\sqrt{-\left(3a^2x_1^2+4ac\right)}}{2a}$$

그림 7.13과 같이 접점이 되려면 방정식 $ax^2+ax_1x+ax_1^2+c=0$이 중근을 가져야 한다. 이때, 판별식 D를 계산하면 $D=3a^2x_1^2+4ac=0$이다. $x_1^2=-\frac{4ac}{3a^2}=-\frac{4c}{3a}$이며, 이때 $x_1=\pm\sqrt{-\frac{4c}{3a}}$이다($a>0$이고 $c<0$이므로 근호 안은 양수가 됨).

그림 7.13에서 $x_1=\sqrt{-\frac{4c}{3a}}$는 접선 l과 $f(x)=ax^3+cx$의 교점 M의 x좌표이며, $x=-\frac{ax_1}{2a}=-\frac{x_1}{2}=-\frac{1}{2}\cdot\sqrt{-\frac{4c}{3a}}=-\sqrt{-\frac{c}{3a}}$이다. 그리고 $x_1=-\sqrt{-\frac{4c}{3a}}$는 접선 l'과 $f(x)=ax^3+cx$의 교점 M'의 x좌표이며, $x=-\frac{x_1}{2}=-\frac{1}{2}\cdot\left(-\sqrt{-\frac{4c}{3a}}\right)=\sqrt{-\frac{c}{3a}}$이다.

$x=-\sqrt{-\frac{c}{3a}}$일 때 $f(x)=ax^3+cx$의 함숫값을 구하자. $f(x)=ax^3+cx$에 $x=-\sqrt{-\frac{c}{3a}}$를 대입하면, $f\left(-\sqrt{-\frac{c}{3a}}\right)=a\left(-\sqrt{-\frac{c}{3a}}\right)^3+c\left(-\sqrt{-\frac{c}{3a}}\right)$이며 다음과 같이 계산할 수 있다.

$$\begin{aligned}a\left(-\sqrt{-\frac{c}{3a}}\right)^3+c\left(-\sqrt{-\frac{c}{3a}}\right)&=-a\left(-\frac{c}{3a}\cdot\sqrt{-\frac{c}{3a}}\right)-c\sqrt{-\frac{c}{3a}}\\&=\frac{c}{3}\sqrt{-\frac{c}{3a}}-c\sqrt{-\frac{c}{3a}}=-\frac{2c}{3}\sqrt{-\frac{c}{3a}}\end{aligned}$$

이로부터, 극댓값을 가지는 점의 좌표는 $\left(-\sqrt{-\frac{c}{3a}},-\frac{2c}{3}\sqrt{-\frac{c}{3a}}\right)$라는 것을 알 수 있다. 함수 $f(x)=ax^3+cx$는 $x=-\sqrt{-\frac{c}{3a}}$에서 극댓값 $-\frac{2c}{3}\sqrt{-\frac{c}{3a}}$를 가진다. 한편,

함수 $f(x) = ax^3 + cx$의 그래프가 원점에 대해 대칭이라는 것을 생각하면, 극솟값을 가지는 점의 좌표는 $\left(\sqrt{-\frac{c}{3a}}, \frac{2c}{3}\sqrt{-\frac{c}{3a}}\right)$이다.

예제 7.3. 함수 $f(x) = 2x^3 - 7x$의 극값을 도함수를 이용하지 말고 구하여라.

풀이. 함수 $f(x) = 2x^3 - 7x$는 $f(x) = ax^3 + cx$에서 $a > 0$, $c < 0$인 경우에 해당하며, 그래프 개형은 그림 7.13과 같은 모양이다. 만약, 도함수를 이용하여 극값을 구하면, $f'(x) = 6x^2 - 7 = 0$이며 $x = \pm\sqrt{\frac{7}{6}}$에서 극값을 구할 수 있다.

여기서는 도함수를 이용하지 않고 극값을 구하자. 살펴본 것과 같이, $x = \pm\sqrt{-\frac{c}{3a}}$에서, 즉 $x = \pm\sqrt{-\frac{-7}{6}} = \pm\sqrt{\frac{7}{6}}$에서 함수 $f(x) = 2x^3 - 7x$가 극값을 가진다. $x = \sqrt{\frac{7}{6}}$을 함수 $f(x) = 2x^3 - 7x$에 대입하며, $f\left(\sqrt{\frac{7}{6}}\right) = 2\left(\sqrt{\frac{7}{6}}\right)^3 - 7\sqrt{\frac{7}{6}}$을 정리하면 된다. 이때, $2\left(\sqrt{\frac{7}{6}}\right)^3 = \frac{7}{3}\sqrt{\frac{7}{6}}$이며, 다음과 같이 식을 정리할 수 있다.

$$f\left(\sqrt{\frac{7}{6}}\right) = \frac{7}{3}\sqrt{\frac{7}{6}} - 7\sqrt{\frac{7}{6}} = \left(\frac{7}{3} - 7\right)\sqrt{\frac{7}{6}} = -\frac{14}{3}\sqrt{\frac{7}{6}}$$

함수 $f(x) = 2x^3 - 7x$에 $x = -\sqrt{\frac{7}{6}}$을 대입하면, $\frac{14}{3}\sqrt{\frac{7}{6}}$이다. 결국, 함수 $f(x) = 2x^3 - 7x$에서 극댓값은 $x = -\sqrt{\frac{7}{6}}$에서 $\frac{14}{3}\sqrt{\frac{7}{6}}$이고 극솟값은 $x = \sqrt{\frac{7}{6}}$에서 $-\frac{14}{3}\sqrt{\frac{7}{6}}$이다. □

$a > 0$, $c < 0$인 경우에 함수 $f(x) = ax^3 + cx + d$의 그래프를 함수 $f(x) = ax^3 + cx$의 그래프와 비교해 보자. 함수 $f(x) = ax^3 + cx + d$의 그래프는 함수 $f(x) = ax^3 + cx$의 그래프를 y축으로 d만큼 평행이동하여 얻어진다.

만약, d가 양의 부호를 가지며 충분히 큰 값이면, 함수 $f(x) = ax^3 + cx + d$의 그래프는 그림 7.14와 같이 x축과 한 점에서 만나게 된다. 충분히 큰 d값의 범위에 대해 살펴보자. 그림 7.13에서 극솟점의 좌표가 $\left(\sqrt{-\frac{c}{3a}}, \frac{2c}{3}\sqrt{-\frac{c}{3a}}\right)$이므로, $d > \left|\frac{2c}{3}\sqrt{-\frac{c}{3a}}\right|$이면 함수 $f(x) = ax^3 + cx + d$의 그래프는 x축과 한 점에서 만난다.

d가 음의 부호를 가지면, 함수 $f(x) = ax^3 + cx + d$의 그래프가 y축을 따라 아래로 평행이동하게 된다. 이때, 그림 7.13에서 극댓점의 좌표 $\left(-\sqrt{-\frac{c}{3a}}, -\frac{2c}{3}\sqrt{-\frac{c}{3a}}\right)$를 생각하여, $|d| > \left|\frac{2c}{3}\sqrt{-\frac{c}{3a}}\right|$이면 함수 $f(x) = ax^3 + cx + d$의 그래프는 x축과 한 점에서

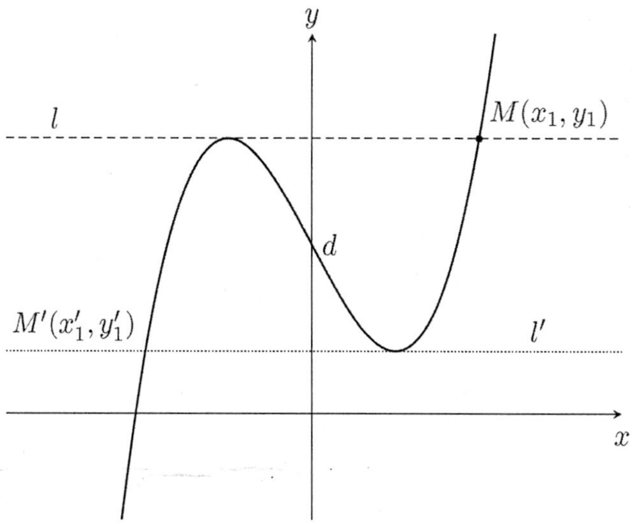

그림 7.14

만난다.

결국, $|d| > \left|\frac{2c}{3}\sqrt{-\frac{c}{3a}}\right|$, 즉 $d^2 > -\frac{4c^3}{27a}$, $\frac{d^2}{4} + \frac{c^3}{27a} > 0$이면 $f(x) = ax^3 + cx + d$의 그래프가 x축과 한 점에서 만난다. 그리고 $\frac{d^2}{4} + \frac{c^3}{27a} = 0$이면 $f(x) = ax^3 + cx + d$의 그래프가 x축과 두 점에서 만나며(이들 중 하나는 중근임), $\frac{d^2}{4} + \frac{c^3}{27a} < 0$이면 $f(x) = ax^3 + cx + d$의 그래프는 x축과 서로 다른 세 점에서 만난다. 이것을 다음과 같이 정리할 수 있다.

정리 7.3. $a > 0$, $c < 0$인 함수 $f(x) = ax^3 + cx + d$에 대해, (1) $\frac{d^2}{4} + \frac{c^3}{27a} > 0$이면 함수의 그래프가 x축과 한 점에서 만나며, (2) $\frac{d^2}{4} + \frac{c^3}{27a} = 0$이면 함수의 그래프는 x축과 두 점에서 만나며(이들 중 하나는 중근임), (3) $\frac{d^2}{4} + \frac{c^3}{27a} < 0$이면 함수의 그래프는 x축과 서로 다른 세 점에서 만난다.

정리 7.3에서는 $a > 0$, $c < 0$인 경우에 식 $\frac{d^2}{4} + \frac{c^3}{27a}$의 값을 이용하여 방정식 $ax^3 + cx + d = 0$의 근의 개수를 판정하고 있다. 이때, $a = -a'$, $c = -c'$이라 놓으면 $a' < 0$, $c' > 0$이다. 그리고 $f(x) = a'x^3 + c'x + d = -ax^3 - cx = a(-x)^3 + c(-x) + d$이므로 $f(x) = ax^3 + cx + d$와 $f(x) = a'x^3 + c'x + d$는 y축에 대해 대칭이다. 그러므로, 정리 7.3의 결과를 $a < 0$, $c > 0$인 경우의 함수 $f(x) = ax^3 + cx + d$에 적용해도 같은

결과를 얻을 수 있다.

함수 $f(x) = 2x^3 - 5x + 1$이 주어졌다고 하자. 정리 7.3을 이용하여 방정식 $2x^3 - 5x + 1 = 0$의 근의 개수를 조사하자. $f(x) = 2x^3 - 5x + 1$에서 $\frac{d^2}{4} + \frac{c^3}{27a}$의 값을 계산하면, $\frac{1}{4} - \frac{125}{54} < 0$이다. 그러므로, $2x^3 - 5x + 1 = 0$은 서로 다른 세 실근을 가진다. 실제로, 함수 $f(x) = 2x^3 - 5x + 1$의 그래프를 작도하면, 그림 7.15와 같다. 그리고 얻어진 결과로부터, 방정식 $-2x^3 + 5x + 1 = 0$도 서로 다른 세 실근을 가진다는 것을 알 수 있다.

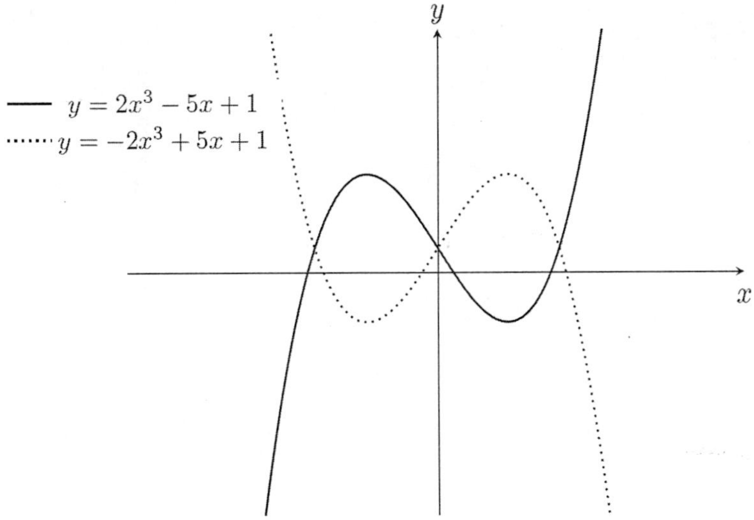

그림 7.15

예제 7.4. 삼차함수 $f(x) = -2x^3 + 8x + 5$의 그래프는 x축과 몇 개의 점에서 만나는지 조사하고, $f(x) = -2x^3 + 8x + 5$의 그래프 개형을 작도하여라.

풀이. $f(x) = -2x^3 + 8x + 5$를 정리 7.3을 이용하여 x축과 만나는 점의 개수를 조사하자. 식 $\frac{d^2}{4} + \frac{c^3}{27a}$의 값을 구하자. $\frac{d^2}{4} + \frac{c^3}{27a} = \frac{25}{4} + \frac{8^3}{-54} = \frac{25}{4} - \frac{512}{54} = \frac{25\times27}{108} - \frac{512\times2}{108} = -\frac{349}{108}$이다. $\frac{d^2}{4} + \frac{c^3}{27a} < 0$이므로, 함수 $f(x) = -2x^3 + 8x + 5$의 그래프는 x축과 서로 다른 세 점에서 만나며, y절편은 5이다.

함수 $f(x) = -2x^3 + 8x + 5$의 그래프는 $g(x) = -2x^3 + 8x$를 y축으로 5만큼 평행이동한 그래프이므로, $g(x) = -2x^3 + 8x = -2x(x^2 - 4)$의 그래프를 먼저 생각하자.

$g(x) = -2x^3 + 8x = -2x(x^2 - 4)$의 그래프는 x축과 -2, 0, 2에서 만나면서, $x \to \infty$이면 $g(x) \to -\infty$이고 $x \to -\infty$이면 $g(x) \to \infty$이다.

이제, $y = g(x)$의 그래프를 y축으로 5만큼 평행이동시키면, 그림 7.16과 같이 x축과 세 점에서 만나는 그래프 개형을 얻을 수 있다. □

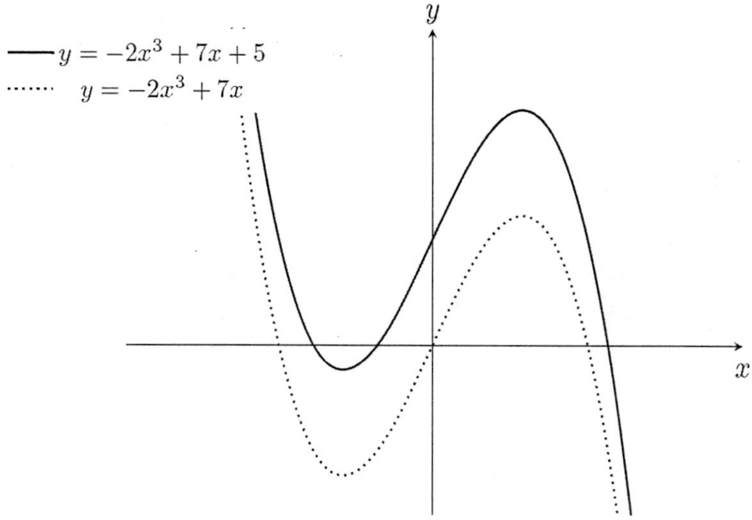

그림 7.16

제 8장. 분수함수와 그래프

분수함수 $f(x) = \frac{1}{x}$의 그래프 분수함수 $f(x) = \frac{1}{x}$은 함수 $y_1 = 1$과 $y_2 = x$에 대해 $f(x) = \frac{y_1}{y_2} = \frac{1}{x}$로 생각하여 그림 8.1과 같은 그래프를 얻을 수 있다는 것을 살펴보았다. 그러므로, $f(x) = \frac{1}{x}$의 정의역은 함수 $y_1 = 1$과 $y_2 = x$의 정의역 $\mathbb{R}$에서 $f(x) = \frac{1}{x}$의 분모가 0이 되는 $x = 0$을 제외하면 된다. 결국, $f(x) = \frac{1}{x}$의 정의역은 $\mathbb{R} \setminus \{0\}$이며, 치역도 $\mathbb{R} \setminus \{0\}$이다.

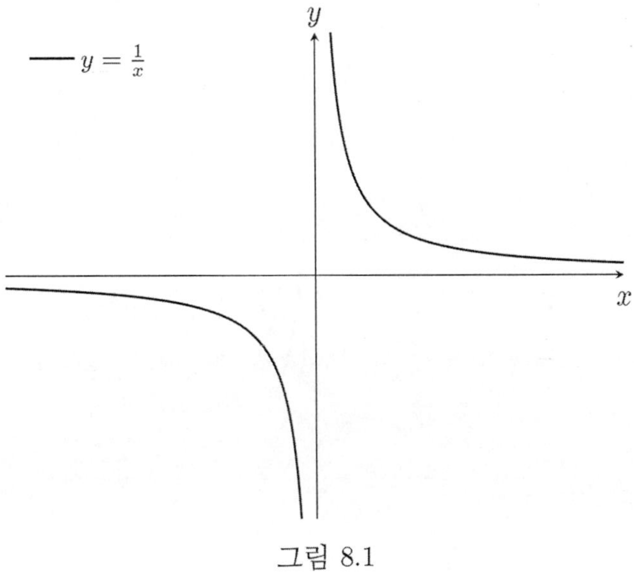

그림 8.1

분수함수 $f(x) = \frac{1}{x}$의 증감은 예제 1.6에서 구간 $(-\infty, 0)$과 $(0, \infty)$에서 감소한다는 것을 증명하였다. $f(x) = \frac{1}{x}$의 홀짝성은 $f(-x) = \frac{1}{-x} = -\frac{1}{x} = -f(x)$이므로, 함수 $f(x) = \frac{1}{x}$은 홀함수이다. 그러므로, 분수함수 $f(x) = \frac{1}{x}$의 그래프는 원점에 대해

대칭이 된다.

분수함수 $f(x) = \frac{1}{x}$의 볼록성은 예제 1.15에서 구간 $(-\infty, 0)$에서는 위로 볼록이고, 구간 $(0, \infty)$에서는 아래로 볼록이라는 것을 증명하였다.

함수 $f(x) = \frac{1}{x}$의 점근선을 살펴보자. 정의 6.1에 의하면, $\lim_{x\to\infty} f(x) = k$이고 $x > n$인 모든 x에 대해 $f(x) \neq k$이면, $y = k$가 수평점근선이다. $f(x) = \frac{1}{x}$에서 $\lim_{x\to\infty} \frac{1}{x} = 0$이고, $\forall x$에 대해 $f(x) \neq 0$이다. 그러므로, $y = 0$은 $f(x) = \frac{1}{x}$의 수평점근선이다.

정의 6.2에 의하면, 함수 $y = f(x)$에 대해 $\lim_{x\to k^+} f(x) = \infty$이면, $x = k$는 함수 $y = f(x)$의 수직점근선이다. $f(x) = \frac{1}{x}$에서 $\lim_{x\to 0^+} \frac{1}{x} = \infty$이므로, $x = 0$은 함수 $y = \frac{1}{x}$의 수직점근선이다. 결국, 분수함수 $f(x) = \frac{1}{x}$은 수평점근선으로 $y = 0$, 수직점근선으로 $x = 0$을 가진다.

분수함수 $f(x) = \frac{1}{x}$의 그래프를 압축, 팽창, 평행이동한 그래프를 살펴보자. 함수 $y = f(x)$를 y축에 대해 압축, 팽창하는 함수는 $y = f(kx)$인 형태를 가진다. $y = f(2x) = \frac{1}{2x}$의 그래프는 $f(x) = \frac{1}{x}$의 그래프를 y축으로 계수 $\frac{1}{2}$인 압축을 한 것이고, $y = f(\frac{1}{2}x) = \frac{1}{\frac{x}{2}} = \frac{2}{x}$는 y축으로 계수 2인 팽창을 한 함수이다. 이러한 함수들의 그래프가 그림 8.2에 있다.

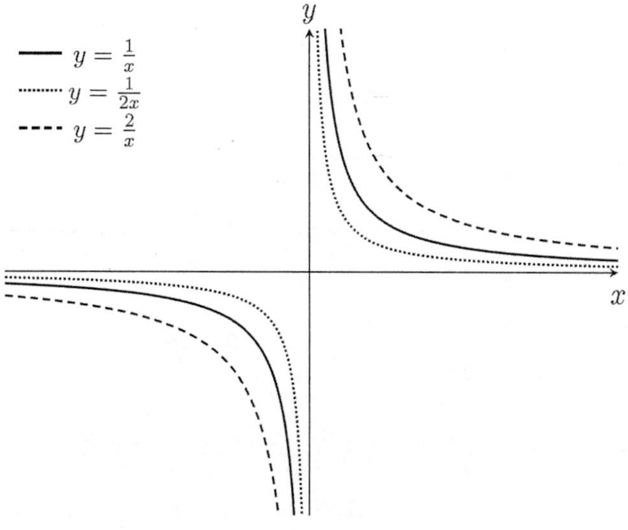

그림 8.2

함수 $y = f(x)$를 x축에 대해 압축, 팽창한 함수는 $y = kf(x)$인 형태를 가진다. $y = \frac{1}{2}f(x) = \frac{1}{2} \cdot \frac{1}{x} = \frac{1}{2x}$은 $f(x) = \frac{1}{x}$을 x축으로 계수 $\frac{1}{2}$인 압축을 한 함수인데, 이것은 $f(x) = \frac{1}{x}$의 그래프를 y축으로 계수 $\frac{1}{2}$인 압축을 한 것과 같다. 그리고 $y = 2f(x) = 2 \cdot \frac{1}{x} = \frac{2}{x}$는 x축으로부터 계수 2인 팽창을 한 함수인데, 이것은 $y = \frac{1}{\frac{x}{2}} = \frac{2}{x} = f\left(\frac{x}{2}\right)$로 볼 수 있고, $f(x) = \frac{1}{x}$을 y축으로 계수 2인 팽창을 한 함수와 같다.

살펴본 것과 같이, $f(x) = \frac{1}{x}$을 x축, y축에 대해 압축, 팽창을 하면 $f(x) = \frac{k}{ax}$와 같은 형태의 함수를 얻을 수 있다. 가령, 함수 $y = \frac{5}{3x}$가 주어졌다고 하자. $y = \frac{5}{3x}$는 함수 $y = \frac{1}{x}$로부터 몇 가지 방법으로 얻을 수 있다. 첫째, $y = \frac{5}{3x} = \frac{5}{3} \cdot \frac{1}{x}$을 생각하면(즉, $y = kf(x)$의 측면), 함수 $y = \frac{5}{3x}$는 $y = \frac{1}{x}$을 x축으로부터 계수 $\frac{5}{3}$인 팽창을 통해 얻을 수 있다. 둘째, $y = \frac{5}{3x} = \frac{1}{\frac{3}{5}x}$을 생각하면(즉, $y = f(kx)$의 측면), 함수 $y = \frac{5}{3x}$는 $y = \frac{1}{x}$을 y축으로부터 계수 $\frac{5}{3}$인 팽창을 통해 얻을 수 있다.

함수 $f(x) = \frac{k}{ax}$의 수평점근선과 수직점근선을 생각하면, $\lim_{x\to\infty} \frac{k}{ax} = \frac{k}{a} \lim_{x\to\infty} \frac{1}{x} = 0$이고, 정의역에 속한 $\forall x$에 대해 $\frac{k}{ax} \neq 0$이다. 그러므로, $f(x) = \frac{k}{ax}$의 수평점근선은 $y = 0$이다. 그리고 $\lim_{x\to 0+} \frac{k}{ax} = \frac{k}{a} \lim_{x\to 0+} \frac{1}{x} = \infty$이므로, 함수 $y = \frac{k}{ax}$의 수직점근선은 $x = 0$이다. 결국, 분수함수 $f(x) = \frac{k}{ax}$는 수평점근선으로 $y = 0$, 수직점근선으로 $x = 0$을 가진다.

그림 8.2에 있는 $y = \frac{1}{x}$, $y = \frac{1}{2x}$, $y = \frac{2}{x}$와 같은 $f(x) = \frac{1}{x}$을 x축, y축에 대해 압축 또는 팽창을 하여 얻어진 분수함수($f(x) = \frac{k}{ax}$와 같은 형태인)의 수평점근선, 수직점근선은 $f(x) = \frac{1}{x}$의 수평점근선, 수직점근선과 같다.

함수 $y = \frac{1}{x}$의 평행이동을 살펴보자. x축으로 2만큼, y축으로 -1만큼 평행이동하면, 함수 $y = \frac{1}{x}$은 $y - (-1) = \frac{1}{x-2}$, $y = \frac{1}{x-2} - 1 = \frac{-x+3}{x-2}$이 된다. 함수 $y = \frac{1}{x}$과 $y = \frac{-x+3}{x-2}$의 그래프는 그림 8.3에 제시되어 있다.

이때, x축과 y축으로 평행이동하여 얻어지는 함수의 형태에 주목하자. 함수 $y = f(x)$를 x축으로 a만큼 평행이동하면 $y = f(x - a)$이다. 함수 $y = \frac{1}{x}$을 x축으로 2만큼 평행이동하면, 함수식이 $y = f(x - 2) = \frac{1}{x-2}$이 되었다. 함수 $y = \frac{1}{x}$을 x축으로 a만큼

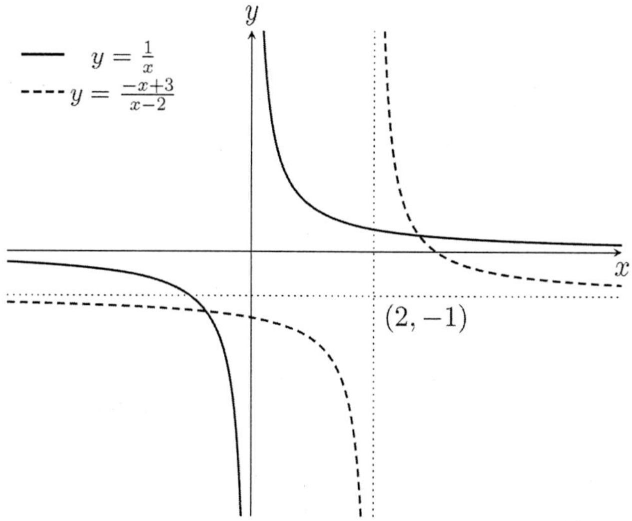

그림 8.3

평행이동하면 $y = \frac{1}{x-a}$와 같은 형태의 함수를 얻는다.

함수 $y = f(x)$를 y축으로 b만큼 평행이동하면 $y - b = f(x)$가 된다. 함수 $y = \frac{1}{x}$을 y축으로 -1만큼 평행이동하면, $y - (-1) = \frac{1}{x}$이며, $y = \frac{1}{x} - 1$, $y = \frac{-x+1}{x}$이 된다. 함수 $y = \frac{1}{x}$을 y축으로 b만큼 평행이동하면 $y - b = \frac{1}{x}$, $y = \frac{1}{x} + b$, $y = \frac{bx+1}{x}$와 같은 형태의 함수를 얻는다.

함수 $y = \frac{1}{x}$을 x축으로 a만큼, y축으로 b만큼 평행이동시켜 보자. 그러면, $y - b = \frac{1}{x-a}$이 되며, 이것을 다음과 같이 정리할 수 있다.

$$y = \frac{1}{x-a} + b = \frac{1}{x-a} + \frac{b(x-a)}{x-a} = \frac{bx - ab + 1}{x-a}$$

함수 $f(x) = \frac{bx-ab+1}{x-a}$의 수평점근선과 수직점근선을 생각하자. $\lim_{x\to\infty} \frac{bx-ab+1}{x-a} = \lim_{x\to\infty} \frac{b - \frac{ab}{x} + \frac{1}{x}}{1 - \frac{a}{x}} = b$이고, 정의역에 속한 $\forall x$에 대해 $\frac{bx-ab+1}{x-a} \neq 0$이다. 그러므로, $f(x) = \frac{bx-ab+1}{x-a}$의 수평점근선은 $y = b$이다. 그리고 수직점근선을 구하기 위해, 다음 극한을 생각하자.

$$\lim_{x\to a^+} \frac{bx - ab + 1}{x-a} = \lim_{x\to a^+} \left(\frac{1}{x-a} + b\right) = \infty$$

그러므로, 함수 $y = \frac{bx-ab+1}{x-a}$의 수직점근선은 $x = a$이다. $f(x) = \frac{bx-ab+1}{x-a}$은 수평점근

선으로 $y=b$, 수직점근선으로 $x=a$를 가진다.

그림 8.3에서 보면, 함수 $y=\frac{1}{x}$을 x축으로 2만큼, y축으로 -1만큼 평행이동한 함수 $y=\frac{-x+3}{x-2}$의 그래프에서 수평점근선은 $y=-1$, 수직점근선은 $x=2$이다.

분수함수 $f(x)=\frac{cx+d}{ax+b}$의 그래프 살펴본 것과 같이, 함수 $y=\frac{1}{x}$에 대한 압축, 팽창, 평행이동을 통해 $y=\frac{1}{x}$로부터 $f(x)=\frac{cx+d}{ax+b}$를 얻을 수 있다. 실제로, 함수 $y=\frac{1}{x}$를 어떻게 평행이동, 압축, 팽창을 하여 함수 $f(x)=\frac{cx+d}{ax+b}$를 얻는지 살펴보자.

이를 위해, 분수식 $\frac{cx+d}{ax+b}$를 $\frac{cx+d}{ax+b}=Q(x)+\frac{R}{ax+b}$의 형태로 나타내자(이때, R은 나누는 식 $ax+b$보다 차수가 낮아야 하며, 여기서는 실수임). 이것은 (1) $cx+d$를 $ax+b$로 직접 나누어 몫과 나머지를 구하거나, (2) $cx+d=Q(x)(ax+b)+R$의 형태로 나타내 구할 수 있다. 여기서는 $cx+d=Q(x)(ax+b)+R$로 나타내고, 계수를 비교하는 방법을 살펴보자.

식 $\frac{cx+d}{ax+b}$는 $cx+d$를 $ax+b$로 나누는 것이므로, 여기서 $Q(x)=q$와 같이 실수로 나타낼 수 있다. $cx+d=q(ax+b)+R$로 나타낼 수 있으며, 이를 전개하면 $cx+d=qax+qb+R$이다. 이로부터 $c=qa$이고 $d=qb+R$이다. 첫 번째 식에서 $q=\frac{c}{a}$이고, 이것을 두 번째 식에 대입하면 $R=d-qb=d-\frac{cb}{a}=\frac{ad-bc}{a}$이다. 이로부터 $\frac{cx+d}{ax+b}=\frac{c}{a}+\frac{ad-bc}{a}\cdot\frac{1}{ax+b}$이 된다. 그리고 $ax+b=a\left(x+\frac{b}{a}\right)$라 놓으면, 함수 $f(x)=\frac{cx+d}{ax+b}$를 다음과 같이 쓸 수 있다.

$$\begin{aligned} f(x)=\frac{cx+d}{ax+b}&=\frac{c}{a}+\frac{ad-bc}{a}\cdot\frac{1}{ax+b} \\ &=\frac{c}{a}+\frac{ad-bc}{a}\cdot\frac{1}{a\left(x+\frac{b}{a}\right)}=\frac{c}{a}+\frac{ad-bc}{a^2}\cdot\frac{1}{x+\frac{b}{a}} \end{aligned}$$

$f(x)=\frac{1}{x}$의 그래프에 대해 압축, 팽창, 평행이동을 다음의 순서대로 수행하면, 함수 $f(x)=\frac{cx+d}{ax+b}$의 그래프를 얻을 수 있다.

(1) $y=\frac{1}{x}$의 그래프를 x축으로 $-\frac{b}{a}$만큼 평행이동하면, $f_1(x)=\frac{1}{x+\frac{b}{a}}$이다.

(2) $y=f_1(x)$의 그래프를 x축에 대해 계수 $\frac{ad-bc}{a^2}$인 압축 또는 팽창을 하면, $f_2(x)=\frac{ad-bc}{a^2}\cdot\frac{1}{x+\frac{b}{a}}$이다.

(3) $y = f_2(x)$의 그래프를 y축을 따라 $\frac{c}{a}$만큼 평행이동하면, $f_3(x) = \frac{c}{a} + \frac{ad-bc}{a^2} \cdot \frac{1}{x+\frac{b}{a}}$이다.

분수함수 $y = \frac{1}{x}$의 그래프에 대해 압축, 팽창, 평행이동을 이용하여 함수 $f(x) = \frac{cx+d}{ax+b}$의 그래프를 얻는 순서를 살펴보았다. $f(x) = \frac{cx+d}{ax+b}$의 그래프에서 수평점근선과 수직점근선을 생각하자. 살펴본 것과 같이, 함수 $f(x) = \frac{cx+d}{ax+b}$를 다음과 같이 쓸 수 있다.

$$f(x) = \frac{cx+d}{ax+b} = \frac{c}{a} + \frac{ad-bc}{a^2} \cdot \frac{1}{x+\frac{b}{a}}$$

함수 $f(x) = \frac{cx+d}{ax+b}$의 수평점근선을 구하기 위해, 다음 극한을 생각하자.

$$\lim_{x\to\infty}\left(\frac{c}{a} + \frac{ad-bc}{a^2} \cdot \frac{1}{x+\frac{b}{a}}\right) = \lim_{x\to\infty}\frac{c}{a} + \frac{ad-bc}{a^2}\lim_{x\to\infty}\frac{1}{x+\frac{b}{a}} = \frac{c}{a}$$

이로부터, 함수 $f(x) = \frac{cx+d}{ax+b}$의 수평점근선은 $y = \frac{c}{a}$이다. 수직점근선을 구하기 위해, 다음 극한을 생각하자.

$$\lim_{x\to-\frac{b}{a}^+}\left(\frac{c}{a} + \frac{ad-bc}{a^2} \cdot \frac{1}{x+\frac{b}{a}}\right) = \lim_{x\to-\frac{b}{a}^+}\frac{cx+d}{ax+b} = \pm\infty$$

얻어진 극한으로부터 함수 $f(x) = \frac{cx+d}{ax+b}$의 수직점근선은 $x = -\frac{b}{a}$라는 것을 알 수 있다.

얻어진 결과들을 다음과 같은 정리로 나타낼 수 있다.

정리 8.1. 분수함수 $y = \frac{1}{x}$의 그래프에 대해 압축, 팽창, 평행이동, 축대칭을 이용하여 함수 $f(x) = \frac{cx+d}{ax+b}$의 그래프를 얻을 수 있다. 함수 $f(x) = \frac{cx+d}{ax+b}$ 그래프의 수평점근선은 $y = \frac{c}{a}$이고, 수직점근선은 $x = -\frac{b}{a}$이다.

$f(x) = \frac{1}{x}$의 그래프를 압축, 팽창, 평행이동하여 $f(x) = \frac{x+3}{2x-5}$의 그래프를 얻는 순서를 찾아보자. (1) $f(x) = \frac{1}{x}$의 그래프를 x축으로 $\frac{5}{2}$만큼 평행이동하면, $f_1(x) = \frac{1}{x-\frac{5}{2}}$이다. (2) $f_1(x) = \frac{1}{x-\frac{5}{2}}$의 그래프를 x축에 대해 계수 $\frac{ad-bc}{a^2}$인 압축 또는 팽창을 한다. $f(x) = \frac{x+3}{2x-5}$에서 $a = 2$, $b = -5$, $c = 1$, $d = 3$이므로, $\frac{ad-bc}{a^2} = \frac{11}{4}$이다. $y = f_1(x)$의 그래프를 x축으로부터 계수 $\frac{11}{4}$인 팽창을 한다. 그러면, $f_2(x) = \frac{11}{4} \cdot \frac{1}{x-\frac{5}{2}} = \frac{11}{2} \cdot \frac{1}{2x-5}$이다.

(3) $f_2(x) = \frac{11}{2} \cdot \frac{1}{2x-5}$의 그래프를 y축을 따라 $\frac{1}{2}$만큼 평행이동하면, $f_3(x) = \frac{1}{2} + \frac{11}{2} \cdot \frac{1}{2x-5}$이다. 역으로, 얻어진 식을 통분하여 정리하면, $\frac{1}{2} + \frac{11}{2} \cdot \frac{1}{2x-5} = \frac{1}{2} + \frac{11}{2(2x-5)} = \frac{2x-5}{2(2x-5)} + \frac{11}{2(2x-5)} = \frac{2x-5+11}{2(2x-5)} = \frac{2x+6}{2(2x-5)} = \frac{x+3}{2x-5}$을 확인할 수 있다.

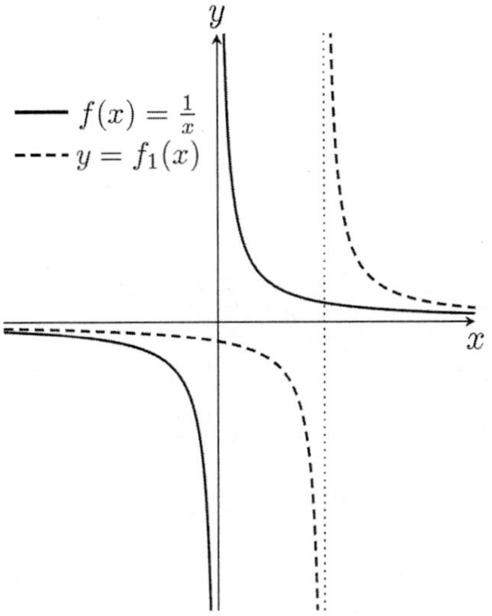

그림 8.4

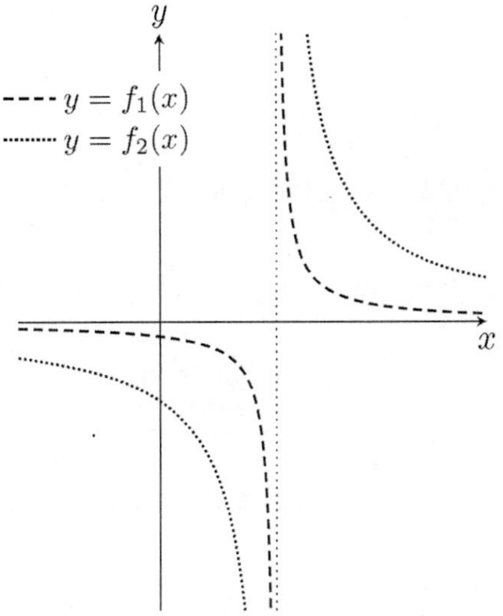

그림 8.5

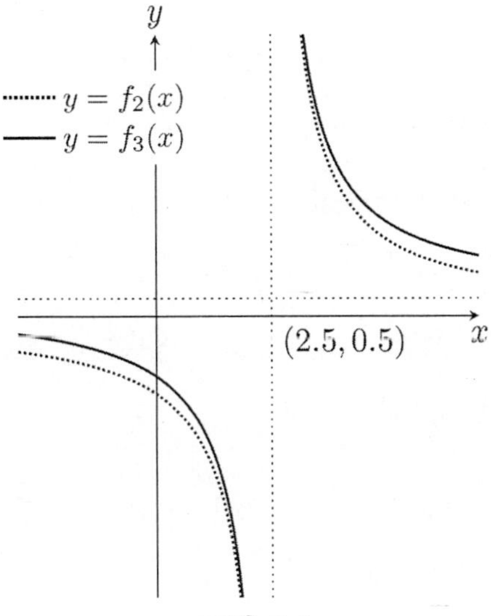

그림 8.6

그림 8.4에는 $f(x) = \frac{1}{x}$의 그래프를 x축으로 $\frac{5}{2}$만큼 평행이동한 $f_1(x) = \frac{1}{x-\frac{5}{2}}$의 그래프가 있다. 이때, $f(x) = \frac{1}{x}$의 그래프를 x축으로 $\frac{5}{2}$만큼 평행이동하면서 수직점근선 $x = 0$이 $x = \frac{5}{2}$로 이동했다. 그림 8.5에는 $y = f_1(x)$의 그래프를 x축으로부터

계수 $\frac{11}{4}$인 팽창을 한 $f_2(x) = \frac{11}{2} \cdot \frac{1}{2x-5}$의 그래프가 있다. 그림 8.6에는 $y = f_2(x)$의 그래프를 y축을 따라 $\frac{1}{2}$만큼 평행이동하여 얻어진 $f_3(x) = \frac{1}{2} + \frac{11}{2} \cdot \frac{1}{2x-5}$의 그래프가 있고, 수평점근선 $y = \frac{1}{2}$과 수직점근선 $x = \frac{5}{2}$가 표시되어 있다. $y = f_2(x)$의 그래프를 y축을 따라 $\frac{1}{2}$만큼 평행이동하면서 수평점근선 $y = 0$이 $y = \frac{1}{2}$로 이동했다.

예제 8.1. 함수 $f(x) = \frac{3x-1}{5x+1}$의 그래프는 $y = \frac{1}{x}$의 그래프를 압축, 팽창, 평행이동, 축대칭을 이용하여 얻을 수 있는가?

풀이. 분수함수 $f(x) = \frac{3x-1}{5x+1}$에서 $\frac{3x-1}{5x+1} = q + \frac{R}{5x+1}$의 형태로 나타내자. 이를 위해, $5x+1$을 이항하여 정리하면, $3x-1 = q(5x+1)+R$이며, 전개하면 $3x-1 = 5qx+q+R$이다. 이로부터 $3 = 5q$이고 $-1 = q+R$이다. $3 = 5q$에서 $q = \frac{3}{5}$이고, 이것을 $-1 = q+R$에 대입하면 $R = -1-\frac{3}{5} = -\frac{8}{5}$이다. 이로부터 $\frac{3x-1}{5x+1} = \frac{3}{5} - \frac{8}{5} \cdot \frac{1}{5x+1}$이다. 그리고 $5x+1 = 5\left(x+\frac{1}{5}\right)$이라 놓으면, $f(x) = \frac{3x-1}{5x+1}$을 다음과 같이 쓸 수 있다.

$$\frac{3x-1}{5x+1} = \frac{3}{5} + \frac{-\frac{8}{5}}{5x+1} = \frac{3}{5} - \frac{8}{5} \cdot \frac{1}{5x+1} = \frac{3}{5} - \frac{8}{25} \cdot \frac{1}{\left(x+\frac{1}{5}\right)}$$

그러므로, (1) $y = \frac{1}{x}$의 그래프를 x축으로 $-\frac{1}{5}$만큼 평행이동하면, $f_1(x) = \frac{1}{x+\frac{1}{5}}$이다. (2) $f_1(x) = \frac{1}{x+\frac{1}{5}}$의 그래프를 x축으로 계수 $\frac{8}{25}$인 압축을 한다. 그러면, $f_2(x) = \frac{8}{25} \cdot \frac{1}{x+\frac{1}{5}} = \frac{8}{5} \cdot \frac{1}{5x+1}$이다. 얻어진 식을 x축에 대해 대칭시키면, $f_2(x) = -\frac{8}{5} \cdot \frac{1}{5x+1}$이다.

(3) $f_2(x) = -\frac{8}{5} \cdot \frac{1}{5x+1}$의 그래프를 y축을 따라 $\frac{3}{5}$만큼 평행이동하면, $f_3(x) = \frac{3}{5} - \frac{8}{5} \cdot \frac{1}{5x+1}$이다. 역으로, 얻어진 식을 통분하여 정리하면, $\frac{3}{5} - \frac{8}{5} \cdot \frac{1}{5x+1} = \frac{3(5x+1)}{5(5x+1)} - \frac{8}{5(5x+1)} = \frac{3(5x+1)-8}{5(5x+1)} = \frac{15x-5}{5(5x+1)} = \frac{3x-1}{5x+1}$을 확인할 수 있다. □

분수함수 $f(x) = \frac{3x-1}{5x+1}$은 $\frac{3x-1}{5x+1} = \frac{3}{5} - \frac{8}{25} \cdot \frac{1}{\left(x+\frac{1}{5}\right)}$과 같이 나타낼 수 있으므로, 수평점근선은 $y = \frac{3}{5}$이고 수직점근선은 $x = -\frac{1}{5}$이다.

분수함수 $f(x) = \frac{dx+f}{ax^2+bx+c}$의 그래프 분수함수 $f(x) = \frac{dx+f}{ax^2+bx+c}$ 형태의 분수함수 중 간단한 함수인 $f(x) = \frac{1}{x^2}$의 그래프를 살펴보자.

분수함수 $f(x) = \frac{1}{x^2}$의 그래프는 $f_1(x) = 1$, $f_2(x) = x^2$에서 $f(x) = \frac{1}{x^2} = \frac{f_1(x)}{f_2(x)}$

로 볼 수도 있고, $f_3(x) = \frac{1}{x}$에서 $f(x) = \frac{1}{x^2} = f_3(x)f_3(x)$로 볼 수도 있으며, 그밖의 다양한 관점에서 $f(x) = \frac{1}{x^2}$의 그래프를 생각할 수 있다.

그림 8.7에는 $\frac{1}{x^2} = \frac{f_1(x)}{f_2(x)}$의 관계를 볼 수 있도록 $f(x) = \frac{1}{x^2}$, $f_1(x) = 1$, $f_2(x) = x^2$의 그래프가 있고, 그림 8.8에는 $\frac{1}{x^2} = f_3(x)f_3(x)$의 관계를 볼 수 있도록 $f(x) = \frac{1}{x^2}$, $f_3(x) = \frac{1}{x}$의 그래프가 있다.

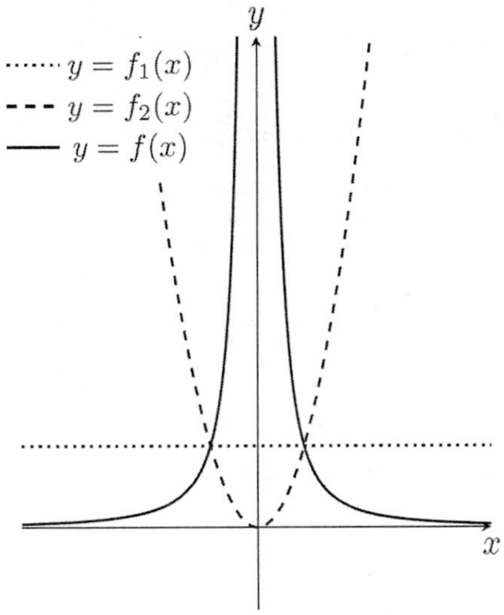

그림 8.7

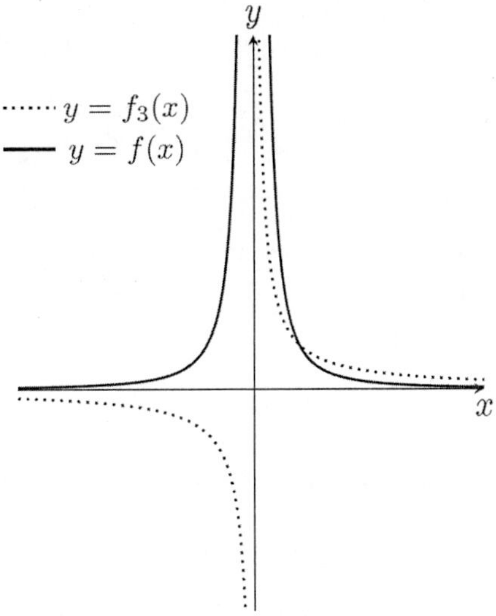

그림 8.8

함수 $f(x) = \frac{1}{x^2}$에서 $f(-x) = \frac{1}{(-x)^2} = \frac{1}{x^2}$, 즉 $f(-x) = f(x)$이므로, $f(x) = \frac{1}{x^2}$는 짝함수이다. 그러므로, 함수 $f(x) = \frac{1}{x^2}$의 그래프는 y축에 대해 대칭이다. 그리고 함수 $f(x) = \frac{1}{x^2}$에서 분모가 0이 되는 x값인 $x = 0$이 수직점근선이다.

함수 $f(x) = \frac{1}{x^2}$의 증감을 구간 $(-\infty, 0)$, $(0, \infty)$로 나누어 살펴보자. 우선, 구간 $(-\infty, 0)$에서 함수 $f(x) = \frac{1}{x^2}$이 증가함수라는 것을 보이자. $x_1 < x_2$인 음수 x_1, x_2를 생각하자. $x_1 < x_2 < 0$이므로, $|x_1| > |x_2|$이다. 이로부터, $x_1^2 > x_2^2$이고 $\frac{1}{x_1^2} < \frac{1}{x_2^2}$이다. $x_1 < x_2 < 0$로부터 $f(x_1) < f(x_2)$가 유도되며, 구간 $(-\infty, 0)$에서 $f(x) = \frac{1}{x^2}$은 증가함수이다.

구간 $(0, \infty)$에서 함수 $f(x) = \frac{1}{x^2}$이 감소함수라는 것을 보이자. $x_1 < x_2$인 양수 x_1, x_2를 생각하자. $0 < x_1 < x_2$이므로, $x_1^2 < x_2^2$이고 $\frac{1}{x_1^2} > \frac{1}{x_2^2}$이다. $0 < x_1 < x_2$

로부터 $f(x_1) > f(x_2)$가 유도되며, 구간 $(0, \infty)$에서 $f(x) = \frac{1}{x^2}$은 감소함수이다.

함수 $f(x) = \frac{1}{x^2}$의 볼록성은 정리 1.21을 이용하여 보일 수 있다. 정리 1.21에 의하면, $y = f(x)$는 구간 (a, b)에서 아래로 볼록이고, $g(y)$는 구간 $(f(a), f(b))$에서 아래로 볼록이며 증가함수이면, 합성함수 $g(f(x))$는 구간 (a, b)에서 아래로 볼록이다.

여기서 구간 (a, b)를 $(0, \infty)$로 하고, 함수 $f(x)$를 $y = \frac{1}{x}$로, 함수 $g(y)$를 $y = x^2$으로 하면, 합성함수 $g(f(x)) = \frac{1}{x^2}$이다. 함수 $y = \frac{1}{x}$가 구간 $(0, \infty)$에서 아래로 볼록이고, $y = x^2$은 이 구간에서 아래로 볼록이며 증가함수이므로, 합성함수 $g(f(x)) = \frac{1}{x^2}$는 구간 $(0, \infty)$에서 아래로 볼록이다. 한편, 함수 $f(x) = \frac{1}{x^2}$이 짝함수라는 것을 생각하면, 함수 $f(x) = \frac{1}{x^2}$은 구간 $(-\infty, 0)$에서 아래로 볼록이라는 것을 알 수 있다.

함수 $f(x) = \frac{2x+3}{x^2}$의 그래프를 생각하자. 함수 $f_1(x) = 2x + 3$, $f_2(x) = x^2$에 대해 $f(x) = \frac{2x+3}{x^2}$은 $f(x) = \frac{f_1(x)}{f_2(x)}$로 생각할 수 있다. 함수 $f(x) = \frac{2x+3}{x^2}$의 그래프 개형을 생각하기 위해, 함수식의 분모가 0이 되는 점인 수직점근선 $x = 0$을 생각하자. 이때, $\lim_{x \to 0^+} \frac{2x+3}{x^2} = \lim_{x \to 0^-} \frac{2x+3}{x^2} = \infty$라는 것을 확인할 수 있다. 그리고 $\lim_{x \to \infty} \frac{2x+3}{x^2} = \lim_{x \to -\infty} \frac{2x+3}{x^2} = 0$이며, 수평점근선은 $y = 0$이다.

함수 $f(x) = \frac{2x+3}{x^2}$의 그래프 개형을 추측할 때에 생각할 것이 x절편이다. $f(x) = \frac{2x+3}{x^2}$에서 $x = -\frac{3}{2}$에서 분자의 식이 0이며, $f(x) = \frac{2x+3}{x^2}$의 함숫값은 0이다. 그러므로, 함수 $f(x) = \frac{2x+3}{x^2}$의 x절편은 $-\frac{3}{2}$이며, $x = -\frac{3}{2}$의 좌우에서 함숫값의 부호가 바뀐다. 구간 $(-\infty, -\frac{3}{2})$에서 함숫값은 음수이며, $x \to -\infty$일 때에 함숫값은 음의 방향에서 0으로 가까이 간다.

살펴본 분석을 바탕으로, 함수 $f_1(x) = 2x + 3$, $f_2(x) = x^2$에 대해 $f(x) = \frac{f_1(x)}{f_2(x)}$로 $f(x) = \frac{2x+3}{x^2}$을 생각하면, 그림 8.9와 같은 개형을 얻을 수 있다.

예제 8.2. 분수함수 $f_1(x) = \frac{1}{x^2+1}$, $f_2(x) = \frac{x}{x^2+1}$, $f_3(x) = \frac{2x+3}{x^2+1}$의 그래프 개형을 추측하고, 이 그래프들의 차이를 조사하여라.

풀이. 함수식 $f_1(x) = \frac{1}{x^2+1}$, $f_2(x) = \frac{x}{x^2+1}$, $f_3(x) = \frac{2x+3}{x^2+1}$의 분모는 $x^2 + 1$이므로, 이 함수들의 수직점근선은 없다. 그리고 $\lim_{x \to \infty} f_1(x) = \lim_{x \to \infty} f_2(x) = \lim_{x \to \infty} f_3(x) = 0$

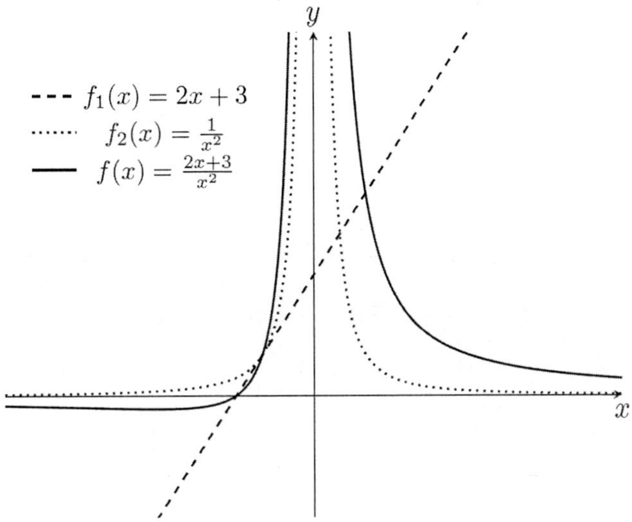

그림 8.9

이므로, 수평점근선은 $y = 0$이다.

함수 $f_1(x) = \frac{1}{x^2+1}$, $f_2(x) = \frac{x}{x^2+1}$, $f_3(x) = \frac{2x+3}{x^2+1}$의 y절편을 구하면, $f_1(x) = \frac{1}{x^2+1}$의 y절편은 1이고, $f_2(x) = \frac{x}{x^2+1}$의 y절편은 0, $f_3(x) = \frac{2x+3}{x^2+1}$의 y절편은 3이다.

모든 x값에 대해 $f_1(x) = \frac{1}{x^2+1}$의 함숫값은 양수이므로, $f_1(x) = \frac{1}{x^2+1}$의 x절편은 없다. $f_2(x) = \frac{x}{x^2+1}$의 x절편은 0, $f_3(x) = \frac{2x+3}{x^2+1}$의 x절편은 $2x + 3 = 0$으로부터 $-\frac{3}{2}$이다. $f_2(x) = \frac{x}{x^2+1}$의 함숫값은 $x = 0$을 중심으로 부호가 바뀌며, $f_3(x) = \frac{2x+3}{x^2+1}$의 함숫값은 $x = -\frac{3}{2}$을 중심으로 부호가 바뀐다. 예를 들어, $f_2(x) = \frac{x}{x^2+1}$는 구간 $(0, \infty)$에서는 양의 값을 가지며, 구간 $(-\infty, 0)$에서는 음의 값을 가진다. $y = f_2(x)$의 그래프는 $x \to -\infty$일 때에 함숫값은 음의 방향에서 0으로 가까이 간다. 비슷한 이유로, $f_3(x) = \frac{2x+3}{x^2+1}$의 그래프도 $x \to -\infty$일 때에 함숫값은 음수이며, 음의 방향에서 0으로 가까이 간다.

함수 $f_1(x) = \frac{1}{x^2+1}$은 $f(-x) = f(x)$이므로 짝함수이며, $y = f_1(x)$의 그래프는 y축에 대해 대칭이다. $f_2(x) = \frac{x}{x^2+1}$는 $f(-x) = \frac{-x}{(-x)^2+1} = -\frac{x}{x^2+1} = -f_2(x)$이므로 홀함수이며, $y = f_2(x)$의 그래프는 원점에 대해 대칭이다. $f_3(x) = \frac{2x+3}{x^2+1}$은 홀짝성을 가지지 않으며, $y = f_3(x)$의 그래프는 y축이나 원점에 대해 대칭되지 않는다.

함수의 극값을 구해보자. 여기서는 도함수를 이용하지 말고 함수의 극값을 구하자. 함수 $y_1 = \frac{1}{x^2+1}$을 x에 대한 이차방정식으로 정리하자. 그러면, $y_1(x^2+1) = 1$이며 $y_1x^2 + y_1 - 1 = 0$이다. 이차방정식 $y_1x^2 + y_1 - 1 = 0$의 해는 $y = y_1$과 $y = \frac{1}{x^2+1}$의 교점이다. 교점이 없으면 이차방정식 $y_1x^2 + y_1 - 1 = 0$은 해가 없으며, 교점이 하나이면 $y_1x^2 + y_1 - 1 = 0$은 중근을 가지며, 교점이 두 개이면 $y_1x^2 + y_1 - 1 = 0$은 두 개의 해를 가진다. 극점을 구하기 위해, $y_1x^2 + y_1 - 1 = 0$이 중근을 가지는 경우에 주목하자. $y = y_1$과 $y = \frac{1}{x^2+1}$가 한 점에서 만나는 것은 접한다는 것을 의미하며, 이러한 경우에 극값을 가지기 때문이다.

이차방정식 $y_1x^2 + y_1 - 1 = 0$이 중근을 가지는 경우를 조사하기 위해, 판별식 $D = 0$이 되는 y_1의 값을 구하자. $D = -4y_1^2 + 4y_1$이므로, $D = 0$이면 $4y_1(y_1 - 1) = 0$이다. 이로부터, $y_1 = 0$ 또는 $y_1 = 1$이다. 함수 $y_1 = \frac{1}{x^2+1}$은 함숫값으로 0을 가지지 않으므로, $y_1 = 1$일 때 극값을 가진다. 대응하는 x값을 구하기 위해, $\frac{1}{x^2+1} = 1$을 풀면 $x = 0$이다. 따라서 함수 $y_1 = \frac{1}{x^2+1}$의 극값은 $x = 0$일 때에 $f_1(0) = 1$이다.

함수 $f_2(x) = \frac{x}{x^2+1}$의 극값도 구해보자. 이를 위해, $f_2(x) = y_2$라 놓으면 x에 대한 이차방정식 $y_2(x^2+1) = x$, $y_2x^2 - x + y_2 = 0$을 얻을 수 있다. 판별식 D를 구하면 $D = 1 - 4y_2^2$이며, $D = 0$이라 놓으면 $1 - 4y_2^2 = 0$이고 $y_2 = \pm\frac{1}{2}$이다.

대응하는 x값을 구하자. 이차방정식 $y_2x^2 - x + y_2 = 0$이 중근을 가지는 경우에, 근의 공식에 의하면 근은 $x = \frac{1}{2y_2}$이다. $y_2 = \frac{1}{2}$일 때에 $x = 1$이고, $y_2 = -\frac{1}{2}$일 때에 $x = -1$이다. 이로부터, $f_2(x) = \frac{x}{x^2+1}$가 극값을 가지는 점은 $\left(1, \frac{1}{2}\right)$, $\left(-1, -\frac{1}{2}\right)$이다.

함수 $y_3 = \frac{2x+3}{x^2+1}$을 x에 대해 정리하면, $y_3(x^2+1) = 2x+3$, $y_3x^2 - 2x + (y_3 - 3) = 0$이다. 판별식 $D = 0$이 되는 y_3의 값을 구하자. $D = 4 - 4y_3(y_3 - 3) = -4y_3^2 + 12y_3 + 4$이므로, $D = 0$이면 $y_3^2 - 3y_3 - 1 = 0$이다. 이차방정식을 풀면, $y_3 = \frac{3+\sqrt{13}}{2}$, $y_3 = \frac{3-\sqrt{13}}{2}$이다. 이차방정식 $y_3x^2 - 2x + (y_3 - 3) = 0$이 중근을 가지는 경우에, 근의 공식에 의하면 근은 $x = \frac{2}{2y_3} = \frac{1}{y_3}$이다. 그러므로, $y_3 = \frac{3+\sqrt{13}}{2}$일 때에 $x = \frac{1}{\frac{3+\sqrt{13}}{2}} = \frac{2}{3+\sqrt{13}}$이고, $y_3 = \frac{3-\sqrt{13}}{2}$일 때에 $x = \frac{2}{3-\sqrt{13}}$이다. 함수 $y_3 = \frac{2x+3}{x^2+1}$이 극값을 가지는 점의 좌표는 $\left(\frac{2}{3+\sqrt{13}}, \frac{3+\sqrt{13}}{2}\right)$, $\left(\frac{2}{3-\sqrt{13}}, \frac{3-\sqrt{13}}{2}\right)$이다.

$f_1(x) = \frac{1}{x^2+1}$, $f_2(x) = \frac{x}{x^2+1}$, $f_3(x) = \frac{2x+3}{x^2+1}$의 그래프 개형이 그림 8.10에 있다. □

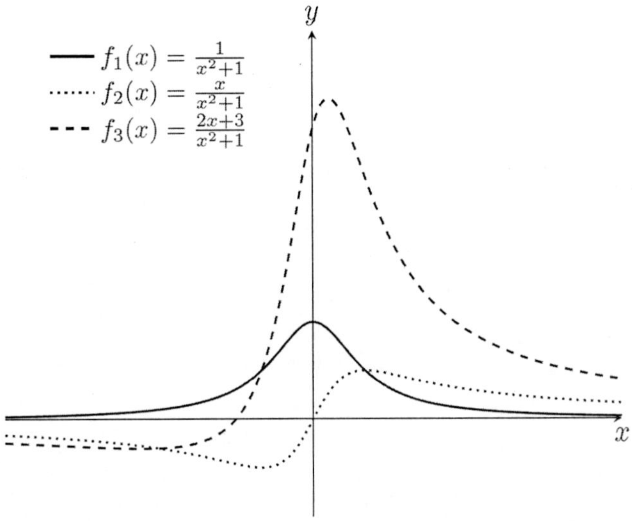

그림 8.10

예제 8.2에서 함수 $f_1(x) = \frac{1}{x^2+1}$, $f_2(x) = \frac{x}{x^2+1}$, $f_3(x) = \frac{2x+3}{x^2+1}$의 그래프 개형을 그림 8.10과 같이 작도하였다. 함수 $y = f_1(x)$의 그래프와 $y = (f_1(x))^2$의 그래프 개형을 살펴보자. $y = f_1(x)$는 정의역의 $\forall x_1$에 대해 $f_1(x_1) > 0$이므로, $y = (f_1(x))^2$의 그래프는 함수 $y = f_1(x)$의 그래프와 개형은 같지만, 함숫값에서만 차이가 있는 그러한 형태가 될 것이다. 그림 8.11에 함수 $y = (f_1(x))^2$의 그래프 개형이 있다.

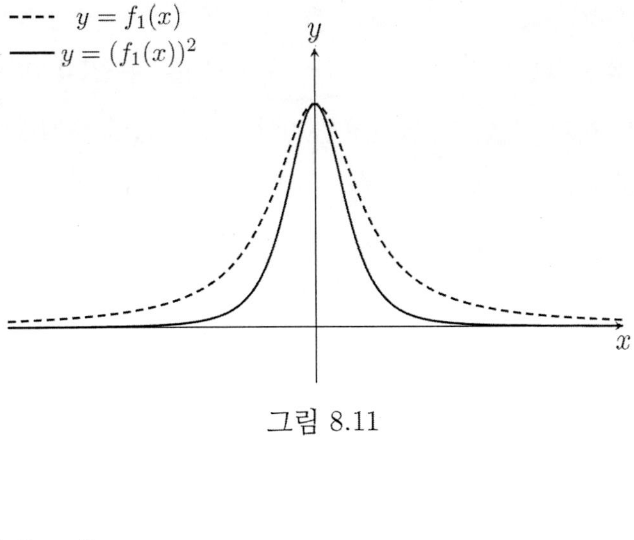

그림 8.11

함수 $f_2(x) = \frac{x}{x^2+1}$에 대해 $y = (f_2(x))^2$의 그래프 개형을 살펴보자. 함수 $y = f_2(x)$는 구간 $(-\infty, 0)$에서는 $f_2(x) < 0$이며, 구간 $(0, \infty)$에서는 $f_2(x) > 0$이다. $y = (f_2(x))^2$의 그래프는 함수 $y = f_2(x)$의 그래프에서 함숫값이 음수인 부분을 제곱을 통해 양수로 만들며, $(f_2(x))^2 = \frac{x^2}{(x^2+1)^2}$이므로 $y = (f_2(x))^2$는 짝함수가 되어 y축에 대칭인 그래프가 될 것이다. 그림 8.12에 함수 $y = (f_2(x))^2$의 그래프 개형이 제시되어 있다.

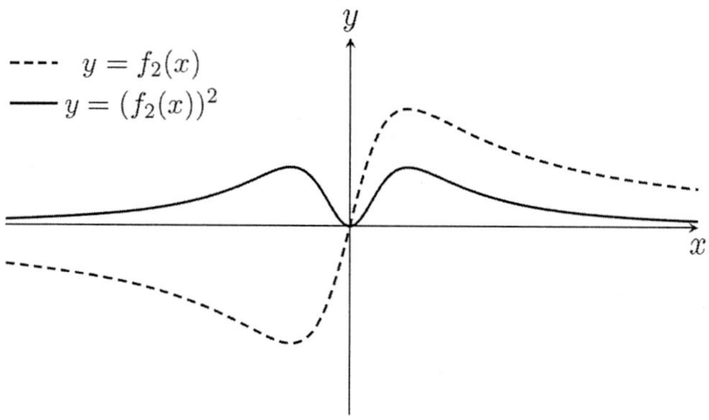

그림 8.12

예제 8.2에서는 분모가 이차식이면서 0이 되는 값이 없는(수직점근선이 존재하지 않는) 분수함수를 조사하였다. 여기서는 수직점근선이 존재하면서 분모가 이차식인 분수함수를 살펴보자.

함수 $f(x) = \frac{1}{x^2-4x+3}$의 그래프를 살펴보자. 함수 $f(x) = \frac{1}{x^2-4x+3}$는 $f_1(x) = 1$, $f_2(x) = x^2 - 4x + 3$이라 할 때, $f(x) = \frac{f_1(x)}{f_2(x)}$로 볼 수 있다. 함수 $f(x) = \frac{f_1(x)}{f_2(x)}$의 그래프를 추측하기 위해, 먼저 분모가 0이 되는 x값인 수직점근선을 생각하자. $f_2(x) = x^2 - 4x + 3 = 0$에서 $x = 1$, $x = 3$이 수직점근선이 된다. $\lim_{x\to\infty} \frac{1}{x^2-4x+3} = 0$이므로, 수평점근선은 $y = 0$이다. 이제, $f(x) = \frac{f_1(x)}{f_2(x)}$를 이용하여, $f(x) = \frac{1}{x^2-4x+3}$의 그래프 개형을 작도하자.

구간 $(-\infty, 1)$에서 $f_1(x) = 1$의 함숫값이 양수이고, $f_2(x) = x^2 - 4x + 3$의 함숫값도 양수이므로, $f(x) = \frac{1}{x^2-4x+3}$의 함숫값은 양수이며 $\lim_{x\to-\infty} \frac{1}{x^2-4x+3} = 0$이다. 즉,

$x \to -\infty$일 때에 함수 $y = f(x)$의 함숫값은 양의 방향에서 0으로 가까이 간다. $x = 1$이 수직점근선이므로, $x \to 1^-$일 때에 함수 $y = f(x)$의 함숫값은 ∞로 발산한다.

구간 $(1, 3)$에서 $f_1(x) = 1$의 함숫값이 양수이고, $f_2(x) = x^2 - 4x + 3$의 함숫값은 음수이므로, $f(x) = \frac{1}{x^2-4x+3}$의 함숫값은 음수이다. $x = 1$, $x = 3$이 수직점근선이므로, $x \to 1^+$일 때에 $y = f(x)$의 함숫값은 $-\infty$로 발산하며, $x \to 3^-$일 때에도 $y = f(x)$의 함숫값은 $-\infty$로 발산한다. 함수 $f_2(x) = x^2 - 4x + 3$가 $x = 2$에서 극솟값 -1을 가지므로, $y = f(x)$는 $(2, -1)$에서 극솟값을 가지게 된다.

구간 $(3, \infty)$에서 $f_1(x) = 1$의 함숫값이 양수이고, $f_2(x) = x^2 - 4x + 3$의 함숫값은 양수이므로, $f(x) = \frac{1}{x^2-4x+3}$의 함숫값은 양수이다. $x = 3$이 수직점근선이므로, $x \to 3^+$일 때에 $y = f(x)$의 함숫값은 ∞로 발산한다. $\lim_{x\to\infty} \frac{1}{x^2-4x+3} = 0$이므로, $x \to \infty$일 때에 함수 $y = f(x)$의 함숫값은 양의 방향에서 0으로 가까이 간다.

살펴본 함수 $f(x) = \frac{f_1(x)}{f_2(x)}$에 대한 분석을 통해, 그림 8.13과 같은 그래프 개형을 얻을 수 있다.

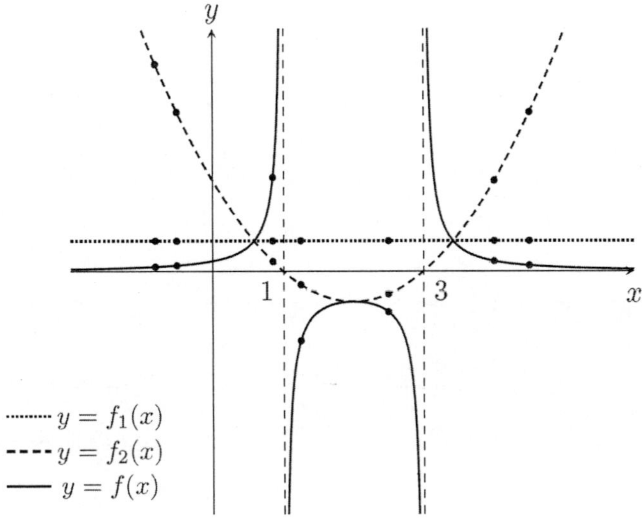

그림 8.13

함수 $f(x) = \frac{1}{x^2-4x+3}$에 대한 분석과 그림 8.13과 유사한 방법으로, 함수 $g(x) = \frac{1}{(x+2)(x-0.5)(x-3)}$의 그래프 개형도 추측할 수 있다. 이를 위해, 함수 $g_2(x) = (x +$

$2)(x-0.5)(x-3)$의 그래프 개형을 작도할 수 있어야 한다. 그림 8.14에 $g_1(x)=1$, $g_2(x)=(x+2)(x-0.5)(x-3)$의 그래프 개형을 작도하였고, 수직점근선 $x=-2$, $x=0.5$, $x=3$이 표시되어 있다. 이제, 구간 $(-\infty,-2)$, $(-2,0.5)$, $(0.5,3)$, $(3,\infty)$에서 함수 $y=g_1(x)$와 $y=g_2(x)$의 부호를 생각하여 함수 $y=\frac{g_1(x)}{g_2(x)}$의 부호를 결정하자. 그러면, $g(x)=\frac{1}{(x+2)(x-0.5)(x-3)}$의 그래프 개형을 그림 8.13과 유사하게 작도할 수 있다.

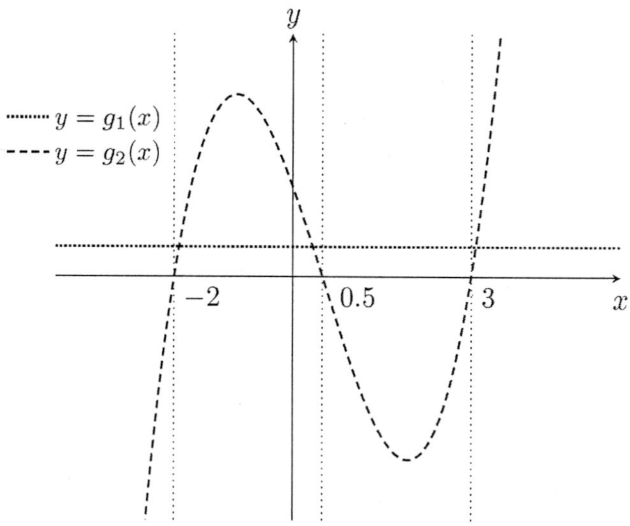

그림 8.14

다른 방법으로, 함수식 $g(x)=\frac{1}{(x+2)(x-0.5)(x-3)}$을

$$\frac{1}{(x+2)(x-0.5)(x-3)}=\frac{a}{x+2}+\frac{b}{x-0.5}+\frac{c}{x-3}$$

와 같은 부분분수의 형태로 나타내서 함수의 그래프 개형을 작도할 수도 있다. 이를 위해, $\frac{a}{x+2}+\frac{b}{x-0.5}+\frac{c}{x-3}$을 통분하여 정리한 후에, 계수들을 비교하여 a, b, c를 구한다.

등식 $\frac{1}{(x+2)(x-0.5)(x-3)}=\frac{a}{x+2}+\frac{b}{x-0.5}+\frac{c}{x-3}$의 양변에 $(x+2)(x-0.5)(x-3)$를 곱하면, 다음 등식을 얻을 수 있다.

$$1=a(x-0.5)(x-3)+b(x+2)(x-3)+c(x+2)(x-0.5)$$

x 대신에 특정한 값을 대입하여 계수를 구하자. $x=-2$를 대입하면, $1=a(-2-$

$0.5)(-2-3) = a\cdot(-2.5)\cdot(-5) = 12.5a$이며, $a = \frac{1}{12.5} = \frac{2}{25}$이다. $x = 0.5$를 대입하면, $1 = b(0.5+2)(0.5-3) = b\cdot 2.5\cdot(-2.5) = -6.25b$이고, $b = -\frac{1}{6.25} = -\frac{4}{25}$이다. $x = 3$을 대입하면, $1 = c(3+2)(3-0.5) = c\cdot 5\cdot 2.5 = 12.5c$이고 $c = \frac{1}{12.5} = \frac{2}{25}$이다. 이로부터, 다음을 얻을 수 있다.

$$\frac{1}{(x+2)(x-0.5)(x-3)} = \frac{2}{25}\cdot\frac{1}{x+2} - \frac{4}{25}\cdot\frac{1}{x-0.5} + \frac{2}{25}\cdot\frac{1}{x-3}$$

이제, $g_1(x) = \frac{2}{25}\cdot\frac{1}{x+2}$, $g_2(x) = \frac{4}{25}\cdot\frac{1}{x-0.5}$, $g_3(x) = \frac{2}{25}\cdot\frac{1}{x-3}$의 그래프를 각각 그려서, $g(x) = g_1(x) - g_2(x) + g_3(x)$를 구하면, 그림 8.15와 같은 함수 $g(x) = \frac{1}{(x+2)(x-0.5)(x-3)}$의 그래프 개형을 얻을 수 있다.

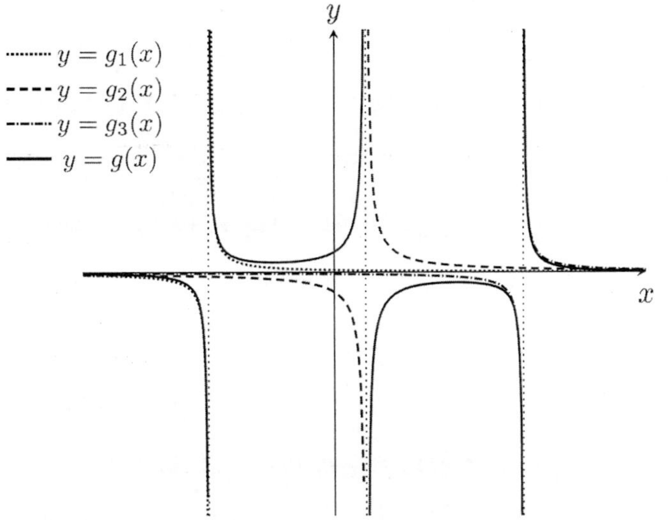

그림 8.15

함수 $f(x) = \frac{1}{x^2-4x+3}$의 그래프 개형을 그림 8.13과 같이 작도하였다. 함수 $f(x) = \frac{1}{x^2-4x+3}$의 그래프와 $g(x) = \frac{2x}{x^2-4x+3}$, $h(x) = \frac{2x-3}{x^2-4x+3}$의 그래프 개형을 비교해 보자.

함수 $f(x) = \frac{1}{x^2-4x+3}$, $g(x) = \frac{2x}{x^2-4x+3}$, $h(x) = \frac{2x-3}{x^2-4x+3}$의 함숫값을 분모와 분자가 0이 되는 x값을 중심으로 구간을 $(-\infty, 0)$, $(0, 1)$, $\left(1, \frac{3}{2}\right)$,$\left(\frac{3}{2}, 3\right)$, $(3, \infty)$로 나누어, 각 함수의 함숫값의 부호를 조사하여 표로 정리하자.

표에 제시된 구간별 $f(x) = \frac{1}{x^2-4x+3}$, $g(x) = \frac{2x}{x^2-4x+3}$의 함숫값의 부호, 수직점근선, 수평점근선을 생각하면, 어렵지 않게 함수 $f(x) = \frac{1}{x^2-4x+3}$, $g(x) = \frac{2x}{x^2-4x+3}$의

구간	$(-\infty, 0)$	$(0, 1)$	$(1, \frac{3}{2})$	$(\frac{3}{2}, 3)$	$(3, \infty)$
$y = 2x$	$-$	$+$	$+$	$+$	$+$
$y = x^2 - 4x + 3$	$+$	$+$	$-$	$-$	$+$
$y = f(x)$	$+$	$+$	$-$	$-$	$+$
$y = g(x)$	$-$	$+$	$-$	$-$	$+$
$y = h(x)$	$-$	$-$	$+$	$-$	$+$

그래프 개형을 추측할 수 있다.

함수 $f(x) = \frac{1}{x^2-4x+3}$, $g(x) = \frac{2x}{x^2-4x+3}$의 수직점근선은 분모가 0이 되는 $x = 1$, $x = 3$이며, 수평점근선은 $\lim_{x\to\pm\infty} f(x) = \lim_{x\to\pm\infty} g(x) = 0$이다. 이때, 구간 $(-\infty, 0)$에서 함수 $y = f(x)$는 양의 값이므로, $x \to -\infty$일 때에 함숫값은 양의 방향에서 0으로 가까이 가며, 구간 $(-\infty, 0)$에서 함수 $y = g(x)$는 음의 값이므로, $x \to -\infty$일 때에 함숫값은 음의 방향에서 0으로 가까이 간다. 구간 $(3, \infty)$에서는 함수 $y = f(x)$, $y = g(x)$는 모두 양의 값이므로, $x \to \infty$일 때에 두 함수의 함숫값은 양의 방향에서 0으로 가까이 간다.

구간 $(1, 3)$에서 함수 $y = f(x)$, $y = g(x)$는 모두 음의 값이므로, $x \to 1^+$일 때에, $x \to 3^-$일 때에 두 함수의 함숫값은 $-\infty$로 발산한다. 구간 $(0, 1)$에서 함수 $y = f(x)$, $y = g(x)$는 모두 양의 값이므로, $x \to 1^+$일 때에 함숫값은 ∞로 발산한다. 구간 $(\frac{3}{2}, 3)$에서 함수 $y = f(x)$, $y = g(x)$는 모두 음의 값이므로, $x \to 3^-$일 때에 함숫값은 $-\infty$로 발산한다.

얻어진 탐구의 결과를 바탕으로, $f(x) = \frac{1}{x^2-4x+3}$, $g(x) = \frac{2x}{x^2-4x+3}$의 그래프 개형을 그리면, 그림 8.16과 같다. 함수 $f(x) = \frac{1}{x^2-4x+3}$, $g(x) = \frac{2x}{x^2-4x+3}$의 그래프 개형에서 함숫값의 부호가 차이가 나는 구간은 $(-\infty, 0)$이다. 이때, $x = 0$은 함수 $g(x) = \frac{2x}{x^2-4x+3}$의 분자가 0이 되는 x값이다.

함수 $g(x) = \frac{2x}{x^2-4x+3}$, $h(x) = \frac{2x-3}{x^2-4x+3}$의 그래프 개형을 비교하자. 함수의 외형으로 보면, $g(x) = \frac{2x}{x^2-4x+3}$와 $h(x) = \frac{2x-3}{x^2-4x+3}$은 유사하게 보일 수 있다. 그러나 표에서

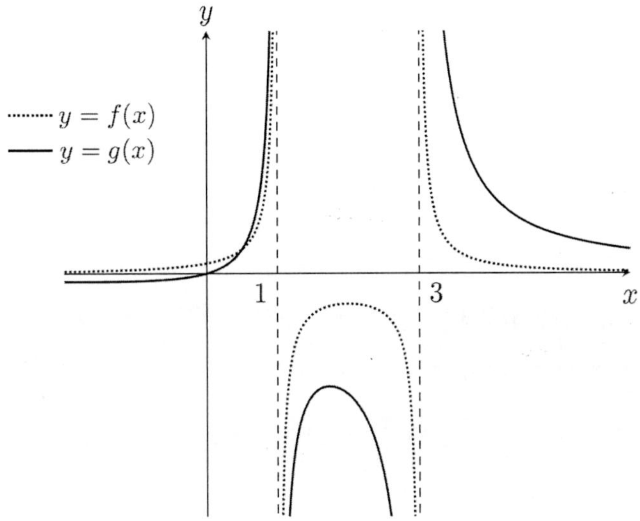

그림 8.16

함숫값의 부호를 구간별로 조사했을 때, 함수 $y = g(x)$와 $y = h(x)$의 그래프 개형은 차이가 있다.

함수 $g(x) = \frac{2x}{x^2-4x+3}$, $h(x) = \frac{2x-3}{x^2-4x+3}$의 수직점근선은 분모가 0이 되는 $x = 1$, $x = 3$이며, 수평점근선은 $\lim_{x\to\pm\infty} g(x) = \lim_{x\to\pm\infty} h(x) = 0$이다. 구간 $(-\infty, 0)$에서 함수 $y = g(x)$와 $y = h(x)$는 모두 음의 값이므로, $x \to -\infty$일 때에 함숫값은 음의 방향에서 0으로 가까이 간다. 구간 $(3, \infty)$에서는 함수 $y = g(x)$, $y = h(x)$는 모두 양의 값이므로, $x \to \infty$일 때에 두 함수의 함숫값은 양의 방향에서 0으로 가까이 간다.

구간 $(0, 1)$에서 함수 $y = g(x)$는 양의 값을 가지므로 $x \to 1^+$일 때에, 함숫값은 ∞로 발산하며, 이 구간에서 함수 $y = h(x)$는 음의 값을 가지므로 $x \to 1^+$일 때에 함숫값은 $-\infty$로 발산한다.

구간 $(1, \frac{3}{2})$에서 함수 $y = g(x)$는 음의 값이므로, $x \to 1^+$일 때에 함숫값은 $-\infty$로 발산하며, 이 구간에서 함수 $y = h(x)$는 양의 값을 가지므로 $x \to 1^+$일 때에, 함숫값은 ∞로 발산한다. $h(x) = \frac{2x-3}{x^2-4x+3}$의 x절편은 분자가 0이 되는, 즉 $2x - 3 = 0$인 $x = \frac{3}{2}$에 위치한다.

구간 $(\frac{3}{2}, 3)$에서 함수 $y = g(x)$와 $y = h(x)$는 모두 음의 값이므로, $x \to 3^-$일 때에

두 함수의 함숫값은 $-\infty$로 발산한다. 구간 $(3, \infty)$에서도 함수 $y = g(x)$와 $y = h(x)$는 모두 양의 값이므로, $x \to 3^+$일 때에 두 함수의 함숫값은 ∞로 발산한다. 구간 $(3, \infty)$에서도 함수 $y = g(x)$와 $y = h(x)$의 함숫값의 부호를 생각하면, $x \to \infty$에서 $y = g(x)$와 $y = h(x)$는 모두 양의 방향에서 0으로 가까이 간다는 것을 알 수 있다.

얻어진 탐구의 결과를 바탕으로, $g(x) = \frac{2x}{x^2-4x+3}$, $h(x) = \frac{2x-3}{x^2-4x+3}$의 그래프 개형을 그리면, 그림 8.17과 같다. 함수 $g(x) = \frac{2x}{x^2-4x+3}$, $h(x) = \frac{2x-3}{x^2-4x+3}$의 그래프 개형에서 함숫값의 부호가 차이가 나는 구간은 $(0, 1)$과 $(1, \frac{3}{2})$이다. 이러한 부호의 차이로 인하여, 그림 8.17에서는 발산하는 방향의 차이가 나타난다.

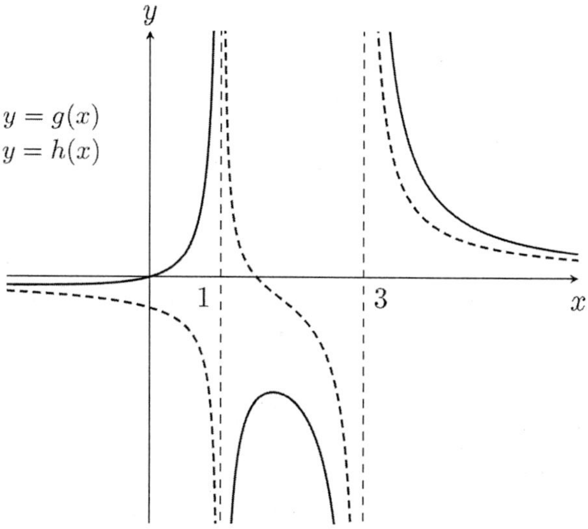

그림 8.17

분자의 차수가 분모의 차수 이상인 분수함수의 그래프 함수 $f(x) = \frac{2x^2+x-3}{x^2-2x-3}$, $g(x) = \frac{2x^3+x^2}{x^2-2x-3}$ 등과 같이 분자의 차수가 분모의 차수 이상인 경우에 함수의 그래프 개형을 작도하는 몇 가지 예들을 살펴보자.

함수 $f(x) = \frac{2x^2+x-3}{x^2-2x-3}$에서 분자 $2x^2 + x - 3$의 차수를 분모 $x^2 - 2x - 3$의 차수보다 낮게 하자. 이를 위해, 분자에서 분모를 나누어 $f(x) = Q(x) + \frac{ax+b}{x^2-2x-3}$와 같은 형태의 함수로 나타내자. 실제로, 분자에서 분모를 나누면, 몫은 2가 되고 나머지는

$(2x^2+x-3)-(2x^2-4x-6)=5x+3$이다. 그러므로, $f(x)=2+\frac{5x+3}{x^2-2x-3}$과 같이 쓸 수 있다.

극한 $\lim_{x\to\pm\infty}\left(2+\frac{5x+3}{x^2-2x-3}\right)=2$이므로, 함수 $f(x)=\frac{2x^2+x-3}{x^2-2x-3}$의 수평점근선은 $y=2$이다. $f(x)=\frac{2x^2+x-3}{x^2-2x-3}$에서 분자 $2x^2+x-3$의 차수를 분모 x^2-2x-3의 차수보다 낮게 하기 수행한 나눗셈에서 몫에 해당하는 2가 $y=f(x)$의 그래프에서 수평점근선이다.

함수 $f(x)=2+\frac{5x+3}{x^2-2x-3}$는 $f_1(x)=2$, $f_2(x)=\frac{5x+3}{x^2-2x-3}$에 대해 $f(x)=f_1(x)+f_2(x)$로 이해될 수 있다. 정의역의 $\forall x_1$에 대해 함수 $f_2(x)=\frac{5x+3}{x^2-2x-3}$의 함숫값 $y=f(x_1)$을 구한 다음, 함숫값에 2를 더하면 $y=f(x)$의 함숫값이 된다. 함수 $f_2(x)=\frac{5x+3}{x^2-2x-3}$의 그래프는 그림 8.17의 $h(x)=\frac{2x-3}{x^2-4x+3}$의 그래프 개형과 유사하므로, 수평점근선이 $y=2$가 되도록, $y=f_2(x)$의 함숫값을 2만큼 y축을 따라 위로 올리면 구하는 그래프를 얻을 수 있다. 그림 8.18에 함수 $f(x)=\frac{2x^2+x-3}{x^2-2x-3}$의 그래프가 제시되어 있다.

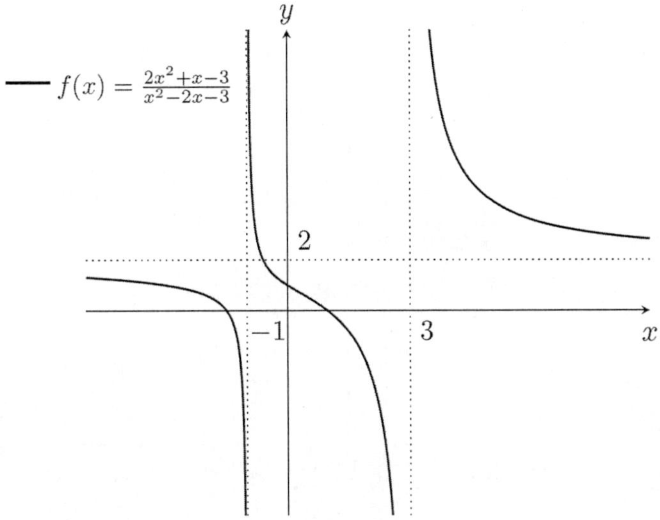

그림 8.18

함수 $g(x)=\frac{2x^3+x^2}{x^2-2x-3}$의 그래프 개형도 $f(x)=\frac{2x^2+x-3}{x^2-2x-3}$과 유사한 방법으로 작도할 수 있다. $g(x)=\frac{2x^3+x^2}{x^2-2x-3}$에서 분자 $2x^3+x^2$를 분모 x^2-2x-3로 나누어, $g(x)=Q(x)+\frac{ax+b}{x^2-2x-3}$와 같은 형태의 함수로 나타낼 수 있다. 분자에서 분모를 나누면, 몫은 $2x+5$가 되고 나머지는 $16x+15$이다. 그러므로, $g(x)=2x+5+\frac{16x+15}{x^2-2x-3}$

과 같이 쓸 수 있다.

정의 6.3에 의하면, $\lim_{x\to\infty}(f(x)-(mx+k))=0$이면, $y=mx+k$를 함수 $y=f(x)$에 대한 경사점근선이라고 부른다. $g(x)=2x+5+\frac{16x+15}{x^2-2x-3}$에서 $g(x)-(2x+5)=\frac{16x+15}{x^2-2x-3}$이므로, 다음과 같이 극한을 구할 수 있다.

$$\lim_{x\to\infty}(g(x)-(2x+5))=\lim_{x\to\infty}\frac{16x+15}{x^2-2x-3}=0$$

이로부터 $y=2x+5$는 함수 $y=g(x)$에 대한 경사점근선이라는 것을 알 수 있다. 분모를 0이 되도록 하는 $x=-1$, $x=3$은 수직점근선이라는 것도 생각하자.

$g_1(x)=2x+5$, $g_2(x)=\frac{16x+15}{x^2-2x-3}$라 놓고, $g(x)=g_1(x)+g_2(x)$를 구하면, 함수 $g(x)=\frac{2x^3+x^2}{x^2-2x-3}$의 그래프 개형을 얻을 수 있다. $g_2(x)=\frac{16x+15}{x^2-2x-3}$의 그래프 개형을 작도하기 위해, 구간을 $(-\infty,-1)$, $(-1,-\frac{15}{16})$, $(-\frac{15}{16},3)$, $(3,\infty)$로 나누어 부호를 생각하면 된다.

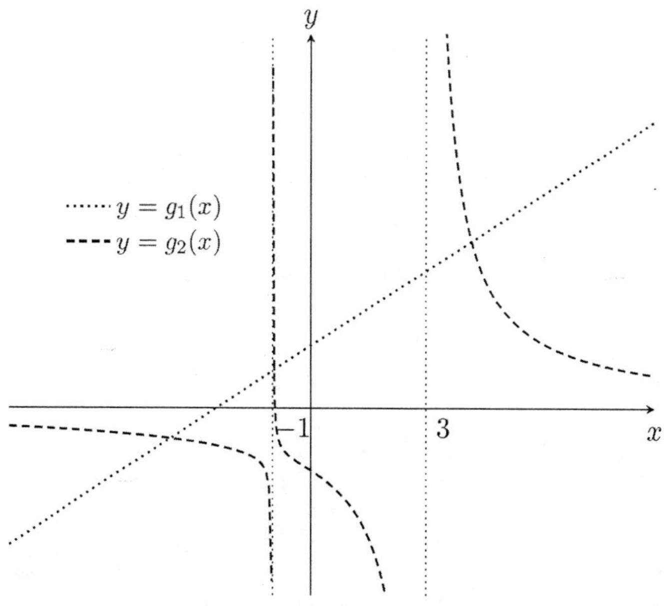

그림 8.19

참고로, $g_2(x)=\frac{16x+15}{x^2-2x-3}$의 그래프 개형은 그림 8.17의 $h(x)=\frac{2x-3}{x^2-4x+3}$의 그래프 개형과 유사하다. 그림 8.19에 $g_1(x)=2x+5$, $g_2(x)=\frac{16x+15}{x^2-2x-3}$의 그래프 개형이

있다. 이때, $g_2(x) = \frac{16x+15}{x^2-2x-3}$의 x절편은 $-\frac{15}{16}$라는 것을 염두에 두자.

구간 $(-\infty, -1)$, $(-1, 3)$, $(3, \infty)$에서 $g(x) = g_1(x) + g_2(x)$를 이용하여, 함수 $y = g(x)$의 그래프 개형을 추측하자. 구간 $(-\infty, -1)$에서 $g(x) = g_1(x) + g_2(x)$를 계산해야 하는데, 이 구간에서 $g_1(x) < 0$이고 $g_2(x) < 0$이다. 그러므로, 구간 $(-\infty, -1)$에서 $g(x) = g_1(x) + g_2(x)$는 경사점근선인 $y = g_1(x)$의 아랫쪽에 놓이게 된다. 그리고 $x \to -\infty$일 때에 $g(x) \to g_1(x)$가 되며, $x = -1$이 수직점근선이므로 $x \to -1^-$일 때에 $g(x) \to -\infty$가 된다.

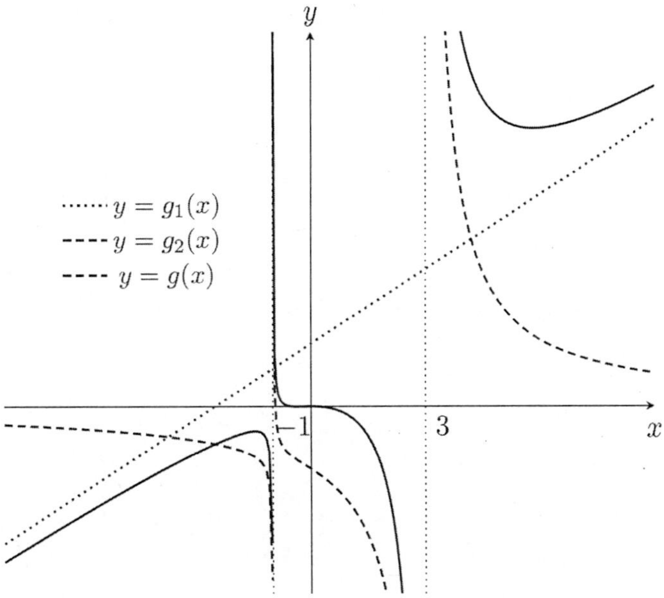

그림 8.20

구간 $(-1, 3)$에서 $g(x) = g_1(x) + g_2(x)$의 그래프 개형을 생각할 때 고려할 것이 수직점근선인 $x = -1$, $x = 3$이다. 구간 $(-1, 3)$에서 $x \to -1^+$일 때에 $g_2(x) \to \infty$이므로, 여기에 $g_1(x)$의 특정한 값을 더한다고 해도 $x \to -1^+$일 때에 $g(x) \to \infty$이다. 그리고 $x \to 3^-$일 때에 $g_2(x) \to -\infty$이므로, 여기에 $g_1(x)$의 특정한 값을 더한다고 해도 $x \to 3^-$일 때에 $g(x) \to -\infty$가 된다. 이때, $g(x) = \frac{2x^3+x^2}{x^2-2x-3}$에서 $x = 0$일 때에 $g(0) = 0$이므로, $y = g(x)$의 그래프가 원점을 지나도록 작도해야 한다.

구간 $(3, \infty)$에서 수직점근선 $x = 3$을 생각하여 $g(x) = g_1(x) + g_2(x)$의 그래프

개형을 추측하자. 구간 $(3, \infty)$에서 $x \to 3^+$일 때에 $g_2(x) \to \infty$이므로, 여기에 $g_1(x)$의 특정한 값을 더한다고 해도 $x \to 3^+$일 때에 $g(x) \to \infty$이다.

구간 $(3, \infty)$에서 $g_1(x) > 0$이고 $g_2(x) > 0$이므로, 구간 $(3, \infty)$에서 $g(x) = g_1(x) + g_2(x)$의 그래프는 경사점근선인 $y = g_1(x)$의 윗쪽에 놓이게 된다. 그리고 $y = g_1(x)$이 경사점근선이므로 $x \to \infty$일 때에 $g(x) \to g_1(x)$가 된다는 것을 생각하면, 그림 8.20과 같은 함수 $g(x) = \frac{2x^3+x^2}{x^2-2x-3}$의 그래프 개형을 얻을 수 있다.

제 9장. 멱함수와 그래프

$a \in \mathbb{N}$에 대해 $f(x) = x^a$인 형태의 함수를 멱함수(power function)라고 부른다. 멱함수 중에서 인 경우, 즉 a가 자연수인 경우를 특별히 거듭제곱 함수라고 부르기도 한다. 여기서는 자연수 n인 경우에 $f(x) = x^n$을 '거듭제곱 함수'라고 하고, 나머지 경우는 멱함수라고 할 것이다.

거듭제곱 함수 $y = x^n$ 거듭제곱 함수 $f(x) = x^n$의 정의역은 모든 실수 $\mathbb{R}$이지만, 치역은 n에 따라 다르다. n이 짝수이면, 거듭제곱 함수 $f(x) = x^n$의 치역은 $[0, \infty)$이고, n이 홀수이면 $(-\infty, \infty)$이다. 실제로, n이 짝수이면 $n = 2n_1$꼴로 쓸 수 있으며, 임의의 실수 x에 대해 $f(x) = x^n = x^{2n_1} = (x^2)^{n_1}$이다. $x^2 \geq 0$이므로, $f(x) = x^n = (x^2)^{n_1} \geq 0$이다. 그러므로, n이 짝수인 자연수이면 $f(x) = x^n$의 치역은 $[0, \infty)$이다.

거듭제곱 함수 $f(x) = x^n$의 홀짝성을 살펴보자. 자연수 n에 대해 $(-x)^n$을 생각하면, $(-x)^n = (-1)^n x^n$이다. 그러므로, 다음이 성립한다.

$$(-x)^n = \begin{cases} x^n & (\text{만약, } n\text{이 짝수}) \\ -x^n & (\text{만약, } n\text{이 홀수}) \end{cases}$$

n이 짝수이면 $f(-x) = (-x)^n = x^n = f(x)$가 되며, $f(x) = x^n$은 $f(-x) = f(x)$이며 짝함수이다. n이 홀수이면 $f(-x) = (-x)^n = -x^n = -f(x)$가 되며, $f(x) = x^n$은 $f(-x) = -f(x)$이며 홀함수이. 예를 들어, $n \in \mathbb{N}$에 대해 $y = x$, $y = x^3$, $y = x^5$, $\cdots$, $y = x^{2n-1}$ 등은 홀함수이며, $y = x^2$, $y = x^4$, $y = x^6$, $\cdots$, $y = x^{2n}$ 등은

짝함수이다.

함수 $y = x^{2n-1}$이 홀함수이므로, 이 함수의 그래프는 원점에 대해 대칭이다. 홀함수 $f(-x) = -f(x)$에서 $x = 0$을 대입하면 $2f(0) = 0$, $f(0) = 0$이므로, 함수 $y = x^{2n-1}$은 원점을 지난다. 한편, 거듭제곱 함수 $y = x^{2n}$은 짝함수이며, 이 함수의 그래프는 y축에 대해 대칭이다.

함수 $f(x) = x^n$의 증감을 살펴보자. n이 홀수이면, 임의의 실수 x_1, x_2에 대해 $x_1 < x_2$로부터 $x_1^n < x_2^n$을 유도할 수 있다. 이것을 보이기 위해, (1) $0 \leq x_1 < x_2$, (2) $x_1 < x_2 \leq 0$, (3) $x_1 < 0 < x_2$인 경우로 나누어 생각하자. (1) $0 \leq x_1 < x_2$이면 $x_2 - x_1 > 0$이다. $x_2^n - x_1^n = (x_2 - x_1)(x_2^{n-1} + x_2^{n-2}x_1 + \cdots + x_1^{n-1})$이며, $x_2^{n-1}+x_2^{n-2}x_1+\cdots+x_1^{n-1} > 0$이다. 이로부터 $x_2^n - x_1^n > 0$, $x_2^n > x_1^n$이며, $0 \leq x_1 < x_2$인 경우 홀수인 n에 대해 $f(x) = x^n$는 증가함수이다.

(2) $x_1 < x_2 \leq 0$인 경우에는 $x_1 = -u_1$, $x_2 = -u_2$로 치환하면, $u_1 > 0$, $u_2 \geq 0$이고 $u_1 > u_2 \geq 0$이다. 그리고 $x_1^n = -(u_1^n)$, $x_2^n = -(u_2^n)$이며, (1)에 의해 $u_1 > u_2 \Rightarrow u_1^n > u_2^n$이므로 $x_1^n < x_2^n$이 유도된다. $x_1 < x_2 \leq 0$인 경우 홀수인 n에 대해 $f(x) = x^n$는 증가함수이다.

(3) $x_1 < 0 < x_2$인 경우를 살펴보자. n이 홀수이므로, $x_1^n < 0$, $x_2^n > 0$이며 $x_1^n < x_2^n$이다. 이로부터, $x_1 < 0 < x_2$인 경우 홀수인 n에 대해 $f(x) = x^n$는 증가함수이다.

n이 짝수인 경우에 함수 $f(x) = x^n$의 증감을 살펴보자. n이 짝수이면 함수 $f(x) = x^n$는 $[0, \infty)$에서 증가함수이고, $(-\infty, 0]$에서는 감소함수가 된다는 것을 보이자.

$0 \leq x_1 < x_2$인 경우에는 n이 홀수인 경우와 같은 방법으로, 짝수인 n에 대해 $f(x) = x^n$은 $[0, \infty)$에서 증가함수라는 것을 증명할 수 있다. $x_1 < x_2 \leq 0$인 경우를 살펴보자. $x_1 = -u_1$, $x_2 = -u_2$로 치환하면, $u_1 > 0$, $u_2 \geq 0$이고 $u_1 > u_2 \geq 0$이다. n이 짝수이므로, $x_1^n = (-u_1)^n = u_1^n$, $x_2^n = (-u_2)^n = u_2^n$이다. 그리고 $u_1^n > u_2^n$으로부터 $x_1^n > x_2^n$이다. 이로부터, $(-\infty, 0]$에서 짝수인 n에 대해 $f(x) = x^n$은 감소함수이다.

함수 $f(x) = x$의 볼록성을 조사하자. 함수 f가 구간 D'에서 아래로 볼록이라는 것은 $\forall x_1, x_2 \in D'$과 $\alpha \in [0, 1]$에 대해 $f\big(\alpha x_1 + (1-\alpha)x_2\big) \leq \alpha f(x_1) + (1-\alpha)f(x_2)$

가 성립하는 것이다. 이때, 부등호 방향이 반대가 되면, 위로 볼록이라고 말한다.

부등식 $f\big(\alpha x_1 + (1-\alpha)x_2\big) \le \alpha f(x_1) + (1-\alpha)f(x_2)$에 $f(x) = x$를 대입하면, 부등식의 좌변은 $f(\alpha x_1 + (1-\alpha)x_2) = \alpha x_1 + (1-\alpha)x_2$가 되고 우변은 $\alpha f(x_1) + (1-\alpha)f(x_2) = \alpha x_1 + (1-\alpha)x_2$가 된다. $\alpha x_1 + (1-\alpha)x_2 = \alpha x_1 + (1-\alpha)x_2$이므로, 부등식 $f(\alpha x_1 + (1-\alpha)x_2) \le \alpha f(x_1) + (1-\alpha)f(x_2)$가 성립한다. 그러므로, 함수 $f(x) = x$는 $\mathbb{R}$에서 아래로 볼록이다.

같은 방법으로, 부등식 $f(\alpha x_1 + (1-\alpha)x_2) \ge \alpha f(x_1) + (1-\alpha)f(x_2)$를 증명할 수 있다. 그러므로, 함수 $f(x) = x$는 $\mathbb{R}$에서 위로 볼록이기도 하다. 결국, 함수 $f(x) = x$는 $\mathbb{R}$에서 아래로 볼록이기도 하고, 위로 볼록이기도 하다.

이제, $f(x) = x^2$, $f(x) = x^3$의 볼록성에 대해 살펴보자. 예제 1.12에서 함수 $f(x) = x^2$은 정의역 $\mathbb{R}$에서 아래로 볼록이라는 것을 두 가지 방법으로 증명하였다.

$f(x) = x^3$의 볼록성을 조사하자. 예제 1.13에서 함수 $f(x) = 3x^3 - 7$의 볼록성을 조사하여, 구간 $(0, \infty)$에서 함수 $f(x) = 3x^3 - 7$은 아래로 볼록이며, 구간 $(-\infty, 0)$에서 함수 $f(x) = 3x^3 - 7$은 위로 볼록이라는 것을 확인하였다. 함수 $f(x) = 3x^3 - 7$의 볼록성을 조사하기 위해, 식 $f\left(\frac{x_1+x_2}{2}\right) - \frac{f(x_1)+f(x_2)}{2}$의 부호를 확인하였다.

여기서는 $f(x) = x^3$의 볼록성을 부등식 $f\big(\alpha x_1 + (1-\alpha)x_2\big) \le \alpha f(x_1) + (1-\alpha)f(x_2)$를 이용하여 살펴보자. 부등식 $f\big(\alpha x_1 + (1-\alpha)x_2\big) \le \alpha f(x_1) + (1-\alpha)f(x_2)$에 $f(x) = x^3$를 대입하여, 부등식의 우변에서 좌변을 빼면 $\alpha x_1^3 + (1-\alpha)x_2^3 - \big(\alpha x_1 + (1-\alpha)x_2\big)^3$이다.

$\alpha x_1^3 + (1-\alpha)x_2^3 - \big(\alpha x_1 + (1-\alpha)x_2\big)^3$을 인수분해 하자. 이를 위해, $\alpha x_1^3 + (1-\alpha)x_2^3 - \big(\alpha x_1 + (1-\alpha)x_2\big)^3$를 전개하여 x_1에 대한 내림차순으로 정리하자. 그러면, 다음을 얻을 수 있다.

$$\begin{aligned}\alpha x_1^3 + (1-\alpha)x_2^3 \quad &- \Big[\alpha^3 x_1^3 + 3\alpha^2(1-\alpha)x_1^2 x_2 + 3\alpha(1-\alpha)^2 x_1 x_2^2 + (1-\alpha)^3 x_2^3\Big] \\ &= \alpha(1-\alpha)(1+\alpha)x_1^3 + \alpha(1-\alpha)(2-\alpha)x_2^3 - 3\alpha(1-\alpha)\big[\alpha x_1^2 x_2 + (1-\alpha)x_1 x_2^2\big] \\ &= \alpha(1-\alpha)\Big[(1+\alpha)x_1^3 + (2-\alpha)x_2^3 - 3\alpha x_1^2 x_2 - 3(1-\alpha)x_1 x_2^2\Big]\end{aligned}$$

$(1+\alpha)x_1^3+(2-\alpha)x_2^3-3\alpha x_1^2x_2-3(1-\alpha)x_1x_2^2$에 $x_1=x_2$를 대입하면 0이 되므로, 이 식은 (x_1-x_2)를 인수로 가지며, 다음과 같이 쓸 수 있다.

$$(x_1-x_2)Q(x_1)=(1+\alpha)x_1^3+(2-\alpha)x_2^3-3\alpha x_1^2x_2-3(1-\alpha)x_1x_2^2$$

이때, $Q(x_1)=Ax_1^2+Bx_1x_2+Cx_2^2$이다. 좌변을 전개하여 우변과 계수를 비교하면, $Q(x_1)=(1+\alpha)x_1^2+(1-2\alpha)x_1x_2+(\alpha-2)x_2^2$이다. 다음이 성립한다.

$$\begin{aligned}&\alpha x_1^3+(1-\alpha)x_2^3-\big(\alpha x_1+(1-\alpha)x_2\big)^3\\&\qquad=(x_1-x_2)\big[\alpha(1-\alpha)\big((1+\alpha)x_1^2+(1-2\alpha)x_1x_2+(\alpha-2)x_2^2\big)\big]\end{aligned}$$

얻어진 식 $(1+\alpha)x_1^2+(1-2\alpha)x_1x_2+(\alpha-2)x_2^2$에 $x_1=x_2$를 또 대입해도 0이 되므로, 이 식은 (x_1-x_2)를 인수로 가진다. 그러므로, $(1+\alpha)x_1^2+(1-2\alpha)x_1x_2+(\alpha-2)x_2^2$을 (x_1-x_2)로 나누면, $(1+\alpha)x_1^2+(1-2\alpha)x_1x_2+(\alpha-2)x_2^2=(x_1-x_2)\big((1+\alpha)x_1+(2-\alpha)x_2\big)$이다. 이로부터, 다음 등식을 얻을 수 있다.

$$\begin{aligned}&\alpha x_1^3+(1-\alpha)x_2^3-\big(\alpha x_1+(1-\alpha)x_2\big)^3\\&\qquad=\alpha(1-\alpha)(x_1-x_2)^2\big((1+\alpha)x_1+(2-\alpha)x_2\big)\end{aligned}$$

이제, $f(x)=x^3$은 $(0,\infty)$에서 아래로 볼록이라는 것을 증명하자. 임의의 양수 x_1, x_2와 $\alpha\in[0,1]$를 잡자. 그러면, $\alpha(1-\alpha)\ge 0$이고 $(x_1-x_2)^2\ge 0$, $(1+\alpha)x_1+(2-\alpha)x_2>0$이므로, 다음 부등식이 성립한다.

$$\begin{aligned}&\alpha x_1^3+(1-\alpha)x_2^3-\big(\alpha x_1+(1-\alpha)x_2\big)^3\\&\qquad=\underbrace{\alpha(1-\alpha)}_{\ge 0}\underbrace{(x_1-x_2)^2}_{\ge 0}\underbrace{\big((1+\alpha)x_1+(2-\alpha)x_2\big)}_{>0}\ge 0\end{aligned}$$

이로부터, 다음 부등식이 성립하며 $f(x)=x^3$는 $(0,\infty)$에서 아래로 볼록이다.

$$\big(\alpha x_1+(1-\alpha)x_2\big)^3\le\alpha x_1^3+(1-\alpha)x_2^3$$

$f(x) = x^3$은 $(-\infty, 0)$에서 위로 볼록이라는 것을 보이자. 임의의 음수 x_1, x_2와 $\alpha \in [0,1]$에 대해 $\alpha(1-\alpha) \ge 0$이고 $(x_1 - x_2)^2 \ge 0$, $(1+\alpha)x_1 + (2-\alpha)x_2 < 0$이므로, 다음 부등식이 성립한다.

$$
\begin{aligned}
&\big(\alpha x_1 + (1-\alpha)x_2\big)^3 - \big(\alpha x_1^3 + (1-\alpha)x_2^3\big) \\
&\qquad = -\underbrace{\alpha(1-\alpha)}_{\ge 0}\underbrace{(x_1 - x_2)^2}_{\ge 0}\underbrace{\big((1+\alpha)x_1 + (2-\alpha)x_2\big)}_{<0} \;\ge\; 0
\end{aligned}
$$

이로부터, 다음 부등식이 성립하며 $f(x) = x^3$는 $(-\infty, 0)$에서 위로 볼록이다.

$$\big(\alpha x_1 + (1-\alpha)x_2\big)^3 \ge \alpha x_1^3 + (1-\alpha)x_2^3$$

자연수 n에 대해 함수 $f(x) = x^{2n}$은 $\mathbb{R}$에서 아래로 볼록이며, 함수 $f(x) = x^{2n+1}$은 $(-\infty, 0)$에서 위로 볼록이며 $(0, \infty)$에서 아래로 볼록이라는 것이 알려져 있다. 함수 $y = f(x)$의 볼록성은 도함수를 이용하여 확인하기도 한다. 도함수를 이용한 방법을 간단히 살펴보자.

$n \ge 1$인 자연수 n에 대해 함수 $f(x) = x^{2n}$의 볼록성을 살펴보자. 함수 $f(x) = x^{2n}$의 도함수를 구하면, $f'(x) = 2n\,x^{2n-1}$, $f''(x) = 2n(2n-1)\,x^{2n-2}$이다. 여기서, $n \ge 1$이므로 계수는 $2n(2n-1) > 0$이며, 지수는 $2n-2 \ge 0$이다. 이로부터 $\forall x \in R$에 대해, $f''(x) = 2n(2n-1)\,x^{2n-2} \ge 0$이다.

알려진 바와 같이, 함수 $y = f(x)$가 구간 D에서 두 번 미분 가능하고 $\forall x \in D$에 대해 $f''(x) \ge 0$이면, 함수 $y = f(x)$는 D에서 아래로 볼록이다. 이로부터, $f(x) = x^{2n}$는 $\mathbb{R}$에서 아래로 볼록이라는 것을 알 수 있다.

함수 $f(x) = x^{2n+1}$의 도함수를 구하면, $f'(x) = (2n+1)x^{2n}$, $f''(x) = (2n+1) \cdot 2n\,x^{2n-1}$이다. 이때, 지수 $2n-1$이 홀수이므로 x^{2n-1}의 부호는 x의 부호와 일치하게 된다. 그러므로, $x > 0$이면 $f''(x) > 0$, $x < 0$이면 $f''(x) < 0$, $x = 0$이면 $f''(0) = 0$이다. 이로부터, (1) 구간 $x \in (0, \infty)$에서 $f''(x) > 0$이며 함수 $f(x) = x^{2n+1}$은 아래로 볼록이며, (2) 구간 $x \in (-\infty, 0)$에서 $f''(x) < 0$이며 함수 $f(x) = x^{2n+1}$은 위로 볼록이다. 그리고 $x = 0$의 왼쪽과 오른쪽에서 $f''(x)$의 부호가 바뀌는데, 그러 한 점 $x = 0$

을 함수 $y = f(x)$의 변곡점이라고 부른다.

거듭제곱 함수 $y = x^n$의 성질을 살펴보았다. $n = 3, 5, 7, 9$에 대해 거듭제곱 함수 $y = x^n$의 그래프 개형을 작도하면, 그림 9.1과 같다. 이 함수들은 (1) 정의역과 치역이 모두 $\mathbb{R}$이며, (2) 원점에 대해 대칭인 홀함수이며, (3) 증가함수이고, (4) $x \in (0, \infty)$에서는 아래로 볼록이며, $x \in (-\infty, 0)$에서는 위로 볼록이다. 그림 9.1에서 보면, n 값이 커질수록 함숫값도 크게 변하며, $n > 3$인 함수 $f(x) = x^n$의 그래프는 $n = 3$인 $f(x) = x^3$의 그래프를 y축으로 압축한 모양이다.

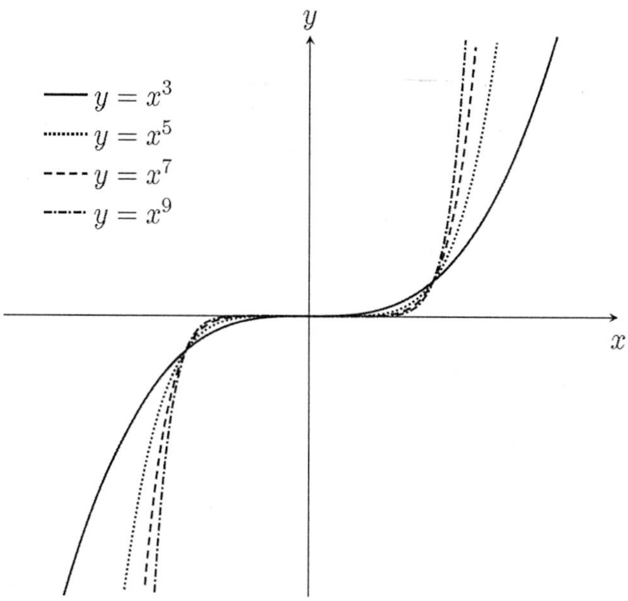

그림 9.1

거듭제곱 함수 $y = x^n$에서 n이 짝수인 경우의 성질을 정리하면, (1) 정의역은 $\mathbb{R}$이고 치역은 $[0, \infty)$이고, (2) y축에 대해 대칭인 짝함수이며, (3) $x \in (0, \infty)$에서는 증가함수이며, $x \in (-\infty, 0)$에서는 감소함수이고, (4) $\mathbb{R}$에서 아래로 볼록이다. $n = 2, 4, 6, 8$에 대해 거듭제곱 함수 $y = x^n$의 그래프 개형을 작도하면, 그림 9.2와 같다.

그림 9.2에서 보면, n의 값이 커질수록 그래프 개형이 가파르게 변한다. 이것은 n 값이 커질수록 함숫값의 변화가 급격하다는 것을 말한다. 예를 들어, $n = 2$와 $n = 4$

를 비교하면, $x = 1$일 때 $x^2 = 1 = x^4$이지만, $x = 2$에서는 $x^2 = 4$이지만, $x^4 = 256$ 이다.

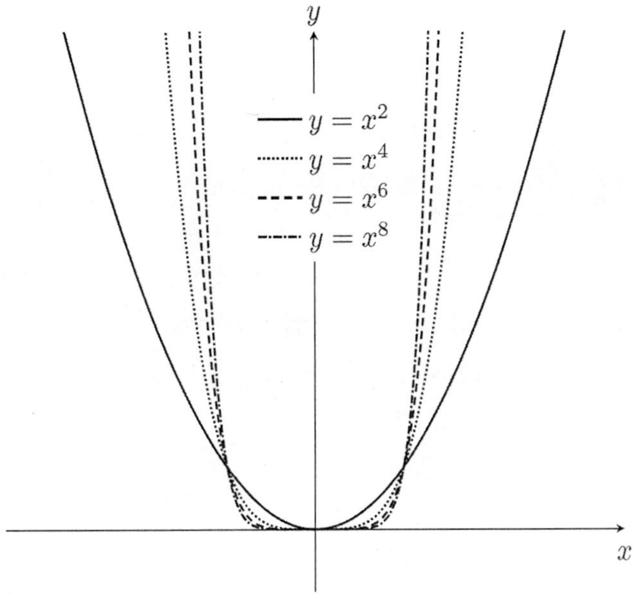

그림 9.2

n이 음의 정수인 멱함수 $y = x^n$ $n \in \mathbb{N}$, $a \neq 0$인 $a \in \mathbb{R}$에 대해 a의 n제곱은 $a^n = \underbrace{a \times a \times \cdots \times a}_{a\text{를 } n\text{번}}$를 말한다. 그리고 $m, n \in \mathbb{N}$에 대해 지수법칙 $a^m \times a^n = a^{m+n}$ 이 성립한다.

$a^m \times a^n = a^{m+n}$이 정수 m, n에 대해 성립하려면, a^0, a^{-n}을 어떻게 정의해야 하는지 살펴보자. 이를 위해, $a^m \times a^n = a^{m+n}$이 정수 m, n에 대해 성립한다고 가정하자. 그러면, $a^m \times a^0 = a^{m+0} = a^m a^0$이며, $a^0 = 1$이다. $a^m \times a^n = a^{m+n}$이 정수 m, n에 대해 성립하도록 지수를 정수로 확장하려면, $a^0 = 1$로 정의해야 한다.

a^{-n}을 어떻게 정의하는지 살펴보자. a^0을 정의하는 방법과 유사하게, 지수법칙 $a^m \times a^n = a^{m+n}$이 정수 m, n에 대해 성립한다고 가정하자. 그러면, $a^n \times a^{-n} = a^{n+(-n)} = a^0 = 1$이다. 이로부터 $a^{-n} = \frac{1}{a^n}$이다. $a^m \times a^n = a^{m+n}$이 정수 m, n에 대해 성립하도록 지수를 정수로 확장하려면, $a^{-n} = \frac{1}{a^n}$로 정의해야 한다.

이제, n이 음의 정수인 경우에 멱함수 $y = x^n$을 살펴보자. $m = -n$이라 하면, $m > 0$이며 $y = x^n = x^{-m} = \frac{1}{x^m}$이다. 멱함수 $f(x) = \frac{1}{x^m}$은 $x \neq 0$인 $x \in \mathbb{R}$에서 정의되지만, 치역은 m에 따라 다르다. (1) m이 홀수이면, x^m은 x와 같은 부호를 가지며, $x > 0$이면 $\frac{1}{x^m} > 0$이고 $x < 0$이면 $\frac{1}{x^m} < 0$이다. m이 홀수인 경우에 멱함수 $f(x) = \frac{1}{x^m}$의 치역은 $\mathbb{R} \setminus \{0\}$이다. (2) m이 짝수이면, $x^m > 0$이다. 그러므로, m이 짝수인 경우에 멱함수 $f(x) = \frac{1}{x^m}$의 치역은 $(0, \infty)$이다.

멱함수 $f(x) = \frac{1}{x^m}$의 홀짝성을 살펴보자. $f(-x) = \frac{1}{(-x)^m} = \frac{1}{(-1)^m x^m}$이다. (1) m이 홀수이면, $(-1)^m = -1$이며 $f(-x) = \frac{1}{(-x)^m} = \frac{1}{(-1)^m x^m} = -\frac{1}{x^m} = -f(x)$이므로, $f(x) = \frac{1}{x^m}$은 홀함수이고 원점에 대칭인 함수 그래프를 가진다. (2) m이 짝수이면, $(-1)^m = 1$이며 $f(-x) = \frac{1}{(-x)^m} = \frac{1}{(-1)^m x^m} = \frac{1}{x^m} = f(x)$이므로, $f(x) = \frac{1}{x^m}$은 짝함수이며, y축에 대칭인 함수 그래프를 가진다.

멱함수 $f(x) = \frac{1}{x^m}$의 증감을 살펴보자. $x > 0$인 경우에 $f(x) = x^m$이 증가함수이므로, $x_1 < x_2$이면 $x_1^m < x_2^m$이다. 이로부터, $f(x_1) = \frac{1}{x_1^m} > \frac{1}{x_2^m} = f(x_2)$이며, 구간 $(0, \infty)$에서 멱함수 $f(x) = \frac{1}{x^m}$은 감소함수이다.

$x < 0$인 경우를 살펴보자. $x_1 < x_2$인 음수 x_1, x_2에서 $|x_1| > |x_2|$이라는 것을 생각하자. m 홀수이면, x^m의 부호는 x의 부호와 일치하며, 음수인 $x_1 < x_2$에 대해 $x_1^m < x_2^m$이다. 여기에 역수를 취하면, $f(x_1) = \frac{1}{x_1^m} > \frac{1}{x_2^m} = f(x_2)$이다. 결국, $x < 0$이고 m이 홀수이면, 멱함수 $f(x) = \frac{1}{x^m}$은 감소함수이다.

m 짝수이면, x^m은 양수이며, 음수인 $x_1 < x_2$에 대해 $x_1^m > x_2^m$이다. 여기에 역수를 취하면, $f(x_1) = \frac{1}{x_1^m} < \frac{1}{x_2^m} = f(x_2)$이다. 결국, $x < 0$이고 m이 짝수이면, 멱함수 $f(x) = \frac{1}{x^m}$은 증가함수이다.

멱함수 $f(x) = \frac{1}{x^m}$의 볼록성을 살펴보자. 예제 1.15에서 함수 $f(x) = \frac{1}{x}$이 구간 $(-\infty, 0)$에서 위로 볼록이며, 구간 $(0, \infty)$에서는 아래로 볼록이라는 것을 보였다.

함수 $f(x) = \frac{1}{x^2}$의 볼록성을 구간 $(-\infty, 0)$, $(0, \infty)$로 나누어 살펴보자. $f(x) = \frac{1}{x^2}$에 대해 $\frac{f(x_1)+f(x_2)}{2} - f\left(\frac{x_1+x_2}{2}\right)$를 계산하자. 이 식에 $f(x) = \frac{1}{x^2}$을 대입하면, 다음을

얻을 수 있다.

$$\frac{\frac{1}{x_1^2}+\frac{1}{x_2^2}}{2}-\frac{1}{\left(\frac{x_1+x_2}{2}\right)^2}=\frac{1}{2}\left(\frac{1}{x^2}+\frac{1}{x_2^2}\right)-\frac{4}{(x_1+x_2)^2}$$

부등식 $\frac{1}{2}\left(\frac{1}{x^2}+\frac{1}{x_2^2}\right)-\frac{4}{(x_1+x_2)^2}\geq 0$, 즉 $\frac{1}{x_1^2}+\frac{1}{x_2^2} \geq \frac{8}{(x_1+x_2)^2}$이 성립하는지 확인하자. 부등식의 양변에 양수인 $x_1^2x_2^2(x_1+x_2)^2$을 곱하여 식을 변형하면, $(x_1^2+x_2^2)(x_1+x_2)^2 - 8x_1^2x_2^2 \geq 0$이 된다. 이제, 부등식의 좌변 $(x_1^2+x_2^2)(x_1+x_2)^2 - 8x_1^2x_2^2$을 완전제곱을 포함한 식으로 변형시키자.

$$\begin{aligned}(x_1^2+x_2^2)(x_1+x_2)^2-8x_1^2x_2^2 &= (x_1^2+x_2^2)(x_1^2+2x_1x_2+x_2^2)-8x_1^2x_2^2\\ &= x_1^4+2x_1^3x_2+2x_1^2x_2^2+2x_1x_2^3+x_2^4-8x_1^2x_2^2\\ &= x_1^4+2x_1^3x_2-6x_1^2x_2^2+2x_1x_2^3+x_2^4\\ &= x_1^4-4x_1^3x_2+6x_1^2x_2^2-4x_1x_2^3+x_2^4+6x_1^3x_2-12x_1^2x_2^2+6x_1x_2^3\\ &= (x_1-x_2)^4+6x_1x_2(x_1-x_2)^2=(x_1-x_2)^2(x_1^2+4x_1x_2+x_2^2)\\ &= (x_1-x_2)^2\left((x_1+x_2)^2+2x_1x_2\right)\end{aligned}$$

얻어진 식 $(x_1-x_2)^2\left((x_1+x_2)^2+2x_1x_2\right)$에서 $(x_1-x_2)^2\geq 0$이며, $(x_1+x_2)^2\geq 0$이다. 결국, $2x_1x_2$의 부호만 조사하면 된다. 가령, $x_1, x_2\in(-\infty,0)$이면 $x_1<0, x_2<0$이며 $2x_1x_2>0$이다. 이로부터, $(x_1-x_2)^2\left((x_1+x_2)^2+2x_1x_2\right)\geq 0$이 되어, $\frac{f(x_1)+f(x_2)}{2}\geq f\left(\frac{x_1+x_2}{2}\right)$이다. 그러므로, 함수 $f(x)=\frac{1}{x^2}$은 구간 $(-\infty,0)$에서 아래로 볼록이다.

$x_1, x_2\in(0,\infty)$이면 $x_1>0, x_2>0$이며 $2x_1x_2>0$이다. 이로부터, $(x_1-x_2)^2\left((x_1+x_2)^2+2x_1x_2\right)\geq 0$이 되어, $\frac{f(x_1)+f(x_2)}{2}\geq f\left(\frac{x_1+x_2}{2}\right)$이다. 그러므로, 함수 $f(x)=\frac{1}{x^2}$는 구간 $(0,\infty)$에서 아래로 볼록이다.

함수 $f(x)=\frac{1}{x^2}$이 구간 $(-\infty,0)$, $(0,\infty)$에서 아래로 볼록이라는 것을 함수의 합성을 이용하여 증명할 수도 있다. $f(x)=\frac{1}{x^2}$은 구간 $(0,\infty)$에서 함수 $y=\frac{1}{x}$와 $g(y)=y^2$의 합성함수로 볼 수 있다. 즉 $g(y)=\left(\frac{1}{x}\right)^2=\frac{1}{x^2}$이다.

함수 $f(x)=\frac{1}{x}$은 구간 $(0,\infty)$에서 아래로 볼록이며, 함수 $g(y)=y^2$은 구간 $(0,\infty)$

에서 아래로 볼록이고, $g(y) = y^2$는 구간 $(0, \infty)$에서 증가함수이다. 그러면, 정리 1.21에 의해 합성함수 $g(f(x)) = \frac{1}{x^2}$은 구간 $(0, \infty)$에서 아래로 볼록이다.

한편, 구간 $(-\infty, 0)$에서 함수 $y = f(x) = \frac{1}{x}$은 위로 볼록이며, 함수 $g(y) = y^2$은 구간 $(-\infty, 0)$에서 아래로 볼록이다. $g(y) = y^2$은 구간$(-\infty, 0)$에서 감소함수이다. 그러면, 따름정리 1.22(1)에 의해 합성함수 $g(f(x)) = \frac{1}{x^2}$은 구간 $(-\infty, 0)$에서 아래로 볼록이다.

정리 1.21, 따름정리 1.22를 이용하면, 함수 $f(x) = \frac{1}{x^m}$의 볼록성을 확인할 수 있다. 함수 $f(x) = \frac{1}{x^m}$은 함수 $y = \frac{1}{x}$와 $g(y) = y^m$의 합성함수이다. 구간 $(0, \infty)$에서 $y = \frac{1}{x}$은 아래로 볼록이며, $g(y) = y^m$은 증가함수이며 아래로 볼록이다. 그러므로, 정리 1.21에 의해 합성함수 $g(f(x)) = \frac{1}{x^m}$은 구간 $(0, \infty)$에서 아래로 볼록이다.

구간 $(-\infty, 0)$에서 함수 $y = \frac{1}{x^m}$의 볼록성을 조사하자. 이때 m이 홀수인 경우와 짝수인 경우로 나누자. (1) m이 홀수이면, 구간 $(-\infty, 0)$에서 $g(y) = y^m$은 증가함수이며 위로 볼록이다. 그리고 $y = \frac{1}{x}$은 위로 볼록이다. 그러므로, 따름정리 1.22(2)에 의해 합성함수 $g(f(x)) = \frac{1}{x^m}$은 구간 $(-\infty, 0)$에서 위로 볼록이다.

(2) m이 짝수이면, 구간 $(-\infty, 0)$에서 $g(y) = y^m$은 감소함수이며 아래로 볼록이다. 그리고 $y = \frac{1}{x}$은 위로 볼록이다. 그러므로, 따름정리 1.22(1)에 의해 합성함수 $g(f(x)) = \frac{1}{x^m}$은 구간 $(-\infty, 0)$에서 아래로 볼록이다.

양의 정수 m에 대해 멱함수 $y = \frac{1}{x^m}$의 성질을 조사하였다. 첫째, 홀수인 m에 대해 멱함수 $y = \frac{1}{x^m}$의 그래프 개형을 작도하면, 그림 9.3과 같다. 이 함수들은 (1) 정의역과 치역은 $\mathbb{R} \setminus \{0\}$이며, (2) 원점에 대해 대칭인 홀함수이며, (3) 감소함수이고, (4) $x \in (0, \infty)$에서는 아래로 볼록이며, $x \in (-\infty, 0)$에서는 위로 볼록이다.

둘째, 짝수인 m에 대해 멱함수 $y = \frac{1}{x^m}$의 성질을 정리하면, (1) 정의역은 $\mathbb{R} \setminus \{0\}$이고 치역은 양의 실수이며, (2) y축에 대해 대칭인 짝함수이며, (3) $x \in (0, \infty)$에서는 감소함수이며, $x \in (-\infty, 0)$에서는 증가함수이고, (4) 아래로 볼록이다. $m = 2, 4, 6, 8$에 대해 $y = \frac{1}{x^m}$의 그래프 개형을 작도하면, 그림 9.4와 같다.

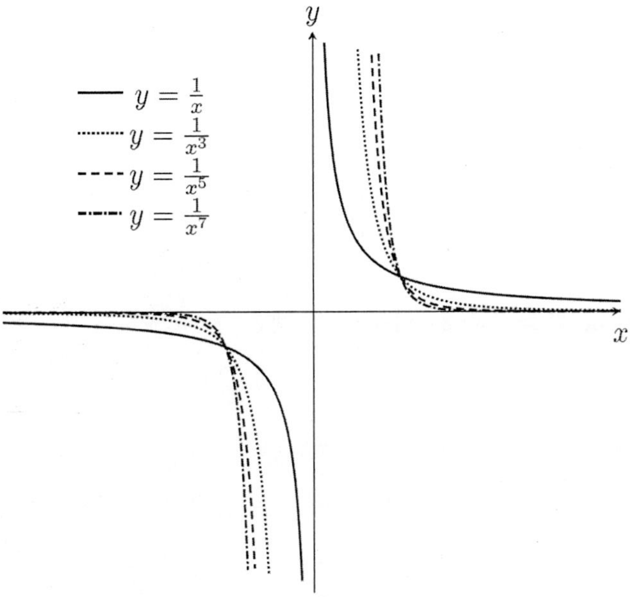

그림 9.3

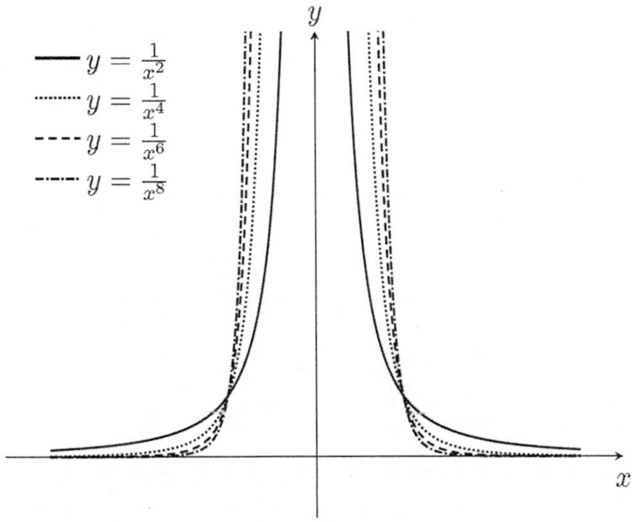

그림 9.4

멱함수 $y = x^{\frac{q}{p}}$ 지수가 유리수 $\frac{q}{p}$인 거듭제곱 $a^{\frac{q}{p}}$의 의미를 살펴보자(이때 p와 q는 서로소인 정수이며 $p > 0$이라 하자). 지수가 정수인 경우와 마찬가지로, 지수법칙이 성립하도록 거듭제곱 $a^{\frac{q}{p}}$를 정의하자.

$a \neq 0$이고 정수 m, n에 대해 $(a^m)^n = a^{mn}$이 성립한다. 이 지수법칙이 지수가

유리수인 경우에도 성립하도록 $a^{\frac{q}{p}}$를 정의하려 한다. 가령, $m = \frac{1}{p}$, $n = p$라고 하면, 지수법칙에 의해 $(a^{\frac{1}{p}})^p = a^{\frac{1}{p}\times p} = a$가 된다. $a^{\frac{1}{p}}$을 p제곱하면 a가 되므로, $a^{\frac{1}{p}}$은 a의 p제곱근, 즉 $\sqrt[p]{a}$이다. 이로부터 $a^{\frac{1}{p}} = \sqrt[p]{a}$로 쓸 수 있다. 그리고 등식의 양변을 q제곱하면, $a^{\frac{q}{p}} = (\sqrt[p]{a})^q = \sqrt[p]{a^q}$가 된다.

지수가 유리수인 경우, 즉 $a > 0$이고 $p > 0$와 q는 정수일 때, $a^{\frac{q}{p}} = \sqrt[p]{a^q}$, $a^{\frac{1}{p}} = \sqrt[p]{a}$로 정의한다. $a^{\frac{q}{p}}$의 성질을 알기 위해, 거듭제곱근 $\sqrt[p]{a^q}$에 대해 살펴보자.

함수 $y = x^n$의 그래프를 이용하여 a의 n제곱근 중에서 실수인 것을 살펴보자. (1) n이 홀수일 때, (2) n이 짝수일 때로 나누어 살펴보자.

(1) n이 홀수인 경우에 $y = x^n$의 그래프는 그림 9.1과 같은 형태를 가진다. 가령, 홀수인 n에 대해 $y = x^n$의 그래프가 그림 9.5와 같다고 하자. n이 홀수이면 그림 9.5와 같이, 임의의 실수 $y = a$에 대해 $x = \sqrt[n]{a}$가 정의된다. 예를 들어, $\sqrt[3]{-8} = -2$, $\sqrt[3]{8} = 2$이다.

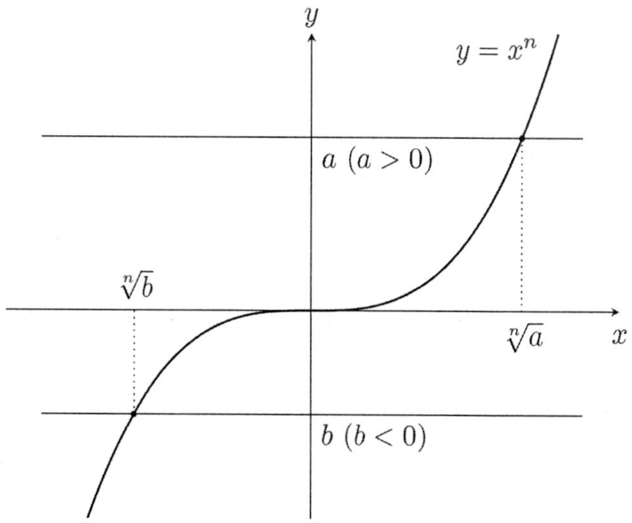

그림 9.5

(2) n이 짝수인 경우에 $y = x^n$의 그래프는 그림 9.2와 같은 형태를 가진다. 가령, 짝수인 n에 대해 $y = x^n$의 그래프가 그림 9.6과 같다고 하자. n이 짝수이면 그림 9.6에서와 같이, 음이 아닌 실수 $y = a$에 대해 a의 n제곱근이 정의된다. $a > 0$이면

a의 n제곱근 중에서 실수인 것은 양수인 $x = \sqrt[n]{a}$, 음수인 $x = -\sqrt[n]{a}$가 있다. a가 0이면, $\sqrt[n]{0} = 0$이다. 그리고 그림 9.6에서와 같이, 음수인 a에 대해서는 a의 n제곱근 중 실수인 것은 없다.

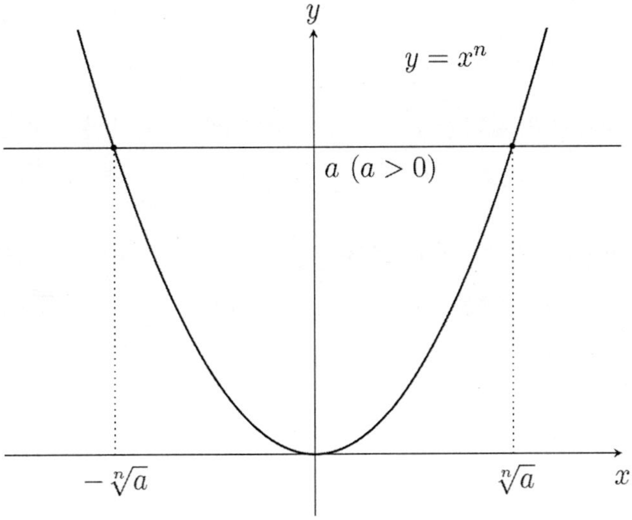

그림 9.6

멱함수 $f(x) = x^{\frac{q}{p}}$의 정의역을 살펴보자(이때, p를 양의 정수로 가정했다는 것을 염두에 두자). 그림 9.5와 그림 9.6에서 보았듯이, p가 홀수인지, 짝수인지에 따라 x의 p제곱근 $\sqrt[p]{x}$를 정의하는 x의 범위가 다르다. 멱함수 $f(x) = x^{\frac{q}{p}} = \sqrt[p]{x^q}$의 정의역도 p가 홀수인지, 짝수인지로 나누어 살펴봐야 한다.

(1) p가 홀수인 경우를 살펴보자. 그림 9.5에서와 같이, $\mathbb{R}$에서 x의 p제곱근 $\sqrt[p]{x}$가 정의된다. 멱함수 $f(x) = \sqrt[p]{x} = x^{\frac{1}{p}}$의 정의역이 $\mathbb{R}$이다. $f(x) = x^{\frac{1}{p}}$의 정의역을 바탕으로 $f(x) = x^{\frac{q}{p}}$의 정의역을 살펴보자. $q > 0$이면, $f(x) = x^{\frac{q}{p}}$의 정의역은 $f(x) = x^{\frac{1}{p}}$의 정의역과 같다. 그러나 $q = 0$이면 $f(x) = x^{\frac{0}{p}} = x^0$이다. 수학에서 0^0을 정의하지 않으며, $q = 0$인 경우에 $f(x) = x^{\frac{q}{p}}$의 정의역은 $\mathbb{R} \setminus \{0\}$이다. $q < 0$이면, 양수인 $q' = -q$에 대해 $x^{\frac{q}{p}} = x^{-\frac{q'}{p}} = \frac{1}{x^{\frac{q'}{p}}}$이다. 멱함수 $f(x) = x^{\frac{q}{p}}$는 분모가 0이 되는 $x = 0$에서는 정의되지 않으며, q가 음수인 경우에 멱함수 $f(x) = x^{\frac{q}{p}}$의 정의역은 $\mathbb{R} \setminus \{0\}$이다.

(2) p가 짝수인 경우를 살펴보자. 그림 9.6에서와 같이, 음이 아닌 실수 $[0, \infty)$에

대해 x의 p제곱근 $\sqrt[p]{x}$가 정의된다. 멱함수 $f(x) = \sqrt[p]{x} = x^{\frac{1}{p}}$은 $[0, \infty)$을 정의역으로 가진다. 이제, $f(x) = x^{\frac{q}{p}}$의 정의역을 살펴보자. $q > 0$이면, $f(x) = x^{\frac{q}{p}}$의 정의역은 $f(x) = x^{\frac{1}{p}}$의 정의역과 같은 $[0, \infty)$이다. 그러나 $q = 0$이면 $f(x) = x^{\frac{q}{p}}$의 정의역은 0을 제외한 양의 실수의 집합 $(0, \infty)$이다. $q < 0$이면, 멱함수 $f(x) = x^{\frac{q}{p}}$는 $x = 0$에서 정의되지 않으며, 정의역은 $(0, \infty)$이다.

멱함수 $f(x) = x^{\frac{q}{p}}$의 치역을 p가 홀수인 경우와 짝수인 경우로 나누어 살펴보자. (1) p가 홀수이고 $q > 0$이면 멱함수 $f(x) = x^{\frac{q}{p}} = \sqrt[p]{x^q}$의 정의역은 $\mathbb{R}$이다. 이 정의역에 속한 x에 대해, 그림 9.5를 보면 멱함수 $f(x) = x^{\frac{1}{p}} = \sqrt[p]{x}$의 치역은 $\mathbb{R}$이다. 멱함수 $f(x) = x^{\frac{1}{p}} = \sqrt[p]{x}$의 함숫값을 q제곱한 것이 $f(x) = x^{\frac{q}{p}} = \sqrt[p]{x^q}$의 함숫값이므로, q가 홀수이면 $f(x) = x^{\frac{q}{p}} = \sqrt[p]{x^q}$의 치역은 $\mathbb{R}$이며, q가 짝수이면 $f(x) = x^{\frac{q}{p}} = \sqrt[p]{x^q}$의 치역은 $[0, \infty)$이다.

(2) p가 홀수이고 $q = 0$이면 멱함수 $f(x) = x^{\frac{q}{p}}$의 정의역은 $\mathbb{R} \setminus \{0\}$이다. 이때, $q = 0$을 대입하면, $f(x) = x^{\frac{q}{p}} = x^0 = 1$이 되므로, 치역은 $\{1\}$이다.

(3) p가 홀수이고 $q < 0$이면 멱함수 $f(x) = x^{\frac{q}{p}} = \sqrt[p]{x^q}$의 정의역은 $\mathbb{R} \setminus \{0\}$이다. 앞에서와 마찬가지로, $q < 0$가 홀수이면 $f(x) = x^{\frac{q}{p}} = \sqrt[p]{x^q}$의 치역은 $\mathbb{R} \setminus \{0\}$이며, $q < 0$가 짝수이면 $f(x) = x^{\frac{q}{p}} = \sqrt[p]{x^q}$의 치역은 $(0, \infty)$이다.

(4) p가 짝수이고 $q > 0$이면 멱함수 $f(x) = x^{\frac{q}{p}} = \sqrt[p]{x^q}$의 정의역은 $[0, \infty)$이다. 이 정의역에 속한 x에 대해, 그림 9.6을 보면 멱함수 $f(x) = x^{\frac{1}{p}} = \sqrt[p]{x}$의 치역은 $[0, \infty)$이다. 멱함수 $f(x) = x^{\frac{1}{p}} = \sqrt[p]{x}$의 함숫값을 q제곱한 것이 멱함수 $f(x) = x^{\frac{q}{p}} = \sqrt[p]{x^q}$이므로, 멱함수 $f(x) = x^{\frac{q}{p}} = \sqrt[p]{x^q}$의 치역도 $[0, \infty)$이다.

(5) p가 짝수이고 $q = 0$이면 멱함수 $f(x) = x^{\frac{q}{p}}$의 정의역은 $(0, \infty)$이다. 이때, $q = 0$을 대입하면, $f(x) = x^{\frac{q}{p}} = x^0 = 1$이 되므로, 치역은 $\{1\}$이다.

(6) p가 짝수이고 $q < 0$이면 멱함수 $f(x) = x^{\frac{q}{p}} = \sqrt[p]{x^q}$의 정의역은 $(0, \infty)$이다. 앞에서와 마찬가지로, $f(x) = x^{\frac{q}{p}} = \sqrt[p]{x^q}$의 치역은 $(0, \infty)$이다.

다음 표는 멱함수 $y = x^{\frac{q}{p}}$에서 p, q의 값에 대해 정의역과 치역을 정리한 것이다. 이때, p는 양의 정수이다.

조건	정의역	치역
p는 홀수, $q > 0$인 홀수	$\mathbb{R}$	$\mathbb{R}$
p는 홀수, $q > 0$인 짝수	$\mathbb{R}$	$[0, \infty)$
p는 홀수, $q = 0$	$\mathbb{R} \setminus \{0\}$	$\{1\}$
p는 홀수, $q < 0$인 홀수	$\mathbb{R} \setminus \{0\}$	$\mathbb{R} \setminus \{0\}$
p는 홀수, $q < 0$인 짝수	$\mathbb{R} \setminus \{0\}$	$(0, \infty)$
p는 짝수, $q > 0$인 정수	$[0, \infty)$	$[0, \infty)$
p는 짝수, $q = 0$	$(0, \infty)$	$\{1\}$
p는 짝수, $q < 0$인 정수	$(0, \infty)$	$(0, \infty)$

멱함수 $y = x^{\frac{q}{p}}$의 정의역과 치역을 알아보았다. 멱함수 $y = x^{\frac{q}{p}}$의 정의역과 관련하여, 함수의 홀짝성을 살펴보자. 멱함수 $y = x^{\frac{q}{p}}$에서 p가 짝수인 경우에는 정의역이 $[0, \infty)$ 또는 $(0, \infty)$이므로, p가 짝수인 경우에는 멱함수의 홀짝성을 논의할 수 없다. 왜냐 하면, 홀짝성을 말하려면 $f(-x)$와 $f(x)$의 관계를 조사해야 하기 때문이다. 즉, 정의역이 $\mathbb{R}$ 또는 $\mathbb{R} \setminus \{0\}$인 경우에 함수의 홀짝성을 말할 수 있다.

p가 홀수이고 q가 짝수인 경우를 살펴보자. $f(x) = x^{\frac{q}{p}} = \sqrt[p]{x^q}$에 대해 $f(-x) = (-x)^{\frac{q}{p}} = \sqrt[p]{(-x)^q} = \sqrt[p]{x^q} = f(x)$가 되며, $f(-x) = f(x)$이므로 멱함수 $y = x^{\frac{q}{p}}$는 짝함수이다. p가 홀수이고 q가 짝수인 멱함수 $f(x) = x^{\frac{q}{p}}$의 그래프는 y축에 대해 대칭이다.

p가 홀수이고 q가 홀수이면, $f(-x) = (-x)^{\frac{q}{p}} = \sqrt[p]{(-x)^q} = \sqrt[p]{-x^q}$이다. p가 홀수이면 $\sqrt[p]{-x} = -\sqrt[p]{x}$이므로, $\sqrt[p]{-x^q} = -\sqrt[p]{x^q} = -f(x)$가 되며, $f(-x) = -f(x)$이며 멱함수 $y = x^{\frac{q}{p}}$는 홀함수이다. p가 홀수이고 q가 홀수인 멱함수 $f(x) = x^{\frac{q}{p}}$의 그래프는 원점에 대해 대칭이다.

그림 9.7에는 $f(x) = x^{\frac{1}{3}}$, $f(x) = x^{\frac{2}{3}}$의 그래프 개형이 있다. 멱함수 $y = x^{\frac{1}{3}}$은 홀함수로 원점에 대칭이며, $y = x^{\frac{2}{3}}$는 짝함수로 y축에 대칭인 것을 볼 수 있다.

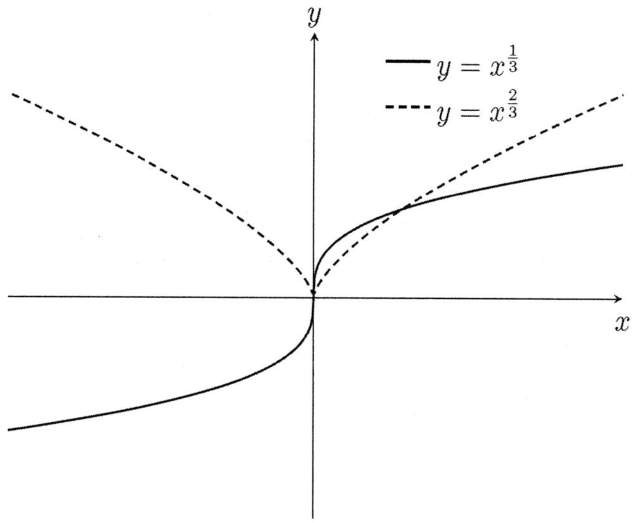

그림 9.7

멱함수 $f(x) = x^{\frac{1}{3}} = \sqrt[3]{x}$에 대해 살펴보자. 멱함수 $f(x) = x^{\frac{1}{3}}$의 증감을 조사하자. $x_1 < x_2$라 하고, $f(x_1) - f(x_2) = x_1^{1/3} - x_2^{1/3}$의 부호를 조사하자.

인수분해 공식에 의해, $x_1 - x_2 = \left(x_1^{1/3} - x_2^{1/3}\right)\left(x_1^{2/3} + x_1^{1/3}x_2^{1/3} + x_2^{2/3}\right)$이다. 그리고 $x_1^{2/3} + x_1^{1/3}x_2^{1/3} + x_2^{2/3}$이 항상 양수라는 것을 다음과 같이 증명할 수 있다.

$$
\begin{aligned}
x_1^{2/3} + x_1^{1/3}x_2^{1/3} + x_2^{2/3} &= (x_1^{1/3})^2 + (x_1^{1/3})(x_2^{1/3}) + (x_2^{1/3})^2 \\
&= \left(x_1^{1/3} + \frac{1}{2}x_2^{1/3}\right)^2 + \frac{3}{4}x_2^{2/3}
\end{aligned}
$$

$\left(x_1^{1/3} + \frac{1}{2}x_2^{1/3}\right)^2 > 0$이고 $\frac{3}{4}x_2^{2/3} \geq 0$이므로, $\left(x_1^{1/3} + \frac{1}{2}x_2^{1/3}\right)^2 + \frac{3}{4}x_2^{2/3} > 0$이다. 그러므로, $x_1 < x_2$이면 $x_1^{1/3} < x_2^{1/3}$이 되며, $\mathbb{R}$에서 $y = x_1^{\frac{1}{3}}$은 증가함수이다.

멱함수 $f(x) = x^{\frac{1}{3}}$의 볼록성을 조사하자. 이를 위해, 임의의 양수 x_1, x_2에 대해, 부등식 $\left(\frac{x_1+x_2}{2}\right)^{1/3} \geq \frac{x_1^{1/3}+x_2^{1/3}}{2}$을 증명하자. 부등식의 양변이 음수가 아니므로, 양변을 세제곱하면 $\frac{x_1+x_2}{2} \geq \frac{(x_1^{1/3}+x_2^{1/3})^3}{8}$이며, $4(x_1+x_2) \geq (x_1^{1/3}+x_2^{1/3})^3$을 증명하자.

$4(x_1+x_2)-(x_1^{1/3}+x_2^{1/3})^3$을 전개하여 정리하면, $3x_1+3x_2-3\left(x_1^{2/3}x_2^{1/3}+x_1^{1/3}x_2^{2/3}\right)$, $3\left[x_1+x_2-\left(x_1^{2/3}x_2^{1/3}+x_1^{1/3}x_2^{2/3}\right)\right]$가 된다.

$x_1+x_2-\left(x_1^{2/3}x_2^{1/3}+x_1^{1/3}x_2^{2/3}\right)$를 다음과 같이 정리할 수 있다.

$$
\begin{aligned}
(x_1+x_2)-\left(x_1^{2/3}x_2^{1/3}+x_1^{1/3}x_2^{2/3}\right) &= \left(x_1^{1/3}\right)^3+\left(x_2^{1/3}\right)^3 \;-\; x_1^{1/3}x_2^{1/3}\left(x_1^{1/3}+x_2^{1/3}\right)\\
&= \left(x_1^{1/3}+x_2^{1/3}\right)\left(x_1^{2/3}-x_1^{1/3}x_2^{1/3}+x_2^{2/3}\right) \;-\; x_1^{1/3}x_2^{1/3}\left(x_1^{1/3}+x_2^{1/3}\right)\\
&= \left(x_1^{1/3}+x_2^{1/3}\right)\left[\left(x_1^{2/3}-x_1^{1/3}x_2^{1/3}+x_2^{2/3}\right)-x_1^{1/3}x_2^{1/3}\right]\\
&= \left(x_1^{1/3}+x_2^{1/3}\right)\left(x_1^{2/3}-2x_1^{1/3}x_2^{1/3}+x_2^{2/3}\right)=\left(x_1^{1/3}+x_2^{1/3}\right)\left(x_1^{1/3}-x_2^{1/3}\right)^2
\end{aligned}
$$

$\left(x_1^{1/3}+x_2^{1/3}\right)\left(x_1^{1/3}-x_2^{1/3}\right)^2\geq 0$이 성립하며, 양수 x_1,x_2에 대해 $\left(\frac{x_1+x_2}{2}\right)^{1/3}\geq\frac{x_1^{1/3}+x_2^{1/3}}{2}$이 성립한다. 멱함수 $f(x)=x^{\frac{1}{3}}$은 구간 $(0,\infty)$에서 연속이므로, $f(x)=x^{\frac{1}{3}}$은 구간 $(0,\infty)$에서 위로 볼록이다.

임의의 양수 x_1,x_2에 대해 $\left(\frac{x_1+x_2}{2}\right)^{1/3}\geq\frac{x_1^{1/3}+x_2^{1/3}}{2}$, 즉 $f\left(\frac{x_1+x_2}{2}\right)\geq\frac{f(x_1)+f(x_2)}{2}$가 성립했다. 멱함수 $f(x)=x^{\frac{1}{3}}$은 홀함수이며, $f(-x)=-f(x)$가 성립한다. 이를 이용하여, $(-\infty,0)$에서 멱함수의 볼록성을 확인할 수 있다.

$(-\infty,0)$에 속한 임의의 x_3,x_4에 대해 $-x_3=x_3'$, $-x_4=x_4'$으로 놓으면, $x_3'>0$, $x_4'>0$이다. 양수 x_3',x_4'에 대해 부등식 $f\left(\frac{x_3'+x_4'}{2}\right)\geq\frac{f(x_3')+f(x_4')}{2}$이 성립하며, 이 부등식을 $f\left(\frac{-x_3-x_4}{2}\right)\geq\frac{f(-x_3)+f(-x_4)}{2}$로 쓸 수 있다. 여기에 $f(-x)=-f(x)$를 대입하면, $-f\left(\frac{x_3+x_4}{2}\right)\geq\frac{-f(x_3)-f(x_4)}{2}$, $f\left(\frac{x_3+x_4}{2}\right)\leq\frac{f(x_3)+f(x_4)}{2}$이 된다. 결국, 멱함수 $f(x)=x^{\frac{1}{3}}$은 구간 $(-\infty,0)$에서 아래로 볼록이다.

이제, 멱함수 $f(x)=x^{\frac{2}{3}}$의 증감과 볼록성을 조사하자. 구간 $(0,\infty)$에서 멱함수 $f(x)=x^{\frac{2}{3}}$의 증감은 멱함수 $f(x)=x^{\frac{1}{3}}$의 증감과 일치한다. 구간 $(0,\infty)$에 속하는 $x_1<x_2$에 대해 $x_1^{1/3},x_2^{1/3}$은 양수이며, $x_1^{1/3}<x_2^{1/3}$이다. 부등식 $x_1^{1/3}<x_2^{1/3}$의 양변을 제곱하면 $x_1^{2/3}<x_2^{2/3}$가 되며, $f(x)=x^{\frac{2}{3}}$는 $(0,\infty)$에서 증가함수이다.

구간 $(-\infty,0)$에서 멱함수 $f(x)=x^{\frac{2}{3}}$의 증감을 생각하자. 멱함수 $f(x)=x^{\frac{2}{3}}$는 짝함수이므로, $f(-x)=f(x)$가 성립한다. $x_1,x_2\in(-\infty,0)$이며 $x_1<x_2$라 하자. $x_1'=-x_1$, $x_2'=-x_2$라 놓으면, x_1',x_2'는 양수이며 $x_1'>x_2'$이다. 구간 $(0,\infty)$에서 멱함수 $f(x)=x^{\frac{2}{3}}$는 증가함수이므로, $f(x_1')>f(x_2')$, $(x_1')^{2/3}>(x_2')^{2/3}$이다. 이로부터, $(-x_1)^{2/3}>(-x_2)^{2/3}$이며, 짝함수의 성질에 의해 $(x_1)^{2/3}>(x_2)^{2/3}$이다. 이로부터

멱함수 $f(x)=x^{\frac{2}{3}}$는 $(-\infty,0)$에서 감소함수이다.

멱함수 $f(x)=x^{\frac{2}{3}}$의 볼록성을 조사하자. 구간 $(0,\infty)$에 속하는 x_1, x_2, $f(x)=x^{\frac{2}{3}}$에 대해 부등식 $f\left(\frac{x_1+x_2}{2}\right) \geq \frac{f(x_1)+f(x_2)}{2}$, 즉 $\left(\frac{x_1+x_2}{2}\right)^{2/3} \geq \frac{x_1^{2/3}+x_2^{2/3}}{2}$를 증명하자.

이 부등식은 양변이 양수이므로, 부등식의 양변을 세제곱해도 부등호의 방향은 변하지 않는다. 부등식 $\left(\frac{x_1+x_2}{2}\right)^{2/3} \geq \frac{x_1^{2/3}+x_2^{2/3}}{2}$를 세제곱하면 $\left(\frac{x_1+x_2}{2}\right)^{2} \geq \left(\frac{x_1^{2/3}+x_2^{2/3}}{2}\right)^3$이며, 양변에 8을 곱하면 $2(x_1+x_2)^2 \geq \left(x_1^{2/3}+x_2^{2/3}\right)^3$이 된다.

이제, $2(x_1+x_2)^2 - \left(x_1^{2/3}+x_2^{2/3}\right)^3$의 부호를 조사하자. 항들을 제곱, 세제곱하여 전개하면, 다음을 얻을 수 있다.

$$\begin{aligned}
&2(x_1+x_2)^2 - \left(x_1^{2/3}+x_2^{2/3}\right)^3 \\
&\qquad = \left(2x_1^2+4x_1x_2+2x_2^2\right) - \left(x_1^2+3x_1^{4/3}x_2^{2/3}+3x_1^{2/3}x_2^{4/3}+x_2^2\right) \\
&\qquad = x_1^2+4x_1x_2+x_2^2 \;-\; 3x_1^{4/3}x_2^{2/3} \;-\; 3x_1^{2/3}x_2^{4/3}
\end{aligned}$$

$x_1=a^3,\ x_2=b^3$이라 치환하면, $x_1^2+4x_1x_2+x_2^2 - 3x_1^{4/3}x_2^{2/3} - 3x_1^{2/3}x_2^{4/3} = a^6+4a^3b^3+b^6-3a^4b^2-3a^2b^4$이 된다. $a^6+4a^3b^3+b^6-3a^4b^2-3a^2b^4$을 인수분해하자. 식에서 a에 b를 대입하면 0이 되며, 이러한 방법으로 $a^6+4a^3b^3+b^6-3a^4b^2-3a^2b^4$이 $(a-b)^2$을 인수로 가진다는 것을 확인할 수 있다. 이로부터, $a^6+4a^3b^3+b^6-3a^4b^2-3a^2b^4=(a-b)^2Q(a,b)$라 놓을 수 있다.

$a^6+4a^3b^3+b^6-3a^4b^2-3a^2b^4$가 a, b에 대한 대칭식이라는 것에 주목하면, 이 식을 변형시키는데 도움이 될 수 있다. $a^6+4a^3b^3+b^6-3a^4b^2-3a^2b^4=(a-b)^2Q(a,b)$에서 $a^6+4a^3b^3+b^6-3a^4b^2-3a^2b^4$과 $(a-b)^2$이 대칭식이므로, $Q(a,b)$도 대칭식이며 4차인 동차식이다. $Q(a,b)$를 $\alpha a^4+\beta a^3b+\gamma a^2b^2+\beta ab^3+\alpha b^4$로 놓을 수 있다.

등식 $a^6+4a^3b^3+b^6-3a^4b^2-3a^2b^4=(a-b)^2\left(\alpha a^4+\beta a^3b+\gamma a^2b^2+\beta ab^3+\alpha b^4\right)$에 적당한 (a,b)의 값을 대입하고 계수를 비교하여 α, β, γ를 찾을 수 있다. 그러면, 다음 등식을 얻을 수 있다.

$$a^6+4a^3b^3+b^6-3a^4b^2-3a^2b^4=(a-b)^2\left(a^4+2a^3b+2ab^3+b^4\right)$$

양수 a, b에 대해 $a^4+2a^3b+2ab^3+b^4 \geq 0$이라는 것을 보이자. 산술평균-기하평균 부등식에 의해, $a^4+b^4 \geq 2a^2b^2$이며, $a^3b+ab^3 = ab(a^2+b^2)$에도 산술평균-기하평균 부등식을 적용하자. 그러면, $a^2+b^2 \geq 2ab$이며, $ab(a^2+b^2) \geq 2a^2b^2$이다. 결국, $(a^4+b^4)+2(a^3b+ab^3) \geq 2a^2b^2+2\cdot 2a^2b^2 = 6a^2b^2 \geq 0$이 성립한다.

얻어진 결과로부터 $(a-b)^2(a^4+2a^3b+2ab^3+b^4) \geq 0$, $x_1^2+4x_1x_2+x_2^2 - 3x_1^{4/3}x_2^{2/3} - 3x_1^{2/3}x_2^{4/3} \geq 0$, 즉 $f\left(\frac{x_1+x_2}{2}\right) \geq \frac{f(x_1)+f(x_2)}{2}$이 증명되며, 구간 $(0,\infty)$에서 $f(x)=x^{\frac{2}{3}}$는 위로 볼록이다.

멱함수 $f(x)=x^{\frac{2}{3}}$가 짝함수라는 것을 이용하면, 구간 $(-\infty,0)$에서도 $f(x)=x^{\frac{2}{3}}$는 위로 볼록이라는 것을 증명할 수 있다.

그림 9.7에서 멱함수 $f(x)=x^{\frac{1}{3}}$, $f(x)=x^{\frac{2}{3}}$의 그래프 개형을 살펴보았다. $k \geq 1$인 정수에 대해 $f(x)=x^{\frac{k}{3}}$인 꼴의 함수의 그래프 개형을 살펴보자. $k=3$이면 $f(x)=x^{\frac{3}{3}}=x$이며, 직선이 된다. 멱함수 $f(x)=x^{\frac{4}{3}}$는 $f(x)=x^{\frac{4}{3}}=x\cdot x^{\frac{1}{3}}$인 곱의 함수이다. 그림 9.8에 멱함수 $f(x)=x^{\frac{4}{3}}$의 그래프 개형이 있다.

그림 9.9에는 멱함수 $f(x)=x^{\frac{5}{3}}$의 그래프 개형이 있다. $f(x)=x^{\frac{5}{3}}$는 $f(x)=x^{\frac{5}{3}}=x\cdot x^{\frac{2}{3}}$인 곱의 함수로 볼 수 있다.

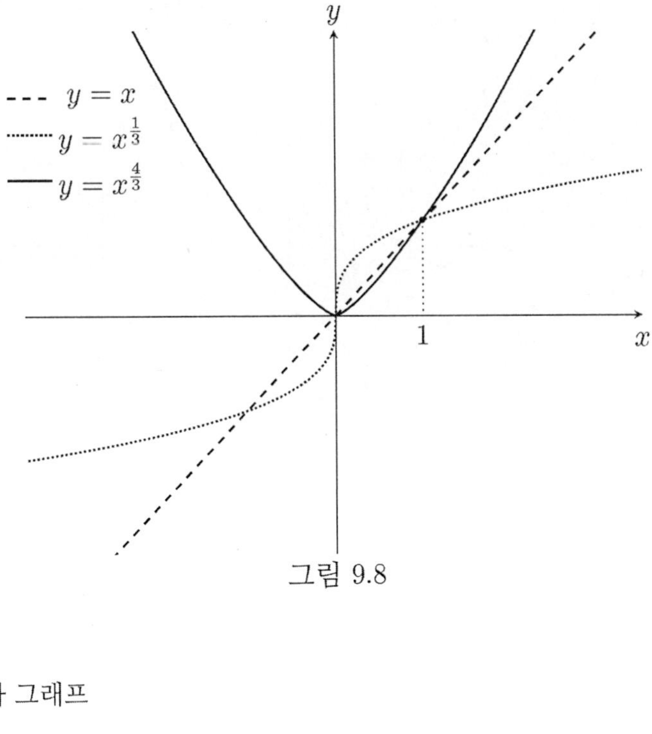

그림 9.8

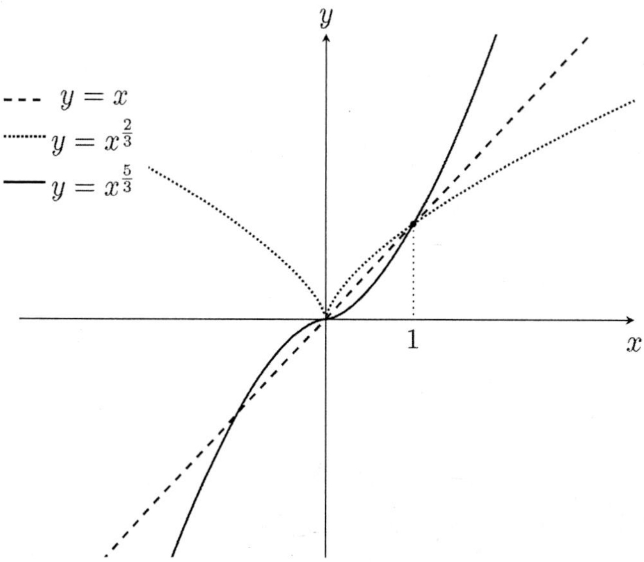

그림 9.9

그림 9.10에는 멱함수 $f(x) = x^{\frac{7}{3}}$의 그래프 개형이 있다. $f(x) = x^{\frac{7}{3}}$은 $f(x) = x^{\frac{7}{3}} = x^2 \cdot x^{\frac{1}{3}}$인 곱의 함수로 볼 수 있다.

그림 9.11에는 멱함수 $f(x) = x^{\frac{8}{3}}$의 그래프 개형이 있다. $f(x) = x^{\frac{8}{3}}$은 $f(x) = x^{\frac{8}{3}} = x^2 \cdot x^{\frac{2}{3}}$인 곱의 함수로 볼 수 있다.

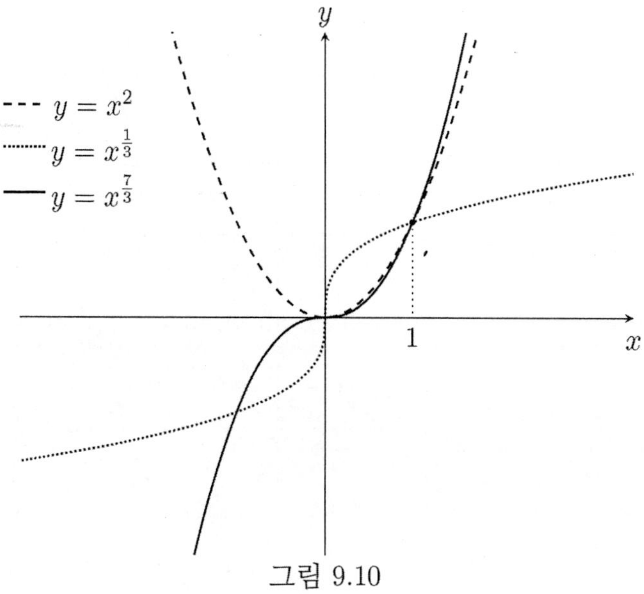

그림 9.10

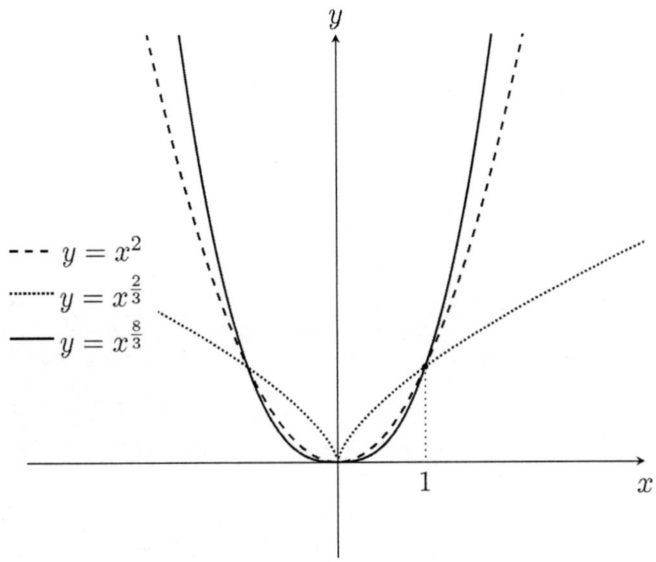

그림 9.11

제 10장. 지수 및 로그함수와 그래프

1. 지수함수

밑이 $a > 0, a \neq 1$인 실수 a와 실수 x에 대해, 함수 $y = a^x$를 지수함수(exponential function)라고 부른다. 지수함수 $y = a^x$의 함숫값은 거듭제곱의 형태로 표현된다. x가 자연수 n이면, $a^x = a^n = \underbrace{a \cdot a \cdots a}_{n\text{개}}$이다. 그리고 x가 0이거나 음의 정수인 경우에는 $a^0 = 1$, $a^{-n} = \frac{1}{a^n}$이다. 그리고 x가 유리수 $\frac{q}{p}$이면, $a^x = a^{\frac{q}{p}} = \sqrt[p]{a^q}$이다.

x가 무리수인 경우 함숫값 a^x는 $a^x = \lim_{r \to x} a^r$로 정의한다. 이때 r은 유리수 $\mathbb{Q}$이다. $a^x = \lim_{r \to x} a^r$의 의미를 살펴보면, 무리수 x에 가까운(수렴하는) 유리수열 $\{r_n\}$에 대해 a^{r_n}을 계산하여 그 극한값을 함숫값 a^x로 한다는 것이다.

예를 들어, $2^{\sqrt{2}}$를 살펴보자. $\sqrt{2}$에 수렴하는 유리수열 $r_1, r_2, \cdots$를 생각하여, 수열 $2^{r_1}, 2^{r_2}, 2^{r_3}, \cdots$의 극한값을 $2^{\sqrt{2}}$로 정의한다. 실제로, $\lim_{n \to \infty} r_n = \sqrt{2}$인 유리수열 $r_1 = 1.4$, $r_2 = 1.41$, $r_3 = 1.414$, $r_4 = 1.4142, \cdots$을 생각하여, $\lim_{n \to \infty} 2^{r_n}$의 값을 $2^{\sqrt{2}}$의 값으로 한다.

무리수로 수렴하는 유리수열의 존재성은 유리수의 조밀성을 기반으로 한다. 유리수의 조밀성은 임의의 실수 $x \in \mathbb{R}$, $\forall \varepsilon > 0$에 대해, $|x - r| < \varepsilon$을 만족하는 $r \in \mathbb{Q}$이 존재한다는 것이다. 즉, 임의의 실수 x 근처에 원하는만큼 가깝게 유리수가 항상 존재한다.

유리수열 $r_1 = 1.4$, $r_2 = 1.41$, $r_3 = 1.414$, $r_4 = 1.4142, \cdots$에 대해 $\lim_{n \to \infty} r_n = \sqrt{2}$

가 된다는 것을 증명해 보자. 유리수열 $\{r_n\}$이 $\sqrt{2}$로 수렴하는 것을 보이려면, $\forall\varepsilon > 0$에 대해 $n \geq N$으로부터 $|r_n - \sqrt{2}| < \varepsilon$을 유도할 수 있는, 그러한 $N \in \mathbb{N}$이 존재한다는 것을 보여야 한다.

유리수의 조밀성에 의해 유리수 $r_1 = 1.4$를 $\sqrt{2}$와 소숫점 아래 첫째자리가 같도록 잡았다. 즉, $\sqrt{2}$와 유리수 r_1의 차는 $|\sqrt{2} - r_1| \leq \frac{1}{10}$이다. 이때, 등호가 없는 부등식을 만들려면, $|\sqrt{2} - r_1| < \frac{1}{10} \times 10$을 하면 된다.

같은 방법으로, $|\sqrt{2}-r_2| \leq \frac{1}{10^2}$이며 $|\sqrt{2}-r_2| < \frac{1}{10^2}\times 10$으로 쓸 수 있다. 이러한 방법으로, 부등식 $|\sqrt{2}-r_3| < \frac{1}{10^3}\times 10, \cdots, |\sqrt{2}-r_n| < \frac{1}{10^n}\times 10$, 즉 $|\sqrt{2}-r_n| < 10^{-n+1}$을 만들 수 있다.

$\forall\varepsilon > 0$에 대해 $n \geq N$으로부터 $|r_n - \sqrt{2}| < \varepsilon$을 유도할 수 있는, 그러한 $N \in \mathbb{N}$이 존재한다는 것을 보이자. 부등식 $|r_n-\sqrt{2}| < \varepsilon$이 성립해야 하므로, $|\sqrt{2}-r_n| < 10^{-n+1}$을 이용하여 $n \geq N$이면 $10^{-n+1} < \varepsilon$이 성립하는 $N \in \mathbb{N}$을 찾아야 한다.

부등식 $10^{-n+1} < \varepsilon$의 양변에 상용로그를 취해서 풀면, $-n+1 < \log\varepsilon$, $n > 1-\log\varepsilon$이다. N을 $1 - \log\varepsilon$보다 큰 자연수로 잡으면, $n \geq N$인 모든 n에 대해 $10^{-n+1} < \varepsilon$이 성립한다. 이것으로 유리수열 $\{r_n\}$이 $\sqrt{2}$로 수렴한다는 것이 증명된다.

지수함수 $y = a^x$의 정의역과 치역을 살펴보자. 모든 실수 x에 대해 a^x가 정의되므로, 지수함수 $y = a^x$의 정의역은 $\mathbb{R}$이고, $\forall x \in \mathbb{R}$에 대해 $a^x > 0$이므로 치역은 $(0, \infty)$이다.

유리수 x에 대해 $a^x > 0$인 것을 살펴보자. $x \in \mathbb{Q}$를 (1) $x = 0$인 경우, (2) $x = \frac{q}{p} > 0$인 경우, (3) $x = \frac{q}{p} < 0$인 경우로 나누자.

(1) $x = 0$이면 $a^0 = 1$이므로, $a^0 > 0$이다. (2) $x = \frac{q}{p} > 0$인 경우에 $a^{\frac{m}{n}} = \sqrt[n]{a^m}$이다. $a > 0$이므로 $a^m > 0$이며, 양수의 양의 제곱근은 양수이다. 그러므로, $a^x = \sqrt[n]{a^m} > 0$이다. (3) $x = \frac{q}{p} < 0$인 경우에 $x' > 0$에 대해 $x' = -x$라 놓자. (2)에서 $x' > 0$이면 $a^{x'} > 0$이고 $\frac{1}{a^{x'}} > 0$이다. 이로부터, $a^x = a^{-x'} = \frac{1}{a^{x'}} > 0$이며, $a^x > 0$이다.

지수함수의 증감 밑이 $a > 0$, $a \neq 1$인 지수함수 $f(x) = a^x$는 (1) $a > 1$이면 $f(x) = a^x$는 증가함수이고, (2) $0 < a < 1$이면 $f(x) = a^x$는 감소함수이다. 이를 자세히 살펴보자.

임의의 $x_1, x_2 \in \mathbb{Q}$에 대해 $x_1 < x_2$라고 하면, $r = x_2 - x_1 > 0$이며 $x_2 = x_1 + r$인 $r \in \mathbb{Q}$이 존재한다. 그러면, 지수법칙에 의해 $a^{x_2} = a^{x_1+r} = a^{x_1} \cdot a^r$이다.

밑 a에 따라 (1) $a > 1$인 경우, (2) $0 < a < 1$인 경우로 나누어 생각하자. (1) $a > 1$이면 $r > 0$이므로 $a^r > 1$이다. 그러므로, $a^{x_2} = a^{x_1} \cdot a^r > a^{x_1} \cdot 1 = a^{x_1}$이다. 이로부터, $x_1 < x_2$이면 $a^{x_1} < a^{x_2}$이며, $f(x) = a^x$는 증가함수이다.

(2) $0 < a < 1$이면 $r > 0$이므로 $a^r < 1$이다. 그러므로, $a^{x_2} = a^{x_1} \cdot a^r < a^{x_1} \cdot 1 = a^{x_1}$이다. 이로부터, $x_1 < x_2$이면 $a^{x_1} > a^{x_2}$이며, $f(x) = a^x$는 감소함수이다.

지수함수의 홀짝성 지수함수 $f(x) = a^x$의 홀짝성을 조사하기 위해 $f(-x) = a^{-x}$를 살펴보자. $a^{-x} = \frac{1}{a^x}$이므로, $f(-x) = \frac{1}{f(x)}$이다. 지수함수 $f(x) = a^x$는 홀함수도 아니고 짝함수도 아니다.

지수함수의 볼록성 지수함수 $f(x) = a^x$의 볼록성을 부등식 $f\left(\frac{x_1+x_2}{2}\right) \leq \frac{f(x_1)+f(x_2)}{2}$와 $f(x) = a^x$의 연속성을 이용하여 보일 수 있다.

$f(x) = a^x$에 대해, $f\left(\frac{x_1+x_2}{2}\right) = a^{\frac{x_1+x_2}{2}} = \sqrt{a^{x_1} \cdot a^{x_2}}$이고 $\frac{f(x_1)+f(x_2)}{2} = \frac{a^{x_1}+a^{x_2}}{2}$이다. 양수 a^{x_1}, a^{x_2}에 대해 기하평균–산술평균 부등식을 생각하면, $\sqrt{a^{x_1} \cdot a^{x_2}} \leq \frac{a^{x_1}+a^{x_2}}{2}$이므로, $f\left(\frac{x_1+x_2}{2}\right) \leq \frac{f(x_1)+f(x_2)}{2}$가 증명된다. $f(x) = a^x$가 연속이므로 지수함수 $f(x) = a^x$는 구간 $\mathbb{R}$에서 아래로 볼록이다.

지수함수 $f(x) = a^x$가 아래로 볼록이라는 것은 도함수를 이용해도 보일 수 있다. $f(x) = a^x = e^{x \ln a}$이므로, $f'(x) = e^{x \ln a} \cdot \ln a = a^x \ln a$이다.

이계도함수를 구하면, $f''(x) = \frac{d}{dx}(a^x \ln a) = a^x (\ln a)^2$이다. 모든 실수 x에 대해 $a^x > 0$이고, $(\ln a)^2 > 0$이므로 $f''(x) = a^x (\ln a)^2 > 0$이다. 그러므로, 지수함수 $f(x) = a^x$는 구간 $\mathbb{R}$에서 아래로 볼록이다.

지수함수의 그래프 밑 a를 (1) $0 < a < 1$인 경우, (2) $a > 1$인 경우로 나누어 지수함수 $y = a^x$의 그래프를 살펴보자. (1) $0 < a < 1$인 경우에 지수함수 $y = a^x$는 정의역이 $\mathbb{R}$이며 치역은 $(0, \infty)$이다. 그리고 $y = a^x$는 $\mathbb{R}$에서 감소함수이며, 아래로 볼록이다. 이를 바탕으로, $0 < a < 1$인 경우에 대한 지수함수 $y = a^x$의 그래프를 작도하면, 그림 10.1과 같다.

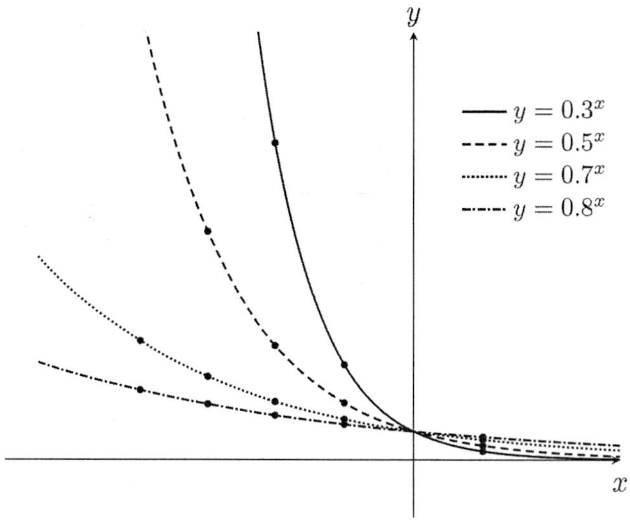

그림 10.1

그림 10.1에서 $x < 0$인 범위에서 지수함수의 함숫값을 비교하면, $0.8^x < 0.7^x < 0.5^x < 0.3^x$이다. 이유를 살펴보자. 지수함수 $f(x) = a^x$, $f(x) = b^x$에서 $0 < a < b < 1$이고 $x < 0$이라고 하고, 함숫값 a^x와 b^x를 비교하자.

$x < 0$이므로, $x = -x'$이라 놓으면 $x' > 0$이다. $a^x = a^{-x'} = \frac{1}{a^{x'}}$이고 $b^x = \frac{1}{b^{x'}}$이다. $0 < a < b$와 양수 x'에 대해 $a^{x'} < b^{x'}$이다. 즉, $a^{-x} < b^{-x}$이며 $\frac{1}{a^x} < \frac{1}{b^x}$이다. a^x와 b^x는 양수이므로, 부등식 $\frac{1}{a^x} < \frac{1}{b^x}$로부터 $a^x > b^x$가 유도된다.

$x > 0$인 범위에서 지수함수의 함숫값들을 비교하면, $0.8^x > 0.7^x > 0.5^x > 0.3^x$가 성립한다. 이것은 $0 < a < b$와 양수 x에 대해 부등식 $a^x < b^x$라는 것으로부터 유도된다.

(2) $a > 1$인 경우에 지수함수 $y = a^x$는 정의역이 $\mathbb{R}$이며 치역도 $(0, \infty)$이다. $y = a^x$

는 $\mathbb{R}$에서 증가함수이며, 아래로 볼록이다. 이를 바탕으로, $a > 1$인 경우에 대한 지수 함수 $y = a^x$의 그래프를 작도하면, 그림 10.2와 같다.

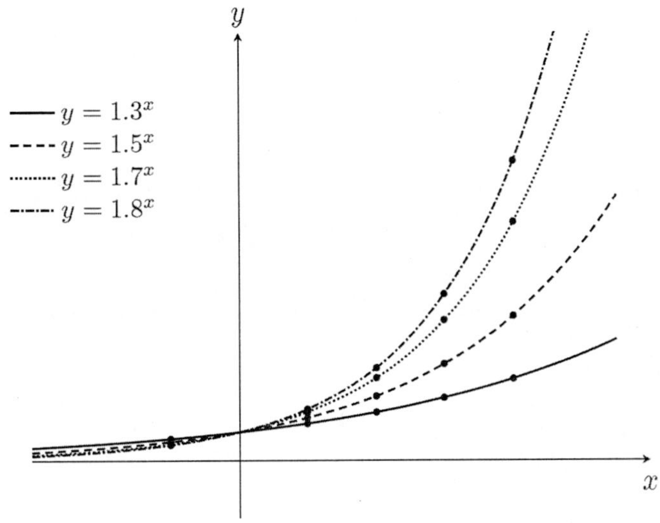

그림 10.2

$x > 0$인 범위에서 지수함수의 함숫값을 비교하면, $1.3^x < 1.5^x < 1.7^x < 1.8^x$이다. 이것은 $0 < a < b$와 양수 x에서 $a^x < b^x$이 성립한다는 것으로부터 유도된다.

지수함수 $f(x) = 2^x$ 그래프의 변형을 살펴보자. 밑인 2가 $2 > 1$이므로, $f(x) = 2^x$의 그래프는 그림 10.2와 유사하게 증가함수의 개형을 가진다. 지수함수 $g(x) = 2^{kx}$의 그래프를 살펴보자.

$0 < k < 1$인 경우를 생각하자. $g(x) = 2^{kx}$는 $f(x) = 2^x$의 그래프를 y축으로부터 계수 $\frac{1}{k}$인 팽창을 하여 얻을 수 있다. $k = 0.5$라 놓으면, $g(x) = 2^{0.5x}$의 그래프는 $f(x) = 2^x$를 y축으로부터 팽창시켜 그림 10.3과 같은 그래프를 얻을 수 있다. 한편, $k > 1$인 경우에 $g(x) = 2^{kx}$의 그래프는 $f(x) = 2^x$의 그래프를 y축으로 계수 $\frac{1}{k}$인 압축을 하여 얻어진다. 그림 10.3에 $g(x) = 2^{1.5x}$의 그래프가 제시되어 있다.

$k < 0$인 경우에 $g(x) = 2^{kx}$의 그래프를 살펴보자. $k < 0$이므로 $k = -k'$이라 하면, $k' > 0$이다. 그러므로, $g(x) = 2^{kx} = 2^{-k'x} = 2^{k'(-x)}$이며, $f(x) = 2^{k'x}$의 그래프를 y축에 대해 대칭시켜 얻어진다. 그림 10.3에 $g(x) = 2^{-1.5x}$의 그래프가 있다.

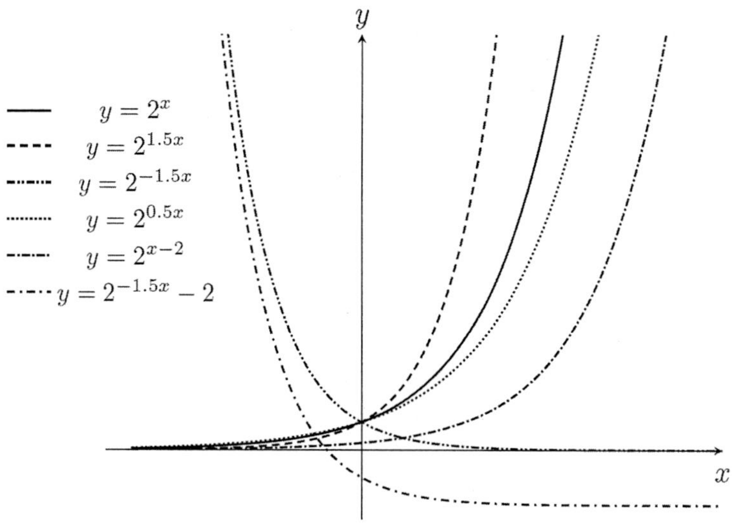

그림 10.3

평행이동의 그래프를 생각하자. $f(x) = 2^x$의 그래프를 x축, y축을 따라 평행이동할 수 있다. $f(x) = 2^x$의 그래프를 x축을 따라 2만큼 평행이동하면, 함수식이 $f(x) = 2^{x-2}$가 된다. 그림 10.3에 $f(x) = 2^{x-2}$의 그래프가 있다. 그림 10.3에 $f(x) = 2^{-1.5x}$의 그래프를 y축으로 -2만큼 평행이동시킨 함수 $f(x) = 2^{-1.5x} - 2$의 그래프가 있다.

대표적인 지수함수가 $f(x) = e^x$라고 할 수 있다. 무리수 e는 오일러 상수라고도 부르며, $e = \lim_{n \to \infty} \left(1 + \frac{1}{n}\right)^n$으로 정의한다. 그리고 e의 값을 소숫점을 이용하여 근사적으로 나타내면 $e \approx 2.7182818284$와 같이 쓸 수 있다.

지수함수 $f(x) = e^x$는 $a > 1$인 경우의 지수함수 $y = a^x$에 속한다. 그러므로, $f(x) = e^x$는 정의역이 $\mathbb{R}$이며 치역은 $(0, \infty)$이다. $y = e^x$는 $\mathbb{R}$에서 증가함수이며, 아래로 볼록이다. 그림 10.4에 함수 $f(x) = 2^x$, $f(x) = e^x$, $f(x) = 3^x$, $f(x) = 4^x$의 그래프가 있다.

쌍곡선함수 지수함수 $f(x) = e^x$를 이용하여 흥미로운 함수들을 만들 수 있는데, 대표적인 것이 쌍곡선 함수(hyperbolic function)이다. 쌍곡사인함수 $f(x) = \sinh x$, 쌍곡코사인함수 $f(x) = \cosh x$, 쌍곡탄젠트함수 $f(x) = \tanh x$에 대해 간단히 살펴보

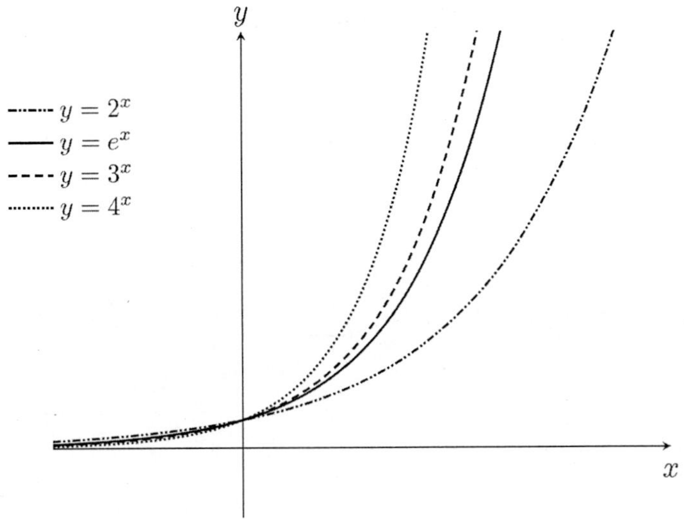

그림 10.4

자.

쌍곡사인함수 $f(x) = \sinh x$는 $f(x) = \sinh x = \frac{e^x - e^{-x}}{2}$로 정의한다. 정의역은 지수함수 $f(x) = e^x$와 마찬가지로 $\mathbb{R}$이다. $f(x) = e^x$의 치역은 $(0, \infty)$이지만, 쌍곡사인함수에서는 e^x에서 e^{-x}를 빼게 되므로 $\mathbb{R}$을 치역으로 가진다.

쌍곡사인함수 $f(x) = \sinh x$의 홀짝성을 조사하자. 이를 위해 $f(-x) = \sinh(-x)$를 다음과 같이 변형시킬 수 있다.

$$\sinh(-x) = \frac{e^{-x} - e^x}{2} = -\frac{e^x - e^{-x}}{2} = -\sinh x$$

이로부터, $f(x) = \sinh x$는 홀함수이며, 쌍곡사인함수 $f(x) = \sinh x$의 그래프는 원점에 대해 대칭이다.

쌍곡사인함수 $f(x) = \sinh x$의 증감을 보기 위해, $x_1 < x_2$에 대해 $\sinh x_2 - \sinh x_1$의 부호를 조사하자. $\sinh x_2 - \sinh x_1 = \frac{e^{x_2} - e^{-x_2}}{2} - \frac{e^{x_1} - e^{-x_1}}{2}$을 다음과 같이 변형시킬 수 있다.

$$\begin{aligned}\sinh x_2 - \sinh x_1 &= \frac{e^{x_2} - e^{-x_2}}{2} - \frac{e^{x_1} - e^{-x_1}}{2} \\ &= \frac{e^{x_2} - e^{-x_2} - (e^{x_1} - e^{-x_1})}{2} = \frac{(e^{x_2} - e^{x_1}) - (e^{-x_2} - e^{-x_1})}{2}\end{aligned}$$

$x_1 < x_2$이면 $e^{x_1} < e^{x_2}$이고 $e^{x_2} - e^{x_1} > 0$이다. 그리고 $e^{x_2} > e^{x_1}$로부터 $\frac{1}{e^{x_2}} < \frac{1}{e^{x_1}}$이고 $e^{-x_2} < e^{-x_1}$이므로, $-(e^{-x_2} - e^{-x_1}) > 0$이다. 그러므로, $x_1 < x_2$이면 $\sinh x_1 < \sinh x_2$이고 $f(x) = \sinh(x)$는 증가함수이다.

함수 $f(x) = \sinh x$의 볼록성을 살펴보자. 여기서는 도함수를 이용하여 볼록성을 조사할 것이다. $f(x) = \sinh x = \frac{e^x - e^{-x}}{2}$의 도함수는 $f'(x) = \frac{e^x + e^{-x}}{2}$이고, 이계도함수는 $f''(x) = \frac{e^x - e^{-x}}{2}$이다.

구간 $(0, \infty)$와 $(-\infty, 0)$으로 나누어 이계도함수의 부호를 조사하자. 구간 $(0, \infty)$에 속하는 x에 대해 $e^x > \frac{1}{e^x}$이다. 왜냐 하면, $x > 0$에 대해 $e^x > 1$이기 때문이다. 부등식 $e^x > \frac{1}{e^x}$을 다시 쓰면 $e^x > e^{-x}$이다. 그러므로, $\forall x \in (0, \infty)$에 대해 $f''(x) = \frac{e^x - e^{-x}}{2} > 0$이다. 이로부터, 구간 $(0, \infty)$에서 함수 $f(x) = \sinh x$는 아래로 볼록이라는 것을 알 수 있다.

구간 $(-\infty, 0)$에 속하는 x에 대해 $e^x < \frac{1}{e^x}$이 성립한다. 왜냐 하면, $x < 0$에 대해 $0 < e^x < 1$이기 때문이다. 부등식 $e^x < \frac{1}{e^x}$을 다시 쓰면 $e^x < e^{-x}$이다. 그러므로, $\forall x \in (-\infty, 0)$에 대해 $f''(x) = \frac{e^x - e^{-x}}{2} < 0$이다. 이로부터, 구간 $(-\infty, 0)$에서 함수 $f(x) = \sinh x$는 위로 볼록이다. 다른 관점에서 보면, $f(x) = \sinh x$가 홀함수이므로 그래프가 원점에 대해 대칭이다. 구간 $(0, \infty)$에서 함수 $f(x) = \sinh x$가 아래로 볼록이므로, $f(x) = \sinh x$의 그래프를 원점에 대해 대칭시켜 생각하면 $(-\infty, 0)$에서는 위로 볼록이라는 것을 생각할 수도 있다.

그림 10.5에는 함수 $f(x) = \sinh x$와 $f(x) = \sinh x$를 압축, 팽창, 평행이동하여 얻을 수 있는 함수들의 그래프 개형이 있다. 함수 $f(x) = \frac{e^{2x} - e^{-2x}}{2}$의 그래프는 $f(x) = \sinh x$를 y축으로 계수 $\frac{1}{2}$인 압축을 한 것이고, $f(x) = \frac{e^{0.75x} - e^{-0.75x}}{2}$의 그래프는 y축으로부터 팽창한 것이고, $f(x) = \frac{e^{x+1} - e^{-(x+1)}}{2}$의 그래프는 $f(x) = \sinh x$를 x축으로 -1만큼 평행이동시킨 것이다.

지수함수 $f(x) = e^x$로 만든 홀함수가 쌍곡사인함수 $f(x) = \sinh x$라면, 짝함수는 쌍곡코사인함수 $f(x) = \cosh x$가 있다. 쌍곡코사인함수는 $f(x) = \cosh x = \frac{e^x + e^{-x}}{2}$로 정의한다. 정의역은 쌍곡사인함수와 같이 $\mathbb{R}$이다. 쌍곡사인함수는 치역이 $\mathbb{R}$이지만,

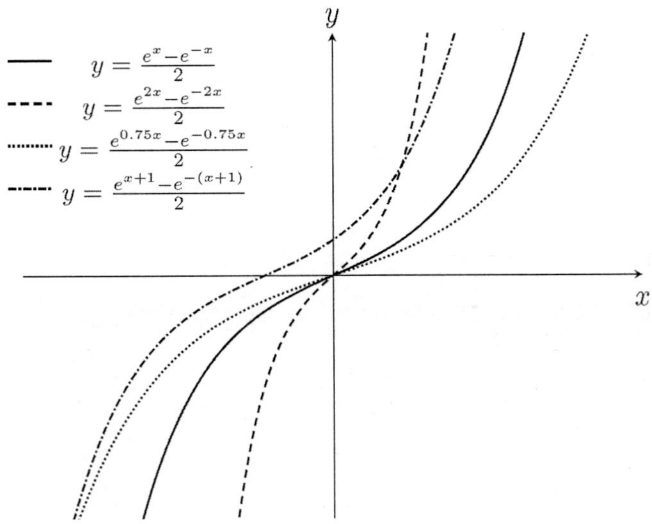

그림 10.5

쌍곡코사인함수는 $f(x) = e^x$와 $f(x) = e^{-x}$의 합으로 정의하므로 치역이 $(0, \infty)$이다.

쌍곡코사인함수 $f(x) = \cosh x$의 증감을 구간 $(0, \infty)$와 $(-\infty, 0)$으로 나누어 살펴보자. 구간 $(0, \infty)$에 속하는 $x_1 < x_2$에 대해 $\cosh x_2 - \cosh x_1$의 부호를 조사하자. 여기서는 $h > 0$에 대해 $x_2 = x_1 + h$라 놓고, $\cosh(x_1 + h) - \cosh x_1$의 부호를 조사하자. $\cosh(x_1 + h) - \cosh x_1$를 다음과 같이 쓸 수 있다.

$$\begin{aligned}\cosh(x_1 + h) - \cosh x_1 &= \frac{\left(e^{x_1+h} + e^{-(x_1+h)}\right) - \left(e^{x_1} + e^{-x_1}\right)}{2} \\ &= \frac{\left(e^{x_1+h} - e^{x_1}\right) + \left(e^{-(x_1+h)} - e^{-x_1}\right)}{2} = \frac{e^{x_1}(e^h - 1) - e^{-x_1}(1 - e^{-h})}{2}\end{aligned}$$

$e^{x_1}(e^h - 1) > 0$, $e^{-x_1}(1 - e^{-h}) > 0$이며, $e^{x_1}(e^h - 1)$과 $e^{-x_1}(1 - e^{-h})$의 대소 관계를 다음과 같이 비교하자.

$$\frac{e^x(e^h - 1)}{e^{-x}(1 - e^{-h})} = e^{2x} \cdot \frac{e^h - 1}{1 - e^{-h}} = e^{2x} \cdot \frac{e^h - 1}{1 - \frac{1}{e^h}} = e^{2x} \cdot \frac{e^h - 1}{\frac{e^h - 1}{e^h}} = e^{2x} \cdot e^h$$

$e^{2x} \cdot e^h > 1$이므로, $e^{x_1}(e^h - 1) > e^{-x_1}(1 - e^{-h})$이다. 이로부터, $\cosh(x_1 + h) > \cosh x_1$이며, 구간 $(0, \infty)$에서 $f(x) = \cosh x$는 증가함수이다. 쌍곡코사인함수 $f(x) = \cosh x$가 짝함수이므로, $f(x) = \cosh x$는 구간 $(-\infty, 0)$에서 감소함수이다.

함수 $f(x) = \cosh x$의 볼록성을 살펴보자. $f(x) = \cosh x$에 대해 부등식 $f\left(\frac{x_1+x_2}{2}\right) \le \frac{f(x_1)+f(x_2)}{2}$, $\cosh\left(\frac{x_1+x_2}{2}\right) \le \frac{\cosh x_1 + \cosh x_2}{2}$를 증명하자.

앞에서 $h > 0$에 대해 $x_2 = x_1 + h$로 놓고 $f(x) = \cosh x$가 구간 $(0, \infty)$에서 증가한다는 것을 보였다. 여기서는 $h > 0$에 대해 $x_1 = t - h$, $x_2 = t + h$로 놓고 부등식을 증명하자. $\cosh\left(\frac{x_1+x_2}{2}\right) = \cosh t$이며, $\frac{\cosh x_1 + \cosh x_2}{2} = \frac{\cosh(t-h)+\cosh(t+h)}{2}$가 된다. $\frac{\cosh(t-h)+\cosh(t+h)}{2}$에 $\cosh x = \frac{e^x+e^{-x}}{2}$를 대입하여, 다음과 같이 정리할 수 있다.

$$\begin{aligned}\frac{\cosh(t-h)+\cosh(t+h)}{2} &= \frac{1}{2}\left(\frac{e^{t-h}+e^{-(t-h)}}{2} + \frac{e^{t+h}+e^{-(t+h)}}{2}\right)\\ &= \frac{1}{4}\left(e^{t+h}+e^{t-h}+e^{-(t+h)}+e^{-(t-h)}\right) = \frac{1}{4}\left[e^t(e^h+e^{-h})+e^{-t}(e^{-h}+e^h)\right]\end{aligned}$$

$e^t(e^h+e^{-h})+e^{-t}(e^{-h}+e^h)$를 인수분해하면 $(e^h+e^{-h})(e^t+e^{-t})$이고, $\cosh h = \frac{e^h+e^{-h}}{2}$, $\cosh t = \frac{e^t+e^{-t}}{2}$를 생각하면, 다음을 얻을 수 있다.

$$\frac{1}{4}(e^h+e^{-h})(e^t+e^{-t}) = \cosh h \cdot \cosh t$$

이로부터, $\frac{\cosh(t-h)+\cosh(t-h)}{2} = \cosh t \cdot \cosh h$이다.

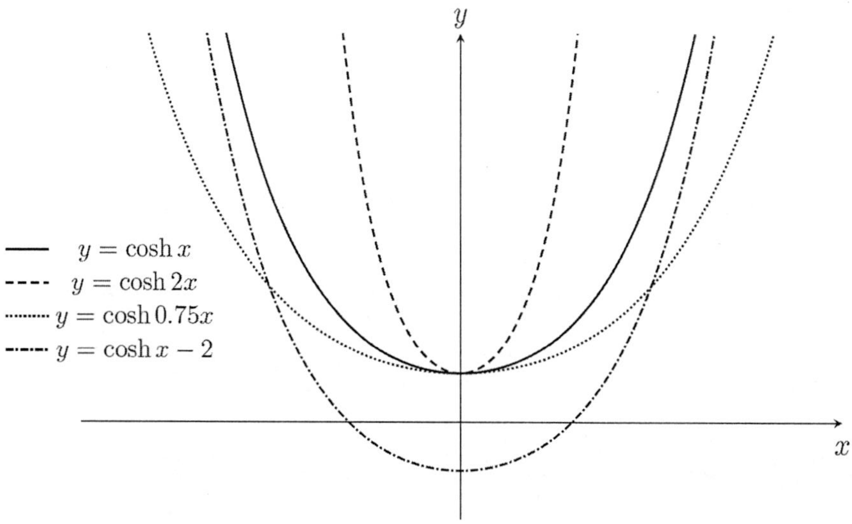

그림 10.6

$\cosh t \cdot \cosh h$와 $\cosh t$의 대소를 비교하자. 산술평균-기하평균 부등식을 이용하면 $\cosh h = \frac{e^t+e^{-t}}{2} \ge 1$이며, $\cosh t \le \cosh t \cdot \cosh h$이다. 이것으로 $\cosh\left(\frac{x_1+x_2}{2}\right) \le$

$\frac{\cosh x_1+\cosh x_2}{2}$가 증명된다. $f(x) = \cosh x$가 연속함수이므로, $f(x) = \cosh x$는 아래로 볼록이다.

그림 10.6에는 함수 $f(x) = \cosh x$와 $f(x) = \cosh x$를 압축, 팽창, 평행이동하여 얻을 수 있는 함수들의 그래프 개형이 있다. 함수 $f(x) = \cosh 2x$의 그래프는 $f(x) = \cosh x$를 y축으로 계수 $\frac{1}{2}$인 압축을 한 것이고, $f(x) = \cosh 0.75x$의 그래프는 y축으로부터 팽창한 것이고, $f(x) = \cosh x - 2$의 그래프는 $f(x) = \cosh x$를 y축으로 -2만큼 평행이동시킨 것이다.

쌍곡탄젠트함수 $f(x) = \tanh x$를 살펴보자. 쌍곡탄젠트함수 $f(x) = \tanh x$는 $f(x) = \frac{\sinh x}{\cosh x} = \frac{e^x-e^{-x}}{e^x+e^{-x}}$로 정의한다. 다른 쌍곡함수처럼 쌍곡탄젠트함수의 정의역은 $\mathbb{R}$이다. 쌍곡탄젠트함수 $f(x) = \frac{\sinh x}{\cosh x}$의 치역을 생각하자.

$x = 0$일 때에 $f(x) = \sinh x$의 함숫값이 $f(0) = \sinh 0 = 0$이고 $f(x) = \cosh x$의 함숫값이 $f(0) = \cosh 0 = 1$이므로, $\tanh 0 = 0$이다. 다른 x값에 대해서도 $\tanh x = \frac{\sinh x}{\cosh x}$를 이용하여 함숫값을 개략적으로 구할 수 있다. 그림 10.7에 $f(x) = \sinh x$와 $f(x) = \cosh x$의 그래프, 이들 그래프의 대응하는 점 x_1에 대해 $\frac{\sinh x_1}{\cosh x_1}$을 계산한 몇 개의 점들이 표시되어 있다.

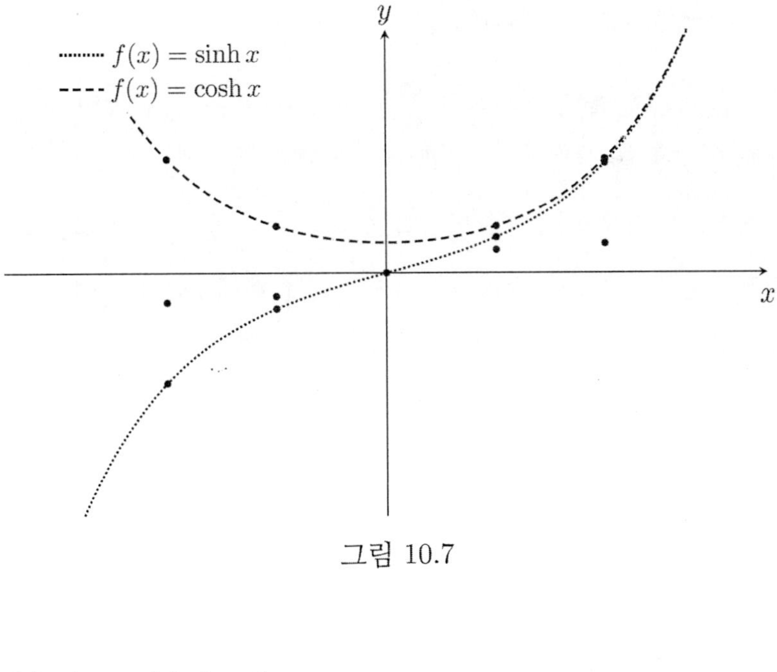

그림 10.7

그림 10.7에서 $\tanh x = \frac{\sinh x}{\cosh x}$의 그래프 개형을 추측하기 위해, 극한 $\lim_{x\to\infty} \tanh x$와 $\lim_{x\to-\infty} \tanh x$를 구하자.

$\tanh x = \frac{e^x - e^{-x}}{e^x + e^{-x}}$이므로, 분자와 분모에 e^{-x}를 곱하여 정리하면, 다음과 같다.

$$\tanh x = \frac{e^x \cdot e^{-x} - e^{-x} \cdot e^{-x}}{e^x \cdot e^{-x} + e^{-x} \cdot e^{-x}} = \frac{1 - e^{-2x}}{1 + e^{-2x}}$$

극한 $\lim_{x\to\infty} \tanh x$를 다음과 같이 구할 수 있다.

$$\lim_{x\to\infty} \tanh x = \lim_{x\to\infty} \frac{1 - e^{-2x}}{1 + e^{-2x}} = \lim_{x\to\infty} \frac{1 - \frac{1}{e^{2x}}}{1 + \frac{1}{e^{2x}}} = 1$$

이로부터, $\lim_{x\to\infty} \tanh x = 1$이다.

$x \to -\infty$일 때의 극한 $\lim_{x\to-\infty} \tanh x$를 구하자. 이를 위해, $-x = t$라 치환하면, $\lim_{x\to-\infty} \tanh x = \lim_{t\to\infty} \tanh(-t)$가 된다. 극한 $\lim_{t\to\infty} \tanh(-t)$를 다음과 같이 계산할 수 있다.

$$\lim_{t\to\infty} \tanh(-t) = \lim_{t\to\infty} \frac{1 - e^{2t}}{1 + e^{2t}} = \lim_{t\to\infty} \frac{\frac{1}{e^{2t}} - 1}{\frac{1}{e^{2t}} + 1} = -1$$

이로부터, $\lim_{x\to-\infty} \tanh x = -1$이다. 쌍곡탄젠트함수의 치역은 $(-1, 1)$이다.

쌍곡탄젠트함수의 홀짝성을 조사해 보자. $\tanh x = \frac{e^x - e^{-x}}{e^x + e^{-x}}$에 대해 $f(-x) = \tanh(-x) = \frac{e^{-x} - e^x}{e^{-x} + e^x}$를 살펴보자. $\tanh(-x) = \frac{e^{-x} - e^x}{e^{-x} + e^x} = -\frac{-e^{-x} + e^x}{e^{-x} + e^x} = -\frac{e^x - e^{-x}}{e^{-x} + e^x}$이며, $f(-x) = -f(x)$이고 $f(x) = \tanh x$는 홀함수이다.

쌍곡탄젠트함수의 증감을 조사하자. $x_1 < x_2$에 대해 $\tanh x_2 - \tanh x_1$의 부호를 조사하자. $\tanh x_2 - \tanh x_1$를 다음과 같이 쓸 수 있다.

$$\begin{aligned}\tanh x_2 - \tanh x_1 &= \frac{e^{x_2} - e^{-x_2}}{e^{x_2} + e^{-x_2}} - \frac{e^{x_1} - e^{-x_1}}{e^{x_1} + e^{-x_1}} \\ &= \frac{(e^{x_2} - e^{-x_2})(e^{x_1} + e^{-x_1}) - (e^{x_1} - e^{-x_1})(e^{x_2} + e^{-x_2})}{(e^{x_2} + e^{-x_2})(e^{x_1} + e^{-x_1})}\end{aligned}$$

이때, 분모는 항상 양수이므로, 분자의 부호를 확인하면 된다.

$$\begin{aligned}(e^{x_2} - e^{-x_2})(e^{x_1} + e^{-x_1}) - (e^{x_1} - e^{-x_1})(e^{x_2} + e^{-x_2}) \\ = e^{x_2+x_1} + e^{x_2-x_1} - e^{-x_2+x_1} - e^{-x_2-x_1} \\ - \left(e^{x_1+x_2} + e^{x_1-x_2} - e^{-x_1+x_2} - e^{-x_1-x_2}\right) \\ = e^{x_2-x_1} - e^{x_1-x_2} - e^{x_1-x_2} + e^{-x_1+x_2} = 2\left(e^{x_2-x_1} - e^{x_1-x_2}\right)\end{aligned}$$

$x_1 < x_2$이므로, $x_2 - x_1 > 0$이며 $e^{x_2-x_1} > 1$이다. 그러므로, 부등식 $e^{x_2-x_1} > \frac{1}{e^{x_2-x_1}}$, $e^{x_2-x_1} > e^{x_1-x_2}$가 성립한다. 이로부터, $\tanh x_2 - \tanh x_1 > 0$이며, $f(x) = \tanh x$는 증가함수이다.

$f(x) = \tanh x$에 대한 성질을 바탕으로, $f(x) = \tanh x$의 그래프 개형을 작도하면 그림 10.8과 같다. $f(x) = \tanh x$를 압축, 팽창, 평행이동하여 얻을 수 있는 함수들의 그래프 개형을 작도하였다. 함수 $f(x) = \tanh 2x$의 그래프는 $f(x) = \tanh x$를 y축으로 압축한 것이고, $f(x) = -\tanh 0.75x$의 그래프는 y축에 대해 대칭시킨 후 y축으로부터 팽창한 것이고, $f(x) = 1.5\tanh x$의 그래프는 $f(x) = \tanh x$를 x축으로부터 팽창시킨 것이다.

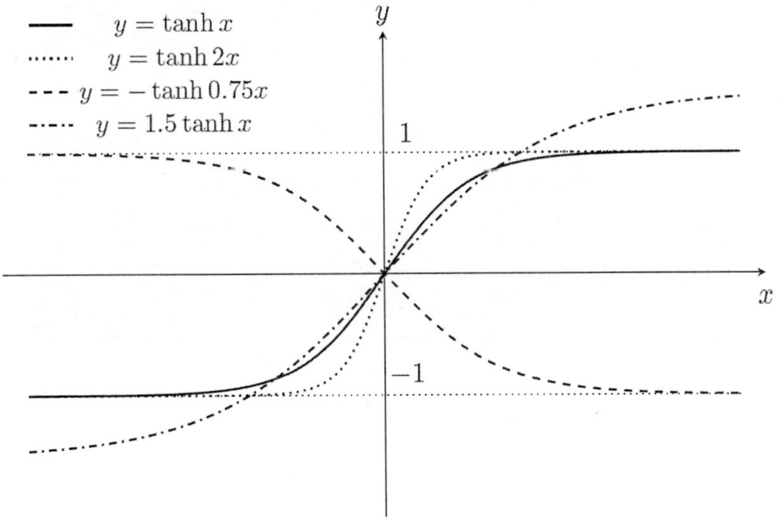

그림 10.8

지수함수의 역함수 지수함수 $y = a^x$의 역함수를 구하기 위해, $y = a^x$에서 x와 y를 서로 바꾸면 $x = a^y$가 된다. $x = a^y$가 지수함수 $y = a^x$의 역함수이다. 지수함수 $y = a^x$의 역함수 $x = a^y$를 $y = \log_a x$로 쓰고, 로그함수라고 부른다. 다음의 관계가 성립한다.

$$x = a^y \iff y = \log_a x$$

지수함수 $y = a^x$와 역함수인 로그함수 $y = \log_a x$는 정의역과 치역이 서로 바뀌게 된다. 지수함수 $y = a^x$의 정의역은 $\mathbb{R}$이며, 치역은 $(0, \infty)$이다. 그러므로, 역함수인 로그함수 $y = \log_a x$의 정의역은 $(0, \infty)$이고 치역은 $\mathbb{R}$이다. 그리고 지수함수 $y = a^x$와 로그함수 $y = \log_a x$에서 a의 조건은 $a > 0$, $a \neq 1$이다.

지수함수 $y = a^x$와 로그함수 $y = \log_a x$는 서로 역함수 관계이므로, 지수함수 $y = a^x$와 로그함수 $y = \log_a x$의 그래프는 직선 $y = x$에 대해 대칭이다. 그림 10.9에는 $a > 1$인 경우의 지수함수 $y = a^x$의 한 예인 $y = 2^x$, $y = 2^x$의 역함수인 로그함수 $y = \log_2 x$의 그래프가 있으며, 지수함수 $y = 2^x$와 로그함수 $y = \log_2 x$의 그래프는 직선 $y = x$에 대칭이라는 것을 볼 수 있다. 그림 10.10에는 $0 < a < 1$인 경우의 지수함수 $y = \left(\frac{1}{3}\right)^x$와 역함수인 로그함수 $y = \log_{1/3} x$의 그래프가 있으며, $y = \left(\frac{1}{3}\right)^x$와 $y = \log_{1/3} x$의 그래프는 직선 $y = x$에 대칭이다.

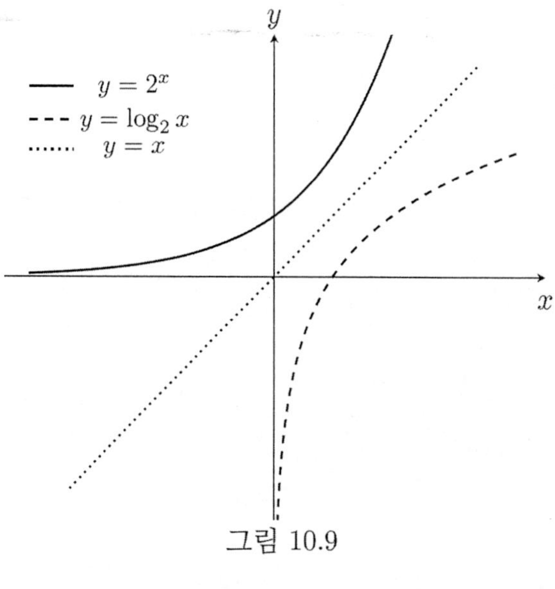

그림 10.9

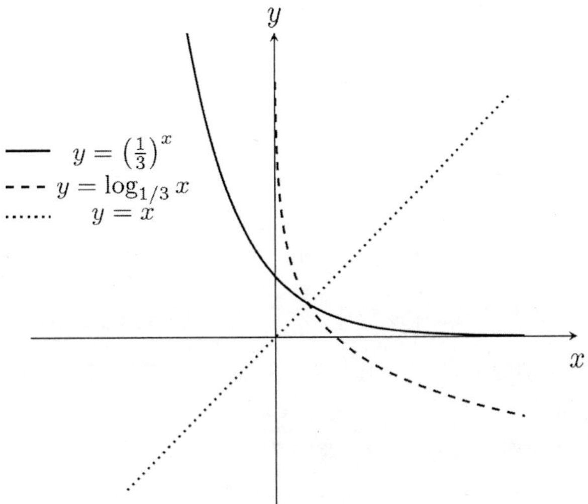

그림 10.10

2. 로그함수

로그함수 $y = \log_a x$의 정의역 $(0, \infty)$에서 로그함수의 증감을 조사하자. 로그함수 $y = \log_a x$의 역함수인 지수함수 $y = a^x$는 $0 < a < 1$와 $a > 1$에서 증감이 달라지므로, 로그함수 $y = \log_a x$의 증감도 (1) $0 < a < 1$인 경우와 (2) $a > 1$인 경우로 나누어 살펴보자.

(1) $0 < a < 1$인 경우에 $y = \log_a x$의 증감을 조사하자. $x_1 < x_2$인 임의의 $x_1, x_2 \in (0, \infty)$에 대해, $\log_a x_1 > \log_a x_2$를 증명하자. $y_1 = \log_a x_1, \quad y_2 = \log_a x_2$라고 하면, 로그의 정의에 따라 $a^{y_1} = x_1$, $a^{y_2} = x_2$이다. 이때, 부등식 $x_1 < x_2$는 $a^{y_1} < a^{y_2}$가 된다.

$0 < a < 1$인 경우에 지수함수 $y = a^x$는 감소함수이므로, $a^{y_1} < a^{y_2}$로부터 $y_1 > y_2$가 된다. 결국, $\log_a x_1 > \log_a x_2$이며, $0 < a < 1$인 경우에 $y = \log_a x$는 구간 $(0, \infty)$에서 감소함수이다.

(2) $a > 1$인 경우에 $y = \log_a x$의 증감을 $0 < a < 1$인 경우와 유사하게 확인할 수 있다. $x_1 < x_2$인 임의의 $x_1, x_2 \in (0, \infty)$에 대해, $\log_a x_1 < \log_a x_2$를 증명하자. $y_1 = \log_a x_1, \quad y_2 = \log_a x_2$라고 하면, $a^{y_1} = x_1$, $a^{y_2} = x_2$이다. 이때, 부등식 $x_1 < x_2$

는 $a^{y_1} < a^{y_2}$가 된다.

$a > 1$인 경우에 지수함수 $y = a^x$는 증가함수이므로, $a^{y_1} < a^{y_2}$로부터 $y_1 < y_2$가 유도된다. $\log_a x_1 < \log_a x_2$이며, $a > 1$인 경우에 $y = \log_a x$는 구간 $(0, \infty)$에서 증가함수이다.

로그함수 $y = \ln x$가 구간 $(0, \infty)$에서 위로 볼록이라는 것을 예제 1.14에서 증명하였고, 유사한 방법으로 $a > 1$에 대해 함수 $y = \log_a x$가 구간 $(0, \infty)$에서 위로 볼록이라는 것도 보일 수 있다. 여기서는 $0 < a < 1$에 대해 함수 $y = \log_a x$가 구간 $(0, \infty)$에서 아래로 볼록이라는 것을 증명하자.

$0 < a < 1$에서 함수 $f(x) = \log_a x$에 대해 $\frac{f(x_1)+f(x_2)}{2} - f\left(\frac{x_1+x_2}{2}\right)$를 조사하자. $x_1 < x_2$이고 $x_1, x_2 \in (0, \infty)$인 임의의 x_1, x_2에 대해, $\frac{\log_a x_1 + \log_a x_2}{2} - \log_a\left(\frac{x_1+x_2}{2}\right)$를 다음과 같이 정리할 수 있다.

$$\begin{aligned}\frac{\log_a x_1 + \log_a x_2}{2} - \log_a\left(\frac{x_1+x_2}{2}\right) &= \frac{1}{2}\log_a x_1 + \frac{1}{2}\log_a x_2 - \log_a\left(\frac{x_1+x_2}{2}\right) \\ &= \log_a \sqrt{x_1} + \log_a \sqrt{x_2} - \log_a\left(\frac{x_1+x_2}{2}\right) = \log_a \frac{2\sqrt{x_1 x_2}}{x_1+x_2}\end{aligned}$$

산술평균-기하평균 부등식에 의해 $\sqrt{x_1 x_2} \leq \frac{x_1+x_2}{2}$이므로, $\frac{2\sqrt{x_1x_2}}{x_1+x_2} \leq 1$이다. $0 < a < 1$인 함수 $y = \log_a x$는 구간 $(0, 1)$에서 양수인 함숫값을 가지므로, $\ln \frac{x_1+x_2}{2\sqrt{x_1x_2}} > 0$이다. 결국, $\frac{\log_a x_1 + \log_a x_2}{2} \geq \log_a\left(\frac{x_1+x_2}{2}\right)$이 성립한다.

함수 $y = \log_a x$는 구간 $(0, \infty)$에서 연속이며 $\frac{\log_a x_1 + \log_a x_2}{2} \geq \log_a\left(\frac{x_1+x_2}{2}\right)$이므로, 함수 $y = \log_a x$는 구간 $(0, \infty)$에서 아래로 볼록이다.

$f(x) = \log_a x$에 대한 성질을 바탕으로, $f(x) = \log_a x$의 그래프 개형을 살펴보자. $0 < a < 1$인 경우인 $f(x) = \log_{0.7} x$의 그래프 개형을 작도하면 그림 10.11과 같다. $f(x) = \log_{0.7} x$를 압축, 팽창, 평행이동하여 얻을 수 있는 함수들의 그래프 개형이 있다. 함수 $f(x) = \log_{0.7} 3x$의 그래프는 $f(x) = \log_{0.7} x$를 y축으로 압축한 것이고, $f(x) = \log_{0.7} \frac{2}{3}x$의 그래프는 y축으로부터 팽창한 것이다. 그리고 $f(x) = 3\log_{0.7} x$의 그래프는 $f(x) = \log_{0.7} x$를 x축으로부터 팽창시킨 것이며, $f(x) = 0.8\log_{0.7}(2x+1)$은 $f(x) = 0.8\log_{0.7}\left[2\left(x+\frac{1}{2}\right)\right]$로 놓을 수 있다. $f(x) = 0.8\log_{0.7}\left[2\left(x+\frac{1}{2}\right)\right]$의 그래프

는 $f(x) = \log_{0.7} x$의 그래프를 y축으로 압축시키고 x축으로 $-\frac{1}{2}$만큼 평행이동시키고, 다시 x축으로 압축시킨 것이다.

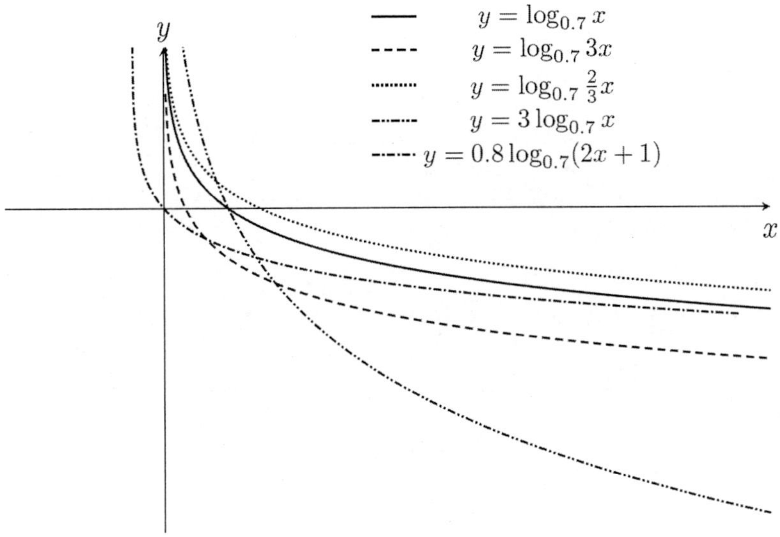

그림 10.11

그림 10.11에서 살펴본 $f(x) = \log_{0.7} x$의 그래프에 대한 변형을 $a > 1$인 경우인 $f(x) = \ln x$에 대해 살펴볼 수 있다. 그림 10.12에 자연로그 $f(x) = \ln x$의 그래프, $f(x) = \ln x$를 압축, 팽창, 평행이동하여 얻을 수 있는 함수들의 그래프 개형이 있다.

함수 $f(x) = \ln 3x$의 그래프는 $f(x) = \ln x$를 y축으로 압축한 것이고, $f(x) = \ln \frac{2}{3}x$의 그래프는 y축으로부터 팽창시킨 것이다. $f(x) = 3\ln x$의 그래프는 $f(x) = \ln x$를 x축으로부터 팽창시킨 것이며, $f(x) = 0.8\ln(2x+1)$은 $f(x) = 0.8\ln\left[2\left(x+\frac{1}{2}\right)\right]$로 놓을 수 있다. $f(x) = 0.8\ln\left[2\left(x+\frac{1}{2}\right)\right]$의 그래프는 $f(x) = \ln x$의 그래프를 y축으로 압축시키고 x축으로 $-\frac{1}{2}$만큼 평행이동시키고, x축으로 압축시킨 것이다.

그림 10.12의 각 그래프에서 함숫값이 0이 되는 x의 값, 즉 x절편을 구해보자. $f(x) = \ln x$에서 $\ln x = 0$으로부터 $x = e^0 = 1$이며, x절편은 1이다.

$f(x) = \ln 3x$의 경우를 생각하자. $f(x) = \ln 3x$의 그래프는 $f(x) = \ln x$의 그래프를 y축으로 계수가 $\frac{1}{3}$인 압축을 하여 얻는다. 그러므로 $f(x) = \ln(3x)$의 x절편은 $\frac{1}{3}$로 추측할 수 있으며, 이것을 확인하자. $\ln 3x = 0$에서 $e^0 = 3x$, $x = \frac{1}{3}$이다. 그리고 x

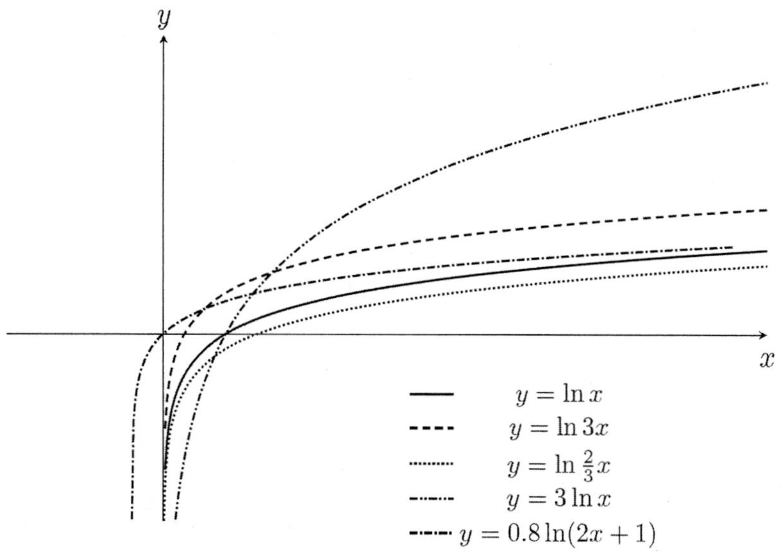

그림 10.12

절편은 $\frac{1}{3}$이다.

유사한 방법으로, 함수 $f(x) = \ln \frac{2}{3}x$에서 x절편을 $\frac{3}{2}$으로 추측할 수 있다. $\ln \frac{2}{3}x = 0$에서 $e^0 = \frac{2}{3}x$, $x = \frac{3}{2}$이며, x절편은 $\frac{3}{2}$이다.

함수 $f(x) = 3\ln x$의 그래프 개형은 $y = \ln x$의 그래프를 x축으로 압축하여 얻어지므로, $f(x) = 3\ln x$의 x절편은 $y = \ln x$의 x절편과 같다. 이것은 어렵지 않게 확인할 수 있다.

함수 $f(x) = 0.8\ln(2x+1)$에서 x절편은 $f(x) = \ln(2x+1)$의 x절편과 같다. 그리고 $f(x) = \ln(2x+1) = \ln\left[2\left(x+\frac{1}{2}\right)\right]$이므로, $f(x) = \ln(2x+1)$의 x절편은 $f(x) = \ln 2x$의 x절편을 x축을 따라 $-\frac{1}{2}$만큼 평행이동하면 얻을 수 있다. 함수 $f(x) = \ln 2x$의 x절편은 $\frac{1}{2}$이며, 이것을 x축을 따라 $-\frac{1}{2}$만큼 평행이동하면 0이다. 결국, 함수 $f(x) = 0.8\ln(2x+1)$의 x절편은 0이다. 이것은 다른 방법으로도 확인할 수 있다. 함수 $f(x) = 0.8\ln(2x+1)$에서 $0.8\ln(2x+1) = 0$을 생각하면, $\ln(2x+1) = 0$, $e^0 = 2x+1$, $2x+1 = 1$이며, $x = 0$이다.

그림 10.11과 그림 10.12를 보면, 그림 10.11의 그래프는 $x \to \infty$일 때 $y \to \infty$로

발산하고 그림 10.12의 그래프는 $x \to \infty$일 때 $y \to -\infty$로 발산한다. 그림 10.11과 그림 10.12의 그래프에 대해 x축에 대한 대칭성을 추측할 수 있다.

그림 10.11에는 $f(x) = \log_{0.7} x$, 그림 10.12에는 $f(x) = \ln x$의 그래프가 있어 직접적인 대칭성은 볼 수 없다. 그러나 $a > 1$에 대해 $f(x) = \log_{1/a} x$와 $f(x) = \log_a x$의 그래프를 생각하면, x축에 대해 대칭이다. 왜냐 하면, $\log_{a^m} b^n = \frac{n}{m} \log_a b$가 성립하기 때문이다. 이 성질에 의해 $\log_{1/a} x = \log_{a^{-1}} x = -\log_a x$이다. 그리고 $f(x) = \log_a x$와 $f(x) = -\log_a x$의 그래프는 x축에 대칭이다.

그림 10.13에는 $f(x) = \log_4 x$, $f(x) = \log_{1/4} x$, $f(x) = \log_4 \sqrt{x}$, $f(x) = \log_{1/16} x$의 그래프가 있다. $f(x) = \log_{1/16} x$는 $f(x) = \log_{1/16} x = \log_{(1/4)^2} x = \log_{4^{-2}} x = -\frac{1}{2} \log_4 x$로 변형시킬 수 있다. 그러므로 $f(x) = \log_{1/16} x$의 그래프는 $f(x) = \log_4 x$의 그래프를 x축에 대해 대칭시키고 x축으로 압축시킨 것이다. $f(x) = \log_4 \sqrt{x} = \frac{1}{2} \log_4 x$이므로, $f(x) = \log_{1/16} x$와 $f(x) = \log_4 \sqrt{x}$의 그래프는 x축에 대해 서로 대칭이다.

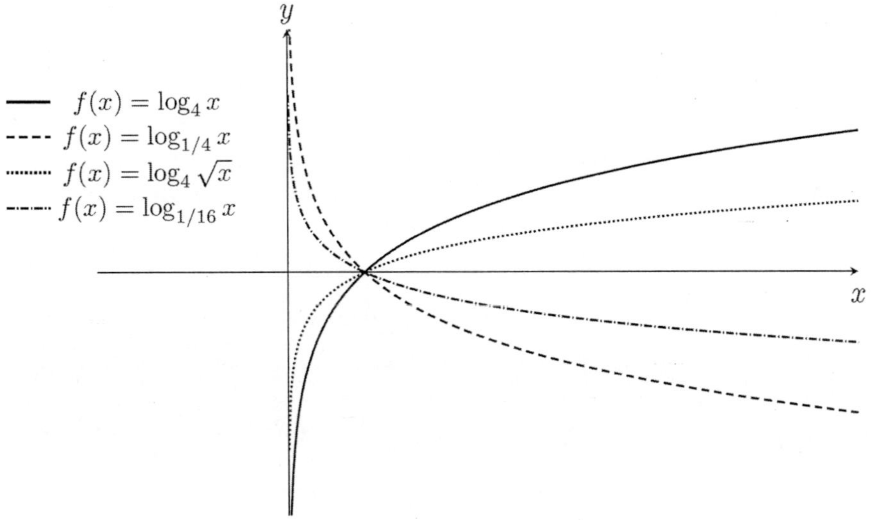

그림 10.13

제 11장. 삼각함수와 그래프

삼각함수는 자연계에서 반복적으로 발생하는 현상들을 수학적으로 표현하는 중요한 개념이다. 삼각함수로는 사인함수($y = \sin x$), 코사인함수($y = \cos x$), 탄젠트함수($y = \tan x$), 코시컨트함수($y = \operatorname{cosec} x = \frac{1}{\sin x}$), 시컨트함수($y = \sec x = \frac{1}{\cos x}$), 코탄젠트함수($y = \cot x = \frac{1}{\tan x}$)가 있는데, 여기서는 사인함수, 코사인함수, 탄젠트함수, 코탄젠트함수의 그래프를 중심으로 살펴보자.

삼각함수의 정의, 삼각함수들 사이의 다양한 관계, 삼각함수에 관련된 항등식, 삼각함수를 이용한 도형의 성질 탐구 등은 [5]에 제시되어 있으므로, 참고하기 바란다.

삼각함수의 기본 성질 사인함수와 코사인함수의 주요한 특징을 살펴보자. $y = \sin x$, $y = \cos x$의 정의역은 $\mathbb{R}$이며, 치역은 $[-1, 1]$이다. 이들의 홀짝성을 확인하자. $f(-x) = \sin(-x) = -\sin x = -f(x)$이므로, $y = \sin x$는 홀함수이며 $y = \sin x$의 그래프는 원점에 대한 대칭성을 가진다. 한편, 코사인함수는 $f(-x) = \cos(-x) = \cos x = f(x)$이므로, $y = \cos x$는 짝함수이며 $y = \cos x$의 그래프는 y축에 대한 대칭성을 가진다. 그리고 $y = \sin x$, $y = \cos x$의 기본주기는 모두 2π이다.

$y = \sin x$, $y = \cos x$의 그래프 개형을 작도하면, 그림 11.1과 같은 곡선을 얻을 수 있다. 그림 11.1에 사인함수와 코사인함수의 기본주기 2π가 표시되어 있다.

탄젠트함수의 주요한 특징을 살펴보자. $y = \tan x$의 정의역은 $\mathbb{R} \setminus \left\{\frac{(2k+1)\pi}{2}\right\}$이며 (이때 k는 정수), 치역은 $[-\infty, \infty]$이다. 탄젠트함수의 홀짝성을 확인하자. $f(-x) = \tan(-x) = -\tan x = -f(x)$이므로, $y = \tan x$는 홀함수이며 $y = \tan x$의 그래프는

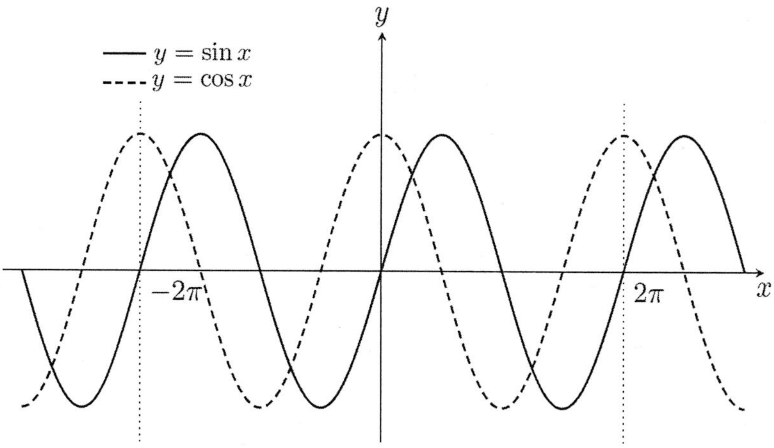

그림 11.1

원점에 대한 대칭성을 가진다. 그리고 $y = \tan x$의 기본주기는 π이다.

기술한 특징을 가지는 $y = \tan x$의 그래프 개형을 작도하면, 그림 11.2와 같은 곡선을 얻을 수 있다. 그림 11.2에는 $y = \tan x$의 수직점근선 $x = -\frac{3\pi}{2}$, $x = -\frac{\pi}{2}$, $x = \frac{\pi}{2}$, $x = \frac{3\pi}{2}$가 표시되어 있다. 그리고 이들 사이가 탄젠트함수의 기본주기 π이다.

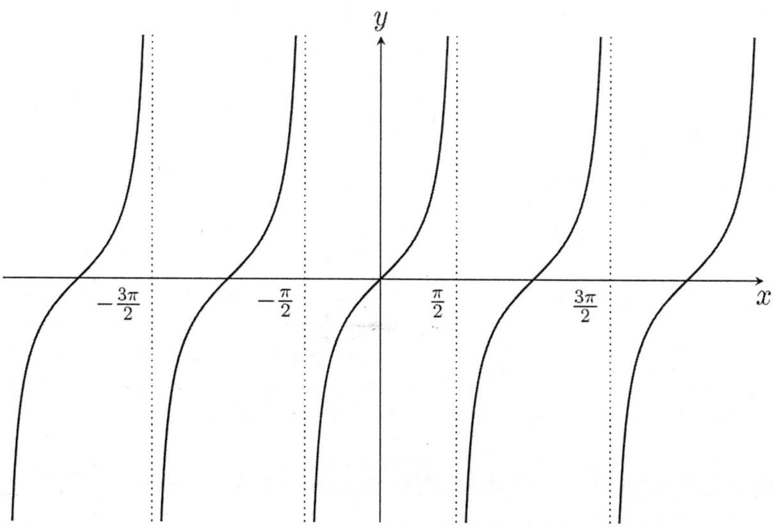

그림 11.2

탄젠트함수 $y = \tan x$를 $y = \tan x = \frac{\sin x}{\cos x}$로 정의하기도 하며, $\cos x = 0$이 되는 $-\frac{(2k+1)\pi}{2}, \cdots, x = -\frac{\pi}{2}, x = -\frac{3\pi}{2}, x = \frac{\pi}{2}, x = \frac{3\pi}{2}, \cdots, \frac{(2k+1)\pi}{2}$ 등이 $y = \tan x$의

수직점근선이다.

$y = \sin x$**의 증감과 볼록성** 구간 $\left(-\frac{\pi}{2}, \frac{\pi}{2}\right)$에서 함수 $y = \sin x$의 증감을 조사하자. 구간 $\left(-\frac{\pi}{2}, \frac{\pi}{2}\right)$에 속하는 임의의 $x_1 < x_2$를 생각하여, $\sin x_2 - \sin x_1$의 부호를 조사하자.

$\sin x_2 - \sin x_1 = 2\cos\left(\frac{x_1+x_2}{2}\right)\sin\left(\frac{x_2-x_1}{2}\right)$이다. 이때, $0 < x_2 - x_1 < \pi$이며 $0 < \frac{x_2-x_1}{2} < \frac{\pi}{2}$이므로 $\sin\left(\frac{x_2-x_1}{2}\right) > 0$이다. $-\pi < x_1 + x_2 < \pi$이며 $-\frac{\pi}{2} < \frac{x_1+x_2}{2} < \frac{\pi}{2}$이므로 $\cos\left(\frac{x_1+x_2}{2}\right) > 0$이다. 이로부터 $\sin x_2 - \sin x_1 = 2\cos\left(\frac{x_1+x_2}{2}\right)\sin\left(\frac{x_2-x_1}{2}\right) > 0$이며, $\sin x_2 > \sin x_1$이다. $y = \sin x$는 구간 $\left(-\frac{\pi}{2}, \frac{\pi}{2}\right)$에서 증가함수이다.

유사한 방법으로, 구간 $\left(\frac{\pi}{2}, \frac{3\pi}{2}\right)$에서 $y = \sin x$가 감소함수라는 것, 즉 구간 $\left(\frac{\pi}{2}, \frac{3\pi}{2}\right)$에 속하는 임의의 $x_1 < x_2$에 대해 $\sin x_1 > \sin x_2$를 증명할 수 있다.

$\sin x_2 - \sin x_1 = 2\cos\left(\frac{x_1+x_2}{2}\right)\sin\left(\frac{x_2-x_1}{2}\right)$을 생각하자. $x_1, x_2 \in \left(\frac{\pi}{2}, \frac{3\pi}{2}\right)$이고 $x_1 < x_2$이므로, $0 < x_2 - x_1 < \pi$이며 $0 < \frac{x_2-x_1}{2} < \frac{\pi}{2}$이고, $\sin\left(\frac{x_2-x_1}{2}\right) > 0$이다. 그리고 $\pi < x_1 + x_2 < 3\pi$이며 $\frac{\pi}{2} < \frac{x_1+x_2}{2} < \frac{3\pi}{2}$이고, $\cos\left(\frac{x_1+x_2}{2}\right) < 0$이다. 이로부터 $\sin x_2 - \sin x_1 = 2\cos\left(\frac{x_1+x_2}{2}\right)\sin\left(\frac{x_2-x_1}{2}\right) < 0$이며, $\sin x_2 < \sin x_1$이다. $y = \sin x$는 구간$\left(\frac{\pi}{2}, \frac{3\pi}{2}\right)$에서 감소함수이다.

구간 $\left(\frac{3\pi}{2}, \frac{5\pi}{2}\right)$에서 $y = \sin x$는 증가함수이고, 구간 $\left(\frac{5\pi}{2}, \frac{7\pi}{2}\right)$에서 $y = \sin x$는 감소함수라는 것도 증명할 수 있다. 결국, $y = \sin x$는 정수 k에 대해 $\left(2k\pi - \frac{\pi}{2}, 2k\pi + \frac{\pi}{2}\right)$에서는 증가함수이고, $\left((2k+1)\pi - \frac{\pi}{2}, (2k+1)\pi + \frac{\pi}{2}\right)$에서는 감소함수이다.

구간 $(0, \pi)$에서 사인함수 $y = \sin x$의 볼록성을 조사하자. 모든 $x_1, x_2 \in (0, \pi)$와 $f(x) = \sin x$에 대해, 부등식 $f\left(\frac{x_1+x_2}{2}\right) \geq \frac{f(x_1)+f(x_2)}{2}$, $\sin\left(\frac{x_1+x_2}{2}\right) \geq \frac{\sin x_1 + \sin x_2}{2}$를 증명하자.

부등식의 우변에 있는 $\sin x_1 + \sin x_2$에 삼각함수 덧셈 정리를 이용하면, $\sin x_1 + \sin x_2 = 2\sin\left(\frac{x_1+x_2}{2}\right)\cos\left(\frac{x_1-x_2}{2}\right)$이 된다. 다음이 성립한다.

$$\frac{\sin x_1 + \sin x_2}{2} = \sin\left(\frac{x_1+x_2}{2}\right)\cos\left(\frac{x_1-x_2}{2}\right)$$

얻어진 등식을 $\sin\left(\frac{x_1+x_2}{2}\right)$에 대해 쓰면, $\sin\left(\frac{x_1+x_2}{2}\right) = \frac{\sin x_1 + \sin x_2}{2\cos\left(\frac{x_1-x_2}{2}\right)}$이다. 이때,

$0 < \cos\left(\frac{x_1-x_2}{2}\right) \leq 1$이고 $\frac{\sin x_1+\sin x_2}{2}$도 양수이므로, $\frac{\sin x_1+\sin x_2}{2\cos\left(\frac{x_1-x_2}{2}\right)} \geq \frac{\sin x_1+\sin x_2}{2\cdot 1}$이다. $\sin\left(\frac{x_1+x_2}{2}\right) = \frac{\sin x_1+\sin x_2}{2\cos\left(\frac{x_1-x_2}{2}\right)}$이므로, $\sin\left(\frac{x_1+x_2}{2}\right) \geq \frac{\sin x_1+\sin x_2}{2}$가 증명된다.

함수 $y = \sin x$가 구간 $(0, \pi)$에서 연속이므로, $y = \sin x$는 구간 $(0, \pi)$에서 위로 볼록이다. 그리고 $y = \sin x$가 홀함수이므로, $y = \sin x$는 구간 $(-\pi, 0)$에서 아래로 볼록이다.

위의 증명에서 구간을 $(0, \pi)$가 아니라, $(\pi, 2\pi)$에서 생각하자. 증명 과정은 거의 같은데, 부등식 $\frac{\sin x_1+\sin x_2}{2\cos\left(\frac{x_1-x_2}{2}\right)} \geq \frac{\sin x_1+\sin x_2}{2\cdot 1}$가 아니라 $\frac{\sin x_1+\sin x_2}{2\cos\left(\frac{x_1-x_2}{2}\right)} \leq \frac{\sin x_1+\sin x_2}{2\cdot 1}$가 성립한다. 왜냐 하면, $(\pi, 2\pi)$에 속하는 x_1, x_2에 대해 $0 < \cos\left(\frac{x_1-x_2}{2}\right) \leq 1$이지만 $\frac{\sin x_1+\sin x_2}{2}$는 음수이기 때문이다.

구간 $(\pi, 2\pi)$에 속한 x_1, x_2, $y = \sin x$에 대해 부등식 $\sin\left(\frac{x_1+x_2}{2}\right) \leq \frac{\sin x_1+\sin x_2}{2}$가 성립하며, 이 구간에서 $y = \sin x$는 아래로 볼록이다. 그리고 구간 $(-\pi, -2\pi)$에서 $y = \sin x$는 위로 볼록이다.

사인과 코사인, 탄젠트와 코탄젠트의 관계 등식 $\sin\left(x + \frac{\pi}{2}\right) = \cos x$의 의미를 살펴보자. 등식 $\sin\left(x + \frac{\pi}{2}\right) = \cos x$는 $y = \sin x$의 그래프를 x축으로 $-\frac{\pi}{2}$만큼 평행이동시키면, $y = \cos x$의 그래프가 된다는 것이다. 이 등식은 $\cos\left(x - \frac{\pi}{2}\right) = \sin x$로도 쓸 수 있으며, $y = \cos x$의 그래프를 x축으로 $\frac{\pi}{2}$만큼 평행이동시키면, $y = \sin x$의 그래프가 된다. 이 관계를 그래프로 나타내면, 그림 11.3과 같다.

$\sin\left(x + \frac{\pi}{2}\right) = \cos x$를 이용하여 $y = \cos x$의 증감을 조사하자. 구간 $\left(-\frac{\pi}{2}, \frac{\pi}{2}\right)$에서 $y = \sin x$는 증가함수이고, 구간 $\left(\frac{\pi}{2}, \frac{3\pi}{2}\right)$에서는 감소함수이다. 구간 $\left(-\frac{\pi}{2}, \frac{\pi}{2}\right)$을 x축으로 $-\frac{\pi}{2}$만큼 평행이동시키면 $(-\pi, 0)$이며, 구간 $\left(\frac{\pi}{2}, \frac{3\pi}{2}\right)$을 x축으로 $-\frac{\pi}{2}$만큼 평행이동시키면 $(0, \pi)$이다.

이로부터, 구간 $(-\pi, 0)$에서 $y = \cos x$는 증가함수이며, 구간 $(0, \pi)$에서는 감소함수이다. 나머지 구간에 대해서도 $y = \cos x$는 이러한 증감의 패턴이 반복된다. $y = \cos x$는 $((2k-1)\pi, 2k\pi)$에서는 증가함수이고, $(2k\pi, (2k+1)\pi)$에서는 감소함수이다.

$\sin\left(x + \frac{\pi}{2}\right) = \cos x$를 이용하여 $y = \cos x$의 볼록성도 확인할 수 있다. 구간 $[0, \pi]$

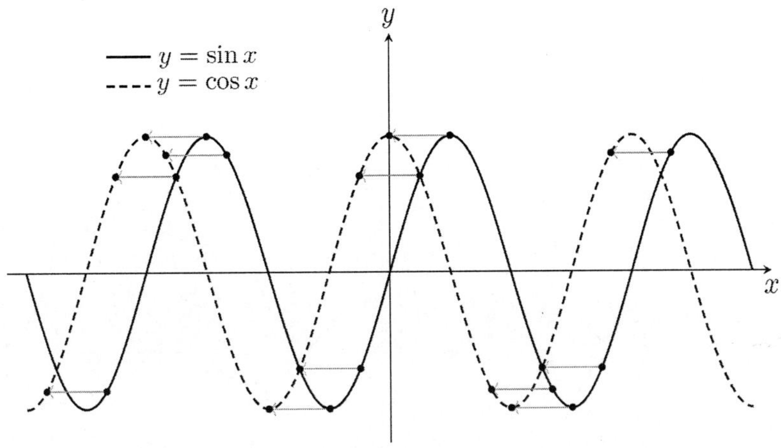

그림 11.3

에서 $y = \sin x$는 위로 볼록이고, 구간 $[\pi, 2\pi]$에서 아래로 볼록이다. 그리고 구간 $[0, \pi]$을 x축으로 $-\frac{\pi}{2}$만큼 평행이동시키면 $\left[-\frac{\pi}{2}, \frac{\pi}{2}\right]$이며, 구간 $[\pi, 2\pi]$을 x축으로 $-\frac{\pi}{2}$만큼 평행이동시키면 $\left[\frac{\pi}{2}, \frac{3\pi}{2}\right]$이다.

이로부터, 구간 $\left[-\frac{\pi}{2}, \frac{\pi}{2}\right]$에서 $y = \cos x$는 위로 볼록이며, 구간 $\left[\frac{\pi}{2}, \frac{3\pi}{2}\right]$에서는 아래로 볼록이다. 나머지 구간에 대해서도 $y = \cos x$는 이러한 볼록성이 반복된다.

$\sin\left(x + \frac{\pi}{2}\right) = \cos x$와 유사한 관계식으로, 탄젠트함수에서는 $\tan\left(\frac{\pi}{2} - x\right) = \cot x$가 성립한다. 이 등식은 다음과 같이 쓸 수 있다.

$$\tan\left(\frac{\pi}{2} - x\right) = \tan\left[-\left(x - \frac{\pi}{2}\right)\right] = -\tan\left(x - \frac{\pi}{2}\right) = \cot x$$

$y = \tan x$의 그래프를 x축으로 $\frac{\pi}{2}$만큼 평행이동시킨 후에 x축에 대해 대칭시키면, $y = \cot x$의 그래프를 얻을 수 있다. 그림 11.4에 $y = \tan x$, $y = \tan x$를 $\frac{\pi}{2}$만큼 평행이동시킨 $y = \tan(x - \frac{\pi}{2})$의 그래프, $y = \tan(x - \frac{\pi}{2})$를 x축에 대해 대칭시킨 $y = -\tan(x - \frac{\pi}{2})$의 그래프가 제시되어 있다. $y = -\tan(x - \frac{\pi}{2})$의 그래프가 $y = \cot x$의 그래프이다.

함수 $y = \cot x$의 그래프를 $y = \tan x$를 평행이동, 대칭을 통해 얻었으므로, $y = \cot x$의 치역, 기본주기, 홀짝성은 $y = \tan x$와 같다. $y = \tan x$의 정의역이 $\mathbb{R} \setminus \left\{\frac{(2k+1)\pi}{2}\right\}$인데(이때 k는 정수), 이것을 x축으로 $\frac{\pi}{2}$만큼 평행이동시시키면,

$y = \cot x$의 정의역 $\mathbb{R} \setminus \{k\pi\}$이 된다.

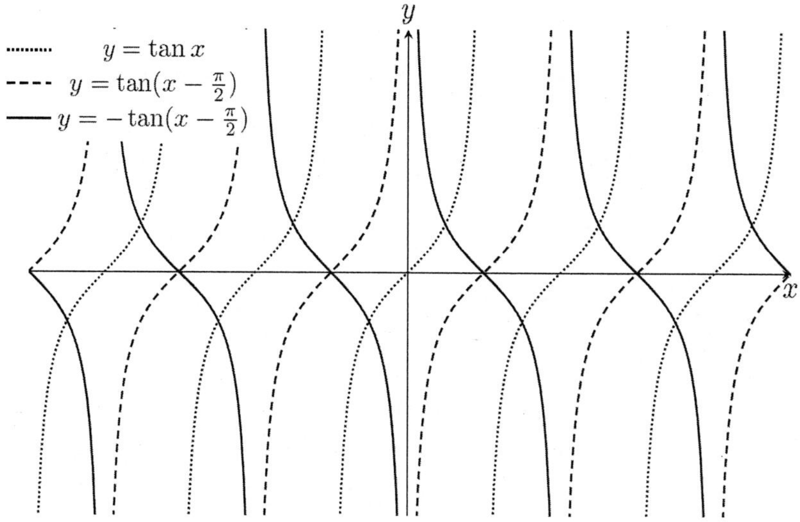

그림 11.4

삼각함수의 주기 사인함수 $y = \sin x$와 코사인함수 $y = \cos x$의 주기는 2π이다. $y = f(kx)$와 같은 변형을 통해, 다양한 삼각함수의 식에서 기본주기를 찾아보자. 함수 $y = \sin 5x$는 $y = \sin x$를 y축으로 계수 $\frac{1}{5}$인 압축을 하여 얻어진다. 그러므로, $y = \sin 5x$의 기본주기는 $\frac{2\pi}{5}$이다.

사인함수와 코사인함수의 합 또는 차가 주기함수가 되는지 살펴보자. 예를 들어, 함수 $y = \sin x + \sqrt{3}\cos x$가 주어졌다고 하자. $y_1 = \sin x$, $y_2 = \sqrt{3}\cos x$라 하고, $y = y_1 + y_2$로 함수 $y = \sin x + \sqrt{3}\cos x$의 그래프를 그려보자.

그림 11.5에 $y_1 = \sin x$, $y_2 = \sqrt{3}\cos x$, $y = \sin x + \sqrt{3}\cos x$의 그래프 개형이 있고, 몇몇 x값에 대해 $y_1 = \sin x$, $y_2 = \sqrt{3}\cos x$, $y = \sin x + \sqrt{3}\cos x$의 상응하는 점들이 표시되어 있다.

그림 11.5에서 $y = \sin x + \sqrt{3}\cos x$의 그래프를 보면, 주기적으로 반복되는 패턴을 가지며, 주기함수처럼 보인다. 예제 1.11에서 α는 양수이며 $a_1 \neq 0$, $a_2 \neq 0$이고, 함수 $y = a_1 \sin \alpha x + a_2 \cos \alpha x$가 주기함수이면, 이 함수의 기본주기가 $T = \frac{2\pi}{\alpha}$라는 것을

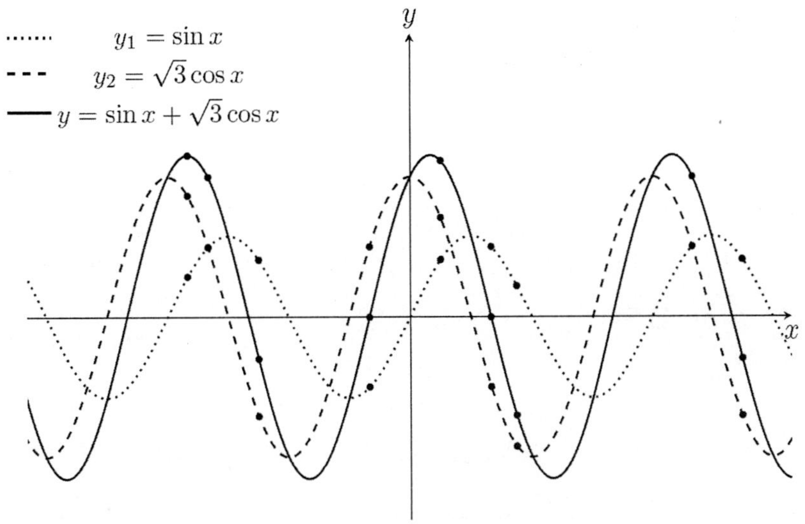

그림 11.5

증명하였다. 이것에 의하면, $y = \sin x + \sqrt{3}\cos x$의 기본주기가 2π일 가능성이 있다. 그래프의 개형도 사인함수나 코사인함수와 비슷하게 생겼다.

함수 $y = \sin x + \sqrt{3}\cos x$보다 일반적인 형태인 $y = a_1 \sin \alpha x + a_2 \cos \alpha x$가 주기함수인지, 기본주기가 얼마인지를 구체적으로 살펴보자. 함수 $y = a_1 \sin \alpha x + a_2 \cos \alpha x$가 주어졌다고 하자. $a_1 \sin \alpha x + a_2 \cos \alpha x$의 분자와 분모에 $\sqrt{a_1^2 + a_2^2}$을 곱하여 정리하면, 다음을 얻을 수 있다.

$$\begin{aligned} y &= a_1 \sin \alpha x + a_2 \cos \alpha x \\ &= \sqrt{a_1^2 + a_2^2}\left(\frac{a_1}{\sqrt{a_1^2 + a_2^2}}\sin \alpha x + \frac{a_2}{\sqrt{a_1^2 + a_2^2}}\cos \alpha x\right) \end{aligned}$$

$\tan\theta = \frac{a_2}{a_1}$라 놓으면, $\cos\theta = \frac{a_1}{\sqrt{a_1^2+a_2^2}}$, $\sin\theta = \frac{a_2}{\sqrt{a_1^2+a_2^2}}$이다. 이것을 위의 식에 대입하면, 다음과 같이 식을 정리할 수 있다.

$$\begin{aligned} y = a_1 \sin \alpha x + a_2 \cos \alpha x &= \sqrt{a_1^2 + a_2^2}\,(\sin \alpha x \cos\theta + \cos \alpha x \sin\theta) \\ &= \sqrt{a_1^2 + a_2^2} \cdot \sin(\alpha x + \theta) = \sqrt{a_1^2 + a_2^2} \cdot \sin\left[\alpha\left(x + \frac{\theta}{\alpha}\right)\right] \end{aligned}$$

$y = a_1 \sin \alpha x + a_2 \cos \alpha x = \sqrt{a_1^2 + a_2^2} \cdot \sin\left[\alpha\left(x + \frac{\theta}{\alpha}\right)\right]$이며, 함수 $y = a_1 \sin \alpha x +$

$a_2 \cos \alpha x$의 그래프는 $y = \sin \alpha x$를 x축으로 $-\frac{\theta}{\alpha}$만큼 평행이동시킨 다음, x축에 대해 계수 $\sqrt{a_1^2 + a_2^2}$인 팽창 또는 축소를 통해 얻어진다. 그러므로, $y = a_1 \sin \alpha x + a_2 \cos \alpha x$의 기본주기는 $y = \sin \alpha x$의 기본주기인 $\frac{2\pi}{\alpha}$와 같다.

함수 $y = 3\sin \frac{3}{2}x - \cos \frac{3}{2}x$의 기본주기를 구하자. $\tan\theta = \frac{a_2}{a_1}$이므로, $\tan\theta = -\frac{1}{3}$이다(실제로, $\theta \approx -18.4°$임). 그리고 $\cos\theta = \frac{3}{\sqrt{10}}$, $\sin\theta = -\frac{1}{\sqrt{10}}$이다. 그러므로, $y = 3\sin \frac{3}{2}x - \cos \frac{3}{2}x$를 다음과 같이 쓸 수 있다.

$$
\begin{aligned}
y = 3\sin\frac{3}{2}x - \cos\frac{3}{2}x &= \sqrt{10}\left(\frac{3}{\sqrt{10}} \cdot \sin\frac{3}{2}x - \frac{1}{\sqrt{10}} \cdot \cos\frac{3}{2}x\right) \\
&= \sqrt{10}\left(\cos\theta \sin\frac{3}{2}x + \sin\theta\cos\frac{3}{2}x\right) = \sqrt{10}\left[\sin\left(\frac{3}{2}x + \theta\right)\right]
\end{aligned}
$$

$y = 3\sin \frac{3}{2}x - \cos \frac{3}{2}x$의 그래프는 사인함수의 그래프 개형을 가지며, 기본주기는 $y = \sin \frac{3}{2}x$의 기본주기인 $\frac{2\pi}{\frac{3}{2}} = \frac{4\pi}{3}$이다. 함수 $y = 3\sin \frac{3}{2}x - \cos \frac{3}{2}x$의 그래프와 기본주기가 그림 11.6에 제시되어 있다.

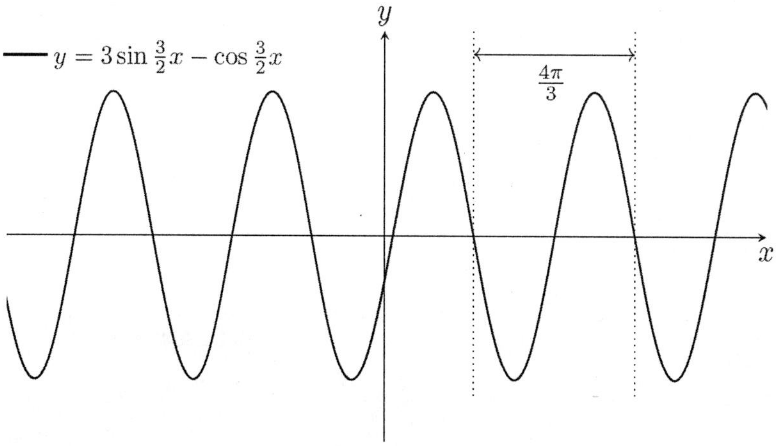

그림 11.6

예제 11.1. 함수 $y = a_1 \sin \alpha x + a_2 \cos \alpha x$를 코사인함수로 나타내라.

풀이. $y = a_1 \sin \alpha x + a_2 \cos \alpha x = a_2 \cos \alpha x + a_1 \sin \alpha x$에서 $a_2 \cos \alpha x + a_1 \sin \alpha x$의

분자와 분모에 $\sqrt{a_1^2+a_2^2}$를 곱하여 정리하자. 그러면, 다음과 같이 쓸 수 있다.

$$y = a_2\cos\alpha x + a_1\sin\alpha x = \sqrt{a_1^2+a_2^2}\left(\frac{a_2}{\sqrt{a_1^2+a_2^2}}\cdot\cos\alpha x + \frac{a_1}{\sqrt{a_1^2+a_2^2}}\cdot\sin\alpha x\right)$$

$\tan\theta = \frac{a_1}{a_2}$이라 하면, $\cos\theta = \frac{a_2}{\sqrt{a_1^2+a_2^2}}$, $\sin\theta = \frac{a_1}{\sqrt{a_1^2+a_2^2}}$이다. 그러므로, 얻어진 등식을 다음과 같이 쓸 수 있다.

$$\sqrt{a_1^2+a_2^2}\left(\frac{a_2}{\sqrt{a_1^2+a_2^2}}\cdot\cos\alpha x + \frac{a_1}{\sqrt{a_1^2+a_2^2}}\cdot\sin\alpha x\right)$$
$$= \sqrt{a_1^2+a_2^2}\,(\cos\theta\cos\alpha x + \sin\theta\sin\alpha x)$$

$\sqrt{a_1^2+a_2^2}\,(\cos\theta\cos\alpha x + \sin\theta\sin\alpha x) = \sqrt{a_1^2+a_2^2}\cdot\cos(\alpha x-\theta)$이므로, 얻어진 결과를 다음과 같이 정리할 수 있다.

$$y = a_2\cos\alpha x + a_1\sin\alpha x = \sqrt{a_1^2+a_2^2}\cdot\cos(\alpha x-\theta)$$

이때, $\tan\theta = \frac{a_1}{a_2}$이다. $y = a_1\sin\alpha x + a_2\cos\alpha x$를 코사인함수로 나타냈고, $y = a_1\sin\alpha x + a_2\cos\alpha x$는 주기함수이며 기본주기가 $\frac{2\pi}{\alpha}$이다. □

예제 11.2. 함수 $y = \sqrt{2}\sin 2x + 3\cos 2x$의 그래프는 $y = \cos x$의 그래프를 압축, 팽창, 평행이동, 대칭의 방법을 이용하여 얻을 수 있다는 것을 보이고, $y = \sqrt{2}\sin 2x + 3\cos 2x$의 기본주기를 구하여라.

풀이. 예제 11.1과 같이 $y = \sqrt{2}\sin 2x + 3\cos 2x$를 코사인함수를 이용해 나타내자. $\sqrt{2}\sin 2x + 3\cos 2x$의 분자와 분모에 $\sqrt{11}$을 곱하여, 다음과 같이 정리할 수 있다.

$$\sqrt{2}\sin 2x + 3\cos 2x = \sqrt{11}\left(\frac{3}{\sqrt{11}}\cdot\cos 2x + \frac{\sqrt{2}}{\sqrt{11}}\cdot\sin 2x\right)$$

$\tan\theta = \frac{\sqrt{2}}{3}$라 하면, $\cos\theta = \frac{3}{\sqrt{11}}$, $\sin\theta = \frac{\sqrt{2}}{\sqrt{11}}$이다. 얻어진 등식을 다음과 같이 쓸 수 있다.

$$\sqrt{11}\left(\frac{3}{\sqrt{11}}\cdot\cos 2x + \frac{\sqrt{2}}{\sqrt{11}}\cdot\sin 2x\right) = \sqrt{11}\,(\cos\theta\cos 2x + \sin\theta\sin 2x)$$

$\sqrt{11}\,(\cos\theta\cos 2x + \sin\theta\sin 2x) = \sqrt{11}\cos(2x - \theta)$이 되며, $y = \sqrt{2}\sin 2x + 3\cos 2x = \sqrt{11}\cos(2x - \theta) = \sqrt{11}\cos\left[2\left(x - \frac{\theta}{2}\right)\right]$이다. 이제, $y = \cos x$의 그래프를 다음과 같은 순서로 변형하면, $y = \sqrt{11}\cos\left[2\left(x - \frac{\theta}{2}\right)\right]$의 그래프를 얻을 수 있다. 이때, $\tan\theta = \frac{\sqrt{2}}{3}$이며 $\theta \approx 25.2°$이다.

(1) $y = \cos x$의 그래프를 x축으로 $\frac{\theta}{2}$만큼 평행이동하면, $y_1 = \cos\left(x - \frac{\theta}{2}\right)$이다.

(2) y_1의 그래프를 y축으로 계수 $\frac{1}{2}$인 압축을 하면, $y_2 = \cos\left[2\left(x - \frac{\theta}{2}\right)\right]$이다.

(3) y_2의 그래프를 x축으로부터 계수 $\sqrt{11}$인 팽창을 하자. 그러면, 함수 $y_3 = \sqrt{11}\cos\left[2\left(x - \frac{\theta}{2}\right)\right]$이 된다.

$y = \sqrt{2}\sin 2x + 3\cos 2x$를 코사인함수로 나타냈고, $y = \sqrt{2}\sin 2x + 3\cos 2x$는 주기함수이며, 기본주기는 $y = \cos 2x$의 기본주기와 같으며 $\frac{2\pi}{2} = \pi$이다. □

삼각함수의 그래프 삼각함수의 그래프를 살펴보자. $y = \cos(-3x + 2)$의 그래프를 $y = \cos x$의 압축, 팽창, 평행이동, 대칭을 이용하여 작도하자. 이를 위해, $y = \cos(-3x + 2) = \cos\left[-3\left(x - \frac{2}{3}\right)\right]$로 변형시키자.

$y_1 = \cos x$의 그래프를 x축으로 $\frac{2}{3}$만큼 평행이동시키면, $y_2 = \cos\left(x - \frac{2}{3}\right)$의 그래프가 된다. $y_2 = f(x)$의 그래프를 y축에 대해 대칭시키면, $y_3 = \cos\left[-\left(x - \frac{2}{3}\right)\right]$의 그래프가 얻어진다. $y_3 = f(x)$의 그래프를 y축으로 계수 $\frac{1}{3}$인 압축을 하면, $y = \cos\left[-3\left(x - \frac{2}{3}\right)\right]$가 된다. 그림 11.7에 $y_1 = \cos x$, $y = \cos\left[-3\left(x - \frac{2}{3}\right)\right]$의 그래프가 제시되어 있다.

그림 11.7에서 함수 $y = \cos(-3x + 2)$의 주기는 $\frac{2\pi}{3}$이며, 함수 $y = \cos(-3x + 2)$의 그래프는 함수 $y = \cos(3x - 2)$의 그래프와 일치한다. 왜냐 하면, $y = \cos x$가 짝함수이므로 그래프가 y축에 대해 대칭이며, $\cos(-x) = \cos x$이기 때문이다.

$y = \sin^2 x$의 그래프를 작도한다고 하자. $y = \sin^2 x$의 그래프를 사인함수 $y = \sin x$와 $y = \sin x$의 곱, $y = \sin x \cdot \sin x$로 이해할 수도 있지만, $\sin^2 x = \frac{1 - \cos 2x}{2}$를 이용할 수도 있다.

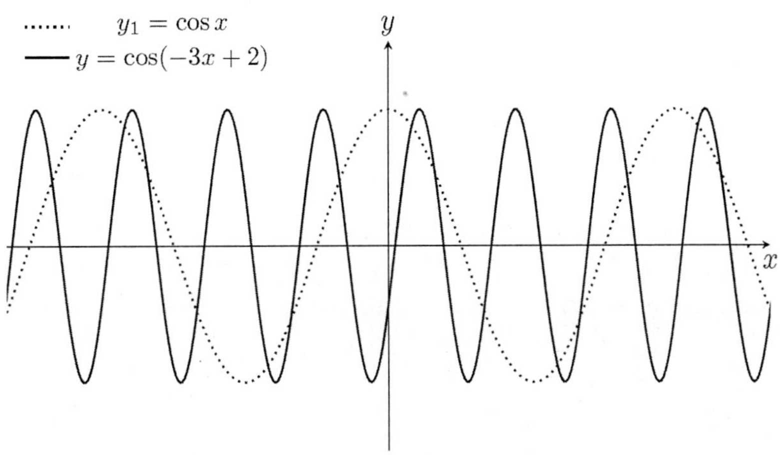

그림 11.7

$y_1 = \cos 2x$는 $y = \cos x$의 그래프를 y축으로 계수 $\frac{1}{2}$인 압축을 하여 얻어지며, 이로부터 $y_2 = 1 - \cos 2x$의 그래프 개형을 얻을 수 있다. $y_2 = f(x)$의 그래프에서 함숫값을 절반으로 나누어 $y = \frac{1-\cos 2x}{2} = \sin^2 x$의 그래프를 얻을 수 있다. 그림 11.8에 $y_1 = \cos 2x$, $y_2 = 1 - \cos 2x$, $y = \frac{1-\cos 2x}{2}$의 그래프가 있다.

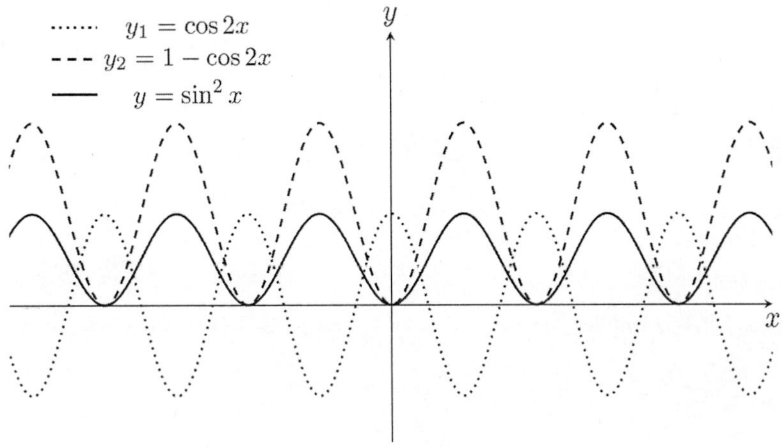

그림 11.8

$\cos^2 x = \frac{1+\cos 2x}{2}$이 성립하므로, $y = \cos^2 x$의 그래프를 $y = \frac{1+\cos 2x}{2}$를 이용하여 작도할 수 있다. 그림 11.9에 $y_1 = \cos 2x$, $y_2 = 1 + \cos 2x$, $y = \frac{1+\cos 2x}{2}$의 그래프가 있다.

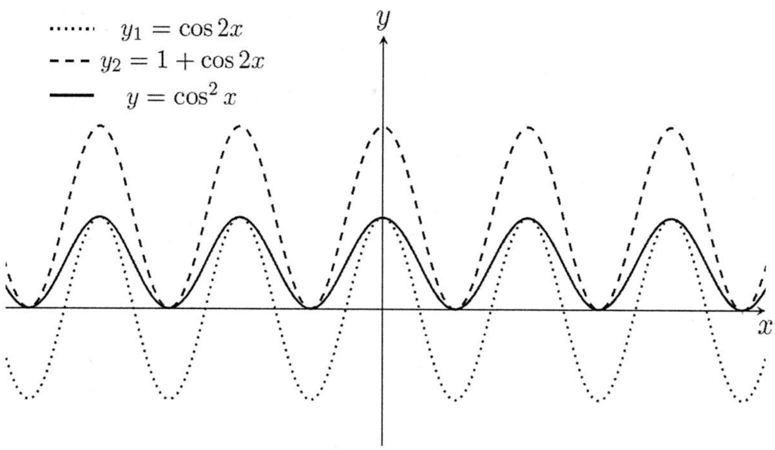

그림 11.9

그림 11.8과 그림 11.9에 제시된 $y = \sin^2 x$와 $y = \cos^2 x$의 그래프 사이의 관계를 살펴보자. 그림 11.8의 $y = \sin^2 x$의 그래프를 평행이동하여 그림 11.9의 그래프를 얻을 수 있을 것처럼 보인다. 이것을 $\sin\left(x + \frac{\pi}{2}\right) = \cos x$를 이용하여 확인하자. $y = \cos^2 x = \sin^2\left(x + \frac{\pi}{2}\right)$이므로, $y = \cos^2 x$의 그래프는 $y = \sin^2 x$의 그래프를 x축을 따라 $-\frac{\pi}{2}$만큼 평행이동하여 얻어진다.

$\tan^2 x = \frac{1-\cos 2x}{1+\cos 2x}$가 성립하므로, $y_1 = 1 - \cos 2x$, $y_2 = 1 + \cos 2x$를 이용하여 $y = \tan^2 x$의 그래프 개형을 작도할 수 있다.

함수 $y = \tan^2 x = \frac{1-\cos 2x}{1+\cos 2x}$에서 분모 $1 + \cos 2x$가 0이 되는 x값을 찾아 수직점근선을 구하자. $1 + \cos 2x = 0$에서 $1 + \cos 2x = 0$, $\cos 2x = -1$이다. $\cos 2x = -1$의 일반해는 $2x = (2n+1)\pi$이며, $x = \frac{(2n+1)\pi}{2}$이다. 수직점근선은 $x = \pm\frac{\pi}{2}$, $\pm\frac{3\pi}{2}$, $\pm\frac{5\pi}{2}, \cdots$이다.

$y = \tan^2 x = \frac{1-\cos 2x}{1+\cos 2x}$에서 x절편은 분자인 $1 - \cos 2x$가 0이 되는 점이다. 방정식 $1 - \cos 2x = 0$, $\cos 2x = 1$의 일반해를 구하면, $2x = 2n\pi$이며, $x = n\pi$이다. 이로부터 $y = \tan^2 x$의 그래프의 x절편은 $n\pi$이다. 이제, 함수 $y_1 = 1 - \cos 2x$, $y_2 = 1 + \cos 2x$의 값들을 비교하면, $y = \tan^2 x = \frac{1-\cos 2x}{1+\cos 2x}$의 그래프 개형을 얻을 수 있다.

함수 $y = \log_2 x$와 $y = \sin x$의 합성함수인 $y = \log_2(\sin x)$의 그래프를 생각하

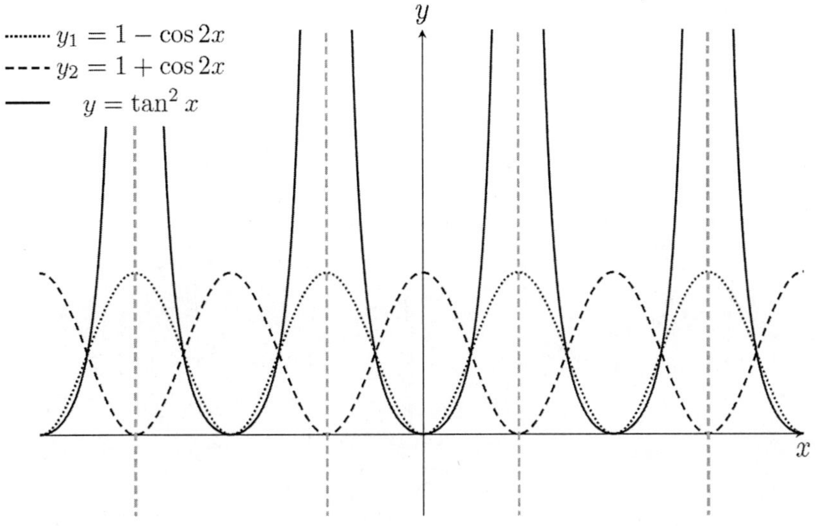

그림 11.10

자. 함수 $y = \log_2(\sin x)$의 정의역은 $\sin x > 0$을 만족하는 x값의 집합이다. 부등식 $\sin x > 0$을 풀면, $x \in (2k\pi, (2k+1)\pi)$이다.

$\lim_{x\to 0^+} \log_2 x = -\infty$이므로, $y = \log_2 x$의 수직점근선은 $x = 0$이다. 그러므로, $y = \log_2(\sin x)$의 수직점근선은 $\sin x = 0$인 점으로 구할 수 있다. 그러므로, 수직점근선은 $x = k\pi$이다.

$y = \log_2(\sin x)$의 x절편은 $\sin x = 1$인 $x = 2k\pi + \frac{\pi}{2}$에서 함숫값이 0이며, x절편은 $2k\pi + \frac{\pi}{2}$이다. 사인함수의 기본주기가 2π이므로, $f(x+2\pi) = \log_2[\sin(x+2\pi)] = \log_2(\sin x)$가 성립한다. 함수 $y = \log_2(\sin x)$의 기본주기는 2π이다.

얻어진 결과를 바탕으로, 함수 $y = \log_2(\sin x)$의 그래프 개형을 그릴 수 있다. 그림 11.11에 $y_1 = \sin x$, $y = \log_2(\sin x)$의 그래프가 있다.

그림 11.11의 $y = \log_2(\sin x)$의 그래프를 x축에 대해 대칭시키면, $y = -\log_2(\sin x)$의 그래프가 된다. $y = -\log_2(\sin x) = \log_{2^{-1}}(\sin x) = \log_{1/2}(\sin x)$이므로, $y = \log_{1/2}(\sin x)$의 그래프를 얻을 수 있다. 그리고 $\cos x = \sin\left(x + \frac{\pi}{2}\right)$를 이용하면, $y = \log_2(\cos x)$의 그래프는 $y = \log_2(\sin x)$의 그래프를 x축으로 $-\frac{\pi}{2}$만큼 평행이동시켜 얻을 수 있다.

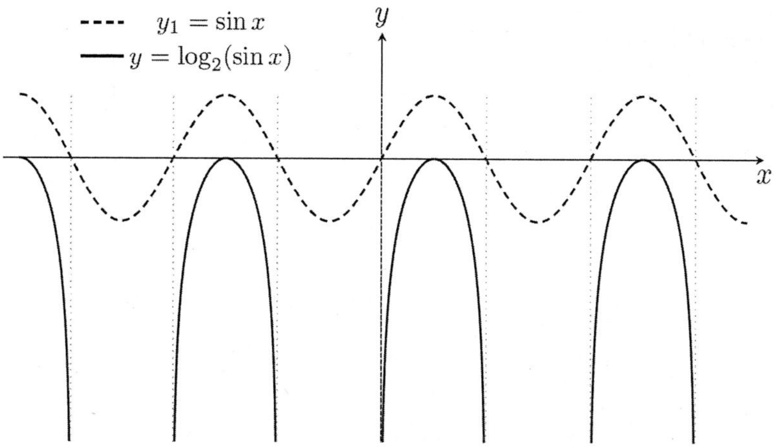

그림 11.11

함수 $y = \log_2(\tan x)$의 그래프를 살펴보자. 함수 $y = \log_2(\tan x)$의 정의역은 $\tan x > 0$이면서 $y = \tan x$가 정의된 집합이다. $\tan x > 0$인 구간은 $k\pi < x < k\pi + \frac{\pi}{2}$이며, $y = \tan x$가 정의되지 않는 x값은 $k\pi + \frac{\pi}{2}$이다. 그러므로, 함수 $y = \log_2(\tan x)$의 정의역은 $k\pi < x < k\pi + \frac{\pi}{2}$이다.

치역을 살펴보자. $\tan x > 0$인 구간에서 $\tan x$의 함숫값은 구간 $(0, \infty)$에 속한다. 구간 $(0, \infty)$에 속한 x에 대해 $y = \log_2 x$의 함숫값의 집합은 $\mathbb{R}$이다. 그러므로, $y = \log_2(\tan x)$의 치역은 $\mathbb{R}$이다.

함수 $y = \log_2(\tan x)$의 주기를 살펴보자. $y = \tan x$의 기본주기가 π이므로, $y = \log_2(\tan x)$의 기본주기도 π이다. 이것은 $f(x + \pi) = \log_2[\tan(x + \pi)] = \log_2(\tan x)$로 확인할 수 있다.

함수 $y = \log_2(\tan x)$의 수직점근선을 조사하자. $\tan x \to 0$이면 $\log_2(\tan x) \to -\infty$이므로, $\tan x = 0$인 $x = k\pi$가 수직점근선이다. 그리고 $x \to k\pi + \frac{\pi}{2}$이면 $\tan x \to \infty$이고 $\log_2(\tan x) \to \infty$가 된다. 그러므로, $x = k\pi + \frac{\pi}{2}$도 수직점근선이다.

함수 $y = \log_2(\tan x)$의 x절편은 $\tan x = 1$을 만족하는 x값이다. $\tan x = 1$의 일반해를 구하면, $x = \frac{\pi}{4} + k\pi$이며, x절편은 $\frac{\pi}{4} + k\pi$이다.

함수 $y = \log_2(\tan x)$의 그래프를 작도하면, 그림 11.12와 같다. 그림 11.12에 함수

$y_1 = \tan x$, $y = \log_2(\tan x)$의 그래프, 수직점근선이 있다.

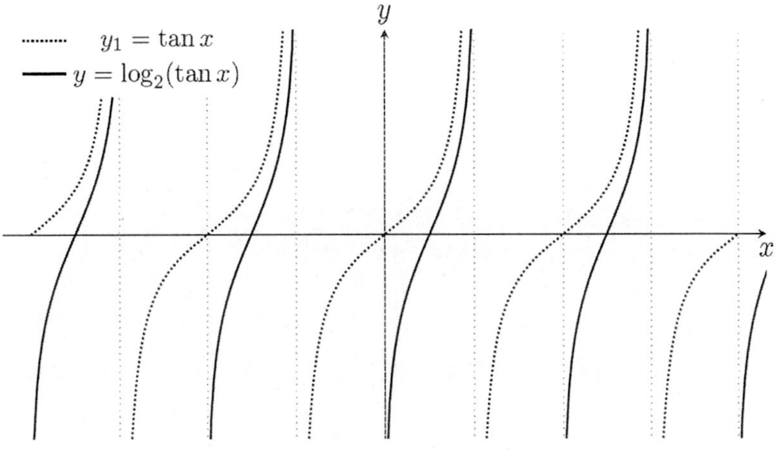

그림 11.12

함수 $y = \sin(\sin x)$의 그래프를 탐구하자. $y = \sin(\sin x)$의 정의역을 생각하자. $y = \sin x$의 정의역이 $\mathbb{R}$이므로, $y = \sin(\sin x)$의 정의역도 $\mathbb{R}$이다. $y = \sin x$의 치역은 $[-1, 1]$이므로, $y = \sin(\sin x)$의 치역은 $[\sin(-1), \sin 1]$이다. $\sin(\pm 1) \approx \pm 0.841$이므로, 치역을 다시 쓰면 $[-\sin 1, \sin 1] \approx [-0.841, 0.841]$이다. $y = \sin x$의 치역이 $[-1, 1]$이므로, $y = \sin(\sin x)$의 최댓값과 최솟값은 $y = \sin x$의 최댓값, 최솟값보다 작다.

$y = \sin x$의 기본주기가 2π이므로, $y = \sin(\sin x)$의 기본주기는 2π이다. $f(x) = \sin(\sin x)$에 대해 $f(x + 2\pi) = \sin[\sin(x + 2\pi)] = \sin(\sin x) = f(x)$가 된다.

함수 $y = \sin x$의 x절편은 $\sin x = 0$인 x값이므로, $k\pi$이다. $y = \sin(\sin x)$의 x절편은 $\sin(\sin x) = 0$이 되는 x값이므로, $\sin x = k\pi$인 x값이다. $\sin x$는 구간 $[-1, 1]$의 값을 가지며, 이 조건을 만족시키는 $k\pi = 0$이다. 결국, $\sin(\sin x) = 0$은 $\sin x = 0$이며, 이때의 x값은 $k_1\pi$이다. 그러므로, $y = \sin(\sin x)$와 $y = \sin x$의 x절편은 서로 같다.

$y = \sin(\sin x)$에서 최댓값을 가지는 x값을 구하자. $y = \sin x$는 $x = 2k\pi + \frac{\pi}{2}$에서 최댓값 1을 가진다. 이때, $y = \sin(\sin x)$의 함숫값은 $\sin 1$이다. $y = \sin(\sin x)$의 치역이 $[\sin(-1), \sin 1]$이고 $\sin 1 \approx 0.841$이므로, $x = 2k\pi + \frac{\pi}{2}$에서 $y = \sin(\sin x)$는 최댓값

$\sin 1 \approx 0.841$을 가진다. 비슷한 방법으로 최솟값에 대해 생각하면, $x = (2k+1)\pi + \frac{\pi}{2}$에서 $y = \sin(\sin x)$는 최솟값 $\sin(-1) \approx -0.841$을 가진다.

분석한 내용을 바탕으로 함수 $y = \sin(\sin x)$의 그래프 개형을 작도하면, 그림 11.13과 같다. 그림 11.13에 $y_1 = \sin x$, $y = \sin(\sin x)$의 그래프가 있다.

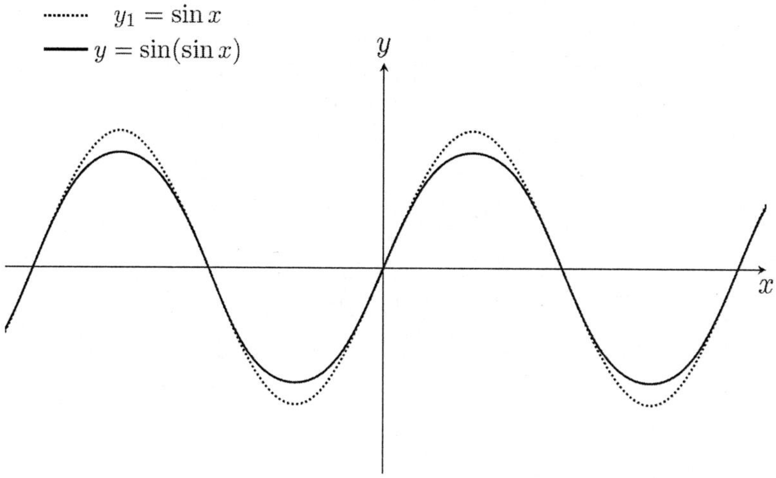

그림 11.13

함수 $y = \sin(\cos x)$의 그래프는 $y = \sin(\sin x)$의 그래프를 이용하여 구할 수 있다. $\sin\left(x + \frac{\pi}{2}\right) = \cos x$이므로, 함수 $y = \sin(\cos x)$의 그래프는 $y = \sin(\sin x)$의 그래프를 x축으로 $-\frac{\pi}{2}$만큼 평행이동하여 얻을 수 있다.

함수 $y = \tan(\sin x)$의 그래프를 조사하자. $y = \sin x$가 $\mathbb{R}$에서 정의되며, $y = \tan x$는 $x = k\pi + \frac{\pi}{2}$에서는 정의되지 않는다. 즉, $\sin x = k\pi + \frac{\pi}{2}$인 x에서 $y = \tan(\sin x)$가 정의되지 않는다. 그런데, $k = 0$일 때에 $k\pi + \frac{\pi}{2} = \frac{\pi}{2} \approx 1.571$이며 $\sin x$의 최댓값이 1이므로, $\sin x = \frac{\pi}{2}$인 x는 존재하지 않는다. 결국, $y = \tan(\sin x)$의 정의역은 $\mathbb{R}$이다.

$y = \tan(\sin x)$의 치역을 살펴보자. $\mathbb{R}$에서 $y = \sin x$의 치역이 $[-1, 1]$이고, 이 구간에서 $y = \tan x$의 값은 $[\tan(-1), \tan(1)]$의 사이에 속한다(이때, $\tan(-1) \approx -1.5574$, $\tan 1 \approx 1.5574$이다). 그러므로, 함수 $y = \tan(\sin x)$의 치역을 구하면, $[\tan(-1), \tan(1)] \approx [-1.5574,\ 1.5574]$이다.

$y = \sin x$의 기본주기가 2π이므로, $y = \tan(\sin x)$의 기본주기도 2π이다. $f(x +$

$2\pi) = \tan[\sin(x + 2\pi)] = \tan(\sin x) = f(x)$가 성립한다. $y = \tan(\sin x)$의 x절편을 구하기 위해, 방정식 $\tan(\sin x) = 0$을 생각하자. 방정식 $\tan(\sin x) = 0$에서 $\sin x = 0$이 얻어지며, 이것을 만족하는 x값은 $k\pi$이다. 그러므로, $y = \tan(\sin x)$의 x절편은 $k\pi$이다.

$y = \tan(\sin x)$의 최댓값과 최솟값을 구하자. $y = \tan x$는 구간 $\left(-\frac{\pi}{2}, \frac{\pi}{2}\right)$에서 증가함수이므로, $y = \tan(\sin x)$의 최댓값은 $\sin x = 1$일 때 $\tan 1 \approx 1.5574$이고, 최솟값은 $\sin x = -1$일 때 $\tan(-1) \approx -1.5574$이다.

$y = \tan(\sin x)$의 홀짝성을 조사하자. $\tan(-x) = -\tan x$, $\sin(-x) = -\sin x$이므로, $f(-x) = \tan[\sin(-x)] = \tan(-\sin x) = -\tan(\sin x) = -f(x)$이다. 함수 $y = \tan(\sin x)$는 홀함수이며, $y = \tan(\sin x)$의 그래프는 원점에 대해 대칭이다.

살펴본 내용을 바탕으로 함수 함수 $y = \tan(\sin x)$의 그래프 개형을 작도하면, 그림 11.14와 같다. 그림 11.14에 $y_1 = \sin x$, $y = \tan(\sin x)$의 그래프가 있다.

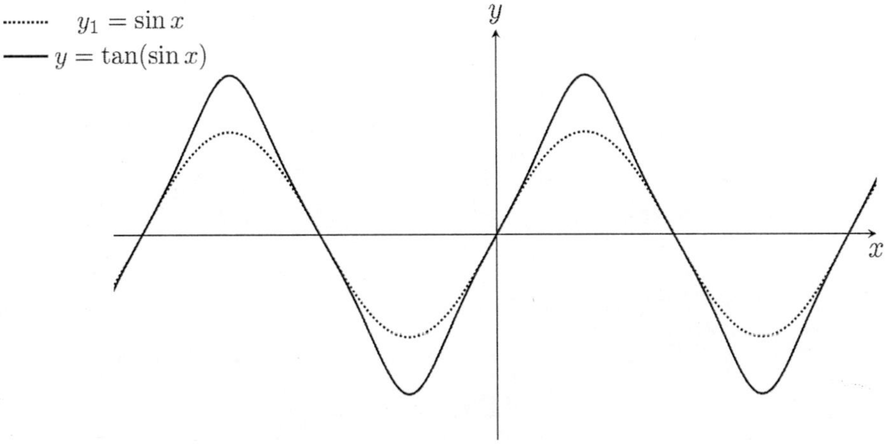

그림 11.14

함수 $y = \cot(\sin x)$의 그래프를 생각하자. $\cot x = \frac{1}{\tan x} = \tan\left(\frac{\pi}{2} - x\right)$가 성립한다. 앞에서 $\cot x = \tan\left(\frac{\pi}{2} - x\right)$인 것을 이용하여, $y = \tan x$에 대해 y축에 대한 대칭, x축을 따라 평행이동을 이용하여 $y = \cot x$의 그래프를 유도하였다. 여기서는 $\cot x = \frac{1}{\tan x}$인 것을 이용하자. $y = \tan(\sin x)$의 그래프를 그림 11.14에서 작도하였다.

$y = \cot(\sin x) = \frac{1}{\tan(\sin x)}$이므로, $y = \tan(\sin x)$의 그래프를 이용하면 $y = \cot(\sin x)$의 그래프를 얻을 수 있다. 주의할 것은 $\tan(\sin x) = 0$인 x에 대해 $y = \cot(\sin x)$가 정의되지 않는다는 것이다. $y = \cot(\sin x)$의 정의역은 $\tan(\sin x) = 0$인 x를 제외한 $\mathbb{R}$이다. $\tan(\sin x) = 0$인 x는 $\sin x = 0$을 만족하는 x이다. 그러므로, $x = k\pi$에 대해 $y = \cot(\sin x)$가 정의되지 않는다. 이로부터 $y = \cot(\sin x)$의 정의역은 $\mathbb{R} \setminus \{k\pi\}$이다.

$y = \cot(\sin x) = \frac{1}{\tan(\sin x)}$에서 $\tan(\sin x) = 0$을 만족하는 $\sin x = 0$에서 수직점근선을 구할 수 있다. $y = \cot(\sin x)$의 수직점근선은 $x = k\pi$이다.

살펴본 내용을 바탕으로 함수 함수 $y = \cot(\sin x)$의 그래프 개형을 작도하면, 그림 11.15와 같다. 그림 11.15에 $y_1 = \tan(\sin x)$, $y = \cot(\sin x)$의 그래프가 있다.

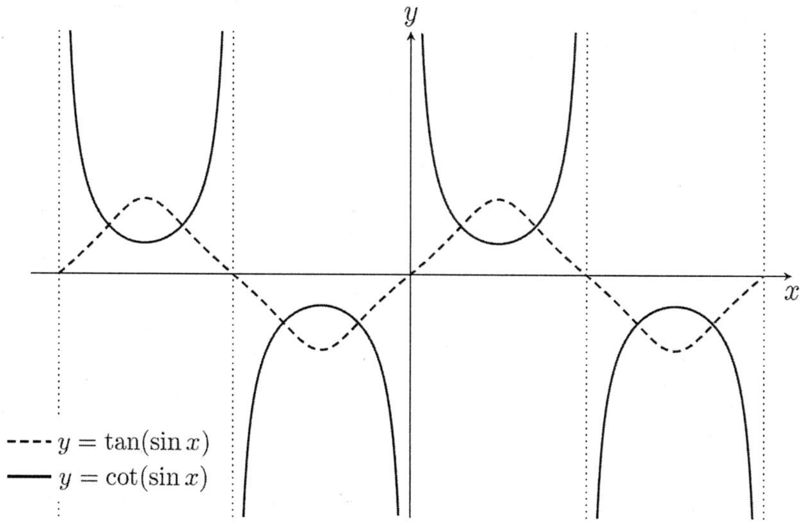

그림 11.15

제 12장. 함수 그래프의 변형

1. 이차함수 그래프의 변형

이차함수 $y = ax^2 + bx + c$에서 이차항의 계수인 a값은 함수의 증감, 그래프의 개형 등을 결정한다. (1) a가 양수이면 $x \to \pm\infty$일 때 $y \to \infty$이며, 이차함수의 그래프는 아래로 볼록이다. (2) a가 음수이면 $x \to \pm\infty$일 때 $y\ to - \infty$이며, 이차함수의 그래프는 위로 볼록하다. 그림 12.1에 다양한 a값에 대한 함수 $y = ax^2$의 그래프 개형이 제시되어 있다.

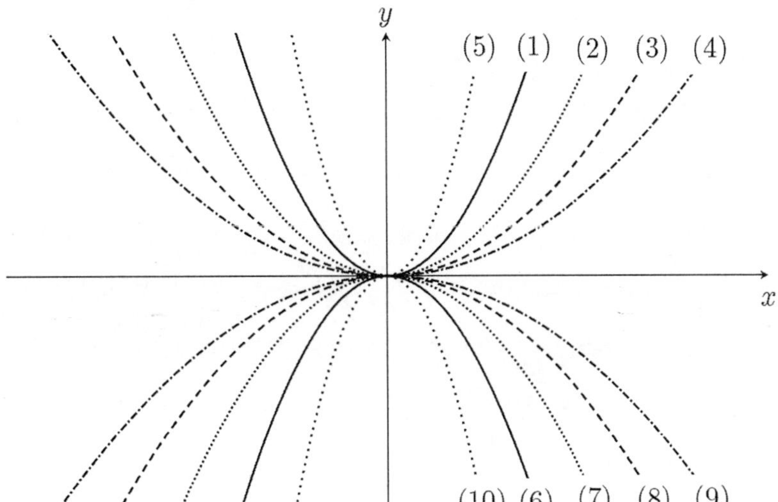

그림 12.1

그림 12.1에서 (1)의 그래프는 $a = 1$, (2)의 그래프는 $a = 0.5$, (3)의 그래프는

$a = 0.3$, (4)의 그래프는 $a = 0.2$, (5)의 그래프는 $a = 2.5$인 경우의 함수 그래프 개형이다. 그리고 (6), (7), (8), (9), (10)의 그래프는 (1), (2), (3), (4), (5)의 그래프를 x축에 대해 대칭시킨 것이다.

이차함수 $y = ax^2+bx+c$의 최댓값과 최솟값, 증감, 대칭성과 홀짝성, 절편, 그래프, 평행이동 등의 성질은 [6]에 체계적으로 기술되어 있다. 여기서는 이차식 $ax^2 + bx + c$를 완전제곱식 $a\left(x + \frac{b}{2a}\right)^2 + \frac{4ac-b^2}{4a}$으로 변형시켜 이차함수의 최댓값과 최솟값을 구했고, 완전제곱식을 이용해 이차방정식의 근을 유도하는 다양한 방법을 소개하였다. 특히, 이차함수 $y = ax^2 + bx + c$의 최댓값과 최솟값, 함수의 증감, 축, 꼭짓점, 절편을 탐구하고, 이에 기반하여 이차함수의 그래프 개형을 설명하였다. 그리고 [6]에는 이차방정식 $ax^2 + bx + c = 0$의 이차방정식의 근을 자와 컴퍼스로 작도하는 방법, 근의 분포에 대한 내용도 제시되어 있다.

여기서는 이차함수 $y = ax^2+bx+c$의 그래프를 변형시키는 방법인 함수의 압축과 팽창, 평행이동, 좌표축에 대한 대칭, 함수의 연산에 관련된 그래프 개형의 사례들을 살펴보고, 절댓값을 포함한 다양한 이차함수의 그래프 개형을 작도하자.

그림 12.2에서는 함수 $y = x^2 + 2x$의 그래프를 y축으로 -4만큼 평행이동시킨 그래프가 제시되어 있다. 이것은 함수 $y = x^2 + 2x$의 모든 점을 y축의 음의 방향으로 4만큼 평행이동하여 얻어진다.

그림 12.3에서는 함수 $y = x^2$의 그래프를 $y = -\frac{1}{2}x^2$으로 변형시켰다. 이를 위해, (1) 함수 $y = x^2$의 그래프를 x축에 대해 대칭시켜 $f(x) = -x^2$을 얻었고, (2) 여기에 $y = f\left(\frac{1}{\sqrt{2}}x\right)$를 하여 $y = f(x)$의 그래프를 y축으로부터 팽창시켰다. 이제, 함수 $y = -\frac{1}{2}x^2$의 그래프를 x축으로 -2만큼, 즉 x축의 음의 방향으로 평행이동하여, 함수 $y = -\frac{1}{2}(x + 2)^2$의 그래프를 얻었다.

그림 12.4에서는 함수 $y = x^2$의 그래프를 $y = 2x^2$으로 변형시켰다. 이것은 $y = f\left(\sqrt{2}x\right)$를 하여 $y = f(x)$의 그래프를 y축으로 압축시켜 얻어졌다. $y = 2(-x+3)^2 = 2(x-3)^2$이므로, $y = 2x^2$을 x축으로 3만큼 평행이동하면, 함수 $y = 2(-x + 3)^2$의 그래프를 얻을 수 있다.

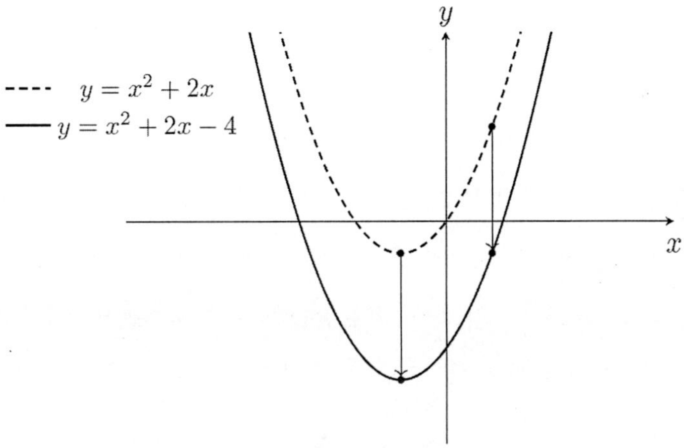

그림 12.2

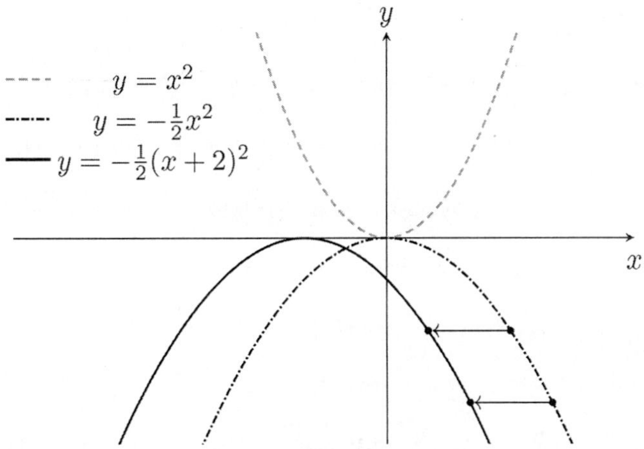

그림 12.3

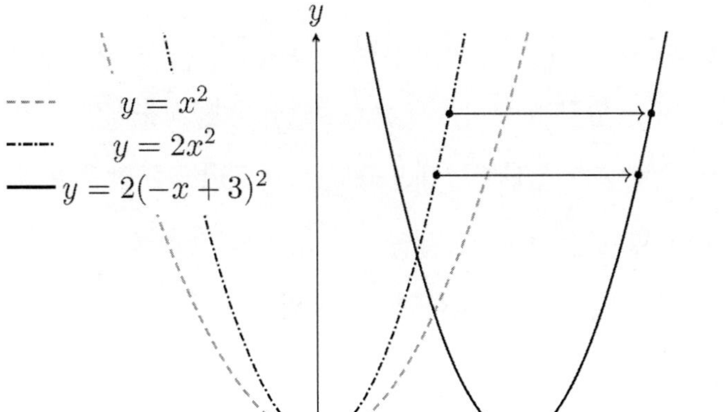

그림 12.4

그림 12.5에 $y = x^2 + 2x - 4$의 그래프가 있다. $y = x^2 + 2x - 4$의 그래프는 x축과 두 점에서 만나고 있는데, 이것은 $y = x^2 + 2x - 4$의 판별식을 조사하여 확인할 수 있다. 판별식 $D = 2^2 + 4 \cdot 4 = 20$이므로, 함수 $y = x^2 + 2x - 4$의 그래프가 x축과 두 점에서 만난다. 그리고 포물선의 축이 x축의 음의 방향에 놓여있는데, 이것은 근과 계수의 관계를 이용하여 확인할 수 있다. $x^2 + 2x - 4 = 0$에서 두 근을 α, β라 하면, 함수 $y = x^2 + 2x - 4$의 축의 좌표는 $x = \frac{\alpha+\beta}{2} = \frac{-2}{2} = -1$이 된다. 왜냐 하면, 포물선은 축을 중심으로 대칭이므로, x절편인 α, β의 중점이 축의 방정식 $x = \frac{\alpha+\beta}{2}$가 되기 때문이다.

이제, $y = |x^2 + 2x - 4|$, 즉 $y = |f(x)|$의 그래프를 생각하자. 함수 $y = |f(x)|$에서 함숫값은 $y = f(x)$에서 얻은 함숫값에 절대값을 취하여 얻어지므로, 함수 $y = |f(x)|$의 함숫값은 항상 음이 아닌 값을 가진다. 그러므로, 함수 $y = |f(x)|$의 그래프는 함수 $y = f(x)$의 그래프에서 함숫값이 음인 부분을 x축에 대해 대칭시켜 작도한다.

그림 12.6에는 $y = f(x)$에 대해 $y = f(|x|)$의 그래프가 제시되어 있다. 즉, $y = x^2 + 2x - 4$의 그래프가 주어진 경우에 $y = |x|^2 + 2|x| - 4$의 그래프를 작도하는 것이다. 함수 $y = |x|^2 + 2|x| - 4$에서 x대신에 $-x$를 대입하여도 함수식 자체가 변화되지 않으므로, 함수 $y = |x|^2 + 2|x| - 4$의 그래프는 y축에 대한 대칭성을 가진다. 우선, $x > 0$인 경우에 $y = x^2 + 2x - 4$의 그래프를 작도하고, 이 그래프를 y축에 대칭시키면, $y = |x|^2 + 2|x| - 4$의 그래프를 얻을 수 있다. 이때, 함수 $y = |x|^2 + 2|x| - 4$의 그래프는 y축에 대한 대칭성을 가지지만, 포물선의 모양을 가지지는 않는다.

그림 12.7에서는 함수 $y = 2x^2$과 $y = 3x + 1$의 그래프가 주어진 경우에 이들의 합인 함수 $y = 2x^2 + 3x + 1$의 그래프를 작도하였다. 두 함수 $y = f_1(x)$, $y = f_2(x)$의 그래프로부터 합 $y = f_1(x) + f_2(x)$의 그래프 개형을 작도하려면, 각각의 x_1에 대해 함숫값 $f_1(x_1)$, $f_2(x_1)$을 구하여 x_1에 합 $f_1(x_1) + f_2(x_1)$을 대응시킨다. 그러면, 점 $(x_1, f_1(x_1) + f_2(x_1))$이 얻어지며, 그래프 개형을 작도할 수 있다. 이때, 함수 $y = 2x^2$과 $y = 3x + 1$의 그래프에서 x절편, y절편, 함수의 증감을 고려하면, 함수 $y = 2x^2 + 3x + 1$의 그래프 개형을 찾는데 도움이 될 수 있다.

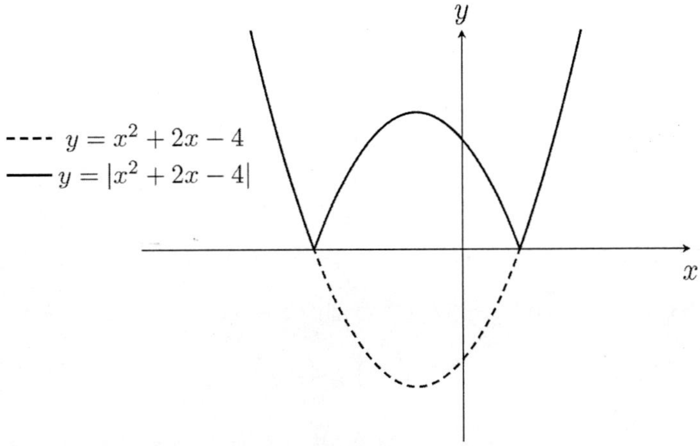

그림 12.5

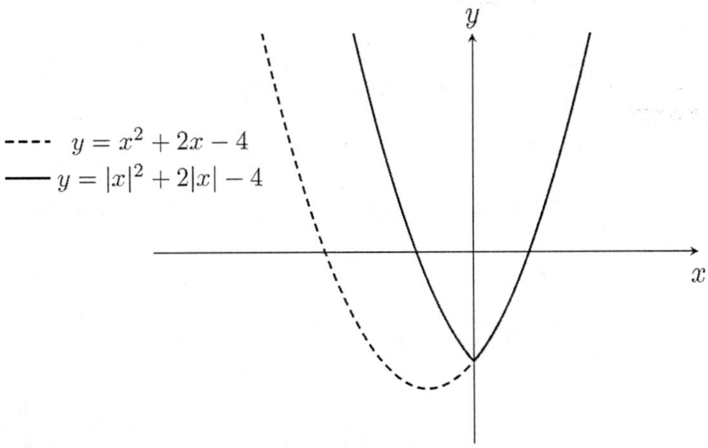

그림 12.6

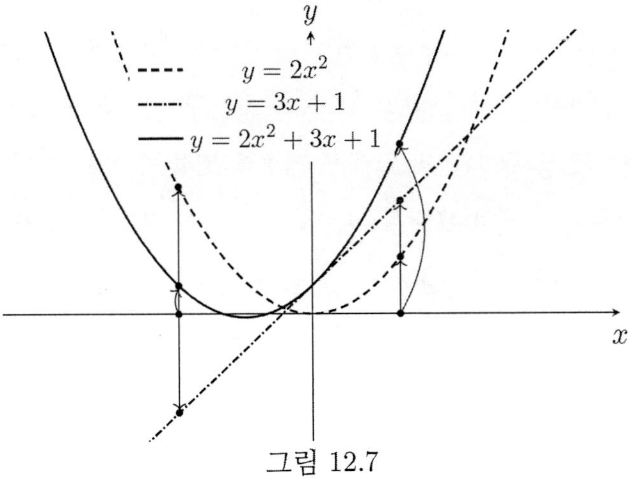

그림 12.7

그림 12.8에서는 함수 $y = x^2 - 3$과 $y = \frac{1}{2}x$의 곱인 $y = \frac{1}{2}x(x^2 - 3)$의 그래프가 제시되어 있다. 함수의 합에서와 마찬가지로, 함수의 곱에서도 임의의 x_1에 대해 함숫값 $y = x_1^2 - 3$과 $y = \frac{1}{2}x_1$을 구해, 이들의 곱 $y = \frac{1}{2}x_1(x_1^2 - 3)$을 x_1에 대응시킨다. 이때, 함수 $y = x^2 - 3$과 $y = \frac{1}{2}x$ 중 어느 하나라도 함숫값이 0이면, 이들의 곱도 0이 된다. 그리고 함숫값의 곱이므로, 함수 $y = x^2 - 3$과 $y = \frac{1}{2}x$ 중 하나의 함숫값이 음수이면, 곱의 함숫값이 음수가 된다는 것을 생각해야 한다.

한편, 이차함수 $y = x^2 - 3$과 일차함수 $y = \frac{1}{2}x$의 곱은 삼차함수가 된다는 것을 생각하여, 삼차함수의 그래프 개형을 고려하면 $y = \frac{1}{2}x(x^2 - 3)$의 그래프 개형을 추측하는데 도움이 된다.

그림 12.9에서는 함수 $y = x^2 - 3$을 $y = x$로 나눈 함수 $y = \frac{x^2-3}{x}$의 그래프를 작도하였다. 함수의 곱에서와 마찬가지로, 임의의 x_1에 대해 $y = x_1^2 - 3$에서 $y = x_1$을 나누어, $y = \frac{x_1^2-3}{x_1}$의 값을 구해 x_1에 대응시킨다.

이때, 함수 $y = \frac{x^2-3}{x}$의 분모가 0이 되는 $x = 0$에서는 함수 자체가 정의되지 않으므로 주의해야 한다. 함수 $y = \frac{x^2-3}{x}$의 정의역은 $(-\infty, 0)$, $(0, \infty)$이며, $x = 0$은 수직점근선이다. 그리고 극한 $\lim_{x\to 0^-} \frac{x^2-3}{x} = \infty$, $\lim_{x\to 0^+} \frac{x^2-3}{x} = -\infty$가 된다는 것을 생각해야 한다.

다른 한편으론, 함수 $y = \frac{x^2-3}{x}$을 $y = x + \frac{-3}{x}$으로 쓸 수 있으므로, 이를 이용하여 함수 $y = \frac{x^2-3}{x}$의 그래프 개형을 추측할 수 있다. $y = x + \frac{-3}{x}$에서 경사점근선이 $y = x$이고, 함수 그래프의 기본 개형은 $y = -\frac{3}{x}$이라는 것으로부터 그래프 개형을 추측할 수 있다. 제2사분면과 제4사분면에 놓인 $y = -\frac{3}{x}$의 그래프를 경사점근선이 $y = x$가 되도록 변형시키면, 그림 12.9의 그래프 개형을 얻을 수 있다.

그림 12.10은 $y = x^2$의 그래프로부터 $y = \frac{1}{x^2}$의 그래프 개형을 추측하는 것이다. 우선, 임의의 x_1에 대해 함숫값 $y = \frac{1}{x_1^2}$의 값을 구해 x_1에 대응시킨다. 함수 $y = \frac{1}{x^2}$는 짝함수이므로, y축에 대한 대칭성을 가진다. 그리고 $y = \frac{1}{x^2}$에서 $x = 0$이면 분모가 0이므로, 극한 $\lim_{x\to 0^-} \frac{1}{x^2} = \infty$, $\lim_{x\to 0^+} \frac{1}{x^2} = \infty$를 생각해야 한다. 극한 $\lim_{x\to\infty} \frac{1}{x^2} = 0$, $\lim_{x\to-\infty} \frac{1}{x^2} = 0$을 생각하면, $y = \frac{1}{x^2}$의 그래프 개형을 추측할 수 있다.

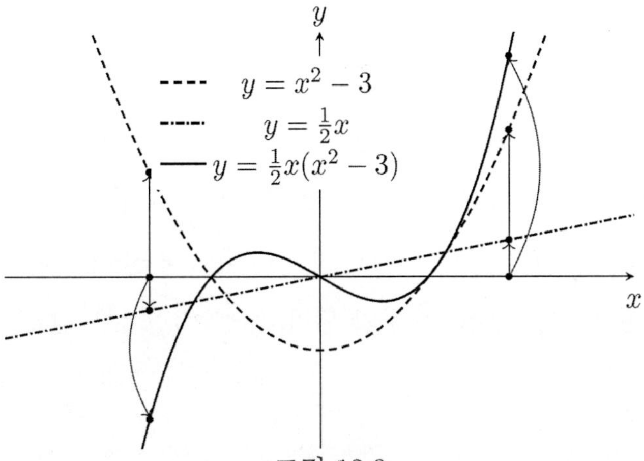

그림 12.8

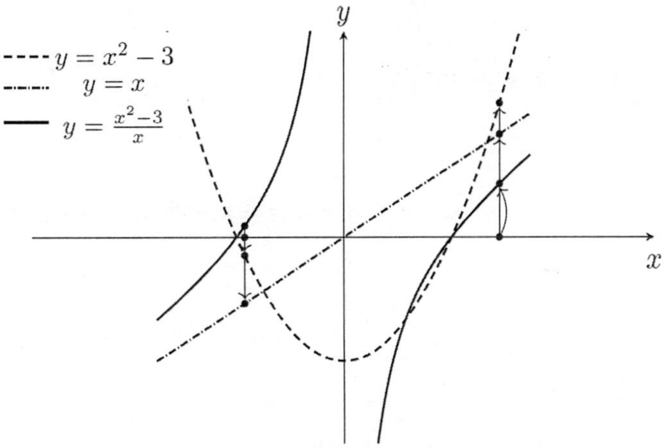

그림 12.9

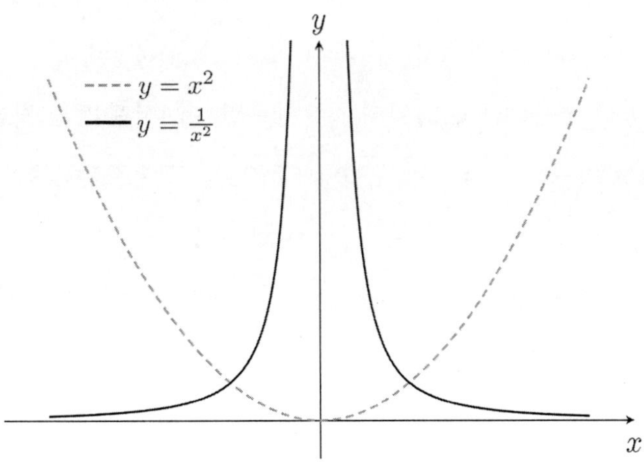

그림 12.10

그림 12.11에서는 이차함수가 인수분해 형태로, 즉 $y=(x-2)(x-5)$로 주어졌다. 이러한 형태로 주어진 경우에는 x절편을 쉽게 찾을 수 있다. $y=(x-2)(x-5)$의 x절편은 $x=2$, $x=5$이며, 이로부터 축의 방정식은 $x=\frac{2+5}{2}=\frac{7}{2}$이다. $\lim_{x\to\pm\infty}(x-2)(x-5)=\infty$이므로, 함수 $y=(x-2)(x-5)$의 그래프 개형을 찾을 수 있다.

함수 $y=|x-2|(x-5)$의 그래프 개형을 찾으려면, 절댓값 $|x-2|$에 주목해야 한다. $x\geq 2$이면 $y=(x-2)(x-5)$가 되며, $x<2$이면 $y=-(x-2)(x-5)$가 된다. $y=-(x-2)(x-5)$의 그래프는 $y=(x-2)(x-5)$의 그래프를 x축에 대해 대칭시킨 것이다.

결국, 함수 $y=|x-2|(x-5)$의 그래프는 $x\geq 2$에서는 $y=(x-2)(x-5)$와 같으며, $x<2$에서는 $y=(x-2)(x-5)$의 그래프를 x축에 대칭시켜 얻을 수 있다. 이로부터, 그림 12.11과 같은 그래프 개형을 얻을 수 있다.

그림 12.12에서는 y축으로 함수 $y=(x-2)(x-5)$의 그래프를 압축하는 것을 보여주고 있다. 함수 $y=(x-2)(x-5)$와 $y=|2x-2|(2x-5)$의 그래프에서 x절편의 위치를 비교하면, y축으로 함수의 압축을 확인할 수 있다. 함수 $y=(x-2)(x-5)$의 x절편은 $x=2$, $x=5$이고, $y=|2x-2|(2x-5)$의 x절편은 $x=1$, $x=\frac{5}{2}$이다. 그리고 그림 12.12에서는 y축으로 함수의 압축에서 함수 그래프의 y절편의 위치가 불변이라는 것도 확인할 수 있다.

그림 12.13에는 함수 $y=|x-2|(x-5)$에 대한 $y=f(|x|)$의 그래프, 즉 함수 $y=||x|-2|(|x|-5)$의 그래프가 제시되어 있다. 함수 $y=||x|-2|(|x|-5)$의 그래프는 $x\geq 0$에서 $y=|x-2|(x-5)$이며, 제1사분면, 제4사분면을 지난다. 그리고 $x<0$에서 $y=|-x-2|(-x-5)=-|x+2|(x+5)$이며, 그래프는 제2사분면, 제3사분면을 지난다.

함수식 $y=-|x+2|(x+5)$는 $y=|x-2|(x-5)$에 x대신 $-x$를 대입하여 얻어진 것으로, $y=-|x+2|(x+5)$와 $y=|x-2|(x-5)$의 그래프는 y축에 대해 대칭이 된다. 이러한 대칭성은 함수 $y=||x|-2|(|x|-5)$가 짝함수라는 것, 즉 $f(-x)=f(x)$가 성립한다는 것을 통해서도 알 수 있다.

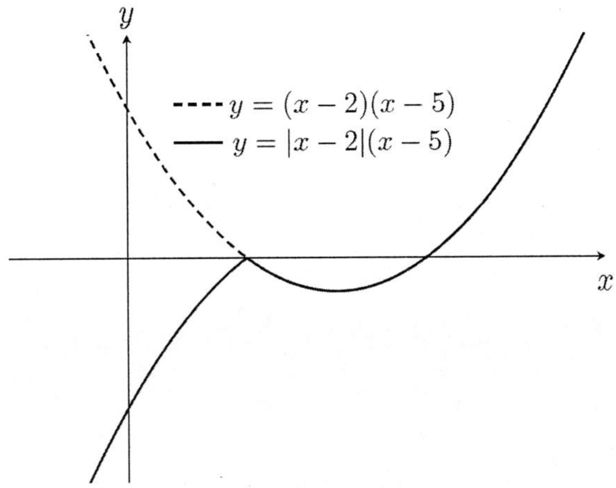

그림 12.11

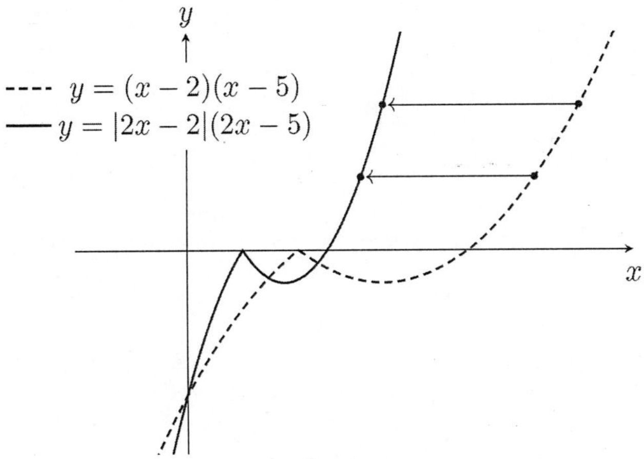

그림 12.12

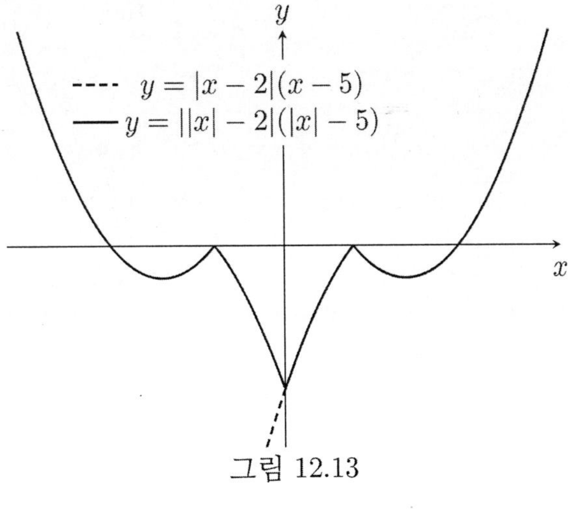

그림 12.13

2. 삼차함수 그래프의 변형

삼차함수 $y = ax^3 + bx^2 + cx + d$에서 삼차항의 계수인 a값은 함수 그래프의 증감, 전반적인 개형 등을 결정한다. (1) a가 양수이면 $y = ax^3 + bx^2 + cx + d$는 증가하며, $x \to \infty$이면 $y \to \infty$로 발산한다. 그리고 $x \to -\infty$이면 $y \to -\infty$로 발산한다. (2) a가 음수이면 삼차함수 $y = ax^3 + bx^2 + cx + d$는 감소하며, $x \to \infty$이면 $y \to -\infty$로 발산한다. 그리고 $x \to -\infty$이면 $y \to \infty$로 발산한다.

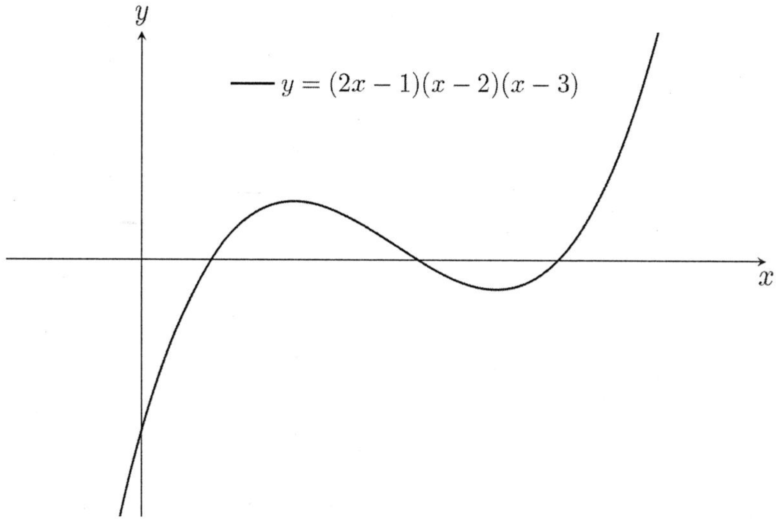

그림 12.14

간단한 형태의 삼차함수로 $y = (2x-1)(x-2)(x-3)$을 생각하자. 이 함수의 그래프는 그림 12.14와 같다. 이때, $y = (2x-1)(x-2)(x-3) = 2x^3 - 11x^2 + 17x - 6$이며, $y = ax^3 + bx^2 + cx + d$에서 $a > 0$인 경우에 해당한다. 그러므로, $x \to \infty$이면 $(2x-1)(x-2)(x-3) \to \infty$로 발산하고, $x \to -\infty$이면 $(2x-1)(x-2)(x-3) \to -\infty$로 발산한다.

여기서는 그래프를 변형시키는 방법인 함수의 압축과 팽창, 평행이동, 좌표축에 대한 대칭, 함수의 연산에 관련된 그래프 개형의 사례들을 제시하고, 절댓값을 포함한 다양한 삼차함수의 그래프 개형을 소개할 것이다.

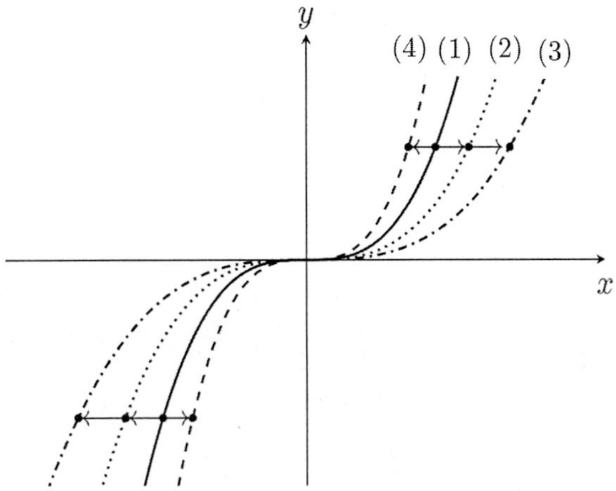

그림 12.15

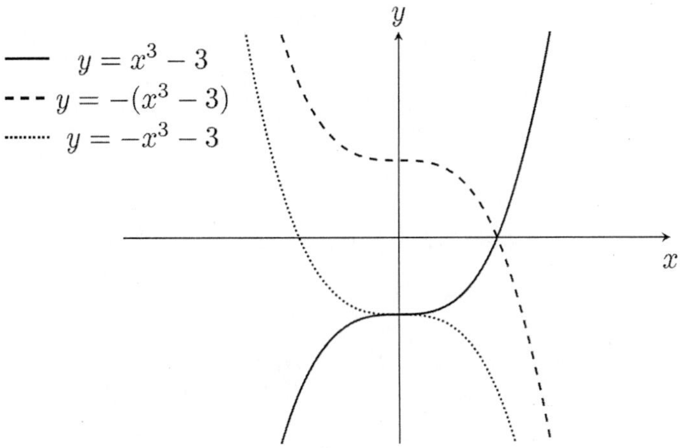

그림 12.16

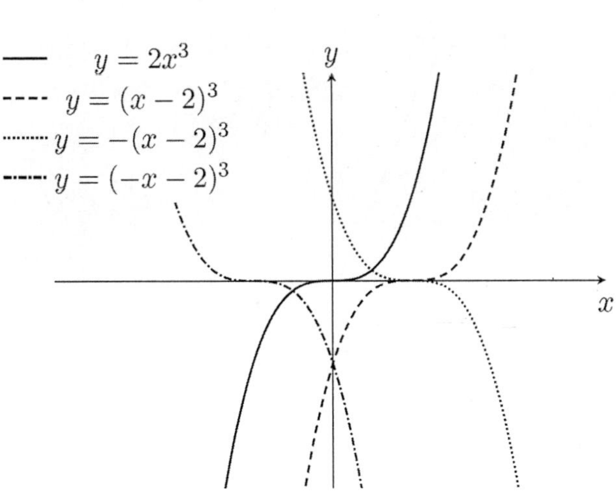

그림 12.17

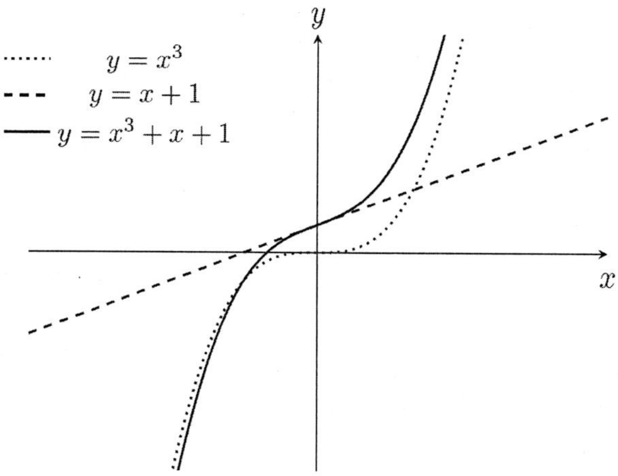

그림 12.18

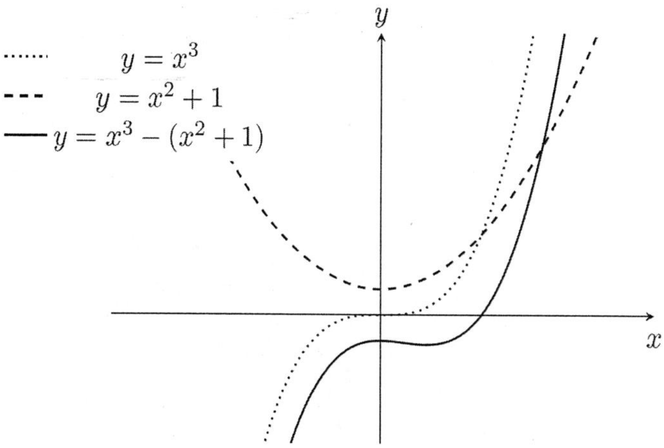

그림 12.19

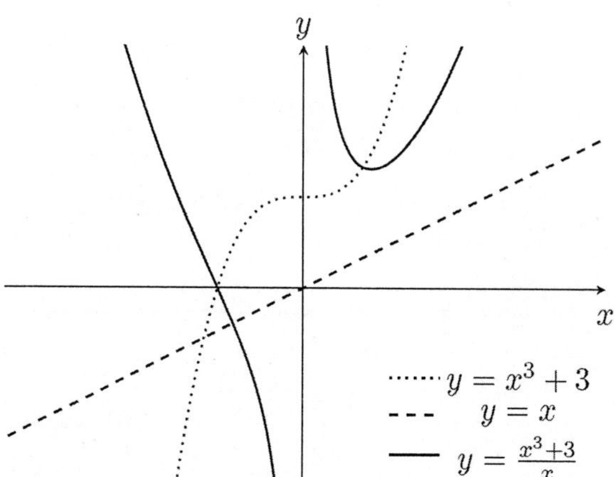

그림 12.20

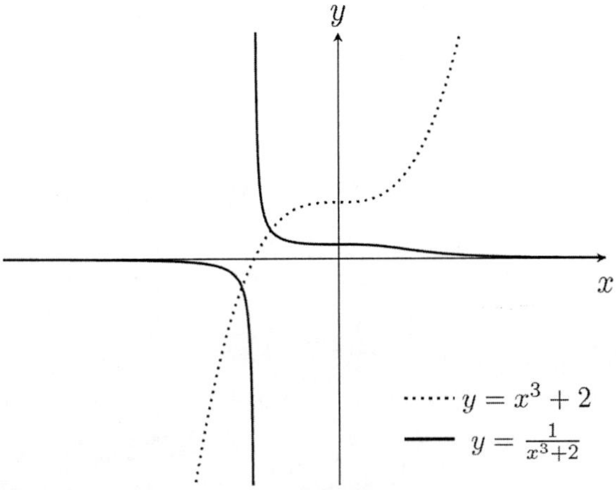

그림 12.21

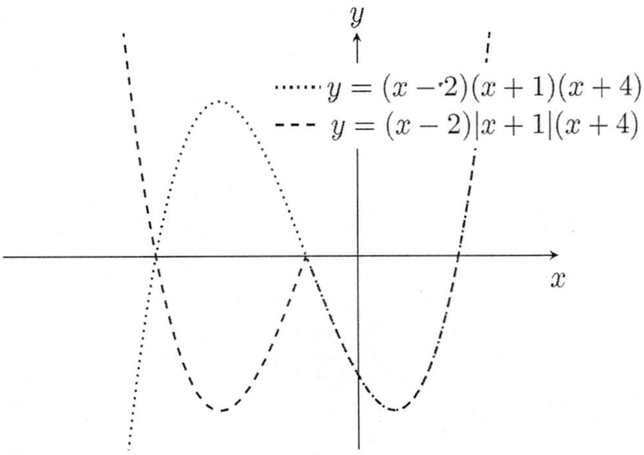

그림 12.22

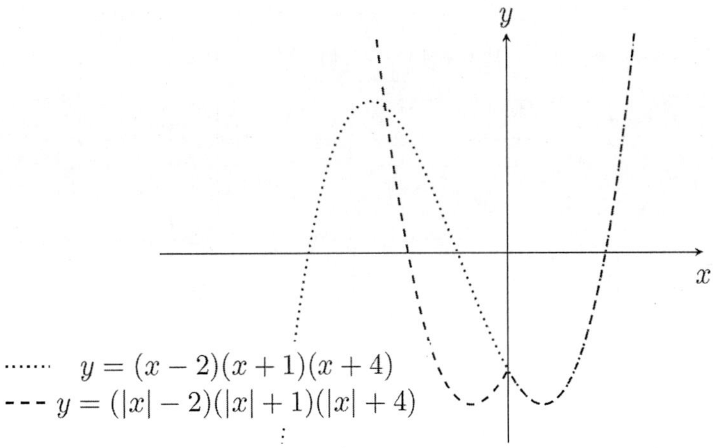

그림 12.23

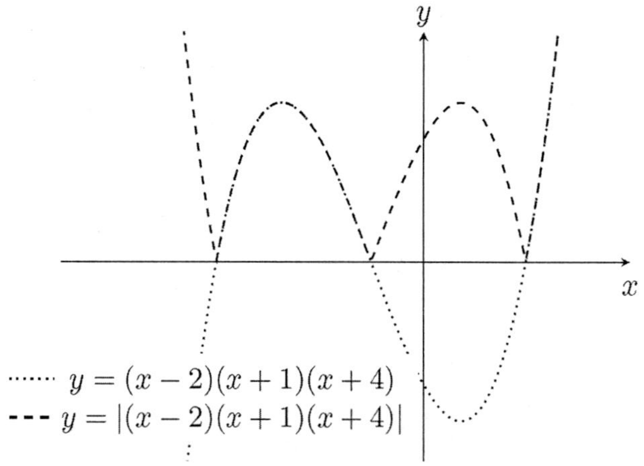

그림 12.24

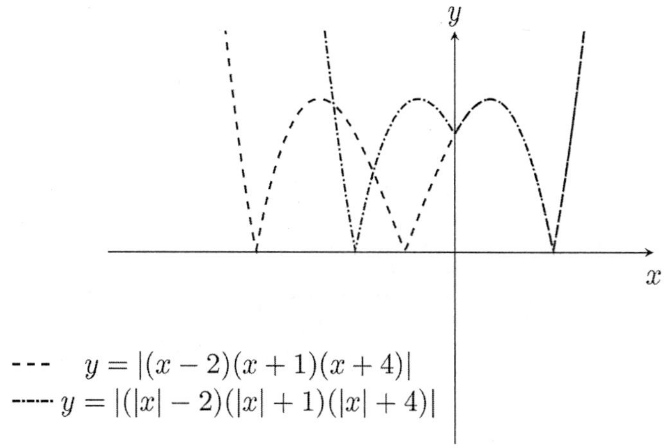

그림 12.25

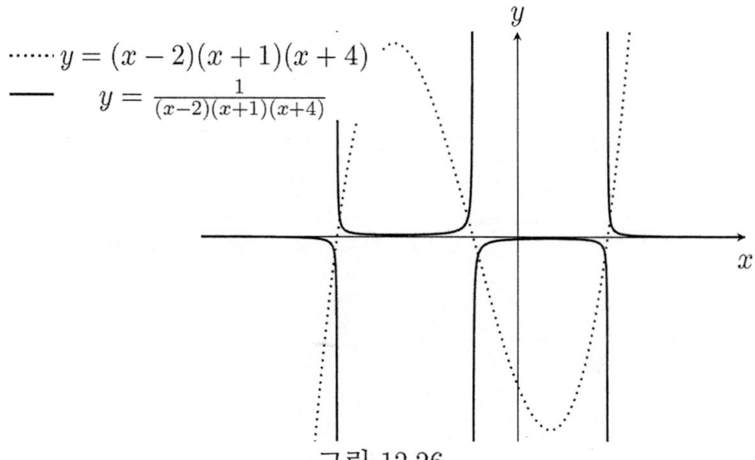

그림 12.26

3. 분수함수 그래프의 변형

분수함수 $y = \frac{f_1(x)}{f_2(x)}$에서 $f_1(x)$, $f_2(x)$는 다항식이며, 정의역은 $f_2(x) \neq 0$인 x의 집합이다. 분수함수는 $y = \frac{f_1(x)}{f_2(x)}$, $y = g(x) + \frac{f_1(x)}{f_2(x)}$와 같은 형태로 주어진다. 분수함수의 그래프 개형을 작도하려면, (1) 분모 $f_2(x) = 0$이 되는 점인 수직점근선을 구하고, (2) 분자 $f_1(x) = 0$이 되는 점인 x절편을 구하고, (3) $x \to \pm\infty$에서 함수의 극한을 조사해 수평점근선을 확인해야 한다. $\lim_{x\to\pm\infty} f(x) = k$이면, $y = k$가 수평점근선이다.

분수함수 $y = 2 + \frac{x+4}{(2x+5)(x+1)}$의 그래프 개형을 생각하자. (1) 분모가 0이 되는 x를 구하면, $(2x+5)(x+1) = 0$에서 $x = -\frac{5}{2}$, $x = -1$이며 직선 $x = -\frac{5}{2}$, $x = -1$이 수직점근선이다. (2) 분자 $x + 4 = 0$인 점에서 x절편은 -4이다. (3) $\lim_{x\to\pm\infty} \left(2 + \frac{x+4}{(2x+5)(x+1)}\right) = 2$이므로 $y = 2$가 수평점근선이다.

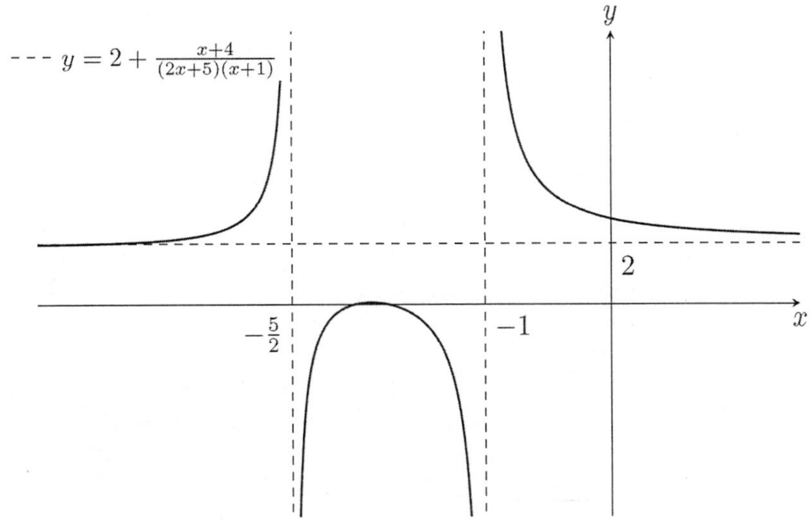

그림 12.27

$y = 2 + \frac{x+4}{(2x+5)(x+1)}$의 그래프 개형이 그림 12.27에 있다. 그래프 개형을 추측할 때에 $x = -\frac{5}{2}$, $x = -1$에서 함수 $y = f(x)$의 좌·우극한을 생각해야 한다.

여기서는 함수의 압축과 팽창, 평행이동, 축대칭, 함수의 연산에 관련된 그래프 개형을 제시하고, 절댓값을 포함한 다양한 분수함수의 그래프 개형을 소개할 것이다.

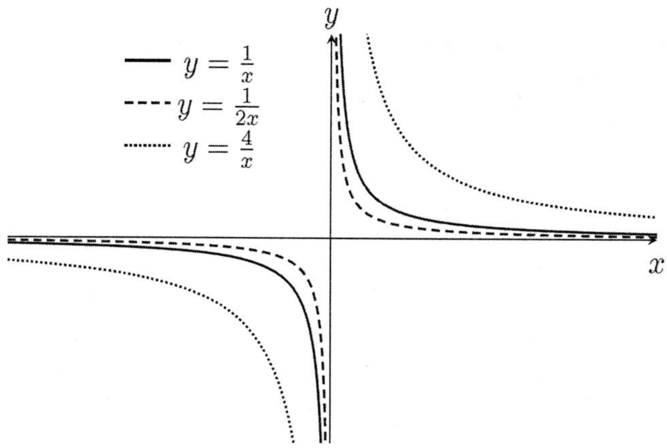

그림 12.28

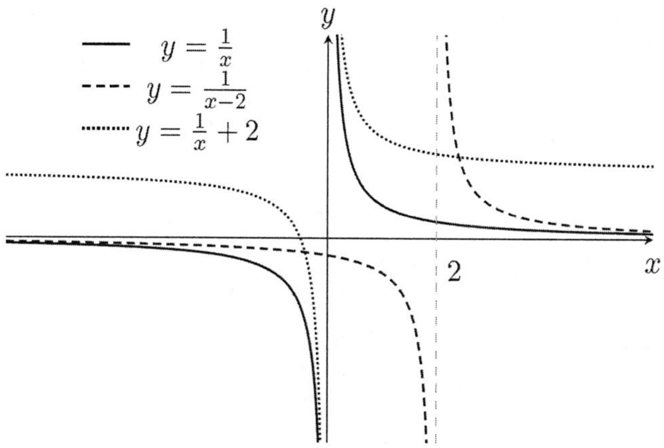

그림 12.29

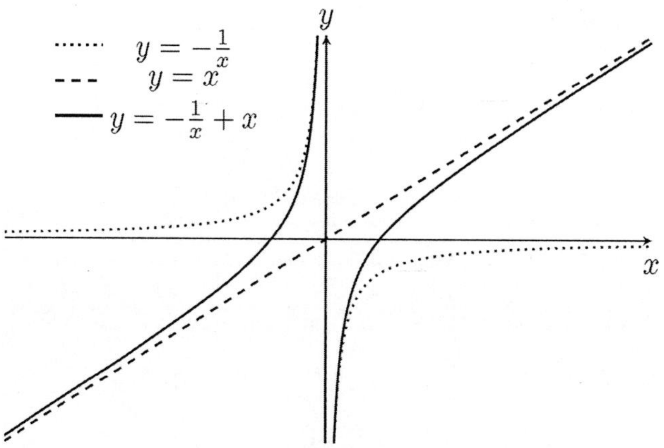

그림 12.30

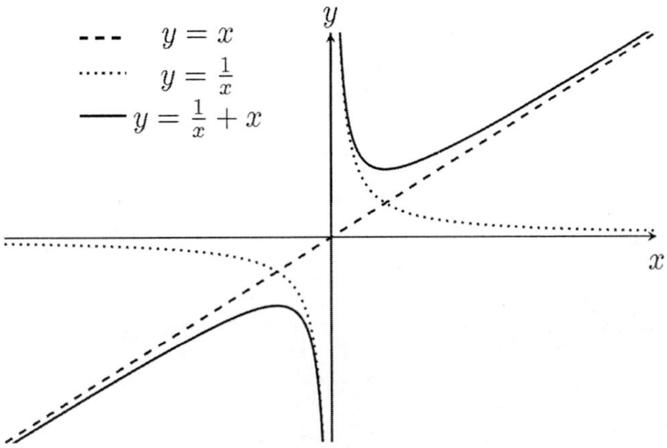

그림 12.31

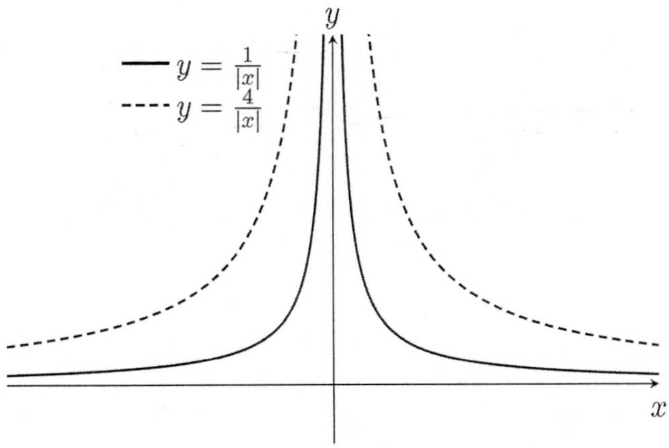

그림 12.32

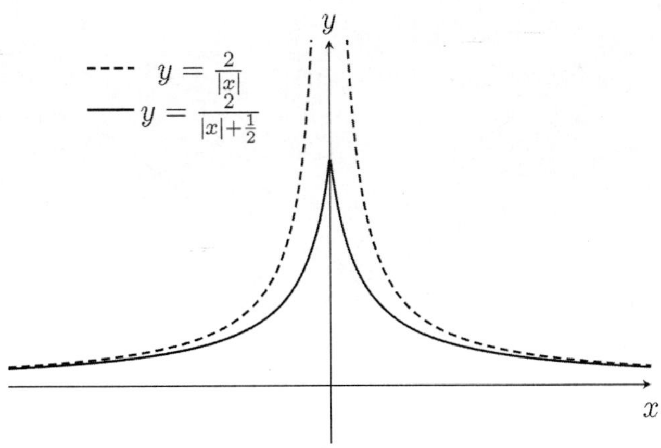

그림 12.33

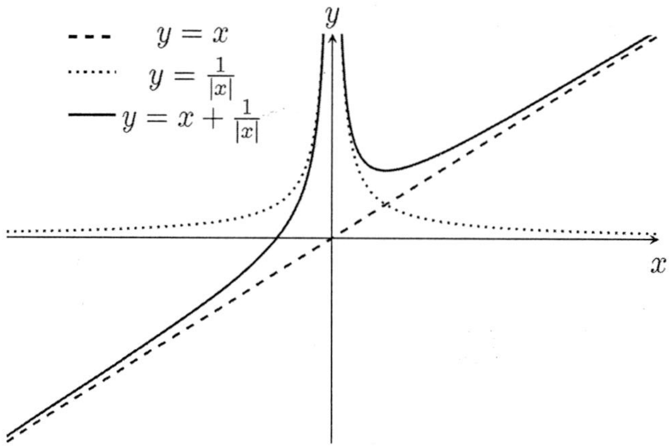

그림 12.34

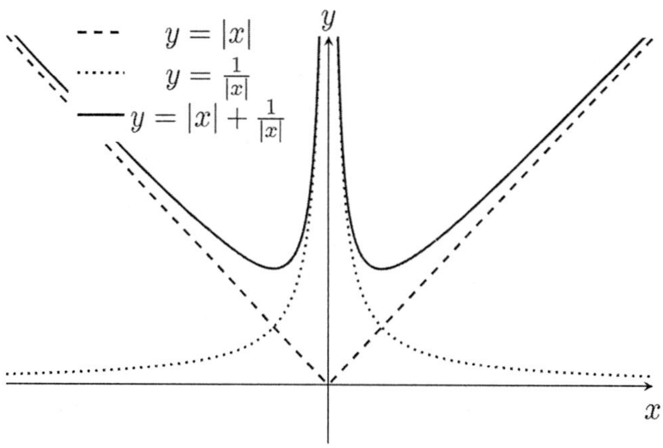

그림 12.35

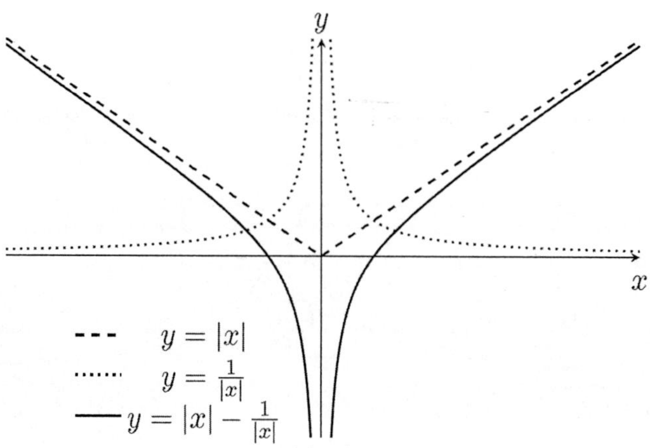

그림 12.36

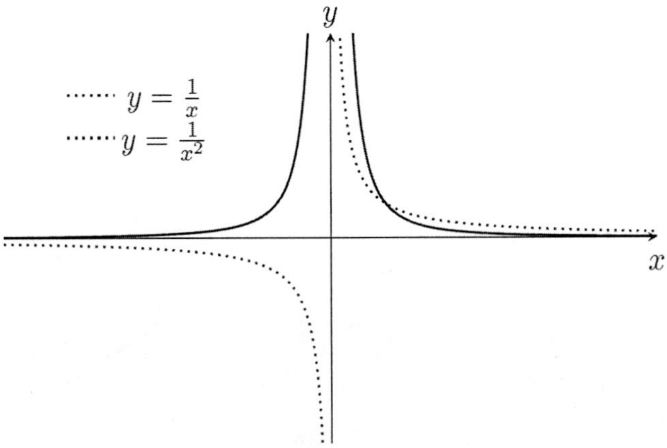

그림 12.37

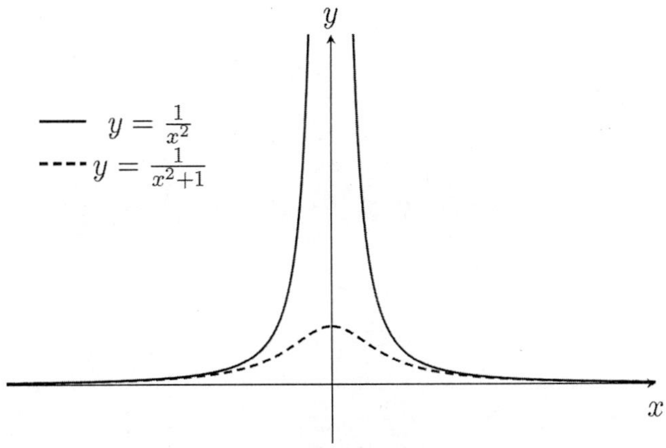

그림 12.38

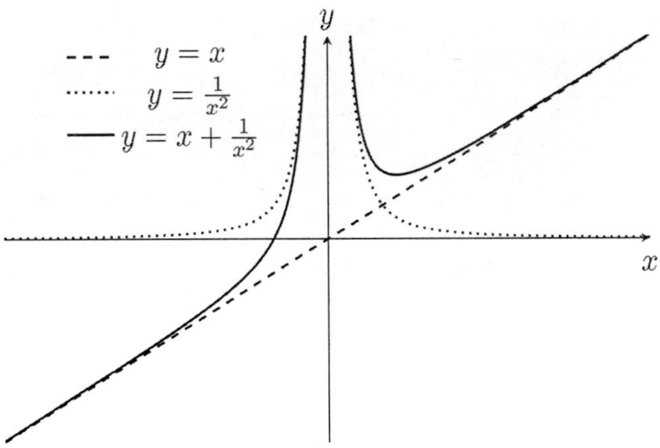

그림 12.39

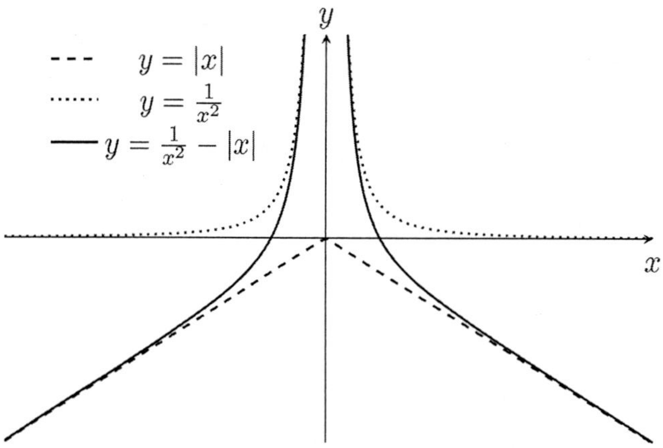

그림 12.40

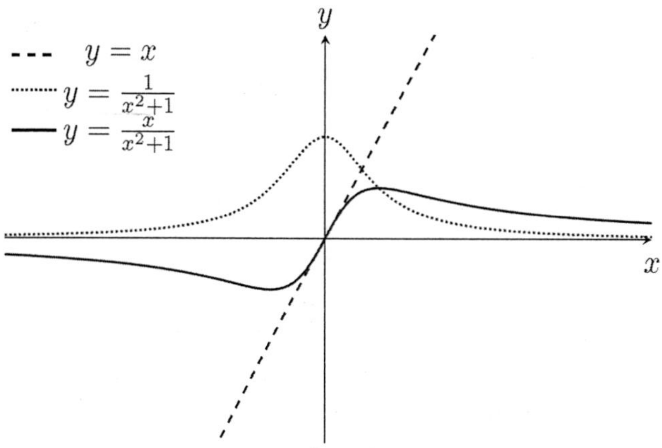

그림 12.41

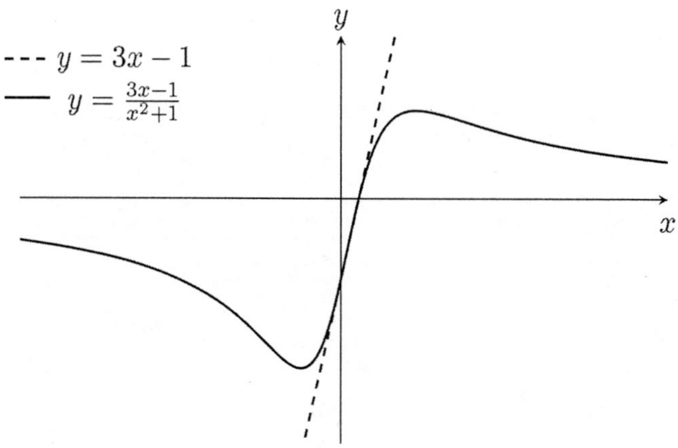

그림 12.42

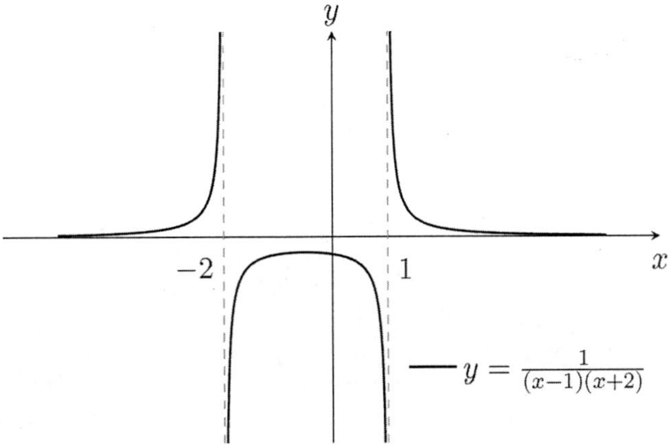

그림 12.43

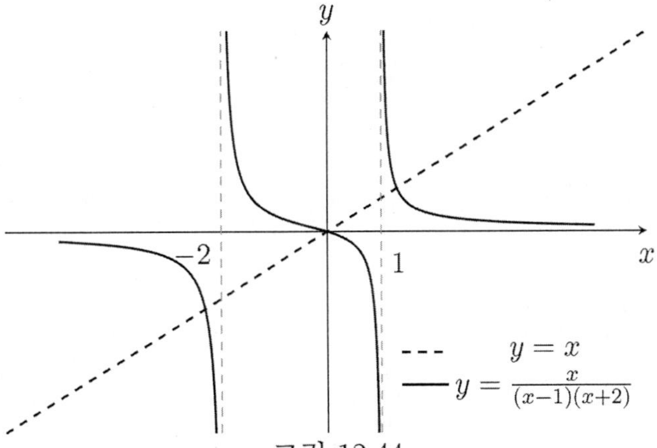

그림 12.44

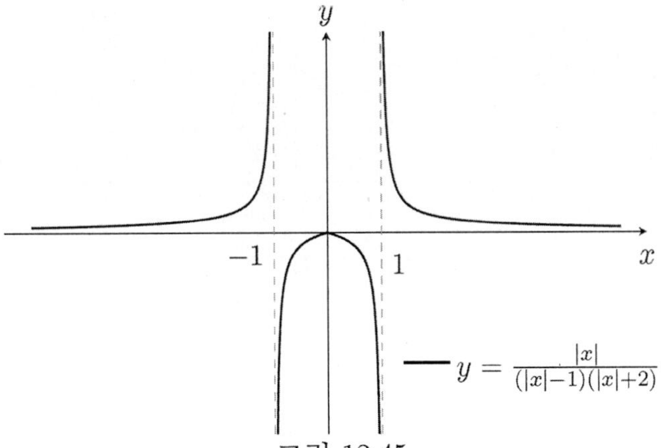

그림 12.45

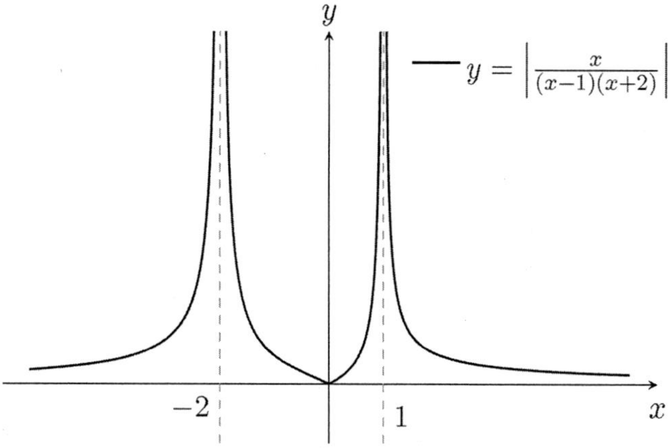

그림 12.46

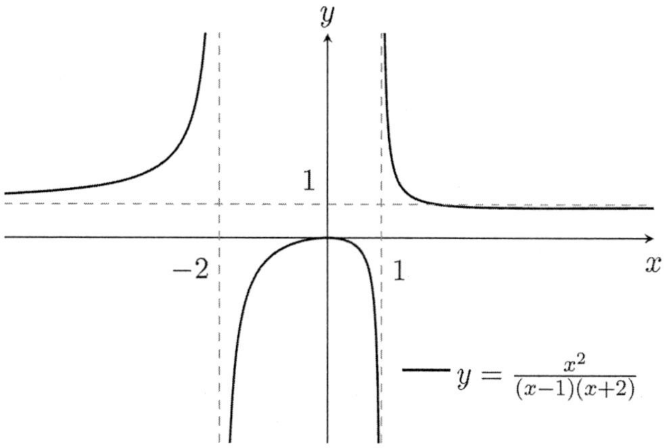

그림 12.47

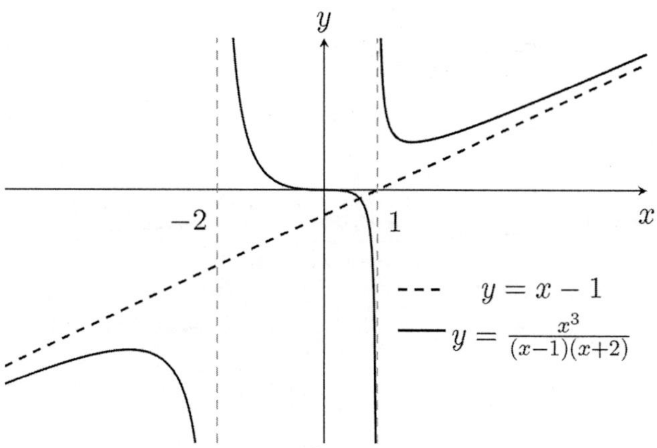

그림 12.48

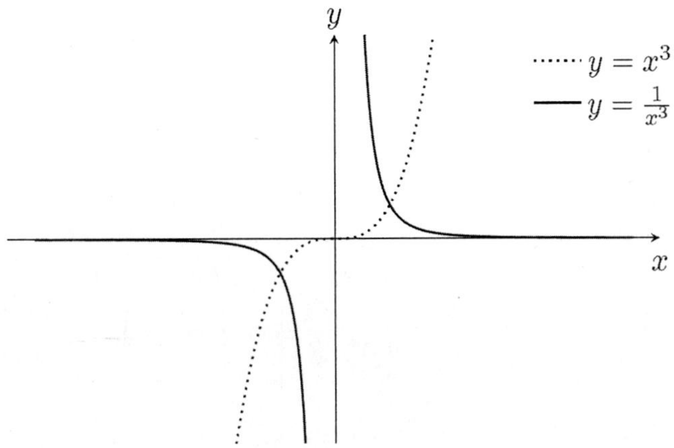

그림 12.49

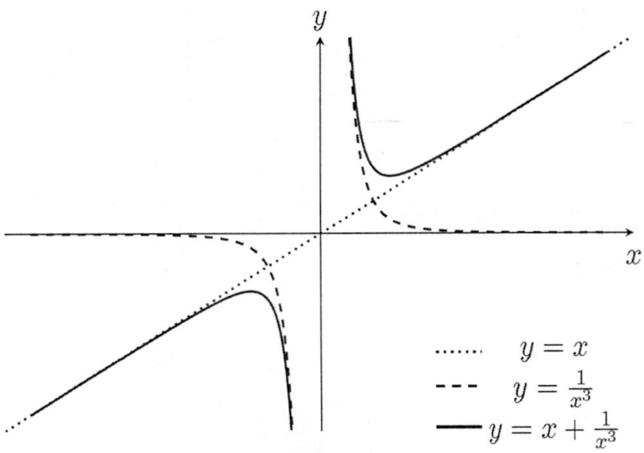

그림 12.50

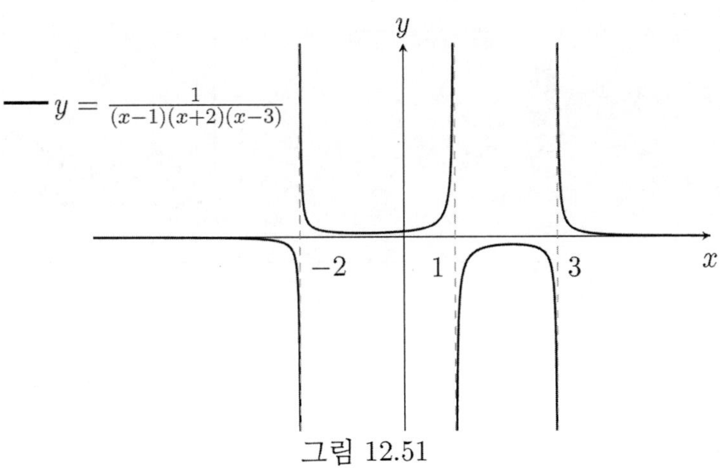

그림 12.51

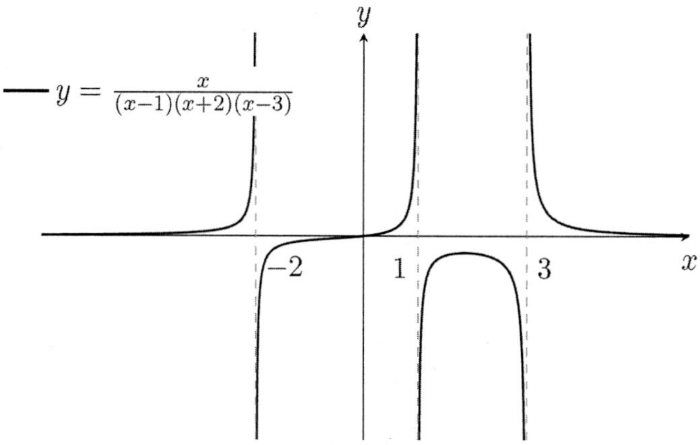

그림 12.52

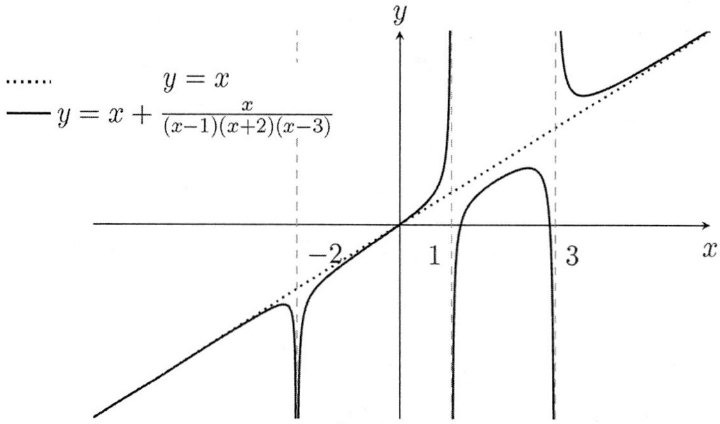

그림 12.53

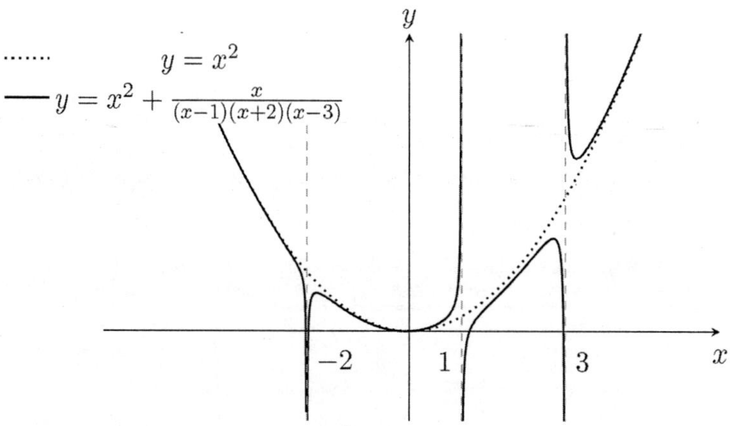

그림 12.54

4. 멱함수 그래프의 변형

실수 a에 대해 $y=x^a$인 형태의 함수를 멱함수라고 말하는데, $y=x^2$, $y=x^3$, $\cdots$와 같이 지수 a가 자연수인 거듭제곱 함수로부터 $y=x^{-2}$, $y=x^{-3}$, $\cdots$ 등과 같이 지수 a가 정수인 멱함수, $y=x^{\frac{1}{5}}$, $y=x^{\frac{2}{5}}$, $y=x^{\frac{3}{5}}$, $\cdots$, $y=x^{\sqrt{2}}$, $y=x^{\sqrt{3}}$, $\cdots$ 등과 같이 지수 a가 유리수, 무리수인 멱함수까지 다양한 멱함수가 있다.

멱함수 $y=x^a$는 지수 a에 따라 정의역, 치역이 다르게 결정된다. 그림 12.55에는 멱함수 $y=x^{\frac{1}{5}}$, $y=x^{\frac{2}{5}}$, $y=2x^{\frac{2}{5}}$, $y=3x^{\frac{2}{5}}$의 그래프 개형이 있다. 이들의 정의역은 모두 $\mathbb{R}$이지만, $y=x^{\frac{1}{5}}$의 치역은 $\mathbb{R}$이고, $y=x^{\frac{2}{5}}$, $y=2x^{\frac{2}{5}}$, $y=3x^{\frac{2}{5}}$의 치역은 $[0,\infty)$이다. 그리고 $y=2x^{\frac{2}{5}}$, $y=3x^{\frac{2}{5}}$의 그래프는 $y=x^{\frac{2}{5}}$의 그래프를 x축으로부터 계수 2, 3인 팽창을 한 것이다.

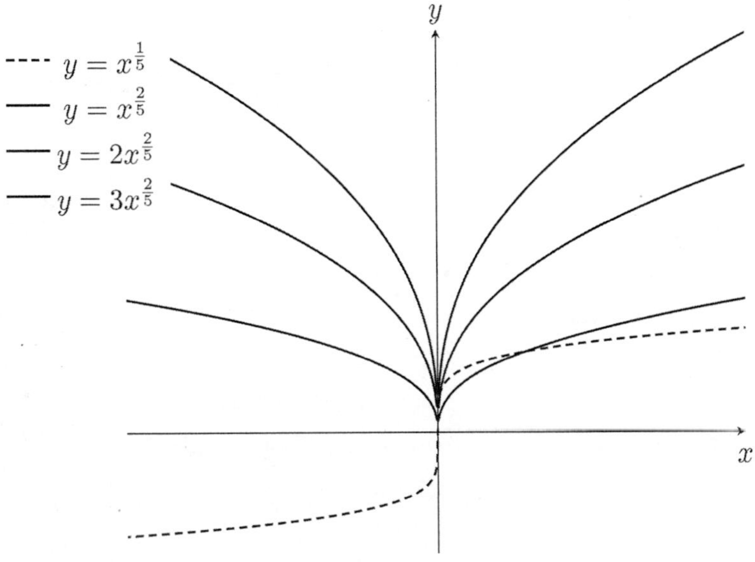

그림 12.55

여기서는 그래프를 변형시키는 방법인 함수의 압축과 팽창, 평행이동, 축대칭, 함수의 연산에 관련된 그래프 개형의 사례들을 제시하고, 절댓값을 포함한 다양한 멱함수의 그래프 개형을 소개할 것이다.

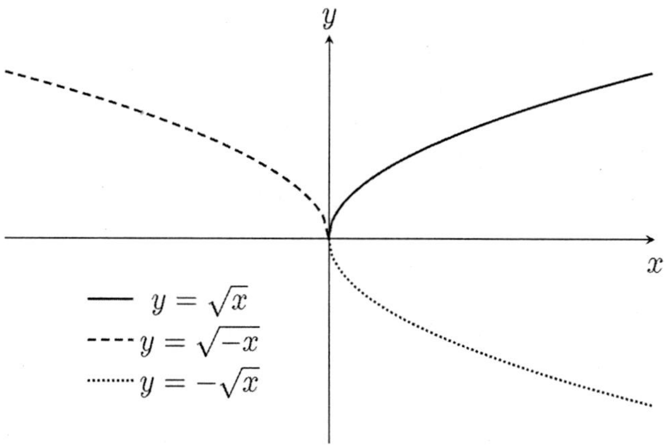

그림 12.56

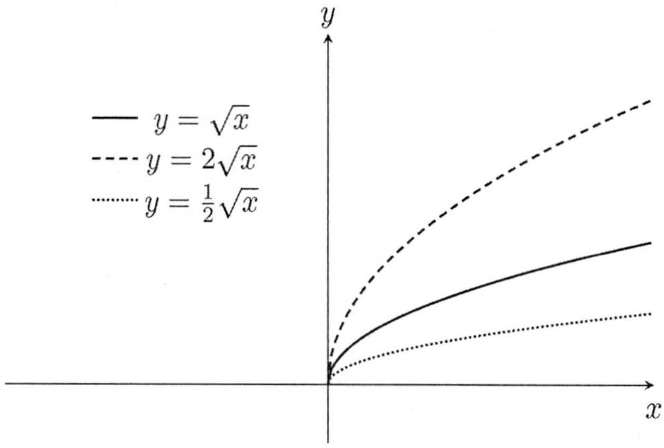

그림 12.57

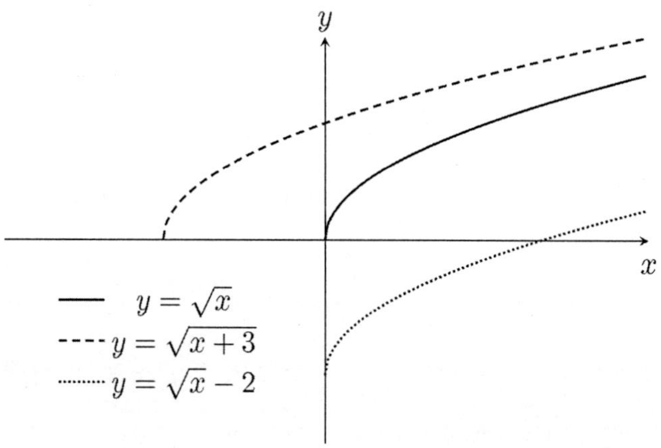

그림 12.58

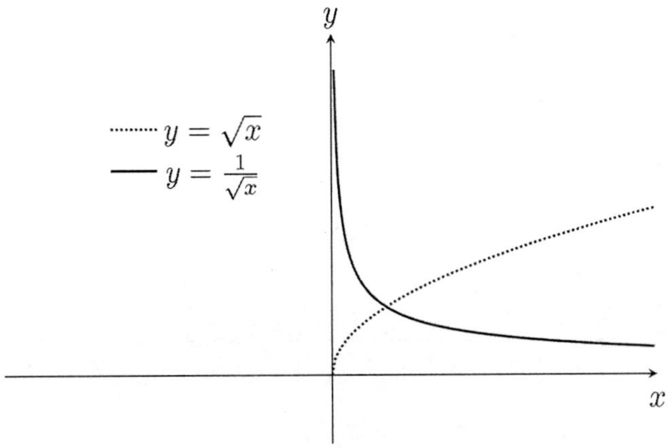

그림 12.59

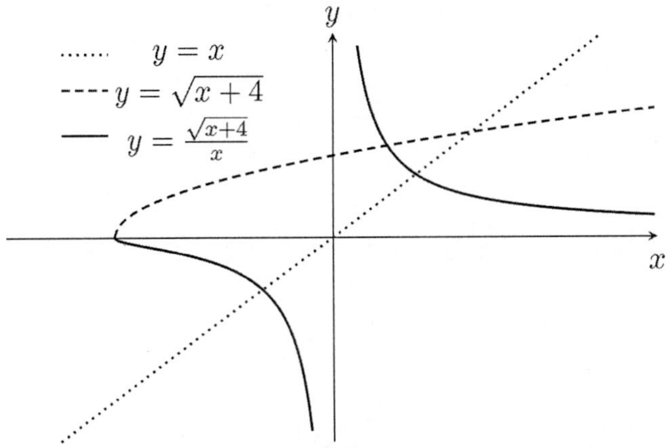

그림 12.60

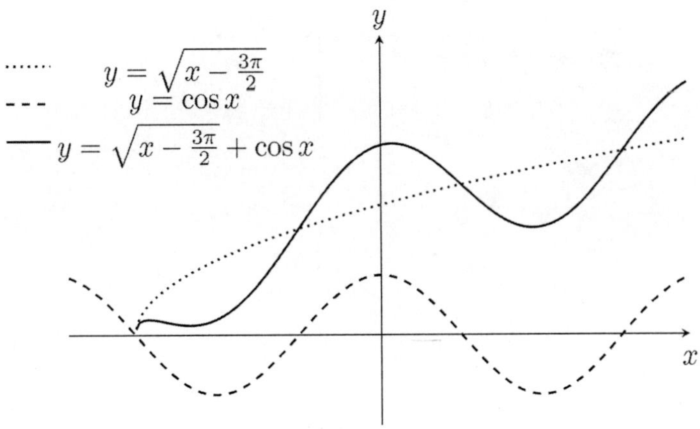

그림 12.61

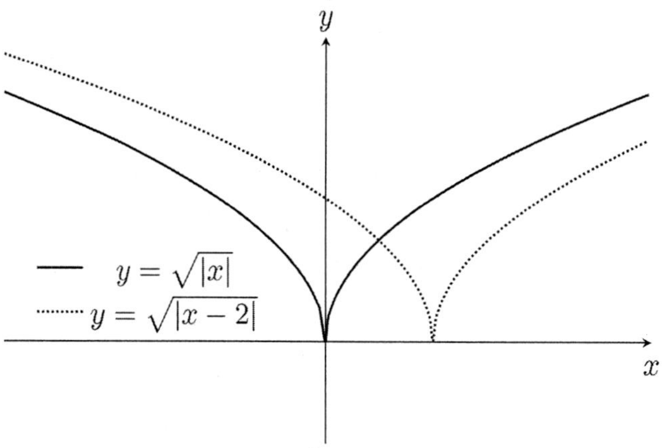

그림 12.62

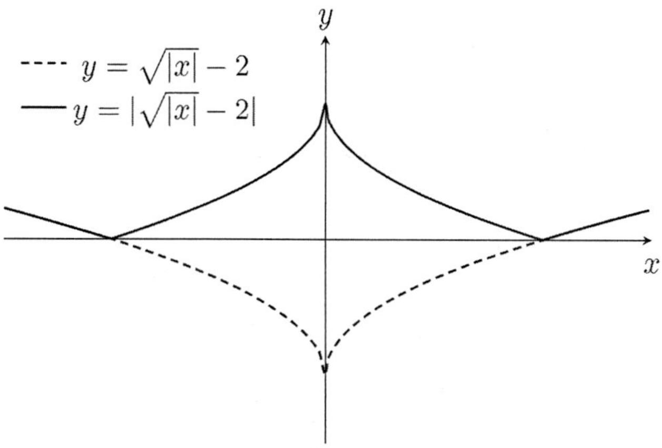

그림 12.63

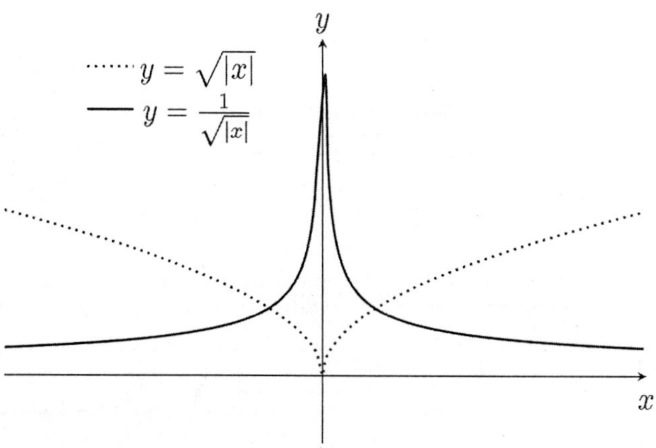

그림 12.64

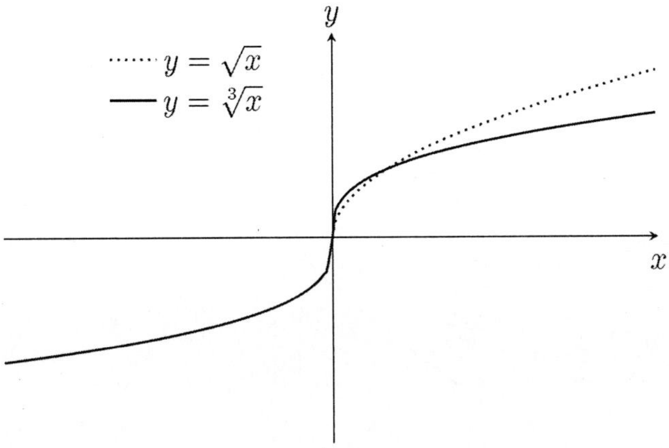

그림 12.65

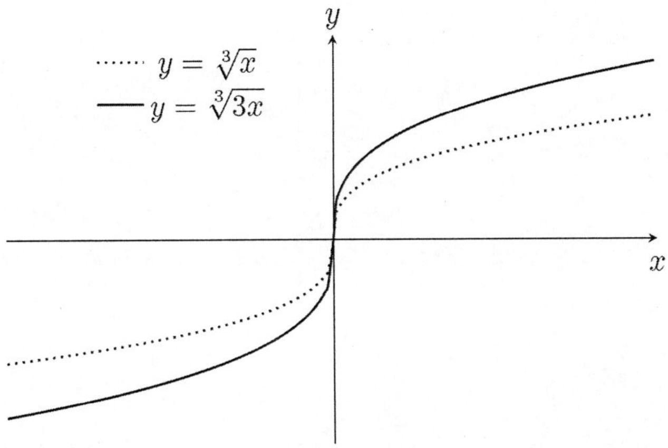

그림 12.66

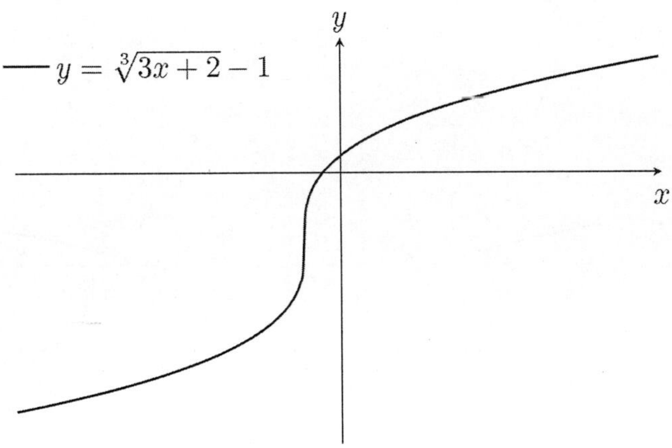

그림 12.67

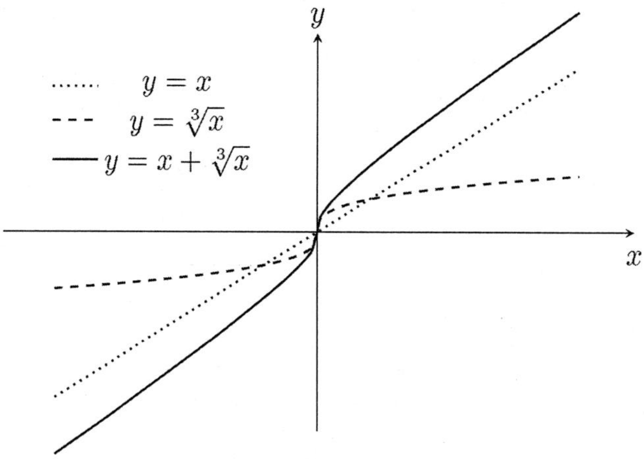

그림 12.68

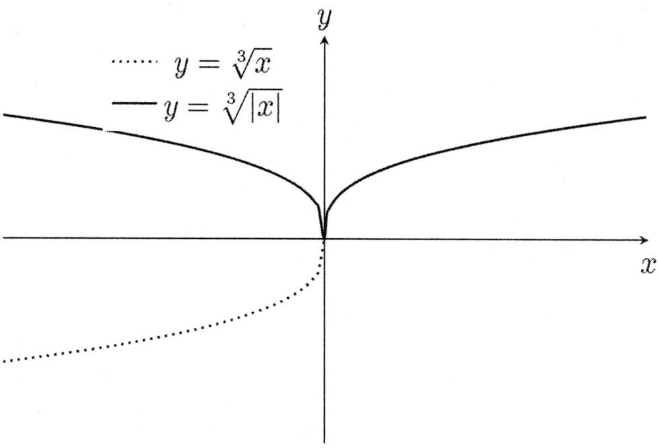

그림 12.69

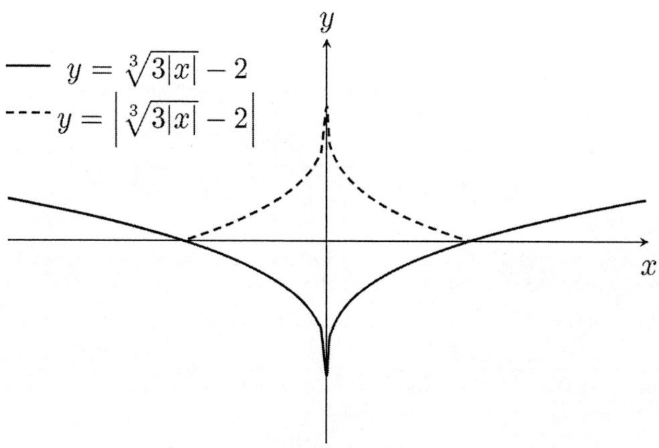

그림 12.70

5. 지수함와 로그함수 그래프의 변형

지수함수와 로그함수는 서로 역함수 관계인 함수들로, 수학적으로 다양한 성질을 가지고 있다. $a > 1$인 경우 지수함수 $y = a^x$는 증가함수이며, $x \to -\infty$일 때 $y \to 0$으로 양의 방향으로부터 수렴하며 $x \to \infty$일 때 $y \to \infty$로 발산한다. $0 < a < 1$인 경우에 $y = a^x$는 감소함수이며, $x \to -\infty$일 때 $y \to \infty$로 발산하며, $x \to \infty$일 때 $y \to 0$으로 양의 방향으로부터 수렴한다. $y = a^x$의 역함수인 $y = \log_a x$는 $y = a^x$와 $y = x$에 대해 대칭인 그래프 개형을 가진다.

지수함수와 로그함수의 그래프는 곡선으로, 압축, 팽창, 평행이동, 축대칭, 함수의 합성 등을 이용하여 다양한 곡선들을 만들 수 있다.

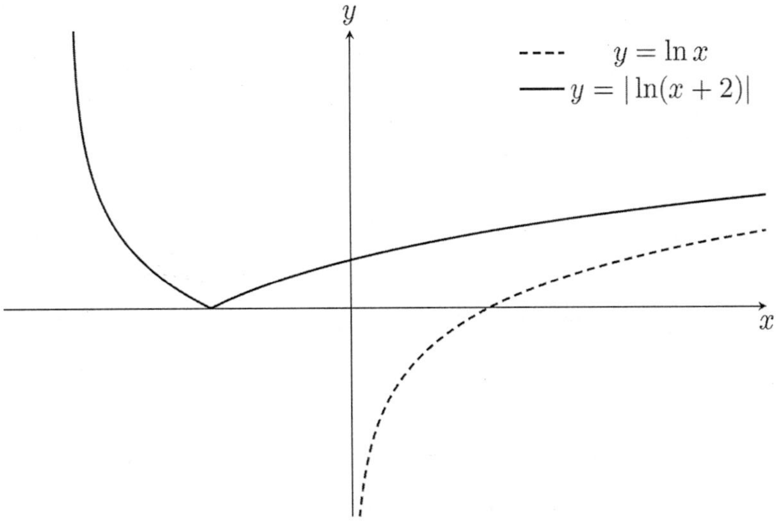

그림 12.71

그림 12.71에는 $y = \ln x$와 $y = |\ln(x+2)|$의 그래프가 있다. $y = |\ln(x+2)|$의 그래프는 $y = |\ln x|$의 그래프를 작도하고 x축을 따라 평행이동하여 얻어진다.

여기서는 그래프를 변형시키는 방법인 함수의 압축과 팽창, 평행이동, 좌표축에 대한 대칭, 함수의 연산에 관련된 그래프 개형의 사례들을 제시하고, 절댓값을 포함한 다양한 지수함수와 로그함수의 그래프 개형을 소개할 것이다.

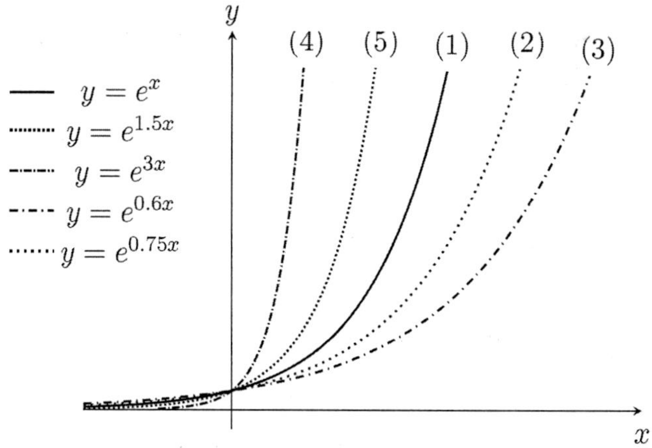

그림 12.72

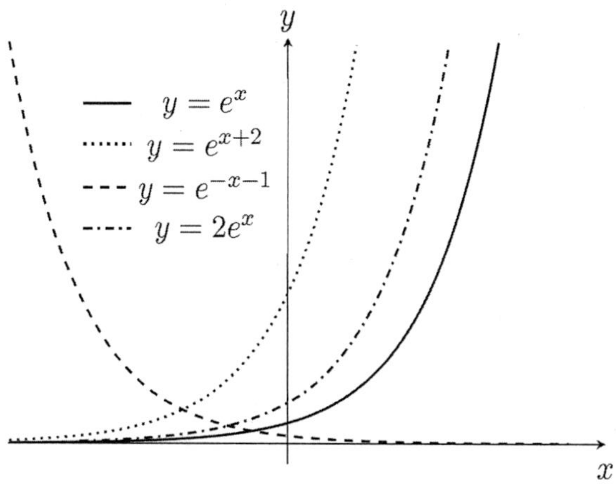

그림 12.73

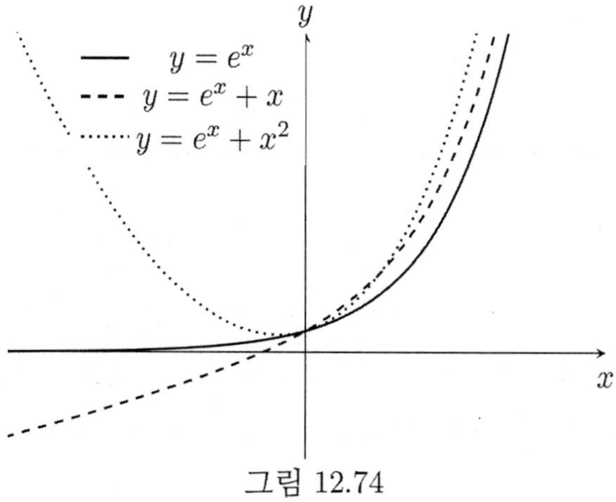

그림 12.74

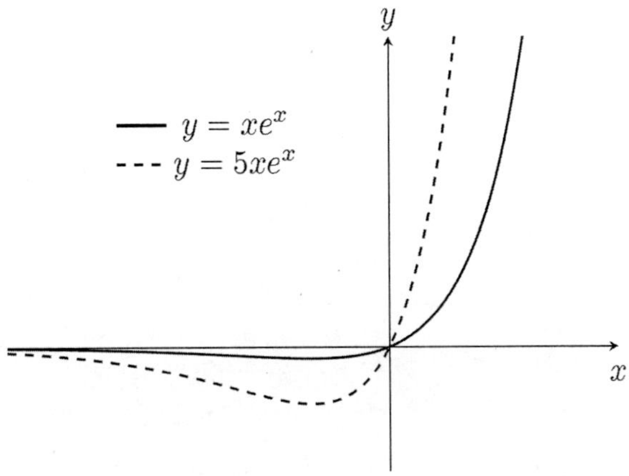

그림 12.75

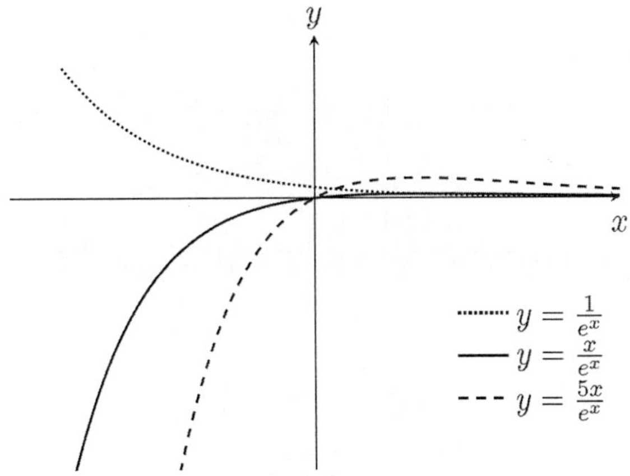

그림 12.76

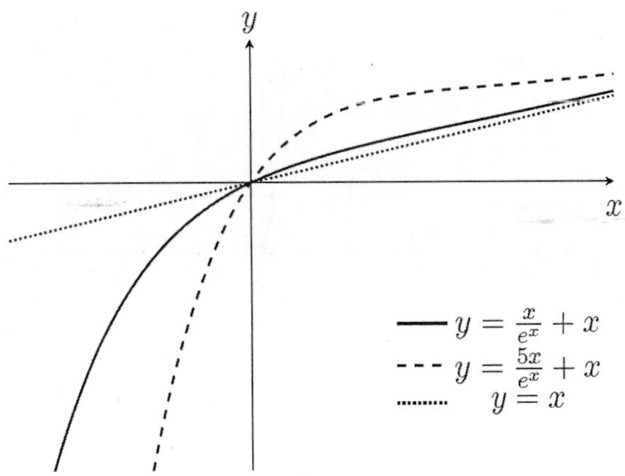

그림 12.77

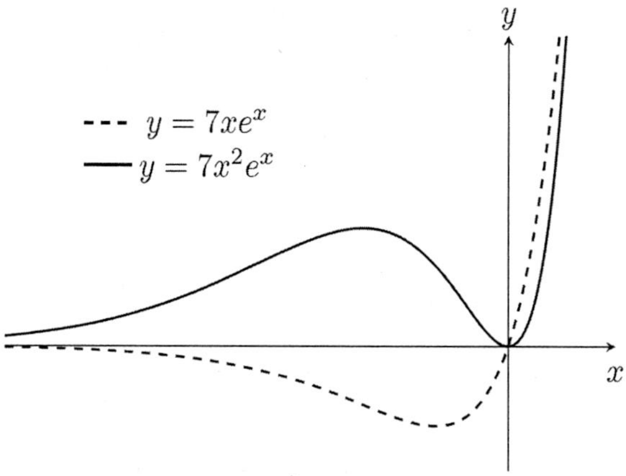

그림 12.78

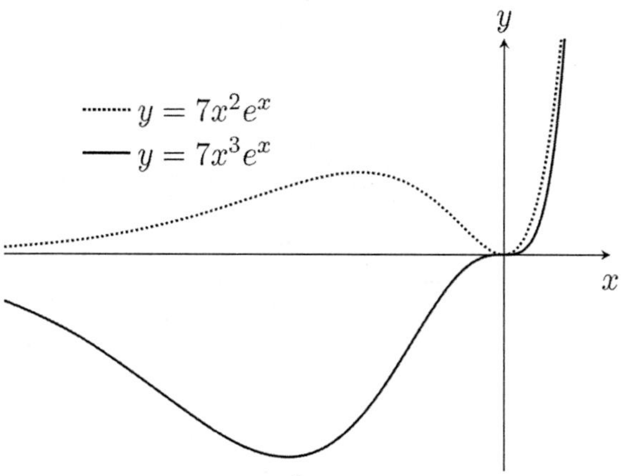

그림 12.79

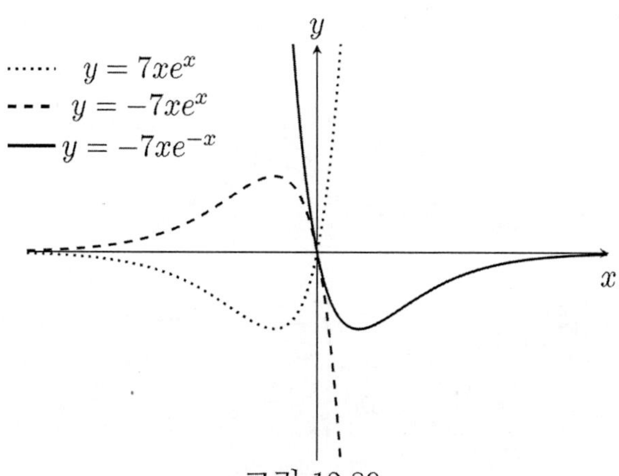

그림 12.80

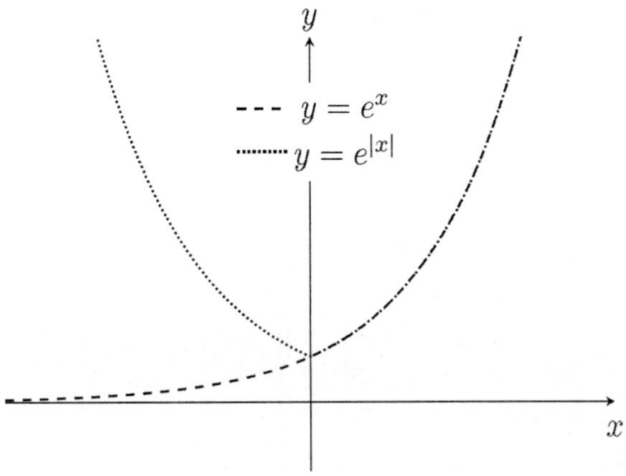

그림 12.81

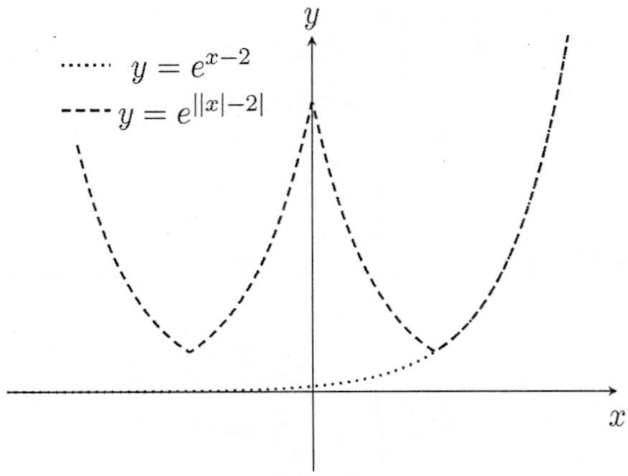

그림 12.82

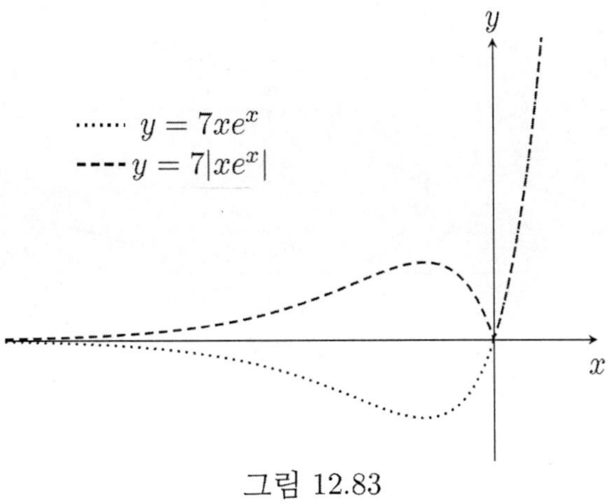

그림 12.83

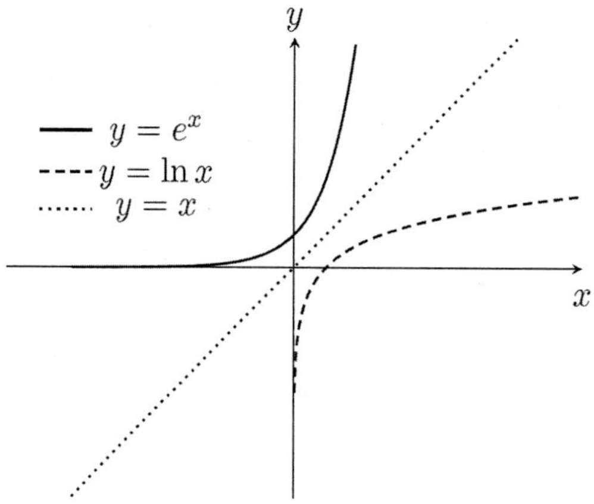

그림 12.84

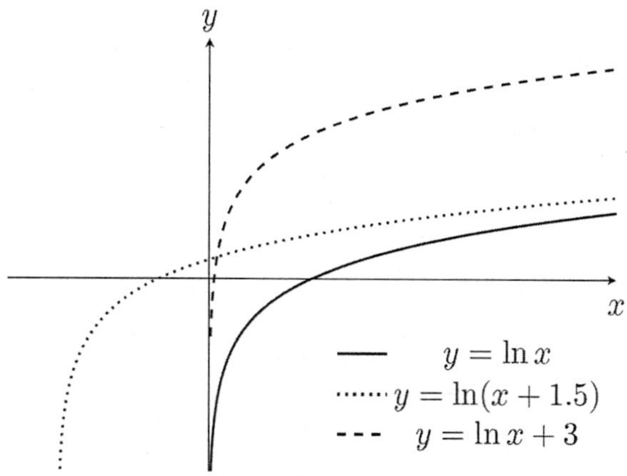

그림 12.85

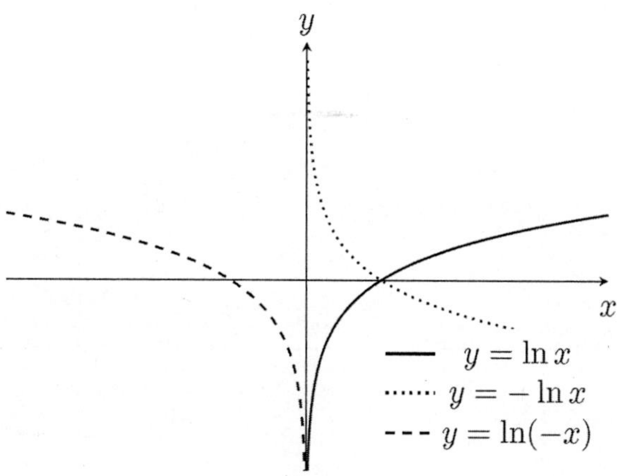

그림 12.86

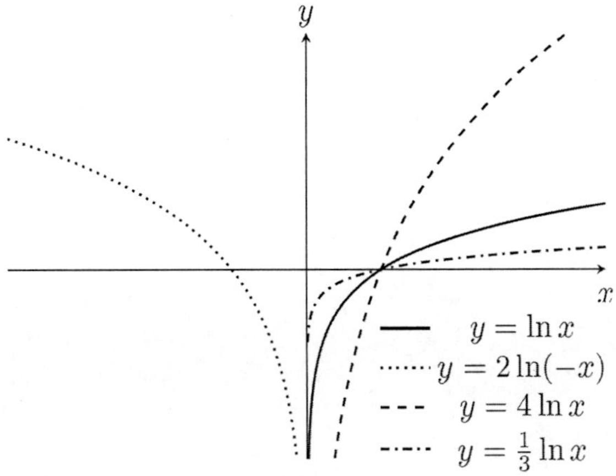

그림 12.87

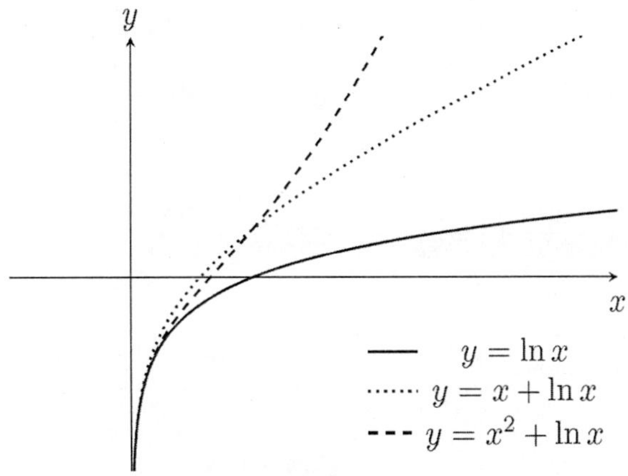

그림 12.88

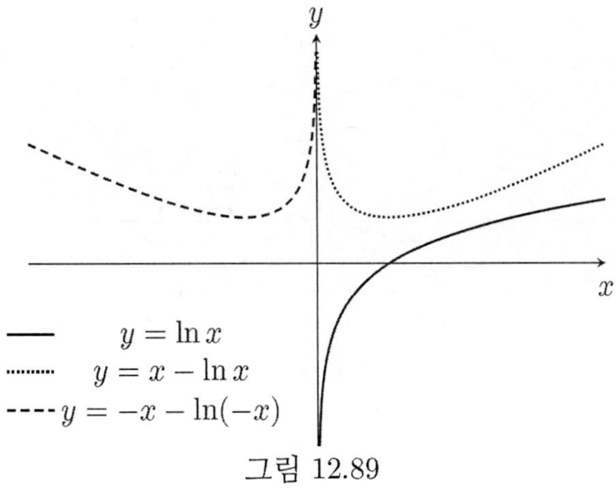

그림 12.89

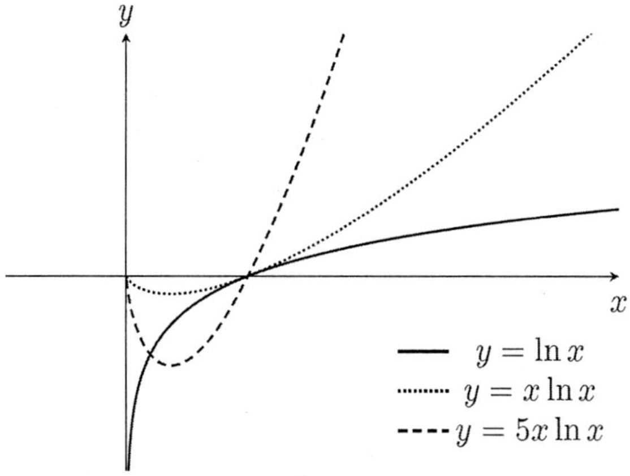

그림 12.90

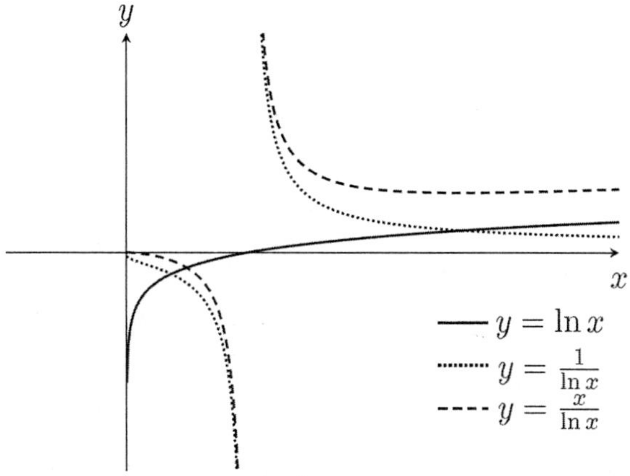

그림 12.91

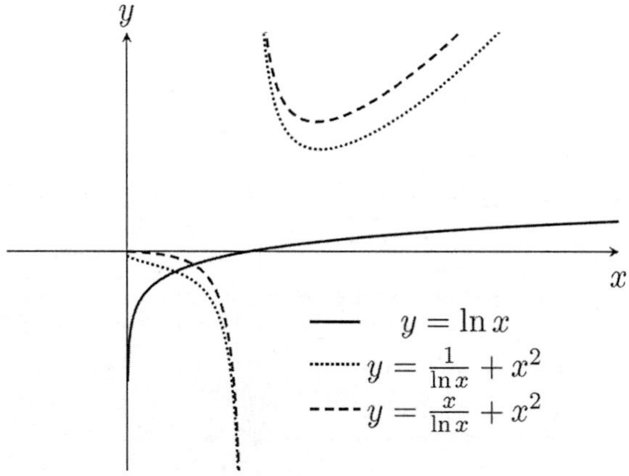

그림 12.92

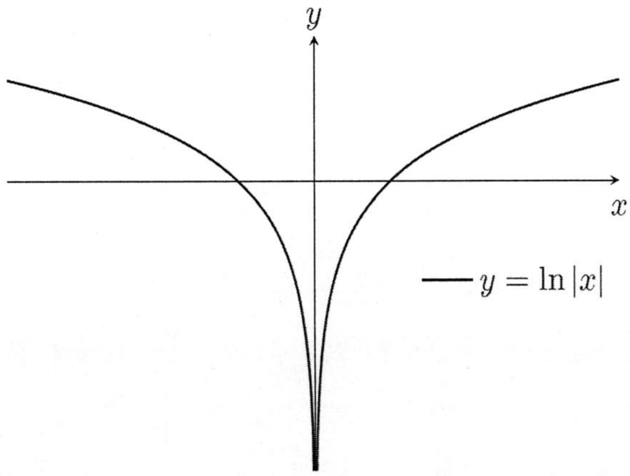

그림 12.93

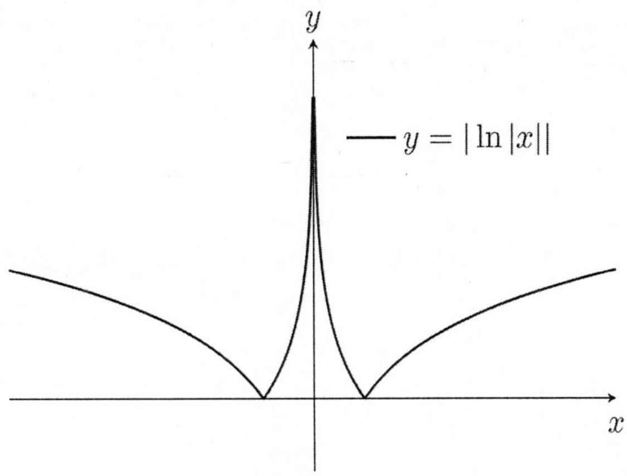

그림 12.94

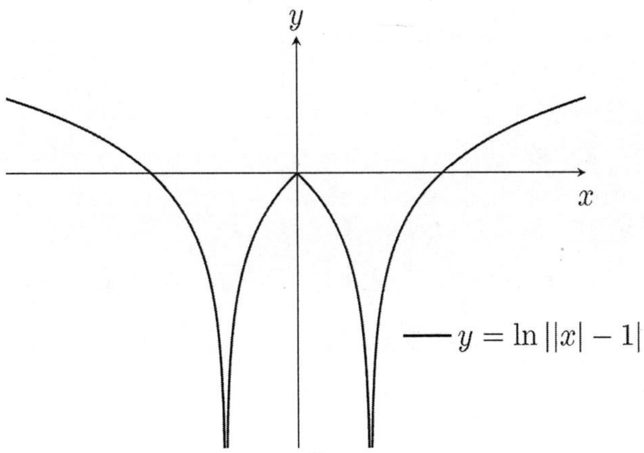

그림 12.95

6. 삼각함수 그래프의 변형

삼각함수의 흥미로운 특징은 주기성을 가진다는 것이다. $y = \sin x$와 $y = \cos x$의 기본주기는 2π이고, $y = \tan x$의 기본주기는 π이다. 그러므로, 주변에서 주기적으로 반복되는 현상들을 모델링하는 수학적 도구로 삼각함수가 많이 활용된다.

그림 12.96에는 함수 $y_1 = \sqrt{x} + \cos x$, $y_2 = \sqrt{x} + |\cos x|$의 그래프 개형이 있다. 이 함수들이 주기함수는 아니지만, 함수식에 주기함수인 $y = \cos x$가 있어서 함수 그래프에서 반복적인 패턴을 볼 수 있다. 그리고 $y = \sqrt{x}$가 증가함수이므로, 함수 $y_1 = f(x)$, $y_2 = f(x)$의 그래프는 전반적으로는 함숫값이 증가하는 경향을 가지면서, 국소적으로는 함숫값의 증감이 반복되고 있다.

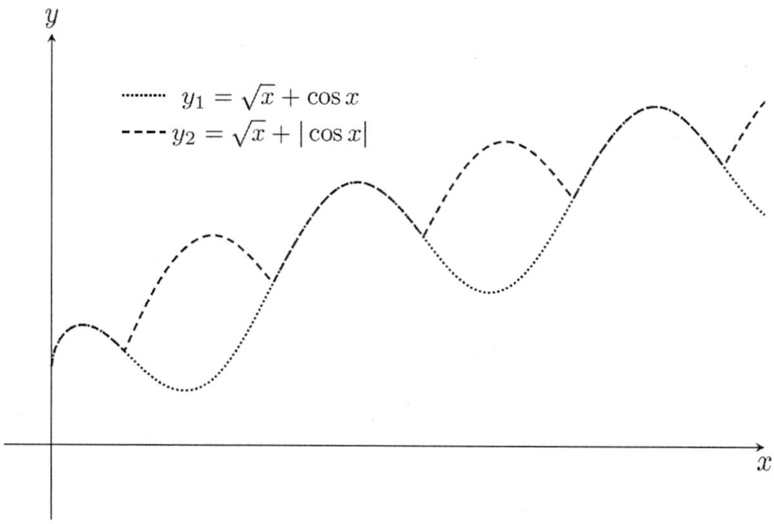

그림 12.96

함수 $y_1 = \sqrt{x} + \cos x$와 $y_2 = \sqrt{x} + |\cos x|$를 비교하면, $\cos x \leq |\cos x|$이며 일부 구간에서 $y_1 = f(x)$의 그래프의 윗쪽에 $y_2 = f(x)$의 그래프가 있다.

여기서는 그래프를 변형시키는 방법인 함수의 압축과 팽창, 평행이동, 함수의 연산에 관련된 그래프 개형의 사례들을 제시하고, 절댓값을 포함한 다양한 삼각함수의 그래프 개형을 소개할 것이다.

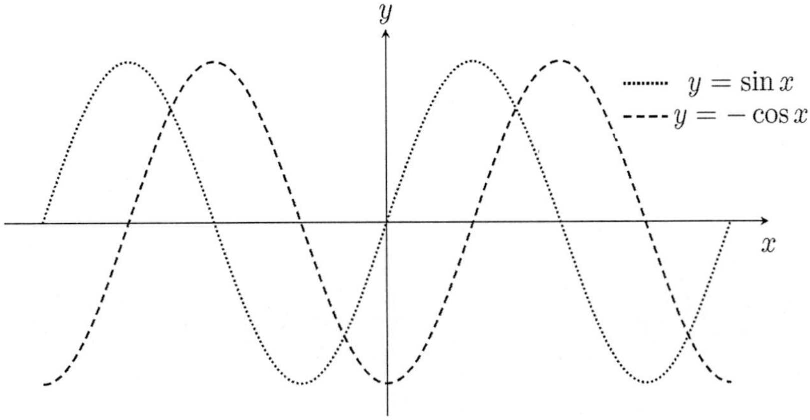

그림 12.97

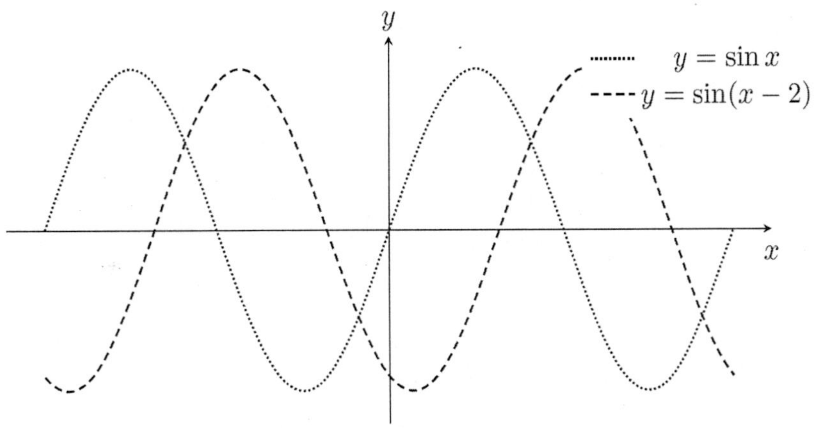

그림 12.98

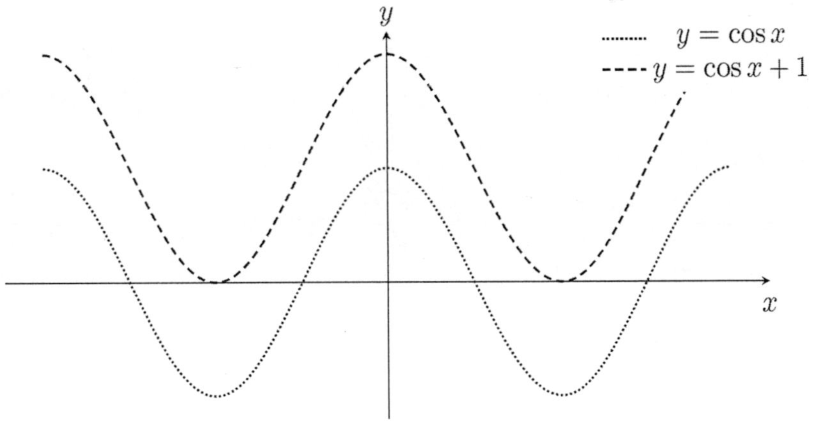

그림 12.99

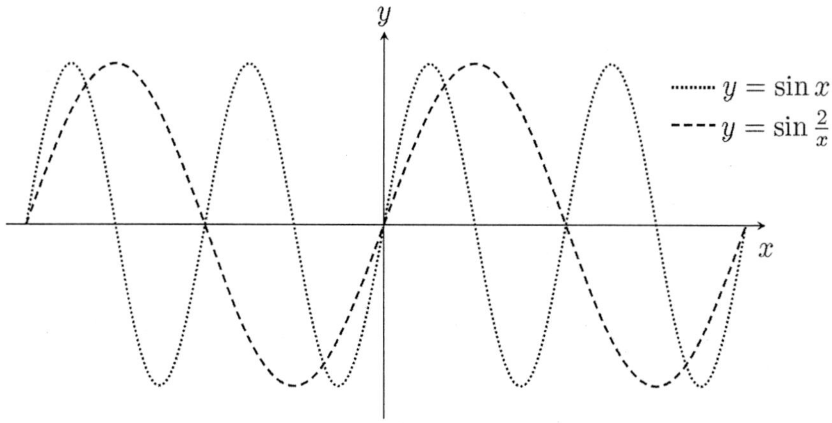

그림 12.100

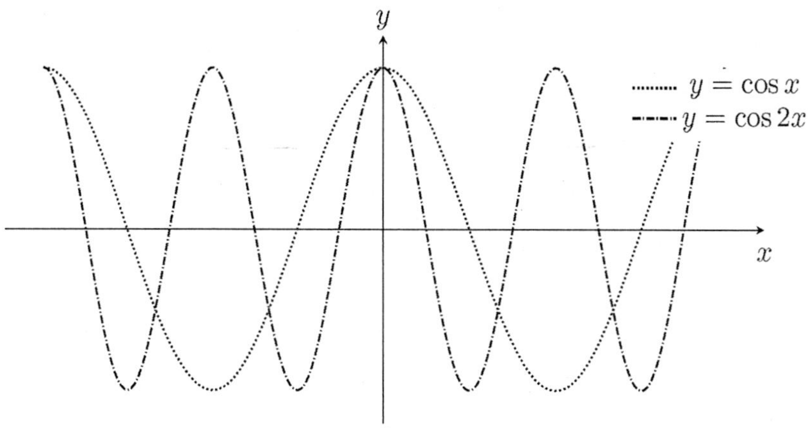

그림 12.101

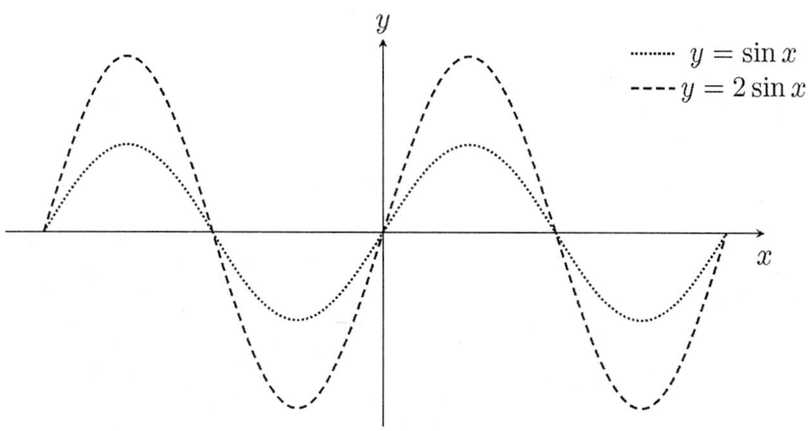

그림 12.102

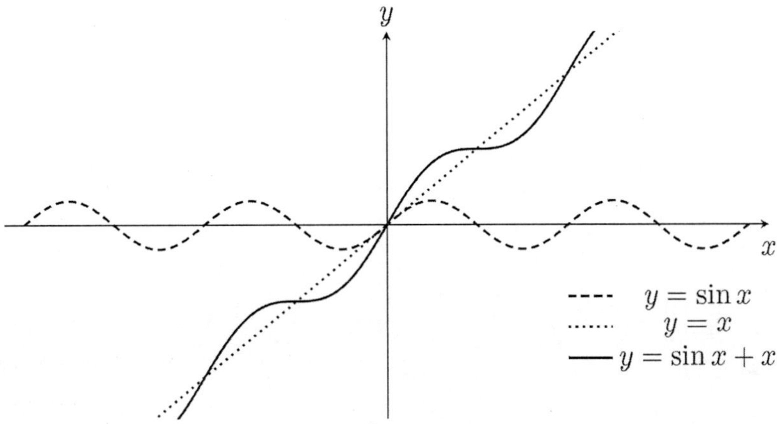

그림 12.103

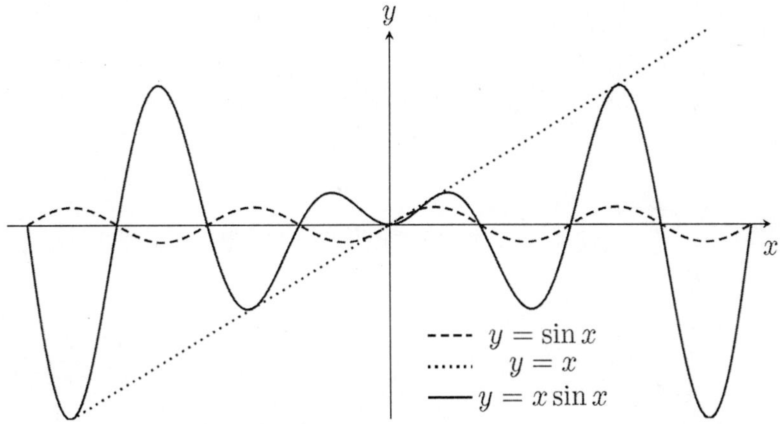

그림 12.104

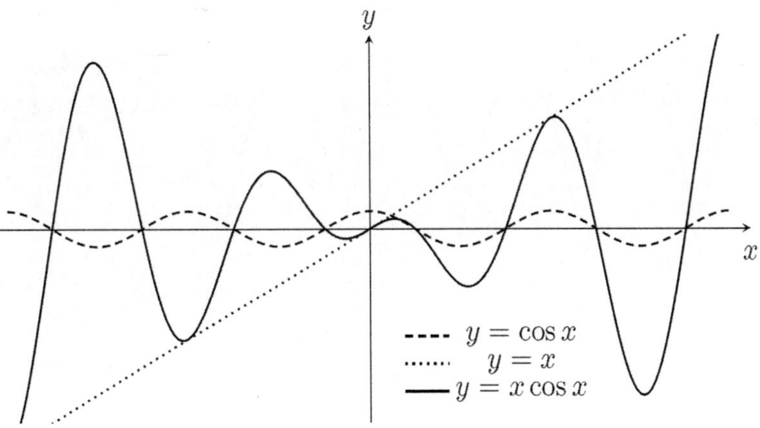

그림 12.105

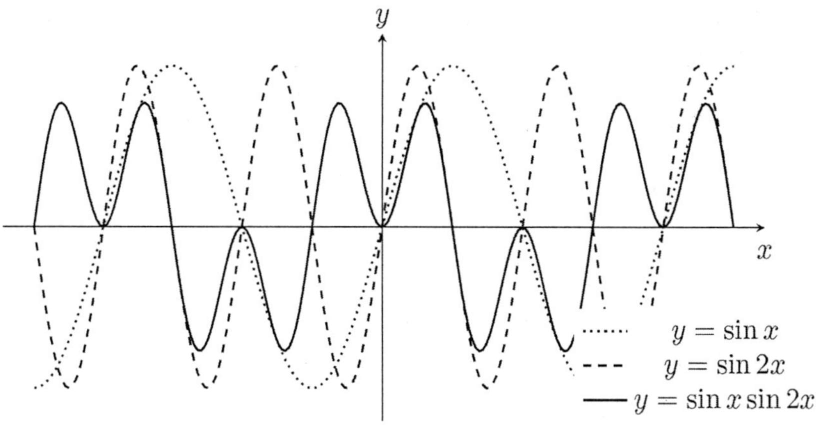

그림 12.106

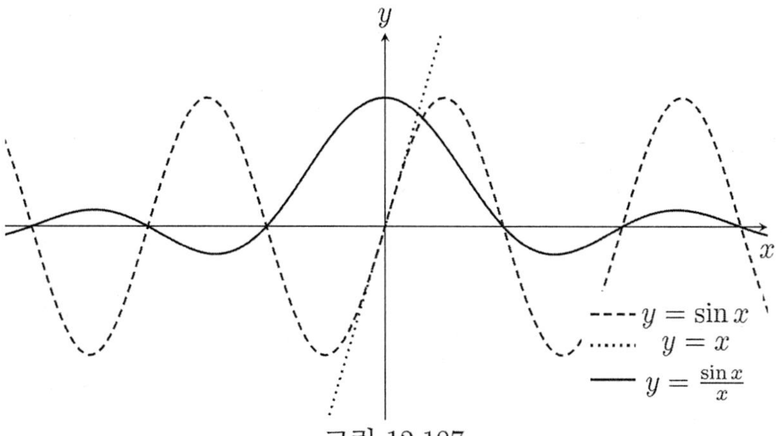

그림 12.107

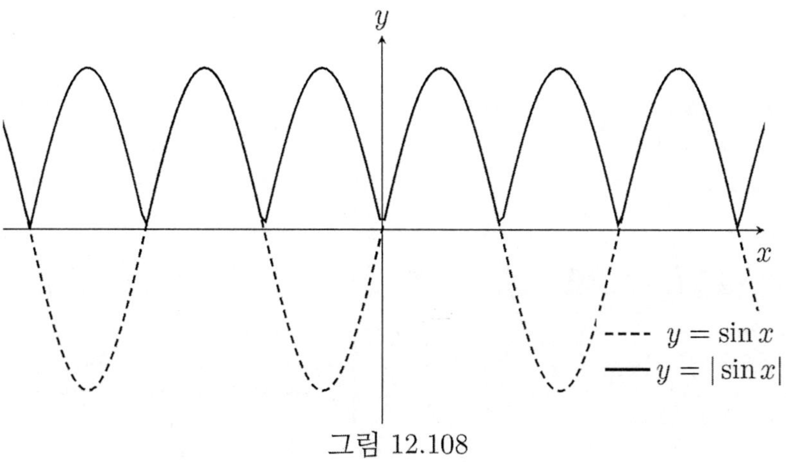

그림 12.108

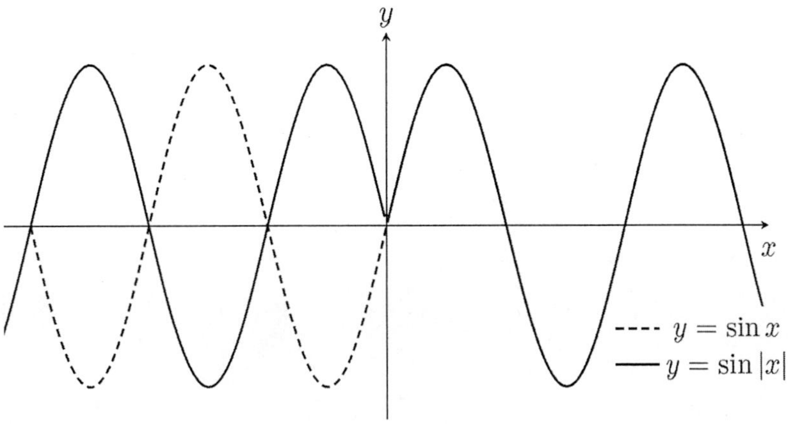

그림 12.109

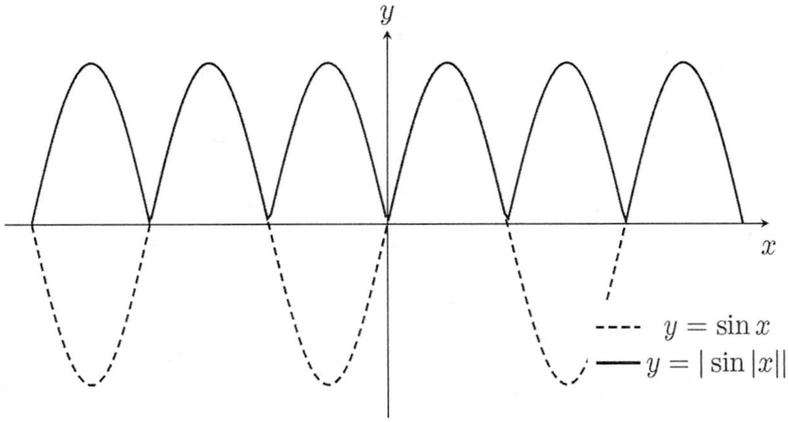

그림 12.110

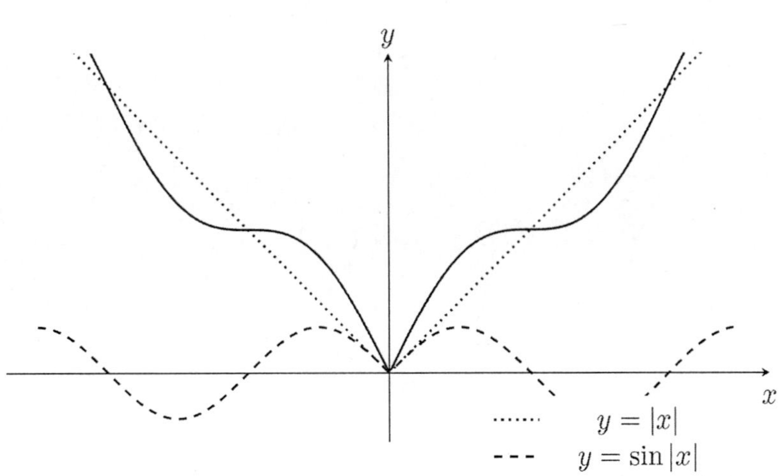

그림 12.111

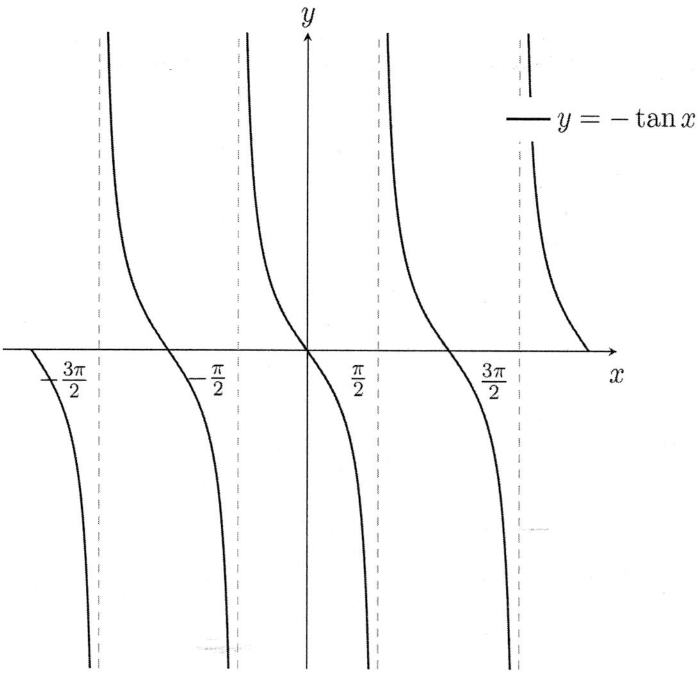

그림 12.112

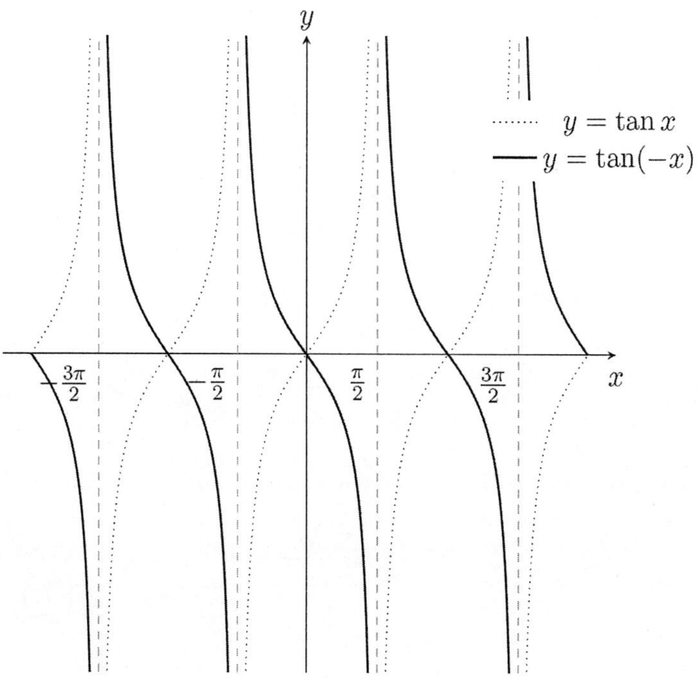

그림 12.113

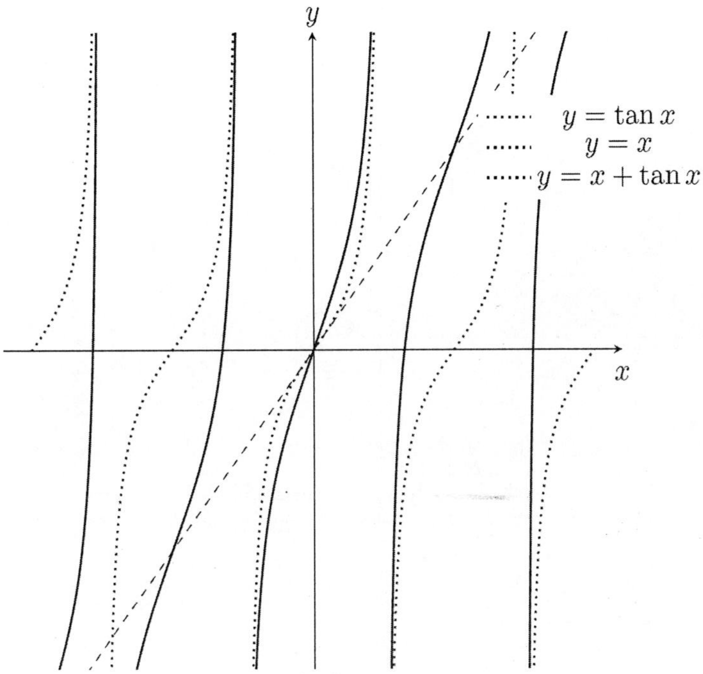

그림 12.114

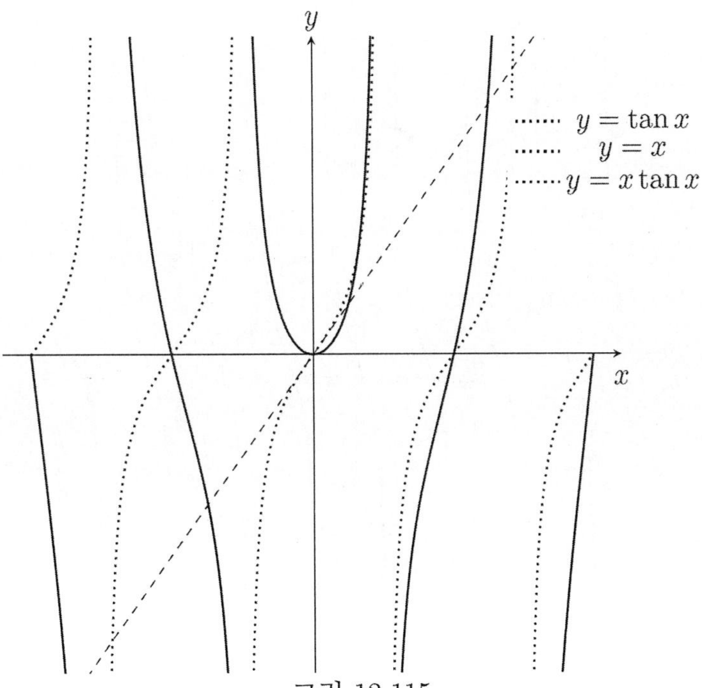

그림 12.115

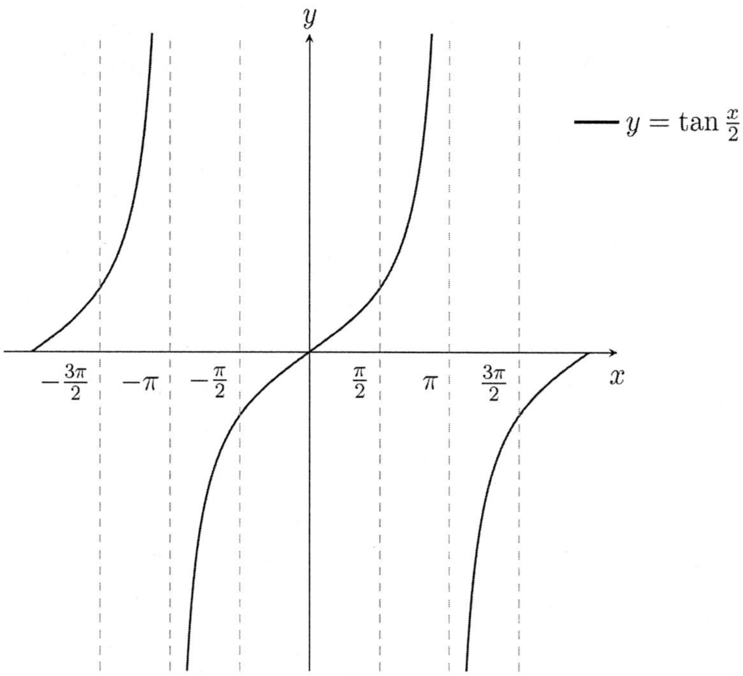

그림 12.116

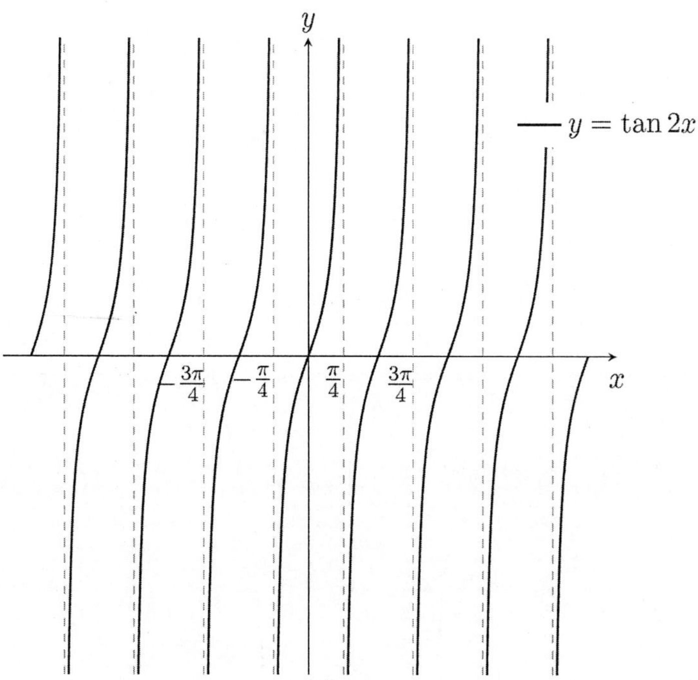

그림 12.117

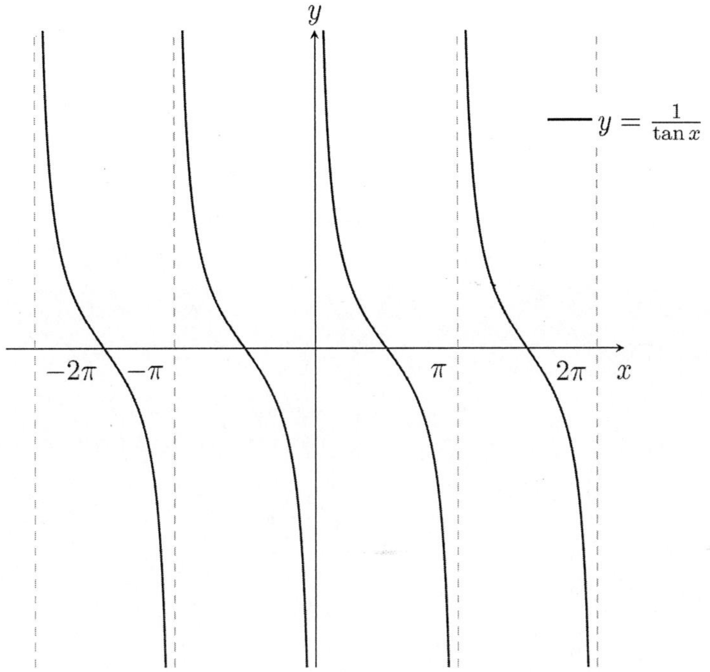

그림 12.118

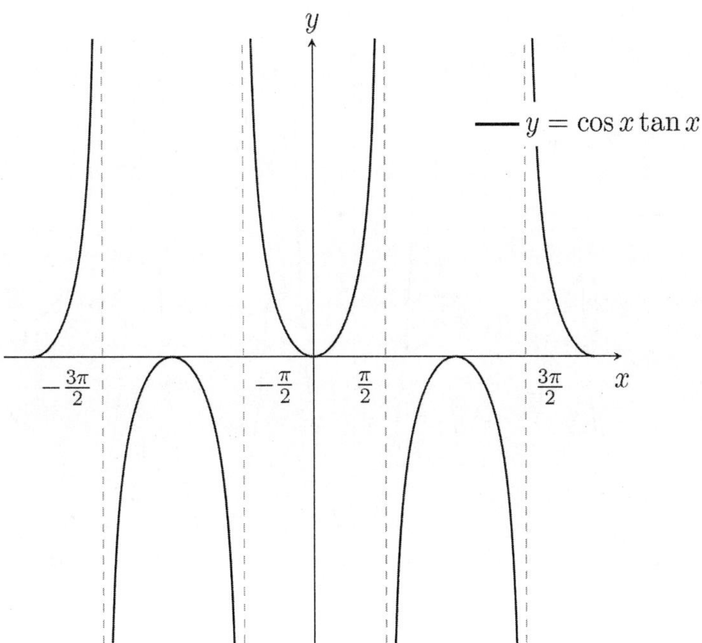

그림 12.119

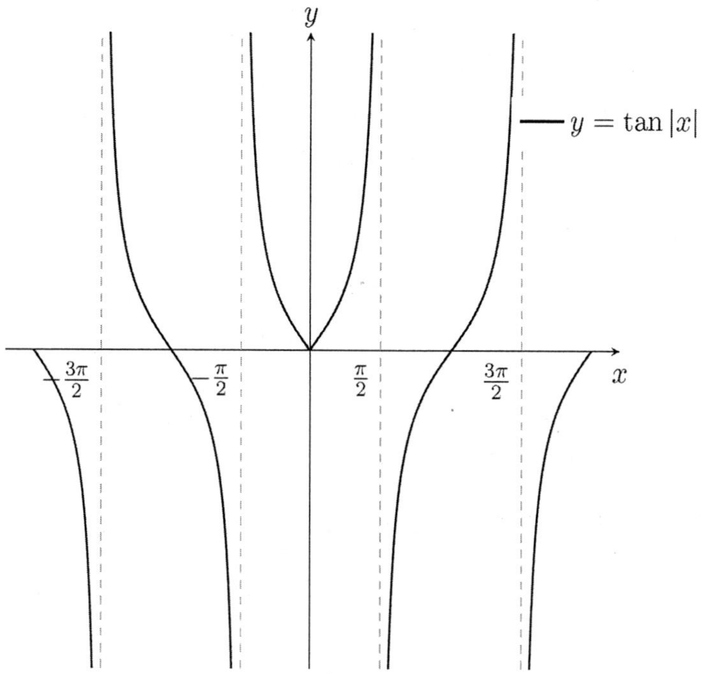

그림 12.120

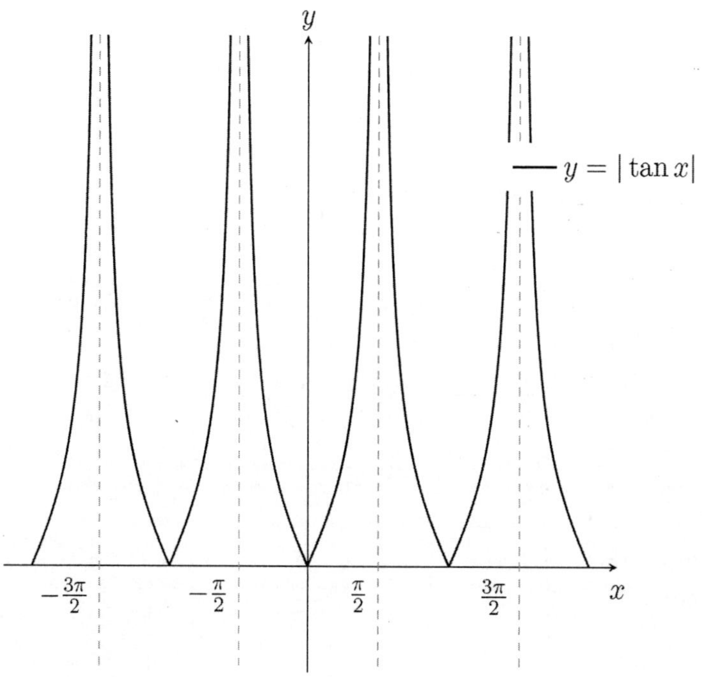

그림 12.121

참고 문헌

[1] 박한식, 구광조, 정지호, 이동수, 이강섭, 황선욱 (2001). 공통수학, 서울: 지학사.

[2] 수학교재연구회(2010). 미분적분학, 서울: 경문사.

[3] 신현용, 유익승, 한인기, 서보억, 전윤배, 나준영, 신기철 (2019). 학교수학의 점프, 충북: 매디자인.

[4] 이진형 (2001). 볼록성 개념의 지도와 학습에 관한 소고, 경성대학교 교육대학원 석사학위 논문.

[5] 한인기 (2023). 삼각함수도 배우고 삼각형도 알고, 서울: 교우사.

[6] 한인기 (2020). 식도 배우고 수학도 알고, 서울: 교우사.

[7] Gurskii I.P. (1964). Functions and Construction of Graphs, Moscow: Prosveshenie. (In Russian)

[8] Prasolov V.V. (2006). 대수·기초해석·조합의 탐구문제들(상), 서울: 교우사. (한인기 옮김)

[9] Raihmist R.B. (1991). Graphs of Functions, Moscow: Vysh. Sh. (In Russian)

[10] Sivashinskii I.H. (1965). Elementary Functions and Graphs, Moscow: Nauka Publishing House. (In Russian)

[11] Tanatar I. (1960). Geometric transformations of function graphs, Moscow: Gos. Uche-Ped. Isd. (In Russian)

[12] Vavilov V.V., Melnikov I.I., Olehnik S.N., Pasichenko P.I. (2008). Mathematics Problems. Sequences, Functions, and Graphs, Moscow: Fizmatlit. (In Russian)

[13] Virchenko N.A., Lyashko I.I., Shvetsov K.I. (1979). Graphs of Functions, Kiev: Naukova Dumka. (In Russian)

찾아보기

수학쌤의 책꽂이 시리즈

수학쌤의 책꽂이 1.

수학사도 배우고 수학도 알고

한인기 지음

2019년 · 300면 · 24,000원

수학쌤의 책꽂이 2.

식도 배우고 수학도 알고

한인기 지음

2020년 · 296면 · 24,000원

수학쌤의 책꽂이 3.

다면체도 배우고 공간도 알고

한인기 지음

2022년 · 346면 · 28,000원

수학쌤의 책꽂이 4.

삼각함수도 배우고 삼각형도 알고

한인기 지음

2023년 · 352면 · 28,000원

수학쌤의 책꽂이 5.

그래프도 배우고 함수도 알고

한인기 지음

2025년 · 332면 · 27,000원

※ 수학쌤의 책꽂이 시리즈는 계속 됩니다.

| 저자약력 |

한 인 기

경상국립대학교 수학교육과 교수

저서 및 역서

- 삼각함수도 배우고 삼각형도 알고
- 다면체도 배우고 공간도 알고
- 식도 배우고 수학도 알고
- 수학사도 배우고 수학도 알고
- 교사를 위한 수학사
- 대수 · 기초해석 · 조합의 탐구문제들(상, 하)
- 평면기하학의 탐구문제들(1, 2)
- 증명방법으로 보는 다양한 부등식(1 ,2)
- 뇌를 자극하는 수학공부
- 학교수학의 점프
- 놀라운 수학나라 대탐험 등 다수

수학쌤의 책꽂이 5.

그래프도 배우고 함수도 알고

초판발행 2025년 9월 10일

지은이 한인기
펴낸이 오판근
펴낸곳 (주) 교우
주 소 서울시 동대문구 약령시로 8 교우빌딩 2층 (주)교우
전 화 02-925-2861 / **팩 스** 02-925-2860, **편집부** 02-925-2825
홈페이지&북스토어 www.kyowoo.co.kr / **이메일** kyowoo@kyowoo.co.kr

등 록 1994년 3월 24일 제1994-000013호
ISBN 979-11-251-0469-8(94410) / 979-11-251-0360-8(세트)

Published by Kyowoo Co., Ltd. Printed in Korea

값 27,000원

교우미디어는 (주) 교우의 Imprint 사입니다.
수학정원·과학정원은 (주) 교우의 새로운 브랜드명입니다.

잘못된 책은 구입하신 서점에서 교환해 드립니다.